U0348092

内蒙古 名特优新农产品

李 岩　云岩春　张燕东　高亚莉　等　著

中国农业科学技术出版社

图书在版编目（CIP）数据

内蒙古名特优新农产品／李岩等著．--北京：中国农业科学技术出版社，
2021.9

ISBN 978-7-5116-5462-5

Ⅰ.①内… Ⅱ.①李… Ⅲ.①农产品-介绍-内蒙古 Ⅳ.①F724.72

中国版本图书馆 CIP 数据核字（2021）第 171824 号

责任编辑　陶　莲
责任校对　马广洋
责任印制　姜义伟　王思文

出 版 者　中国农业科学技术出版社
　　　　　北京市中关村南大街 12 号　邮编：100081
电　　话　（010）82106625（编辑室）　（010）82109702（发行部）
　　　　　（010）82109709（读者服务部）
传　　真　（010）82106625
网　　址　http://www.castp.cn
经 销 者　各地新华书店
印 刷 者　北京建宏印刷有限公司
开　　本　185 mm×260 mm　1/16
印　　张　21.25　彩插　24 面
字　　数　553 千字
版　　次　2021 年 9 月第 1 版　2021 年 9 月第 1 次印刷
定　　价　88.00 元

《内蒙古名特优新农产品》
著者名单

主　　著：李　岩　云岩春　张燕东　高亚莉

副 主 著：王　冠　李坤娜　黄奕颖　包立高　郝　璐

参　　著（按姓氏笔画排序）：

卫　媛　王文曦　云　颖　乌日罕　付　慧

刘江英　刘洪林　杨政伟　李　薇　李欣欣

李润航　吴洪新　降晓伟　赵志惠　常　春

湖日尔　戴雅婷

完成单位　1. 中国农业科学院草原研究所

2. 内蒙古自治区农畜产品质量安全中心

3. 内蒙古自治区农牧业技术推广中心

4. 鄂尔多斯市农牧技术推广中心

前　　言

习近平总书记在中央农村工作会议上强调，要深入推进农业供给侧结构性改革，推动品种培优、品质提升、品牌打造和标准化生产。"十四五"时期农产品质量安全工作的主线是"强监管保安全，提品质增效益"，开展现代农业全产业链标准化试点，推动新型农业经营主体按标生产，加强特色农产品优势区建设，制定农业品牌建设标准，打造一批精品区域公用品牌。农业农村部农产品质量安全中心提出了全国名特优新农产品的评价鉴定，通过对营养成分进行定性与定量检测分析，对营养指标进行评价，凸显一批特点明显、品质优良的农产品。内蒙古①作为全国范围的农牧业大省，坚持绿色兴农兴牧，增加优质绿色农畜产品供给，实施农畜产品公用品牌建设三年行动，实施与推进全国名特优新农产品名录收集登录工作对于落实质量兴农、绿色兴农和品牌强农战略，推进农产品质量提升，及时了解内蒙古地域特色农产品信息，培育地方特色农产品品牌，促进农产品标准化生产扩大销售途径，及时指导生产和引导消费，满足消费者对安全、优质、营养、健康农产品需求有着重要指导意义。

一、内蒙古名特优新农产品名录收集登记现状及产品分布情况

2013 年，农业部（现农业农村部）启动全国名特优新农产品目录征集，截至 2020 年年底，内蒙古共有 274 个产品纳入全国名特优新农产品名录数，位居全国第一。其中 2019 年正式纳入"全国名特优新农产品"名录的产品有 85 个，2020 年正式纳入"全国名特优新农产品"名录的产品有 189 个。

1. 名特优新农产品在内蒙古地域分布现状

内蒙古正式纳入"全国名特优新农产品"名录的产品主要分布在 11 个盟市，其中巴彦淖尔市、鄂尔多斯市、呼和浩特市、乌兰察布市等盟市正式纳入"全国名特优新农产品"名录的产品较多，巴彦淖尔市登记收录 49 个，占比为 17.88%，乌兰察布市登记收录 35 个，占比为 12.77%，呼和浩特市和鄂尔多斯市登记收录都是 34 个，占比同为 12.41%（表1）。

---

① 内蒙古自治区，全书简称内蒙古。

表1　内蒙古自治区名特优新农产品登记收录量地域分布

地域	登记收录量（个）	占比（%）
阿拉善盟	15	5.47
巴彦淖尔市	49	17.88
鄂尔多斯市	34	12.41
包头市	15	5.47
呼和浩特市	34	12.41
乌兰察布市	35	12.77
锡林郭勒盟	2	0.73
通辽市	27	9.85
赤峰市	23	8.39
兴安盟	16	5.84
呼伦贝尔市	24	8.76

2. 名特优新农产品在内蒙古的产品分类情况

内蒙古正式纳入"全国名特优新农产品"名录的产品涉及的种类极其丰富，包括畜产品类、果品类、食用菌类、粮食类、禽产品类、蔬菜类、淡水产品类、油料类、药材类、其他类，共计12大类。粮食类为73个，占比为26.64%；畜产品类为48个，占比17.52%；果品类34个，占比为12.41%；菌类12个，占比为4.38%；禽产品类为15个，占比为5.47%；蔬菜类为31个，占比为11.31%；水产品类为9个，占比为3.28%；油料类为23个，占比为8.39%；中药材及药食同源类为13个，占比为4.74%；奶制品11个，占比为4.01%：蜂产品类2个，占比为0.73%；其他类为3个，占比为1.09%。

二、名特优新农产品营养品质评鉴对于内蒙古农产品产业提升的作用

1. 产品对比及营养差异

实施名特优新农产品营养品质评价鉴定引导消费者更加关注农产品的内在品质和营养价值，促进消费模式从产品安全向产品营养转型，进一步提升消费者生活水平，实现品种培优、品质提升、品牌打造，助推绿色农产品生产，增加绿色优质农产品供给。对比普通农产品在"土特产"基础上加入详细的营养评价，使消费者直观地了解到营养品质突出的农产品。以三道桥西瓜和土默特西瓜为例，三道桥西瓜维生素C含量高达11.5mg/100g，类比参照值为6.0mg/100g，硒含量值0.30μg/100g，类比参照值为0.09μg/100g。土默特左旗西瓜铁的含量高达1.03mg/100g，类比参照值为0.40mg/100g。西瓜中的维生素C、硒、铁含量远远高于类比参照值。

2. 提高区域农产品知名度及美誉度

随着人们生活水平不断提高，越来越多的消费者不仅仅关注于农产品的安全问题，也更加注重农产品质量和营养。名特优新农产品的提出与使用有助于创造"区域品牌"，促进地方农业发展产业多元化，提高区域农产品的知名度。名特优新农产品具备显著的农产品差异化功能，特定区域的生产者通过保持产品质量获得良好的声誉和竞争优势，名特优新农产品目录定期公布能够有效地保护生产者的竞争优势及利益，名特优新农产品营养品鉴可以为消费者提供必要的营养参考数据，有助于引导消费者在各类农产品中挑选符合自身营养需求的产品，在保障农产品质量安全及营养、农产品产业链升级等方面起到促进作用。内蒙古名特优新农产品的数量和质量得到大幅度提升，涌现出了磴口华莱士、新华韭菜、托县辣椒、科尔沁牛肉干、乌珠穆沁羊肉、三河牛等一批叫得响、卖得好的农产品品牌，提高产品美誉度，振兴产业发展。

3. 拓展农民收入必然渠道

发展名特优新农产品，是推动农业提质增效，促进精准脱贫、产业扶贫，为增加农民收入开辟新渠道的客观要求，是实现巩固拓展脱贫攻坚成果同乡村振兴有效衔接的重要手段。由农业农村部主导推动的名特优新农产品名录工作，使得名特优新农产品代表着不同地域农产品的质量和声誉，在降低消费者购买信息成本，促进消费者更多支付产品费用方面有显著特效。提升脱贫地区特色种养业，广泛开展农畜产品产销，促进农民增收起到保驾护航作用。

三、推进内蒙古名特优新农产品品牌建设

1. 政策支持是推动名特优新农产品发展的基础保障

加快推动名特优新农产品收集和整理，是推动农业高质量发展，满足城乡居民消费安全、优质、营养、健康农产品的迫切需求。保障农产品质量安全是民生大事，"十四五"农业农村工作指出围绕推进两个"三品一标"重点任务，重点提升绿色优质农产品供给能力。鉴于名特优新农产品名录收集工作实施是提升绿色优质农产品的重要手段，农业农村部先后下发了《关于继续探索开展全国名特优新农产品名录收集登录工作的通知》《全国名特优新农产品名录收集登录规范（2020 年版）》和《全国名特优新农产品营养品质评价鉴定机构名录》等相关文件。内蒙古为促进各盟市积极申请全国名特优新农产品工作，出台实施了一系列鼓励名特优新农产品发展的政策和措施，为内蒙古名特优新农产品品牌的创建和产业良性发展营造了良好的发展环境，建立自治区、盟市、旗县三级工作体系、加强考核培训，连续两年组织全区名特优新农产品品管品审员培训。

2. 品牌构建及产品营销是加快名特优新农产品发展的核心

随着高品质背书的品牌越来越受到消费者的重视，内蒙古地区纳入全国名特优新农产品名录产品数量的不断增加，完善地区名特优新农产品营销体系显得尤为重要。内蒙古各盟市地区不断拓宽宣传渠道整合现有品牌，结合地方文化特色，打造多种形式的宣传推介活动，利用网络、电视、广播、电台等平台，推广名特优新农产品品牌，使其能

够传达到千家万户，让更多的消费者认识了解名特优新农产品的特色。通过博览会、产品展销会、农产品交易会等多种营销活动进行品牌的宣传，提高品牌的认知度和美誉度，做大做强内蒙古名特优新农产品品牌。名特优新农产品生产者为了最大限度地减少营销风险，应建立长期稳定的营销渠道，与大型农贸市场，农产品深加工工厂、批发市场签订长期供货合同，采取"传统+互联网"销售方式解决销售难的问题。实现优质农产品产售对接，使农民实实在在体会到生产出来的优质农产品销路好，价格高，效益好。

3. 产品溯源是保障名特优新农产品发展的重要依据

随着名特优新农产品受到广大消费者青睐，由于供给不平衡，产业附加值高，在市面上会出现一些假冒伪劣产品，掺假严重影响消费者合法权益的同时也损害了名特优新农产品生产者的利益。产地溯源技术能够有效地解决这一顽疾，目前有稳定同位素技术、矿物质元素分析技术、近红外光谱技术、DNA 指纹图谱等技术进行产地溯源。通过产品溯源实现区域性特色农产品和消费者利益的保护，同时能够增强内蒙古名特优新农产品的品牌影响力，提高产品知名度。

四、小结与讨论

名特优新农产品营养价值评鉴的实施不仅使消费者熟悉了名特优新产品，同时增加了对相关农产品安全及质量信心。名特优新农产品是我国重要的区域特色农产品资源和公共品牌，全国名特优新农产品目录的建设和推广展播已经成为进一步提升名特优新农产品附加值的重要途径，对改善内蒙古地方产业结构、形成优势产业有深刻意义。对内蒙古正式纳入全国名特优新农产品目录的产品生产销售起到推广作用，结果能够更好地提供生产品信息和产品生产的地理环境优势，进一步改善市场供应，增加农民收入，促进内蒙古地域的经济发展，是实现巩固拓展脱贫攻坚成果同乡村振兴有效衔接的重要手段。在落实推进新三农政策推进两个"三品一标"重点任务，着力提升内蒙古绿色优质农产品供给能力，稳步发展绿色、有机、地理标志产品，加快发展名特优新农产品，扩大农产品全程质量控制技术体系，推动农产品品质提升有着重要意义。

著 者

2021 年 6 月

目　　录

第一章　粮食类

一、大米

（一）托县大米

1. 产品介绍

托克托县河口、五申等地区利用资源优势投资种植"托县大米"，将种苗培育、种植、加工、销售一体化生产作为今后发展的目标；同时开展与当地农民的合作，进行示范种植，提供"种苗服务+技术服务+机械服务+品牌打造"，鼓励农民种植，将托县大米打造为高附加值、绿色品牌，带动当地产业发展和农民致富。引进最新研发的精品水稻，创新稻蟹共生养殖模式，水稻和蟹整个生长期仅使用生物肥，不使用任何农药，产品没有任何药物残毒，富含氮、磷、钾等有益物质元素且矿化度高的土壤条件，使培育的稻米具有直链淀粉含量低，韧性强，口感好的优势，2019 年大面积引进东北优级水稻品种稻花香、龙稻等品种。目前，已经注册了"托米""托良""妥城""广富珍"4 个商标。并且，已经通过开办电商服务平台，进行线上销售。

2. 特征描述

托县大米米粒呈长椭圆形或长形；米质坚实，耐压性好。米粒表面光滑，整体色呈乳白色，呈不透明、半透明状；米粒背沟和粒表面留皮程度小，近于无皮；散发自然稻米香味；口感软糯，香气浓郁，品质优级。

3. 营养指标（表1）

表1　托县大米独特营养成分

参数	直链淀粉（%）	蛋白质（%）	碱消值（级）	胶稠度（mm）	锌（mg/100g）	谷氨酸（mg/100g）	赖氨酸（mg/100g）	硒（μg/100g）
测定值	18.2	6.6	7.00	88	1.63	1 454	261	13.92
参考值	13.0～20.0	7.9	3.97	80	1.54	1 250	260	2.83

4. 评价鉴定

托县大米米粒呈长椭圆形或长形；米质坚实，耐压性好；大米散发自然稻米香味，口感软糯，黏性大，香气浓郁，品质优级；谷氨酸、赖氨酸、锌、硒、碱消值均高于参考值，特别是硒含量高于参考值近 5 倍，胶稠度为一级品，直链淀粉处于优质粳米范围。综合评价符合全国名特优新农产品营养品质评价规范要求。

5. 环境优势

托县大米主要种植于托克托县中滩村和树尔营村，该地地处呼和浩特市托克托县大黑河西、黄河东侧，其水资源充足、土地肥沃，本地区年平均积温 2 800～3 100℃、昼夜温差大，因此，利于糖分等营养物质的积累。当前，种植业是两村主要产业，以玉米、小麦、稻米种植为主。今年在尊重农民生产自主经营权和决策权的前提下，农民自主种植 520 亩①，合作社、公司种植 5 500亩，三村委会引进水稻种植专业合作社、公司进行大面积种植，一是响应国家土地流转政策，二是带动农民科学种田致富，切实解决村集体经济发展滞后、村级组织自我发展与保障能力不足问题，激发农民经济社会自我发展活力，也为下一步村集体经济稳定收入奠定坚实基础。

6. 产品功效

大米被誉为"五谷之首"，是中国的主要粮食作物，约占粮食作物栽培面积的四分之一。世界上约有一半人口以大米为主食。古代养生家还倡导"晨起食粥"以生津液，因此，因肺阴亏虚所致的咳嗽、便秘患者可早晚用大米煮粥服用。经常喝大米粥可在一定程度上缓解皮肤干燥等不适。目前，多用作婴儿辅助饮食，有益于婴儿的发育和健康，能刺激胃液的分泌，有助于消化，并对脂肪的吸收有促进作用，亦能促使奶粉中的酪蛋白形成疏松而又柔软的小凝块，使之容易消化吸收。也可作为补充营养素的基础食物，具有补脾、和胃、清肺功效。

（二）达拉特大米

1. 产品介绍

达拉特大米产于内蒙古鄂尔多斯市达拉特旗，水稻种植规模现在稳定在 3 万亩左右，品牌重点以"达拉滩""二沟湾"等几个注册品牌为依托，利用完整的生产加工、仓储、销售产业链，带领周边农户发展壮大。产地政府着力将达拉特旗建设成"北纬40°、黄河'几'字湾"健康安全农畜产品生产加工输出基地。深入推进农牧业供给侧结构性改革，坚持走特色路线、创绿色品牌，推动粮经饲统筹、农林牧渔结合、一二三产融合，打通农牧林水横向连接和种养加销纵向产业链条，发展高效、优质、生态、品牌农牧业。

2. 特征描述

达拉特大米米粒呈半纺锤形，米质坚实耐压，表面光滑，整体颜色呈白色不透明状，有部分垩白，散发稻米特有的自然香味，蒸食口感软糯，香味浓郁。

---

① 1 亩≈667m²，全书同。

3. 营养指标（表2）

表2 达拉特大米独特营养成分

参数	直链淀粉（%）	蛋白质（%）	垩白度（%）	胶稠度（mm）	钙（mg/100g）	亮氨酸（mg/100g）	赖氨酸（mg/100g）	铁（mg/100g）
测定值	18.1	6.0	9.2	84	26.97	798	311	5.49
参考值	13.0~20.0	7.9	4.0~6.0	80	8.00	611	260	1.10

4. 评价鉴定

达拉特大米米粒呈半纺锤形或长形；米质坚实，耐压性好。米粒表面光滑，整体颜色呈白色，呈不透明状；米粒垩白较高；米粒散发自然稻米香味；内在品质赖氨酸、亮氨酸、缬氨酸、钙、铁、碱消值均高于参考值；胶稠度属于一级品；直链淀粉处于优质粳米范围。综合评价符合全国名特优新农产品营养品质评价规范要求。

5. 环境优势

达拉特大米主要分布在达拉特旗的昭君镇、树林召镇、王爱召镇3个镇，重点集中在昭君镇周边。生产基地土壤是黄河冲积所形成，以粉细沙为主，冲积层较厚，下部属湖相沉积，土质肥沃。黄河过境达拉特旗190km，生产基地就分布于黄河南岸，沿河地下水位高，非常适合水稻的生产；生产基地周边为传统农区，没有工业、生活等污染源，成为理想的水稻生产区。达拉特旗是国家"一带一路"和"呼包银榆"经济圈的重要节点，210国道、包茂高速、沿黄高速和包神铁路、包西铁路、沿河铁路等交通主干道贯穿全境，形成"三横五纵"公路交通网和"一横二纵"铁路交通网，距离包头机场22km、鄂尔多斯机场100km、呼和浩特机场150km，能够有效辐射"呼包鄂"[①]"晋陕宁""京津冀"等地区，并且是国家商品粮基地和现代农业示范区，是资源与区位组合最佳区域。

6. 产品功效

功效同前述。

（三）扎兰屯大米

1. 产品介绍

扎兰屯大米系农业农村部地理标志保护农产品、绿色、有机食品。扎兰屯大米种植历史悠远，早在1908年就开始种植大米，至今已有百年历史。被列入国家"首批绿色农业示范区"的扎兰屯市，依靠优越的地理环境积极发展绿色高效生态农业。2005年，在远离市区无污染、植被葱茏、土地肥沃、水资源充沛、素有"水稻之乡"之称的关门山建立绿色水稻基地，并引进粮食深加工企业金禾粮油贸易公司在乡镇投资建厂，打造了"秀水乡""金河福""苇莲河""扎兰"4个大米品牌，这些品牌大米颗粒晶莹剔

---

① 呼包鄂指呼和浩特、包头、鄂尔多斯，全书同。

透，口感香糯绵软，并含有丰富的 B 族维生素。2005 年，"苇莲河"牌大米获得国家绿色食品发展中心颁发的"绿色食品 A 级标准使用许可证"，被评为国家 A 级绿色食品。2007 年，"苇莲河"大米被认证为有机产品。2014 年"秀水乡"鸭田米被评为内蒙古名优特产品，荣获 2014 年和 2018 年两届中国绿色食品博览会金奖，荣获 2014 年度内蒙古百佳特色农畜产品荣誉称号。2015 年"金河福"牌大米被评为内蒙古名优特产品。同年，"秀水乡"牌大米被评为内蒙古自治区著名商标，"苇莲河"牌大米被评为呼伦贝尔市知名商标。产品已取得 ISO9001 认证，主要销往北京、天津、河北、甘肃、青海、湖北、广东、深圳、杭州等地，并打入沃尔玛大型连锁超市集中销售。

2. 特征描述

扎兰屯大米，米粒半纺锤形或长形；米粒表面光滑，洁净度好，整体颜色呈白色，呈不透明、半透明状；米粒背沟和粒表面留皮程度小。近于无皮，散发自然稻米香味；米粒涨性大，出饭率高，米饭香气浓郁。

3. 营养指标（表 3）

表 3 扎兰屯大米独特营养成分

参数	直链淀粉（%）	蛋白质（%）	碱消值（级）	垩白度（%）	胶稠度（mm）	谷氨酸（%）	组氨酸（%）	铁（mg/100g）
测定值	17.4	6.6	7.00	1.4	82	1.12	0.30	1.10
参考值	13.0~20.0	7.9	3.97	2.0	80	1.25	0.16	1.10

4. 评价鉴定

扎兰屯大米米粒表面光滑，洁净度好，整体颜色呈白色，呈不透明、半透明状；散发自然稻米香味；米粒涨性大，出饭率高，米饭香气浓郁；内在品质铁含量等于参考值，组氨酸、钙、碱消值均高于参考值；直链淀粉处于优质粳米范围；垩白度极小，属于一级粳米；胶稠度属于一级大米。综合评价符合全国名特优新农产品营养品质评价规范要求。

5. 环境优势

扎兰屯市位于呼伦贝尔市南端，地处大兴安岭中段东麓与松嫩平原西侧交汇处，是 1903 年伴随中东铁路全线通车而兴起的一座百年老城，现已发展成为呼伦贝尔副中心城市、岭东区域中心城市。总面积 1.69 万 km²，辖 8 镇 4 乡 7 个街道，总人口 43 万，其中农业人口 26 万，是呼伦贝尔市总人口和农业人口最多的旗市。扎兰屯素有"塞外苏杭""北国江南"的美誉，被认定为国家级风景名胜区、中国优秀旅游城市、全国休闲农业与乡村旅游示范县、国家生态市、国家园林城市、国家绿色农业示范区、全国绿色食品原料标准化生产基地、全国文明城市提名城市。区位优势明显，扎兰屯地处内蒙古与黑龙江跨省门户，为"哈大齐呼"[①] 经济走廊重要节点，是内蒙古向北开放的潜在

———————

① 哈尔滨、大连、齐齐哈尔、呼和浩特。

中心。2016 年 12 月，扎兰屯成吉思汗支线机场通航，公路、铁路、航空"三位一体"的立体交通网络已经形成，同时齐海满客运专线也将在此经过，是岭东区域性综合交通枢纽。扎兰屯市历史上承担着呼伦贝尔地区的商品批发及储备任务，是辐射滨洲线重要的商贸集散地，生态系统完好。森林覆盖率 70.04%，水资源总量约 25 亿 m³，年平均降水量 485~540mm，土壤有机质平均含量为 47.1g/kg，市域空气清新、水质纯净、土壤肥沃，具备打造绿色农畜林产品生产加工输出基地的生态优势。

6. 产品功效

功效同前述。扎兰屯大米其铁含量等于参考值，组氨酸、钙、碱消值均高于参考值；直链淀粉处于优质粳米范围；垩白度极小，属于一级粳米；胶稠度属于一级品大米，综合评价该大米品质较好，营养价值较高。

（四）准格尔大米

1. 产品介绍

随着农牧业规模化经营和高效农业的政策落实，依据天然的地理优势和得天独厚的黄河水灌溉的便利条件，在城乡统筹、集约发展的战略指引下，准格尔旗提出在沿河优化发展区优先发展高效农牧业，准格尔大米米粒颗粒饱满，涨水性好，出饭率高，大小均匀，散发自然稻米香味。含水量较高、微甜、齿间留香。弱碱性大米黏稠可口，香味浓郁。食味品质较好，蛋白质和氨基酸含量丰富，pH 值呈碱性，在色泽和气味上有独特的特色，并含有较多的微量元素，富含蛋白质、氨基酸、维生素等人体所需的各类元素，具有和胃气、补脾虚、壮筋骨、和五脏的功效，属于功能性大米，食用碱性大米，可调节人体酸碱平衡，改善人体酸性体质，有益于人们身体健康。

2. 特征描述

准格尔大米米粒呈长椭圆形或中长形；米质坚实，耐压性好；米粒表面光滑，整体颜色呈白褐色，呈不透明状；米粒背沟和粒表面留皮程度小，近于无皮；米粒颗粒饱满，涨水性好，出饭率高，大小均匀，散发自然稻米香味。

3. 营养指标（表4）

表4 准格尔大米独特营养成分

参数	直链淀粉（%）	蛋白质（%）	碱消值（级）	胶稠度（mm）	铁（mg/100g）	甘氨酸（mg/100g）	赖氨酸（mg/100g）	硒（μg/100g）
测定值	17.1	6.4	7.00	81	4.63	340	362	3.22
参考值	13.0~20.0	7.9	3.97	80	1.10	305	260	2.83

4. 评价鉴定

准格尔大米米质坚实，米粒表面光滑，整体颜色呈白褐色，呈不透明状；米粒颗粒饱满，涨水性好，出饭率高，大小均匀，散发自然稻米香味；内在品质甘氨酸、赖氨酸、钙、铁、硒、碱消值均高于参考值，硒含量为参考值的 1.14 倍；胶稠度为一级品；

直链淀粉处于优质粳米范围。综合评价符合全国名特优新农产品营养品质评价规范要求。

5. 环境优势

准格尔大米主要种植于准格尔旗十二连城乡，十二连城乡地处准格尔旗最北部，黄河南岸，库布齐沙漠北部边缘，是全旗重要的粮食生产基地和农村人口密集区域。气候类型属中温带大陆性气候，年均气温 7.3℃，无霜期 150~180d，日照时数 3 119h，≥10℃的有效积温 3 350℃，年平均降水量 350mm。2012 年十二连城乡开始打造清华大学盐碱地改良黄河中游示范区准格尔示范基地，经过三年的改良与种植，原本荒芜的盐碱地变成了良田，目前项目区规划科学，配套完善，土地平整且集中连片，适合大规模机械化作业。且自备泵船，可随时提取黄河水灌溉，大面积机械化种植水稻。十二连城乡东与大路新区、大路镇毗邻，南与布尔陶亥苏木接壤，西与达旗吉格斯太镇相连，北与包头土右旗、呼和浩特市托克托县隔河相望，交通便利。境内耕地土壤肥沃、水源充足、林草富集，又拥有十二连城遗址等人文资源，发展现代农牧业和生态旅游业具有得天独厚的优势。

6. 产品功效

功效同前述。

（五）翁牛特大米

1. 产品介绍

当地政府积极引导企业申请绿色食品大米认证，以保证产品品质。水稻种植加工企业现已加入国家农产品追溯平台，实现产品种植过程可控制，产品来源可追溯，去向可查询。并利用电视、报纸等宣传媒体推介，不断扩大翁牛特旗大米的影响力，并借助中国绿色食品博览会、农产品交易会等知名展会，增加品牌的曝光度和影响力，提升翁牛特旗大米的知名度。

2. 特征描述

翁牛特大米米粒呈长椭圆形或中长形；米质坚实，耐压性好；米粒表面光滑，整体颜色呈白褐色，呈不透明状；米粒背沟和粒表面留皮程度小，近于无皮；米粒颗粒饱满，出饭率高，大小均匀，散发自然稻米香味。

3. 营养指标（表5）

表5　翁牛特大米独特营养成分

参数	直链淀粉（%）	蛋白质（%）	钙（mg/100g）	胶稠度（mm）	铁（mg/100g）	谷氨酸（mg/100g）	组氨酸（mg/100g）	硒（μg/100g）
测定值	17.5	6.4	9.81	88	1.29	1 108	165	3.14
参考值	13.0~20.0	7.9	8.00	80	1.10	1 250	161	2.83

4. 评价鉴定

翁牛特大米米粒呈长椭圆形或中长形；米质坚实，耐压性好；米粒表面光滑，整体颜色呈白褐色，呈不透明状；米粒背沟和粒表面留皮程度小，近于无皮；米粒颗粒饱满，出饭率高，大小均匀，散发自然稻米香味。内在品质翁牛特大米胶稠度为一级品；直链淀粉处于优质粳米范围；钙、铁、硒、组氨酸均高于参考值。综合评价符合全国名特优新农产品营养品质评价规范要求。

5. 环境优势

翁牛特旗水稻产区位于北纬43°15′，东经119°33′，属于温带大陆性气候，光照时间长，年日照时间约为3 100h，160d超长生长期，平均降水量为350~450mL，且75%以上的降水在夏季，为稻谷生长提供了最佳条件，是中国北方黄金稻谷种植带。海拉苏镇水资源丰富，1978年修建了海拉苏水利枢纽工程，凌空飞架于西拉沐沦河上，是内蒙古最大的牧区水利枢纽，以西拉沐沦河水灌溉着两岸稻田。白音套海苏木响水村有着"南河北沙"的独特地理环境，南为老哈河，北为科尔沁沙地，天然老哈河水和地下70m深层弱碱水灌溉，微量元素充足。

6. 产品功效

功效同前述。

（六）乌审大米

1. 产品介绍

据《乌审旗志》（259页）记载，20世纪50年代初期，乌审旗就开始种植水稻，主要在无定河、纳林河、白河和海流图河沿岸。1964年播种面积近500亩，但种植方式为露天直播，当地选种，产量较低，平均亩产75kg左右，且质量也差，出米率只有40%。70年代以后，随着对农业内部种植结构不断调整，加之水资源不足，播种面积逐年减少，始终徘徊在300~500亩。1982年，旗农业技术推广站从陕西榆林引进"京3139""银粳2号"良种，在纳林河乡进行小拱棚育秧、播种及田间管理新技术，面积1 200亩，亩产275kg。1990年，播种面积4 000亩左右，年产稻谷100多万kg。时到今日，乌审旗水稻种植面积已发展到6 000亩，带动稻农820户，主要分布在无定河流域的无定河镇和海流图河流域的嘎鲁图镇。乌审旗两河流域的大米均被中绿华夏认证为有机大米。随着人民生活水平的提高，人们对食品的安全问题越来越关注，有机食品作为食品中安全系数最高的食品，其市场份额将越来越大。乌审大米产在无定河和海流图河流域，产地生态环境优良，无污染，水稻种植不使用化肥，设置了全国首家大米安全追溯系统。目前，乌审大米在东胜、乌审旗等地设立了直销店、网店，初步形成了鄂尔多斯市、呼和浩特市、榆林市等周边城市和全国各大中城市销售网络。到2020年乌审大米种植面积将继续发展到8 000~10 000亩，带动稻农1 080户，实现户均增收3.5万元。因此，乌审大米市场前景十分广阔。

2. 特征描述

乌审大米米粒呈半纺锤形或长形，百粒重约2.00g，米粒表面光滑，洁净度好，整体颜色呈白色，呈不透明状；米质坚实，耐压性好，散发自然稻米香味；米粒涨性大，米饭香气浓郁，口感软糯。

3. 营养指标（表6）

表6 乌审大米独特营养成分

参数	直链淀粉（%）	蛋白质（%）	碱消值（级）	胶稠度（mm）	锌（mg/100g）	水分（%）	铁（mg/100g）	硒（μg/100g）
测定值	19.8	7.0	6.67	89	1.87	14.4	5.70	3.00
参考值	13.0~20.0	7.9	3.97	80	1.54	≤14.5	1.10	2.83

4. 评价鉴定

该产品在乌审旗范围内，在其独特的生长环境下，具有百粒重约2.00g，表面光滑，洁净度好，米质坚实，耐压性好，米粒涨性大，口感软糯，米饭香气浓郁的特性，内在品质碱消值、铁、锌、硒均高于参考值；直链淀粉、水分均处于优质粳米范围；胶稠度优于参考值，属于一级品。综合评价其符合全国名特优新农产品名录收集登录基本条件和要求。

5. 环境优势

乌审旗地处毛乌素沙地腹部，水、土、光照资源充足，昼夜温差大，无霜期长，地理坐标为北纬37°38′~38°18′，东经108°31′~109°03′，温带大陆性季风气候条件下种植乌审大米颗粒饱满，质地坚硬，冰清玉洁，晶莹透亮，蒸之煮之芳香四溢，口感绵软略黏，微甜、略有韧性，回味甘醇，营养丰富，色、香、味俱佳。

6. 产品功效

功效同前述。

（七）土默特左旗大米

1. 产品介绍

土默特左旗大米全程按照有机产品标准和流程进行管理，施用有机肥料，人工除草作业，无农药，无化肥，加工环节不使用任何添加剂，是绿色、健康、安全、营养的最佳食材；其米质营养丰足，呈富硒弱碱性，2018年4月20日正式取得有机产品认证，被中国绿色食品发展中心认定为绿色食品A级产品，并列入呼和浩特市"中国好粮油"名录，该品种已列入国家粮食储备局"中国好粮油"示范品种。销售方面：开展个性化消费营销，不以大宗粮食市场为主体，主打市场为北上广深一线城市中高端人群，强化个性化消费群体链接，开展寻找最懂米的人的市场营销活动，产地直供，会员享受。

2. 特征描述

土默特左旗大米米粒呈半纺锤形，百粒重约2.06g；米粒表面光滑，洁净度好，整体颜色呈白色，呈半透明状；米质坚实，耐压性好，散发自然稻米香味；米粒涨性大，口感软糯，米饭香气浓郁。

3. 营养指标（表7）

表7　土默特左旗大米独特营养成分

参数	直链淀粉（%）	蛋白质（%）	垩白度（%）	胶稠度（mm）	锌（mg/100g）	铁（mg/100g）	脂肪（%）	硒（μg/100g）
测定值	17.9	9.8	1.4	88	1.17	2.08	0.8	3.68
参考值	13.0~20.0	7.9	2.0	80	1.54	1.10	0.9	2.83

4. 评价鉴定

该产品在土默特左旗区域范围内，在其独特的生长环境下，具有百粒重约2.06g，表面光滑，洁净度好，米质坚实，耐压性好，米粒涨性大，口感软糯的特性，内在品质蛋白质、铁、硒均高于参考值，直链淀粉处于优质粳米范围，胶稠度、垩白度均优于参考值，属于一级品，综合评价其符合全国名特优新农产品名录收集登录基本条件和要求。

5. 环境优势

土默特左旗大米产地在北纬40°39′、东经111°17′的土默川平原上，该地位于世界水稻黄金带，为典型的温带大陆性气候，四季分明，雨热同步；产地昼夜温差较大，有利于光合作用积累养分，籽粒饱满产量高，特别是水稻灌浆期，气温在21~23℃，灌浆慢而密，因而稻米密实有嚼劲；产区日照时间较长，年平均日照时数2 952.1h，充足的日照时间使水稻营养成分更加丰足，口感更加香甜；土默特左旗大米以发源于大青山脉的纯净地表水和优质地潜水为灌溉用水，水质接近直饮矿泉水，富含钙、铁、锌、碘等人体所需的矿物质与微量元素，加之在敕勒川千年积淀的纯净无污染平原上开辟出的有机稻田，没有经过任何工业污染，因而生长出品质好、营养足的有机食品。

6. 产品功效

功效同前述。

（八）门达大米

1. 产品介绍

门达大米产自内蒙古通辽市科尔沁左翼中旗门达镇门达嘎查、广巨村，巴彦塔拉镇前瓜西嘎查、哈日乌苏嘎查、白音塔拉农场一分场、四分场等地。目前，该大米通过多举措提高了品质，提升了质量。首先，通过绿色食品认证，提高产品知名度和市场竞争力，促进地方经济发展。其次，抓好绿色食品生产技术推广和基地建设工作。制定了《科左中旗绿色食品水稻生产技术操作规程》，并大力宣传推广生产技术，加大培训力度，加强基地建设和管理工作。采取"合作社（公司）+基地+农户"的生产经营模式，将分散的种植户组织在一起，进行统一培训、统一购种、统一技术指导、统一收获、统一收购、统一管理。除此之外，让产品积极参加全国绿色食品博览会、产品展销推介会等，提高产品品牌的知名度，积极推动了科尔沁左翼中旗绿色食品的快速健康发展。

2. 特征描述

门达大米米粒呈半纺锤形或长形、表面光滑、洁净度好；整体颜色呈白色、不透明或半透明状；米质坚实、耐压性好，散发自然稻米香味，米粒涨性大、口感软糯、米饭香气浓郁。

3. 营养指标（表8）

表8　门达大米独特营养成分

参数	直链淀粉（%）	蛋白质（%）	垩白度（%）	胶稠度（mm）	锌（mg/100g）	铁（mg/100g）	脂肪（%）	硒（μg/100g）
测定值	18.3	6.5	0.8	88	1.66	7.10	0.8	2.70
参考值	13.0~20.0	7.9	2.0	80	1.54	1.10	0.9	2.83

4. 评价鉴定

该产品在科尔沁左翼中旗区域范围内，在其独特的生长环境下，具有米粒表面光滑，洁净度好，米质坚实，耐压性好，米粒涨性大，口感软糯，米饭香气浓郁的特性，内在品质铁、锌均高于参考值，直链淀粉处于优质粳米范围，胶稠度、垩白度均优于参考值，属于一级品，综合评价其符合全国名特优新农产品名录收集登录基本条件和要求。

5. 环境优势

科尔沁左翼中旗位于内蒙古东部、松辽平原西端。这里的自然环境条件优良，有青山绿水、蓝天白云，有独特的土质地貌，土壤肥沃、含有丰富的硒元素和铁、锌等微量元素。在作物生长季节，气温回升快、雨热同步、日夜温差大，生产出的产品品质优、口感好、营养丰富，而且没有工业污染，产品质量安全可靠；尤其是科尔沁左翼中旗南部的门达镇以及周边地区的气候和土壤条件特别适合种植水稻。

6. 产品功效

功效同前述。

（九）扎赉特大米

1. 产品介绍

扎赉特大米主要品种为龙洋16、稻花香、绥靖18，主要产地为扎赉特旗内蒙古劳改局东部劳改分局乌兰监狱农场、乌塔其监狱农场、保安沼监狱农场及图牧吉镇和巴彦高勒镇等地，扎赉特大米通过了绿色和有机认证，同时也是地理标志产品。目前，扎赉特大米水稻基地产品全部绿色食品化。今年扎赉特旗旗政府给全旗水稻生产种植企业召开绿色食品认证推进会，要求将全旗水稻种植基地生产的大米产品全部认证为绿色食品。扎赉特旗今年有29家企业开展了大米绿色食品认证。另外，内蒙古自治区区政府每年给"扎赉特大米"地标产品投入320万元，用于"扎赉特大米"品牌发展。当前，扎赉特大米已经成为品质优良，品牌强硬的地方名片。

2. 特征描述

扎赉特大米米粒呈长椭圆形或长形，大小均匀，米质坚实；米粒表面光滑，整体颜色呈乳白色，呈半透明状；米粒背沟和粒表面留皮程度小，近于无皮；米粒颗粒饱满，涨水性好，出饭率高，散发自然稻米香味。

3. 营养指标（表9）

表9　扎赉特大米独特营养成分

参数	直链淀粉（%）	蛋白质（%）	垩白度（%）	胶稠度（mm）	锌（mg/100g）	铁（mg/100g）	谷氨酸（%）	硒（μg/100g）
测定值	17.2	6.4	0.7	88	1.56	1.16	1.27	5.60
参考值	13.0~20.0	7.9	2.0	80	1.54	1.10	1.25	2.83

4. 评价鉴定

扎赉特大米米粒呈长椭圆形或长形，大小均匀，米质坚实；米粒表面光滑，整体颜色呈乳白色，呈半透明状；米粒背沟和粒表面留皮程度小，近于无皮；米粒颗粒饱满，涨水性好，出饭率高，散发自然稻米香味。内在品质扎赉特大米胶稠度为一级品，垩白度属于一级粳米，直链淀粉属于优质粳米范围，谷氨酸、组氨酸、铁、锌、硒均高于参考值。综合评价符合全国名特优新农产品营养品质评价规范要求。

5. 环境优势

扎赉特旗位于内蒙古东北部，嫩江右岸，属于大兴安岭南麓向松嫩平原过渡地带，位于黑龙江、吉林、内蒙古三省区交界处。自然环境优越，属温带大陆性半干旱季风气候，立体气候特征明显，夏季雨量充沛，土壤自然肥力高。扎赉特旗位于内蒙古兴安盟东北部，地处大兴安岭南麓向松嫩平原延伸的过渡地带，东接黑龙江省龙江县，南与黑龙江省泰来县、吉林省镇赉县交界，西连科尔沁右翼前旗，北与呼伦贝尔市扎兰屯市毗邻。地理坐标为东经121°17′~123°38′，北纬46°04′~47°21′，是全国纬度最高的地区之一。东西长210km，南北宽143km，总面积11 155km²。辖7个镇、3个乡，3个苏木和1个乡级国营种畜场，还有自治区级劳改局东部分局、图牧吉劳教所、兴安盟农垦局所属八一牧场、巴达尔胡农场等驻旗单位，196个嘎查村。新林镇、音德尔镇、巴彦高勒镇、图牧吉镇、好力保乡、努文木仁乡、内蒙古自治区劳改局东部劳改分局为扎赉特大米的主要种植基地。

6. 产品功效

功效同前述。扎赉特大米胶稠度为一级品，垩白度属于一级粳米，直链淀粉属于优质粳米范围，谷氨酸、组氨酸、铁、锌、硒均高于参考值，综合评价该大米品质较好，营养价值较高。

（十）科尔沁左翼后旗大米

1. 产品介绍

近年来，科尔沁左翼后旗旗委政府和农牧业主管部门为加快产品升级，适应现代农业发展的新阶段性要求，制定了"科尔沁左翼后旗农牧业优势特色产业标准体系建设行动计划"等一系列政策和措施，打造绿色农产品生产加工基地，着力开展农业品牌建设，加强无公害农产品、绿色食品、有机食品的认证，加大品牌营销宣传，年组织企业参加区内外农博会达3次以上，品牌建设方面取得了显著成效，国家绿色水稻原料标准化生产面积达25万亩，绿色产品认证企业4家、有机农产品认证3家、有效使用农产品标志企业4家；获自治区著名商标产品1家。目前地域优势特色产业标准体品牌化格局已经基本形成，水稻已经成为科尔沁左翼后旗地域优势特色产业。随着地域优势特色产业标准体系建设发展和农产品品牌化的有序推进，已确立了科尔沁左翼后旗大米品牌优势和市场地位。

2. 特征描述

科尔沁左翼后旗大米整精米率≥70%，米制半透明、色泽清白光泽、米粒整齐均匀，大米粒型细长、籽粒长度为5~5.5mm、蒸煮时间即可嗅到浓郁的饭香味，入口后绵软柔糯、香气浓郁，适口性强，饭粒表面有光，冷后仍能保持良好口感。

3. 营养指标（表10）

表10 科尔沁左翼后旗大米独特营养成分

参数	直链淀粉（%）	蛋白质（%）	垩白度（%）	胶稠度（mm）	锌（mg/100g）	铁（mg/100g）	脂肪（%）	硒（μg/100g）
测定值	15.7	7.0	0.2	88	1.97	3.74	0.7	2.90
参考值	13.0~20.0	7.9	2.0	80	1.54	1.10	0.9	2.83

4. 评价鉴定

该产品在科尔沁左翼后旗区域范围内，在其独特的生长环境下，具有大小均匀，米质坚实，米粒表面光滑，米粒颗粒饱满的特性，内在品质直链淀粉属于优质粳米范围，铁、锌、硒均高于参考值，胶稠度、垩白度均优于参考值，属于一级品。综合评价其符合全国名特优新农产品名录收集登录基本条件和要求。

5. 环境优势

科尔沁左翼后旗地处东经121°30′~123°42′，北纬42°40′~43°42′。年积温为2 900~3 010℃。全旗地下水资源丰富，土壤和水质为弱碱性，年无霜期在138~148d，水稻集中连片种植，稻田周边是沙丘，而且基地周边的沙丘都是多年生木本和草本植物，具有较佳的原生态生产地生态环境，境内无工矿企业，周边无污染流入，产地远离工矿区和公路铁路干线5km以上。

6. 产品功效

功效同前述。

二、小麦及小麦粉

（一）五原小麦

1. 产品介绍

五原县秉承绿色兴农、质量兴农、品牌强农的理念，对五原小麦通过规模化种植、集约化管理、绿色防控、改良土壤等综合措施，实现了五原小麦标准化生产；2014年，五原县对五原小麦进行了农产品地理标志登记保护，免费授权4家绿色食品面粉企业使用五原小麦农产品地理标志，增强品牌效应，五原小麦生产出的雪花粉、饺子粉等系列产品，已成为国内知名品牌，具有广阔的发展前景。

2. 特征描述

五原小麦颗粒呈卵形，粒色为黄褐色，籽粒腹沟较深，有少量冠毛，颗粒饱满整齐、粒质坚硬，千粒重约42.42g；具有小麦固有的光泽、颜色、气味。

3. 营养指标（表11）

表11　五原小麦独特营养成分

参数	淀粉（%）	脂肪（%）	湿面筋（%）	赖氨酸（mg/100g）	锌（mg/100g）	铁（mg/100g）	天冬氨酸（mg/100g）	膳食纤维（%）
测定值	74.6	1.3	34.1	345	3.42	6.73	636	9.5
参考值	62.4	1.3	25.5	271	2.33	5.10	529	9.0

4. 评价鉴定

该产品在五原县范围内，在其独特的生长环境下，具有百粒重约4.24g，颗粒呈卵形，粒色为黄褐色，颗粒饱满整齐、粒质坚硬的特性，内在品质膳食纤维、赖氨酸、天冬氨酸、淀粉、铁、锌、湿面筋均高于参考值，脂肪等于参考值，综合评价其符合全国名特优新农产品名录收集登录基本条件和要求。

5. 环境优势

五原县位于内蒙古巴彦淖尔市，南邻黄河，北靠阴山，东西长约62.5km，南北宽约40km，地处河套平原腹地，地势平坦，京藏高速和包兰铁路全境通过，交通十分便利；主要耕作土壤是灌淤土，其表土层为壤质灌淤层，耕作性好，含钾量高，对糖和淀粉的积累有利；五原县水源充沛，灌溉便利，全县有五大干渠，9条分干渠，135条农渠，密如蛛网的毛渠灌溉着全县土地；气候具有光能丰富、日照充足、昼夜温差大、降水量少而集中的特点，五原独特的自然环境造就了独特的农产品，五原盛产优质小麦。2019年11月，五原县被农业农村部命名为国家农产品质量安全县。

6. 产品功效

小麦是中国的第二大粮食作物，属于我国传统四大主粮，是人体摄取碳水化合物、微量元素及维生素的主要来源之一。小麦粉吸水后可揉成具有黏弹性的面筋质，因此用小麦粉可制成独特品质和风味的食品。小麦粉中碳水化合物含量在70%以上，主要由淀粉、纤维素和其他糖类组成，是人体能量的主要来源。

（二）杭锦后旗小麦

1. 产品介绍

杭锦后旗40万亩小麦被国家认定为绿色食品原料标准化生产基地。现有7家绿色食品企业，认证产品的年产量37 270t，企业年产量60 800t，小麦年收储量44 200t，产值55 440万元，占县域经济的51%。产业升级：杭锦后旗紧紧围绕国家农业可持续发展试验示范区建设，坚持市场导向，推进科技创新，统筹资源与布局、生产与加工、生产与消费各个环节，促进小麦稳定发展。推进措施：以农业产业示范区为载体，以高标准农田建设为抓手，加强规模化、优质小麦示范基地建设。通过发展连片种植、订单种植，提高小麦种植的综合效益。品牌创建：利用国家绿色食品农博会，内蒙古绿色食品农博会，微信公众号等手段宣传杭锦后旗面粉，杭锦后旗面粉远销北京、上海、天津等30多个大中城市，为小麦面粉产业的健康发展奠定基础。

2. 特征描述

杭锦后旗小麦百粒重约4.73g，颗粒呈卵形，粒色为黄色，籽粒腹沟较深，有少量冠毛，颗粒饱满整齐、粒质坚硬；具有小麦固有的光泽、颜色、气味；无虫蚀粒、病斑粒、生芽粒、赤霉病粒。

3. 营养指标（表12）

表12　杭锦后旗小麦独特营养成分

参数	淀粉（%）	脂肪（%）	湿面筋（%）	谷氨酸（mg/100g）	锌（mg/100g）	铁（mg/100g）	蛋白质（%）	膳食纤维（%）	不饱和脂肪酸（%）
测定值	66.7	1.6	34.1	4 210	3.07	6.73	17.8	7.6	1.4
参考值	62.4	1.3	25.5	4 074	2.33	5.10	11.9	9.0	0.7

4. 评价鉴定

该产品在杭锦后旗区域范围内，在其独特的生长环境下，具有百粒重约4.73g，颗粒呈卵形，粒色为黄色，籽粒腹沟较深，有少量冠毛，颗粒饱满整齐、粒质坚硬的特性，内在品质蛋白质、脂肪、总不饱和脂肪酸、谷氨酸、亮氨酸、缬氨酸、淀粉、铁、锌、湿面筋均高于参考值，综合评价其符合全国名特优新农产品名录收集登录基本条件和要求。

5. 环境优势

杭锦后旗位于内蒙古巴彦淖尔市，南临黄河，北靠阴山，南北长约87km，东西宽约52km，总面积1 790km²。地处河套平原腹地，地势平坦，110国道、京藏高速全境通过。土地耕作为灌淤层，耕作性好，含钾量高，对糖分的积累非常有利。杭锦后旗水源充沛，灌溉便利，黄河在全旗境内长17km，过境年流量226亿 m³，是全国八大自流灌溉农区之一。气候具有光能丰富，日照充足，昼夜温差大，降水量少而集中的特点，独特的自然条件造就了独特的农产品，杭锦后旗盛产小麦。2019 年，杭锦后旗被农业农村部正式命名为国家农产品质量安全县。

6. 产品功效

功效同前述。

（三）阿拉善左旗小麦

1. 产品介绍

阿拉善左旗小麦主要生产企业先后获得无公害、绿色、有机农产品认证，并成功注册"丰茂德""巴润别立""漫水滩"等小麦产品企业商标。同时，地方政府积极进行宣传。组织生产经营企业与区内外大型集团公司联合代言，利用网络直播、短视频等形式大力宣传，进一步助力阿拉善左旗小麦等特色产品线上线下销售。

2. 特征描述

阿拉善左旗小麦百粒重约 4.80g，颗粒呈卵形，粒色为黄色，籽粒腹沟较深，有少量冠毛，颗粒饱满整齐、粒质坚硬；具有小麦固有的光泽、颜色、气味；无虫蚀粒、病斑粒、生芽粒、赤霉病粒。

3. 营养指标（表13）

表 13　阿拉善左旗小麦独特营养成分

参数	淀粉（%）	脂肪（%）	湿面筋（%）	谷氨酸（mg/100g）	锌（mg/100g）	铁（mg/100g）	蛋白质（%）	膳食纤维（%）	不饱和脂肪酸（%）
测定值	75.9	1.2	30.6	4 482	4.12	8.12	13.4	6.6	1.0
参考值	62.4	1.3	25.5	4 074	2.33	5.10	11.9	9.0	0.7

4. 评价鉴定

该产品在阿拉善左旗区域范围内，在其独特的生长环境下，具有百粒重约 4.80g，颗粒呈卵形，粒色为黄色，颗粒饱满整齐、粒质坚硬的特性，内在品质蛋白质、不饱和脂肪酸、谷氨酸、亮氨酸、缬氨酸、淀粉、铁、锌、湿面筋均高于参考值，综合评价其符合全国名特优新农产品名录收集登录基本条件和要求。

5. 环境优势

阿拉善左旗小麦的主要生产区域属温带荒漠干旱区，为典型的大陆性气候，干旱少雨、日照充足、蒸发强烈，海拔高度 800～1 500m，年降水量 80～220mm，年蒸发量 2 900～3 300mm。日照时间 3 316h，年平均气温 7.2℃，无霜期150d 左右。温都尔勒图镇漫水滩，是景电二期工程覆盖的黄灌区，是阿拉善左旗小麦主要种植区。小麦生长区大气透明度好，无污染，光照时间长，空气、土壤、水资源等自然环境良好，交通便利，为无公害、绿色、有机农业生产提供了优越的环境条件。

6. 产品功效

功效同前述。

(四) 乌拉特前旗小麦

1. 产品介绍

乌拉特前旗地域辽阔，农牧业资源丰富，是国家商品粮基地，全国100个产粮大县，全旗种植面积15万亩，2020年，开发示范种植8 000亩有机小麦，提升产品附加值和溢价能力。同时，乌拉特前旗小麦借助全市打造"天赋河套"农产品区域公用品牌的契机，重点推进优质小麦种植，抓好小麦高质量发展，打造"一路一带、两岸两圈、城田一体"现代农牧业绿色高质量发展空间布局，将乌拉特前旗小麦纳入"红色产业发展圈"。当前，乌拉特前旗共有3家企业20多个小麦面粉系列产品获得绿色食品认证。2019年内蒙古"名优特"产品评选中，乌拉特前旗一款小麦面粉荣获2019年（第七届）内蒙古"特色"产品奖。

2. 特征描述

乌拉特前旗小麦颗粒呈卵形或椭圆形，粒色为红色，籽粒腹沟较深，有少量冠毛，颗粒饱满整齐、粒质坚硬；具有小麦固有的光泽、颜色、气味；无虫蚀粒、病斑粒、生芽粒、赤霉病粒。

3. 营养指标（表14）

表14 乌拉特前旗小麦独特营养成分

参数	淀粉（%）	脂肪（%）	湿面筋（%）	锌（mg/100g）	铁（mg/100g）	蛋白质（%）	粗纤维（%）
测定值	57.5	1.6	37.6	2.86	8.06	13.4	2.6
参考值	62.4	1.3	25.5	2.33	5.10	11.9	2.4

4. 评价鉴定

该产品在乌拉特前旗区域范围内，在其独特的生长环境下，具有颗粒饱满整齐、粒质坚硬，具有小麦固有的光泽、颜色、气味的特性，内在品质蛋白质、脂肪、湿面筋、粗纤维、锌、铁均高于参考值，综合评价其符合全国名特优新农产品名录收集登录基本条件和要求。

5. 环境优势

乌拉特前旗位于河套平原东端，东邻包头，西接五原，南至黄河，北与乌拉特中旗接壤，地势平坦，京藏高速、110国道、包兰铁路穿境而过。耕作层土壤是灌淤土，表层为壤质灌淤层，耕作性好，含钾量高，对糖分和淀粉的积累非常有利。水源充沛，灌溉便利，有三大干渠，直口渠道446条，支渠19条，毛渠427条，净灌溉面积56.02万亩，得黄河水自流灌溉之便利，由于土地肥沃、光能丰富、日照充足、昼夜温差大、降水量少而集中的特点，独特的气候条件适宜小麦生长发育，并远离污染源，很少有病虫害，长期以来以使用有机肥为主，人工除草，不用农药，生产的小麦品质高，适口性好。

6. 产品功效

功效同前述。

（五）临河小麦

1. 产品介绍

近年来，临河依托独特的自然资源条件和农牧业产业优势，深入推进农牧业供给侧结构性改革，把发展绿色有机高端农畜产品作为农牧业发展的主攻方向，通过引进和培育农产品加工龙头企业，构筑起一条条在田野间不断延伸的农牧业产业链条，初步形成粮油、炒货、果蔬、加工型蔬菜、乳、肉、绒、饲草料、中药材和酿造十大优势特色产业。2018年以来，该市以"天赋河套"区域公用品牌建设为引领，全力推进河套全域绿色有机高端农畜产品生产加工输出基地建设，坚定不移坚持走生态治理、产业振兴与民生改善相结合的路子，不断推动农牧业高质量发展进程。临河区粮油产业以恒丰、兆丰等企业为龙头，带动河套小麦种植面积和粮食产量稳定增长。同时，企业利用内蒙古河套平原高端小麦产区的优势，在内蒙古建立生产加工项目，生产中高端优质小麦粉，提升完善当地小麦加工转化能力，引导当地优质小麦种植结构调整，提高农民收入，助推"天赋河套"农产品区域公共品牌建设。

2. 特征描述

临河小麦颗粒呈卵形或椭圆形、粒色为红色，籽粒腹沟较深，有少量冠毛，颗粒饱满整齐、粒质坚硬；具有小麦固有的光泽、颜色、气味；无虫蚀粒、病斑粒、生芽粒、赤霉病粒。

3. 营养指标（表15）

表15 临河小麦独特营养成分

参数	淀粉（%）	谷氨酸（mg/100g）	湿面筋（%）	锌（mg/100g）	铁（mg/100g）	蛋白质（%）	粗纤维（%）	丙氨酸（mg/100g）
测定值	76.0	4 200	31.2	2.92	5.80	13.6	2.0	482
参考值	62.4	3 950	25.5	2.33	5.10	11.9	2.4	460

4. 评价鉴定

临河小麦颗粒呈卵形或椭圆形，粒色为红色，籽粒腹沟较深，有少量冠毛，颗粒饱满整齐、粒质坚硬；具有小麦固有的光泽、颜色、气味；无虫蚀粒、病斑粒、生芽粒、赤霉病粒。内在品质湿面筋高于同类产品平均值，蛋白质、淀粉、铁、锌、谷氨酸、丙氨酸均高于参考值。综合评价符合全国名特优新农产品营养品质评价规范要求。

5. 环境优势

河套地区位于中国北疆，内蒙古西部，属温带大陆性气候，年降水量为90~300mm，日照时数为3 100~3 300h，土地肥沃，灌溉条件好，积温高，日照充足，昼夜温差较大，北纬40°高纬度，黄河水浇灌，使得产出的小麦品质好，其面筋含量在31.2%，稳定时间在10min以上，蛋白质含量14%以上，灰分在0.4%~0.65%，是全国重要的优质小麦生产基地。内蒙古春小麦播种面积稳定在600万亩以上，占到全国春小麦的1/4以上，并有增加趋势。内蒙古河套地区种植的小麦，主要以'永良4号'红皮硬麦为主，小麦籽粒大而坚实饱满，蛋白质、面筋含量高且质量好、烘焙性能好，是生产各类优质面粉的专用原料，也是我国目前唯一可以与美国、加拿大的优质小麦相媲美的高筋度硬质小麦。

6. 产品功效

功效同前述。

（六）察右中旗小麦粉

1. 产品介绍

为进一步发展小麦产业，提升小麦的市场竞争力，满足农民增收、企业增效。为此察哈尔右翼中旗政府聘请专家为种植户解决小麦在种植过程中遇到的问题，使察右中旗小麦种植面积高达 20 多万亩以上，每亩年产量约达 300 多 kg，年产小麦粉 3 000 万 t。另外，该地种植的小麦均不使用任何农药化肥，生产的小麦粉精选当地优质旱地籽粒紧实的小麦为原料，加工过程中未添加任何食品添加剂，使小麦粉保持了原有的劲道，打造纯天然无污染绿色的乌中宏大小麦粉。

2. 特征描述

察右中旗小麦粉色泽白净，颗粒度小，筋度大，具有小麦粉固有的色泽和气味；小麦粉无霉变、无虫蚀、无污染。

3. 营养指标（表 16）

表 16　察右中旗小麦粉独特营养成分

参数	淀粉（%）	蛋白质（%）	湿面筋（%）	谷氨酸（mg/100g）	锌（mg/100g）	铁（mg/100g）	脯氨酸（mg/100g）	硒（μg/100g）
测定值	76.4	11.3	39.0	4 339	0.69	2.59	1 569	6.6
参考值	67.3	12.4	30.0	4 074	0.69	1.4	1 369	7.10

4. 评价鉴定

该产品在察哈尔右翼中旗范围内，在其独特的生长环境下，具有色泽白净，颗粒度小，筋度大，具有小麦粉固有的色泽和气味的特性，内在品质淀粉、铁、谷氨酸、脯氨酸、组氨酸均高于参考值，锌含量等于参考值，湿面筋高于参考值，属于高筋小麦粉，综合评价其符合全国名特优新农产品名录收集登录基本条件和要求。

5. 环境优势

察哈尔右翼中旗地处阴山北麓，处于北纬 41°06′~41°29′，东经 111°55′~112°49′，地势东低西高，以丘陵和平原为主，昼夜温差大，日照充足，属于温带大陆性季风气候。全旗土壤土层深厚，有机质含量高，为小麦提供了良好的蓄水保肥条件。小麦喜冷凉气候，而察哈尔右翼中旗气候凉爽，非常适合小麦生长。察哈尔右翼中旗位于内蒙古乌兰察布市中部，小麦产区区域优势显著，自古为连接中原地区和西北地区的重要商道，现为环渤海经济圈、呼包鄂结合部重要辐射区，也是乌兰察布、大同市和张家口经济协作的重要功能区。境内交通便利，顺畅多元的交通枢纽为小麦粉的销售运输打通了

"经脉"。

6. 产品功效

功效同前述。

（七）石哈河小麦粉

1. 产品介绍

石哈河小麦粉产自内蒙古巴彦淖尔市乌拉特中旗石哈河镇，目前，石哈河镇已申请注册了区域公共品牌"五彩石哈河"，同时石哈河小麦粉成功入驻并使用该区域公共品牌。当地政府充分利用节庆活动宣传"五彩石哈河"，逐步形成口碑效应，同时，加大在旅游接待中的推广宣传力度，在乌拉特中旗内景区布置和旅游产品设计等环节中体现石哈河小麦粉的品牌元素，进一步扩大石哈河小麦粉的知名度。目前，石哈河镇拥有石哈河小麦粉有机农产品认证企业 1 家，有机种植业基地 533hm²①，未来计划认证石哈河小麦粉有机农产品企业 1 家。

2. 特征描述

石哈河小麦粉具有色泽白净，颗粒度小而均匀，筋度大，表面质地细腻，小麦粉无霉变，无虫蚀，无污染，具有小麦粉固有的色泽和气味的特性。

3. 营养指标（表 17）

表 17　石哈河小麦粉独特营养成分

参数	淀粉（%）	蛋白质（%）	湿面筋（%）	谷氨酸（mg/100g）	锌（mg/100g）	铁（mg/100g）	亮氨酸（mg/100g）	硒（μg/100g）
测定值	76.1	14.1	41.6	4 665	1.27	4.62	890	5.00
参考值	67.3	12.4	30.0	4 074	0.69	1.40	837	7.10

4. 评价鉴定

该产品在乌拉特中旗区域范围内，在其独特的生产环境下，具有色泽白净，颗粒度小，筋度大，具有小麦粉固有的色泽和气味的特性，内在品质蛋白质、淀粉、铁、锌、谷氨酸、亮氨酸、缬氨酸均高于参考值，湿面筋高于参考值，属于高筋小麦粉，综合评价其符合全国名特优新农产品名录收集登录基本条件和要求。

5. 环境优势

石哈河地区（俗称高塔儿梁地区）位于阴山北麓，地跨北纬 41°11′~41°36′，东经 108°58′~109°41′，属于高寒地带，有旱坡地 25 333hm²，平均海拔 1 500m 以上，全年降水量少而集中，降水集中在 7—9 月，空气清新，水质纯净，土壤未受污染或污染程度较低，且远离交通干线、工矿企业和村庄等生活区。当地土地宽广肥沃，盛产小麦、荞麦、莜麦等各种农作物，有良好的自然条件和生态优势。所产的农产品具有丰富的营养价值。

6. 产品功效

功效同前述。

---

① 1hm² = 15 亩，全书同。

（八）卓资山小麦粉

1. 产品介绍

卓资山小麦在当地有着悠久的种植、食用历史，近年来，通过当地政府出台相关优惠政策的扶持年均种植面积稳定在 3 万亩左右，面粉产量约为 7 800t。根据本县特点，推出轮作种植方法，确保小麦的优良品质。而且，卓资县磨子山农牧业发展有限公司已通过国家绿色食品认证，并且多次参加政府组织的展会，提升了品牌效应，推动整个产业发展和产业链延伸，增加了当地农民收入。

2. 特征描述

卓资山小麦粉色泽白净，颗粒度小，筋度大，具有小麦粉固有的色泽和气味；小麦粉无霉变、无虫蛀、无污染。

3. 营养指标（表18）

表18　卓资山小麦粉独特营养成分

参数	淀粉（%）	蛋白质（%）	湿面筋（%）	谷氨酸（mg/100g）	锌（mg/100g）	铁（mg/100g）	组氨酸（mg/100g）	蛋氨酸（mg/100g）
测定值	68.0	11.8	38.8	4 268	1.40	5.45	334	174
参考值	67.3	12.40	30.0	4 074	0.69	1.40	234	174

4. 评价鉴定

卓资山小麦粉色泽白净，颗粒度小，筋度大，具有小麦粉固有的色泽和气味；小麦粉无霉变、无虫蚀、无污染。内在品质蛋氨酸等于参考值，淀粉、铁、锌、湿面筋、谷氨酸、组氨酸均高于参考值。综合评价符合全国名特优新农产品营养品质评价规范要求。

5. 环境优势

卓资，原称"桌子"，因县府驻地有山，形如"桌子"而得名，后本地文人商贾嫌此名俗气，改称"卓资"，寓"卓尔不凡，资丰物阜"之意，拥有阴山山脉肥沃的净土和 2 000 余亩优质火山灰土壤，全县属中温带大陆性季风气候，总面积 3 119km^2，总人口 21.82 万人，辖 5 镇 3 乡，借助卓资山及周围地理优势，深用原始轮作倒茬种。土壤、水质、空气都符合国家绿色标准，生产的小麦粉日照充足，生长周期长，利用原始石磨加工而成，保证了小麦的原始风味。

6. 产品功效

功效同前述。

（九）科尔沁左翼中旗小麦粉

1. 产品介绍

科尔沁左翼中旗小麦粉产自内蒙古通辽市科左中旗架玛吐镇、胜利乡等地，该地为了标准化种植，特制定了《科左中旗绿色食品小麦生产技术操作规程》，并大力开展生产技术宣传推广，加大培训力度，加强基地建设和管理工作。采取"合作社（公司）+基地+农户"的形式实施基地建设，将分散的小麦种植户组织在一起，进行统一培训、统一购种、统一技术指导、统一收获、统一收购、统一管理。同时，企业积极参加全国绿色食品博览会、产品展销推介会等，提高品牌农业的知名度，有力推动了科尔沁左翼中旗小麦粉的快速健康发展。

2. 特征描述

科尔沁左翼中旗小麦粉色泽白净，粒度较小；其小麦颗粒呈卵形或椭圆形，籽粒腹沟较深，有少量冠毛，颗粒饱满整齐、粒质坚硬、粒色为红色。

3. 营养指标（表19）

表19 科尔沁左翼中旗小麦粉独特营养成分

参数	淀粉（%）	蛋白质（%）	钙（mg/100g）	锌（mg/100g）	铁（mg/100g）	锰（mg/100g）	钠（mg/100g）
测定值	42.3	12.4	35.40	0.87	25.50	0.89	29.90
参考值	67.3	12.4	28.00	0.69	1.40	0.37	14.10

4. 评价鉴定

科尔沁左翼中旗小麦粉色泽白净，粒度较小，面粉筋度大；其小麦颗粒饱满整齐、粒质坚硬、粒色为红色；内在品质蛋白质与参考值相等，钙、铁、锰、锌、钠均高于参考值。综合评价符合全国名特优新农产品营养品质评价规范要求。

5. 环境优势

科尔沁左翼中旗位于内蒙古东部、松辽平原西端。这里的自然环境条件优良，有青山绿水、蓝天白云，有独特的土质地貌，土壤肥沃、含有丰富的硒元素和铁、锌等微量元素。在作物生长季节，气温回升快、雨热同步、日夜温差大，生产出的产品品质优、口感好、营养丰富，而且没有工业污染，产品质量安全可靠。

6. 产品功效

功效同前述。

（十）托县小麦粉

1. 产品介绍

托县小麦粉产自托克托县新营子镇范城滩夭村、河口管委会树尔营村，种植面积达652hm²，该地选用'宁春4号'这一优良品种，并充分利用黄河水灌溉，加上优质土壤，无公害技术进行栽培，产出了优质的托县小麦粉。

2. 特征描述

托县小麦粉色泽白净，颗粒度小，筋度大；其小麦颗粒呈卵形，籽粒腹沟较深，冠毛较多，颗粒饱满、粒质坚硬，粒色为红色。

3. 营养指标（表20）

表20 托县小麦粉独特营养成分

参数	淀粉（%）	蛋白质（%）	锌（mg/100g）	铁（mg/100g）	赖氨酸（mg/100g）	缬氨酸（mg/100g）
测定值	41.8	10.1	1.25	2.80	429	745
参考值	67.3	12.4	0.69	1.40	271	510

4. 评价鉴定

托县小麦粉色泽白净，颗粒度小，筋度大；其小麦颗粒饱满，粒质坚硬，粒色为红色；内在品质赖氨酸、缬氨酸、铁、锌均优于参考值。综合评价符合全国名特优新农产品营养品质评价规范要求。

5. 环境优势

托克托县地理位置优越，北依自治区首府呼和浩特，西通包头，地处大青山南，黄河流经境内37.5km，大黑河已灌全境，属大陆性气候，热能资源丰富，年均气温7.3℃，年均降水量362mm，无霜期较长，是小麦种植最佳基地，土地资源丰富，加之托克托县种养殖结合，施用农家肥，做到了无公害、纯绿色的种植栽培，可产出优质的小麦，并加工出绿色面粉。

6. 产品功效

功效同前述。

（十一）科右前旗原麦粉

1. 产品介绍

科尔沁右翼前旗政府围绕"稳粮增经扩饲"，转变玉米"一粮独大"的种植结构，"十三五"以来，发展特色高效优势作物。围绕粮食生产功能区重点打造了高产高效的110万亩玉米、10万亩水稻、15万亩小麦示范基地，使得科右前旗原麦粉的加工原料得到了充分的保障。2019年，科尔沁右翼前旗政府拨出150万元专项扶持资金，专门对原麦粉加工技术进行了升级改造，引进了先进的原麦粉加工设备，使得科右前旗原麦粉质量和产量都得到了保障。2015年，北峰岭面粉加工有限公司注册了北峰岭商标，开启了品牌打造之路。2018年，科尔沁右翼前旗索伦牧场注册了索伦河谷商标，也开始了品牌打造。各生产企业在科尔沁右翼前旗政府的帮助下，认证了原麦粉为绿色食品。2011年至今，索伦河谷兴垦食品有限责任公司先后投资810万元，对原麦粉的加工技术进行改造，新建厂房1 320m²，库房1 500m²，购进了日加工能力120t的加工设备。从2019年以来，在科尔沁右翼前旗政府的支持下，北峰岭加工有限公司参加了全国农商互联扶贫展销大会及扶贫展销大会，科尔沁右翼前旗原麦粉被来自全国各地的消费者所青睐。

2. 特征描述

科右前旗原麦粉色泽白净，颗粒度小，筋度大，具有小麦粉固有的色泽和气味；小麦粉无霉变、无虫蚀、无污染。

3. 营养指标（表21）

表21 科右前旗原麦粉独特营养成分

参数	淀粉（%）	蛋白质（%）	锌（mg/100g）	铁（mg/100g）	亮氨酸（mg/100g）	谷氨酸（mg/100g）	湿面筋（%）	硒（μg/100g）
测定值	76.4	13.5	1.04	24.17	917	4 792	40.4	3.00
参考值	67.3	12.4	0.69	1.40	837	4 074	30.0	7.10

4. 评价鉴定

该产品在科尔沁右翼前旗范围内，在其独特的生产环境下，具有色泽白净，颗粒度小，筋度大，具有小麦粉固有的色泽和气味的特性，内在品质蛋白质、淀粉、铁、锌、谷氨酸、亮氨酸、缬氨酸均高于参考值，湿面筋高于参考值，属于高筋小麦粉，综合评价其符合全国名特优新农产品名录收集登录基本条件和要求。

5. 环境优势

科尔沁右翼前旗地处内蒙古兴安盟西部，属大陆性季风气候，特点显著，四季分明，年平均气温4℃，无霜期130d，平均降水量420mm，光照充足，春秋昼夜温差大，有利于小麦干物质的积累，种植基地周边无重工业，水源充足无污染，空气清新，植被丰富，是国家认证的全国绿色食品原料标准化生产基地。

6. 产品功效

功效同前述。

三、莜麦粉

（一）石哈河莜麦粉

1. 产品介绍

乌拉特中旗拥有石哈河莜麦粉有机农产品认证企业1家，有机莜麦粉种植面积达16万亩。乌拉特中旗积极推动石哈河莜麦产业融入"天赋河套"品牌体系，深入推动农产品质量安全监管体系、检测体系、追溯体系三大体系建设，制定一批适合本地的莜麦种植标准，全力打造有机高端的石哈河莜麦生产加工输出基地，同时，石哈河地区申请注册了区域公共品牌"五彩石哈河"。当地充分利用各种节庆活动宣传"五彩石哈河"，逐步形成口碑效应，同时，加大在旅游接待中的推广宣传力度，在旗内景区布置和旅游产品设计等各个环节中体现石哈河莜麦粉的品牌元素，进一步扩大石哈河莜麦粉的知名度。拓展石哈河莜麦粉线上营销渠道，以电子商务产业园为切入口，以市场为导向，打通互联网销售渠道，提升石哈河莜麦粉在互联网市场的出镜率、占有率和竞争力，逐步建立稳定多元的线上销售渠道。做实线下营销渠道，组织生产石哈河莜麦粉的企业积极参加各类商品展销会，鼓励企业通过建立直营店、体验店等形式，拓展销售渠道。

2. 特征描述

色泽发黄，表面质地较为粗糙，粗粒感较强，手感微涩，莜麦粉颗粒度较均匀，颗粒大小一致，具有莜麦粉固有的气味，有淡淡的莜麦香味；莜麦粉无霉变、无虫蚀、无污染。

3. 营养指标（表22）

表22 石哈河莜麦粉独特营养成分

参数	淀粉（%）	蛋白质（%）	锌（mg/100g）	谷氨酸（mg/100g）	总不饱和脂肪酸（%）	脂肪（%）	铁（mg/100g）	组氨酸（mg/100g）
测定值	74.6	12.8	2.53	2 500	4.2	6.4	5.01	340
参考值	61.5	13.7	2.18	2 870	4.0	8.6	3.80	280

4. 评价鉴定

石哈河莜麦粉色泽发黄，表面质地较粗糙，粗粒感较强，手感略涩，莜麦粉颗粒度较均匀，颗粒大小一致，具有莜麦粉固有的气味，有淡淡的莜麦香味；莜麦粉无霉变、无虫蚀、无污染。内在品质淀粉、铁、锌、组氨酸、总不饱和脂肪酸均高于参考值。综合评价符合全国名特优新农产品营养品质评价规范要求。

5. 环境优势

石哈河地区（俗称高塔儿梁地区）位于阴山北麓，属于高寒地带，有旱坡地38万亩，平均海拔1 500m以上，全年降水量少而集中，降水集中在7—9月，空气清新，水质纯净，土壤未受污染或污染程度较低，且远离交通干线、工矿企业和村庄等生活区。当地土地宽广肥沃，盛产小麦、荞麦、莜麦等各种农作物，有良好的自然条件和生态优势。所产的农产品具有丰富的营养价值。

6. 产品功效

莜麦中富含的膳食纤维可促进肠道蠕动。糖尿病患者食用莜面食品，可以明显降低餐后血糖峰值及血清胰岛素水平。此外，莜麦粉中的可溶性膳食纤维不仅可以降低血糖，也是降低血脂的重要有效成分之一，因此莜麦对于防治动脉粥样硬化性心脑血管疾病也有益处。

（二）卓资山莜麦面

1. 产品介绍

产业升级推进措施：卓资县在历史上是塞外牧区，随着生态建设的实施，卓资县大力发展自己特色经济，为适应市场需求，种植业结构逐年调整，发展本地优势农业，目前，卓资县莜麦种植面积已超10 000亩，形成了莜麦种植带，莜面产量近9万t。品牌创建：卓资县种植大户磨子山已经通过国家绿色食品认证，大量收购优良莜麦，生产莜面粉，促进了本地区经济的发展，增加了种植户的收入，同时卓资县政府为了鼓励种植户的积极性，特推出《卓资县 2019 年农业支持保护补贴工作实施方案》，为莜麦的发展提供了保障。

2. 特征描述

卓资山莜麦面色泽发黄，表面质地较粗糙，粗粒感较强，手感略涩，面粉颗粒度较均匀，颗粒大小一致，具有莜麦面固有的气味，有淡淡的莜麦香味；莜麦面无霉变、无虫蛀、无污染。

3. 营养指标（表 23）

表 23　卓资山莜麦面独特营养成分

参数	淀粉（%）	蛋白质（%）	锌（mg/100g）	谷氨酸（mg/100g）	多不饱和脂肪酸（%）	脂肪（%）	铁（mg/100g）	单不饱和脂肪酸（%）
测定值	70.6	14.4	3.49	2 502	2.7	8.2	10.88	3.2
参考值	61.5	13.7	2.18	2 870	0.9	8.6	3.80	3.1

4. 评价鉴定

卓资山莜麦面色泽发黄，表面质地较粗糙，粗粒感较强，手感略涩，面粉颗粒度较均匀，颗粒大小一致，具有莜麦面固有的气味，有淡淡的莜麦香味；莜麦面无霉变、无虫蛀、无污染；内在品质蛋白质、铁、锌、淀粉、单不饱和脂肪酸、多不饱和脂肪酸均高于参考值。综合评价符合全国名特优新农产品营养品质评价规范要求。

5. 环境优势

卓资县地处内蒙古乌兰察布市中南部，位于东经 110°51′~112°56′，北纬 40°38′~41°16′，全县属中温带大陆性季风气候，温差大，日照充足且时间长，无霜期为 124d，农作物光合作用强，本地土壤、水源等均无污染，同时，本地土壤富含磷钾等莜麦生长所需的必须微量元素，所以，卓资县种植的莜麦无须化学肥料，生产的莜面是纯天然的绿色食品，并且卓资县莜麦深用原始轮作倒茬种植，使土地能够得到充分的休整，生产出的莜麦具有更好的营养价值，这也使卓资县的莜麦远销全国各地。

6. 产品功效

功效同前述。

（三）克旗莜面

1. 产品介绍

近年来，在"精准扶贫"的带动下，克旗莜面成为克什克腾旗农业的支柱产品，带动近千农户实现脱贫，产业园以出产优质莜面并逐渐做成内蒙古的有机品牌莜面，狠抓粮食生产质量，强化粮食生产基地建设，注重良种种植、生产、加工的专业科技人才培养和引进，积极开拓市场，打造"克旗莜面"的著名品牌。通过 3~5 年的产品培养市场营销，实现内蒙古高品质有机莜面走进国内的大中城市。

2. 特征描述

克旗莜面色泽发灰，表面质地较粗糙，粗粒感较强，手感略涩，面粉颗粒度较均匀，具有莜面固有的气味，有淡淡的莜麦香味；莜面无霉变、无虫蚀、无污染。

3. 营养指标（表 24）

表 24　克旗莜面独特营养成分

参数	淀粉 （%）	蛋白质 （%）	谷氨酸 （mg/100g）	总不饱和 脂肪酸 （%）	脂肪 （%）	铁 （mg/100g）
测定值	72.9	14.0	1 602	5.0	6.4	4.91
参考值	61.5	13.7	2 870	4.0	8.6	3.80

4. 评价鉴定

克旗莜面色泽发灰，表面质地较粗糙，粗粒感较强，手感略涩，面粉颗粒度较均匀，具有莜面固有的气味，有淡淡的莜麦香味；莜面无霉变、无虫蚀、无污染。内在品质蛋白质、淀粉、铁、总不饱和脂肪酸均高于参考值。综合评价符合全国名特优新农产品营养品质评价规范要求。

5. 环境优势

克什克腾旗地处内蒙古高原东端，平均海拔 1 000m 以上，常年多风少雨，属于半干旱性气候区域，早晚温差鲜明，特别适合出产优质莜麦，莜麦产地远离工业污染源，水源、大气、土壤、植物等资源均纯净无污染，具有生产绿色食品和无公害食品的得天独厚的条件，是无公害农产品种植、加工的理想区域。产地年活动积温在 2 400℃，无霜期 120~125d，年降水量为 400mm 左右，年均气温为 3.8℃，年日照时间为 2 800h 左右。

6. 产品功效

功效同前述。

（四）武川莜面

1. 产品介绍

2006 年，该产品在武川县形成集种植、收购、加工、销售为一体的绿色食品。目前，武川县种植绿色燕麦基地 1.4 万多公顷，被国家绿色食品发展中心认证为 A 级绿色食品、QS 认证食品，且获得国家食品药品 SC 管理认证。武川县致力于打造绿色莜麦面特色品牌，经过多年的发展，不断引进新技术和提升新工艺，使该产品的色、香、味、营养价值等更符合人体健康的需求。随着品质的提升和产量的增加，现该产品销往全国各地，并且入驻京东、淘宝等各大电商。品牌强农是提升农业竞争力的必然选择，当地将通过强化标志性农产品、整合县域产品资源、构建品牌标准化体系。

2. 特征描述

武川莜面色泽发黄，质地较粗糙，粗粒感较强，手感略涩，面粉颗粒度较均匀，颗粒大小一致，具有莜面固有的气味，有淡淡的莜麦香味；口感劲道；莜面无霉变、无虫蚀、无污染。

3. 营养指标（表25）

表25　武川莜面独特营养成分

参数	淀粉（%）	蛋白质（%）	赖氨酸（mg/100g）	多不饱和脂肪酸（%）	脂肪（%）	铁（mg/100g）	膳食纤维（%）	丙氨酸（mg/100g）
测定值	57.3	12.9	730	1.8	5.7	9.11	9.7	640
参考值	61.5	13.7	490	0.9	8.6	3.80	8.7	570

4. 评价鉴定

该产品在武川县域范围内，在其独特的生长环境下，具有面粉颗粒度较均匀，颗粒大小一致，具有莜面固有的气味，有淡淡的莜麦香味的特性，内在品质膳食纤维、多不饱和脂肪酸、铁、赖氨酸、丙氨酸均高于参考值，缬氨酸等于参考值，综合评价其符合全国名特优新农产品名录收集登录基本条件和要求。

5. 环境优势

武川县地处高原，地域辽阔，气候主要以热带大陆性季风为主，常年比较干燥、冷凉，有着较大的昼夜温差，而且雨热同期，年降水量比较集中，降水量大，常年光照充足，光能源及其丰富，这种天然条件为莜麦的生长发育提供了极其丰富的光照条件，加之积累了大量的养分，完全适宜生产周期段、耐寒、耐贫瘠、日照长的莜麦作物的生长要求。武川县土地资源丰富，且都是通透性良好的土壤，这也决定了该区域比较适宜种植抗逆性较强的莜麦。

6. 产品功效

功效同前述。

（五）察右中旗莜麦面

1. 产品介绍

莜麦面的加工原材料莜麦在幼苗的培育上全部选用有机肥料培育，幼苗生长的第一步我们就已进入绿色步骤，未施用任何化学农药和除草剂。在政府的大力支持下，当地种植的莜麦在10万亩以上，当年预计莜麦面产量可达1 400万t。为满足消费者的需要，在品牌创建方面，莜麦面的加工采用最原始的石磨研磨加工技术，加工出的莜麦面，麦香味浓郁，营养价值高，保留了莜麦原有的风味。从莜麦到莜麦粉经历多道工序及层层检验，只为生产出安全食品，创建属于自己的独特品牌而服务。

2. 特征描述

察右中旗莜麦面为灰白色，质地较粗糙，粗粒感较强，手感略涩，面粉颗粒度较均匀，具有莜麦面固有的气味，有淡淡的莜麦香味。

3. 营养指标（表26）

表26　察右中旗莜麦面独特营养成分

参数	淀粉（%）	蛋白质（%）	赖氨酸（mg/100g）	多不饱和脂肪酸（%）	脂肪（%）	铁（mg/100g）	膳食纤维（%）	亮氨酸（mg/100g）
测定值	69.2	12.4	520	1.6	6.0	8.74	6.1	1 010
参考值	61.5	13.7	490	0.9	8.6	3.80	8.7	960

4. 评价鉴定

该产品在察哈尔右翼中旗范围内，在其独特的生长环境下，具有莜麦面为灰白色，质地较粗糙，粗粒感较强，手感略涩，有莜麦面固有的气味，有淡淡的莜麦香味的特性，内在品质淀粉、多不饱和脂肪酸、铁、锌、赖氨酸、亮氨酸、缬氨酸均高于参考值，综合评价符合全国名特优新农产品营养品质评价规范要求。

5. 环境优势

察哈尔右翼中旗属中温带大陆性气候，昼夜温差大、气候冷凉、日照时间长，有效积温多，满足莜麦对低温长日照的需求。大部分地区为丘陵山地、高原草甸，独特的环境气候，使这里成为莜麦的黄金产区。这里种植的莜麦施用农家肥料和有机生物肥料，采用深井水浇灌，选用地方优良品种，实行科学化种田，使生产出的莜麦面纯天然无污染，各项营养指标均达到国标要求。且将莜麦与马铃薯进行轮作倒茬，可进一步优化主要种植品种结构调整，有效发挥地区比较优势，提升旱作农业的综合收益。

6. 产品功效

功效同前述。

四、荞麦粉及荞麦米

（一）准格尔荞麦粉

1. 产品介绍

近年来，准格尔旗高度重视商标品牌培育工作，引导企业、农牧民专业合作社、农户等加入行业协会或集体组织，加强集体商标、证明商标的注册和使用。引导优势农产品企业加强商标品牌运作，不断延伸农牧业产业链、提升价值链。其次，进一步完善荞麦相关产业在种粮补贴、土地流转、技术服务等方面的扶持政策，鼓励创业，推动"准格尔荞麦"品牌化、特色化。另外，全面摸排全旗荞麦产业相关企业、个体、中介服务机构等，培育一批带动农村劳动力转移就业能力强的荞麦企业或个体户，鼓励在全国大中城市发展荞麦产品的连锁经营。

2. 特征描述

准格尔荞麦粉外观颜色为白色，粒度较小，手感略涩，具有荞麦粉固有的色泽和气味。荞麦面无霉变、无虫蚀、无污染。

3. 营养指标（表27）

表27　准格尔荞麦粉独特营养成分

参数	淀粉（%）	蛋白质（%）	锌（mg/100g）	总黄酮（mg/100g）	膳食纤维（%）	脂肪（%）
测定值	72.7	9.4	2.08	34.8	6.6	3.0
参考值	69.0	11.3	1.94	15.8	6.5	2.8

4. 评价鉴定

准格尔荞麦粉外观颜色为白色，粒度较小，手感略涩，具有荞麦粉固有的色泽和气味；荞麦面无霉变、无虫蚀、无污染。内在品质脂肪、锌、淀粉、总黄酮、膳食纤维均高于参考值。综合评价符合全国名特优新农产品营养品质评价规范要求。

5. 环境优势

准格尔旗位于内蒙古西南部、鄂尔多斯市东部，地处山西、陕西、内蒙古三省区交界处，素有"鸡鸣三省"之称，属黄土高原丘陵沟壑山区，有"七山二沙一分田"之称。准格尔旗地处中温带，位于鄂尔多斯高原东侧斜坡上，海拔高度相对偏低，故气温偏暖，四季分明，无霜期较长，日照充足，相对湿度为52%，气候凉爽，适合荞麦幼苗生长发育；8—9月，平均气温分别为20.5℃和14.7℃，是荞麦开花和果实形成的最佳温度。这种前期温暖、后期凉爽的气温，有利于荞麦的生长发育。昼夜温差大，有利于荞麦制造养分，提高结实率，增加单产量。

6. 产品功效

荞麦作为我国传统杂粮品种之一，具有丰富的营养价值和良好的食疗功效，是一种药食同源的食品原料。荞麦富含高生物价的蛋白质、多种维生素、矿物质、微量元素、膳食纤维和黄酮类化合物等营养物质，是一种具有强大开发潜力的功能性食品原料。

（二）石哈河荞麦粉

1. 产品介绍

乌拉特中旗现有通过有机认证的石哈河荞麦粉生产企业1家，有机荞麦种植面积达16万亩，注册公共区域品牌"五彩石哈河"1个。乌拉特中旗积极推进石哈河特色产业荞麦融入"天赋河套"品牌体系，深入推动产品质量监管体系、检测体系、追溯体系三大体系建设。制定一批适合本地的种植标准，全力打造有机高端石哈河荞麦粉生产加工输出基地，充分利用各种节庆活动宣传"五彩石哈河"，逐步形成口碑效应，同时，加大在旅游接待中的推广宣传力度，在旗内景区布置和旅游产品设计等各个环节中

·29·

体现石哈河荞麦粉的品牌元素,进一步扩大石哈河荞麦粉的知名度。

2. 特征描述

石哈河荞麦粉外观颜色为白色,粒度较小,手感略涩,具有荞麦粉固有的色泽和气味;荞麦面无霉变、无虫蚀、无污染。

3. 营养指标(表28)

表28 石哈河荞麦粉独特营养成分

参数	淀粉(%)	蛋白质(%)	锌(mg/100g)	总黄酮(mg/100g)	膳食纤维(%)	脂肪(%)	铁(mg/100g)
测定值	64.3	7.2	1.02	20.8	5.8	1.6	5.89
参考值	69.0	11.3	1.94	15.8	6.5	2.8	7.00

4. 评价鉴定

石哈河荞麦粉外观颜色为白色,粒度较小,手感略涩,具有荞麦粉固有的色泽和气味;荞麦面无霉变、无虫蚀、无污染;内在品质黄酮高于参考值。综合评价符合全国名特优新农产品营养品质评价规范要求。

5. 环境优势

石哈河地区(俗称高塔儿梁地区),属于高寒地带,有旱坡地38万亩,平均海拔1 500m以上,全年降水量少而集中,降水集中在7—9月,空气清新,水质纯净,土壤未受污染或污染程度较低,且远离交通干线、工矿企业和村庄等生活区,适宜种植业的发展。当地土地宽广肥沃,盛产小麦、荞麦、莜麦等各种农作物,有良好的自然条件和生态优势。所产的农产品具有丰富的营养价值。

6. 产品功效

功效同前述。

(三)丰镇荞麦米

1. 产品介绍

丰镇荞麦以收获籽粒为主,在当地有着非常悠久的种植历史。近年来,通过当地政府出台相关优惠政策的扶持,荞麦的种植生产已逐步发展成为当地优势产品和主导产业之一。年均种植面积稳定在1 500亩左右,产量约为150t。品牌创建:当地龙头企业"珍佰农"以优质农产品规模化、标准化农户、绿色种植荞麦,并获得兴农扶贫丰镇品牌站,通过地方政府扶持和龙头企业的带动,推动整个产业发展、促进农业增效和农民增收。

2. 特征描述

丰镇荞麦米外观呈白色或浅褐色,形状较规则,为三棱卵圆形瘦果,表面与边缘平滑,千粒重约为21.64g;其颗粒完整、饱满,荞麦米内部颜色呈乳白色,具有荞麦特有的光泽和气味。

3. 营养指标（表29）

表29　丰镇荞麦米独特营养成分

参数	淀粉（%）	蛋白质（%）	锌（mg/100g）	总黄酮（mg/100g）	总不饱和脂肪酸（%）	脂肪（%）	铁（mg/100g）	直链淀粉（%）	谷氨酸（mg/100g）
测定值	68.1	13.0	3.83	143.0	2.1	2.8	9.39	23.2	2 230
参考值	64.7	9.3	3.62	18.5	1.5	2.3	6.20	18.4	2 090

4. 评价鉴定

该产品在丰镇市域范围内，在其独特的生长环境下，具有颗粒完整、饱满，千粒重约为21.64g，有荞麦特有的光泽和气味的特性，内在品质蛋白质、脂肪、总黄酮、总不饱和脂肪酸、亚油酸、谷氨酸、亮氨酸、淀粉、粗纤维、直链淀粉、铁、锌均高于参考值，综合评价其符合全国名特优新农产品名录收集登录基本条件和要求。

5. 环境优势

丰镇市地处北纬40°30′，东经113°23′，海拔高，寒暑变化明显等区位优势，属中温带大陆性气候，降水量少、寒暑变化明显。平均海拔1 400m的高原地区，气候冷凉，土地干燥少雨，昼夜温差大，无霜期短，降水多集中在6—8月，年均气温5℃左右，雨热同期。光照充足，日照时间平均每天可达10h，农作物光合作用旺盛，特别适宜耐瘠、耐寒、耐旱、喜光、日照长，对土壤适应性强的作物，是杂粮的最佳自然环境。荞麦生长期短、耐旱耐瘠的特性，决定了它能在干旱贫瘠的土地上获得比其他作物更高的产量。

6. 产品功效

功效同前述。

（四）固阳荞麦

1. 产品介绍

目前固阳全县共种植了14 666.66hm²荞麦，分布在金山镇、西斗铺镇、下湿壕镇、银号镇、怀朔镇、兴顺西镇，共计6个镇的82个村都有种植，极大地带动了当地农民的收益。2018年农村农业部正式批准对"固阳荞麦"实施农产品地理标志登记保护，固阳荞麦获得国家地理标志登记后，品牌知名度和产品附加值明显提升。政府和农业主管部门积极组织当地企业召开"商标品牌建设"，提升企业建设商标品牌的认识和能力，进一步提高农产品的市场竞争力。在包头市区开展"固阳特产直销店"，让品牌商标农产品走出本地，拓展全国市场，宣传产品质量，着力打造固阳荞麦的知名度。

2. 特征描述

固阳荞麦种皮颜色有褐色、棕色、黑色，形状比较规则，为三棱卵圆形瘦果，表面与边缘平滑，千粒重约为27.5g；颗粒完整、饱满，无虫蚀粒、发芽粒、生霉粒、破损粒。去壳后种子颜色呈乳白色，具有荞麦特有的光泽和气味。

3. 营养指标（表30）

表30 固阳荞麦独特营养成分

参数	淀粉（%）	蛋白质（%）	锌（mg/100g）	总黄酮（mg/100g）	粗纤维（%）	脂肪（%）	铁（mg/100g）
测定值	66.8	13.2	2.04	14.5	0.74	1.8	10.40
参考值	64.7	11.3	1.94	18.5	0.73	2.8	7.00

4. 评价鉴定

该产品在固阳县域范围内，在其独特的生长环境下，具有颗粒完整、饱满，有荞麦特有的光泽和气味的特性，内在品质蛋白质、淀粉、粗纤维、铁、锌均高于参考值，综合评价其符合全国名特优新农产品名录收集登录基本条件和要求。

5. 环境优势

固阳县地处北纬40°02′~41°29′，东经109°40′~110°41′，为中温带半干旱大陆性气候，地处高原，气温偏低，冬季寒冷干燥，利于杀死土壤中的致病菌；夏季干旱炎热，昼夜温差大，日照充足，有效积温多，≥10℃的年积温为1 900~2 400℃，能满足固阳荞麦生长旺季的2 115~2 419℃的积温需求。该地域年无霜期95~110d，光能资源丰富，太阳年总辐射量为604.6kJ/cm²，是中国富光区之一，年日照总时数为3 130h，日照百分率为71%，适宜的气候成就了固阳荞麦高产的特性。

6. 产品功效

功效同前述。

（五）翁牛特荞麦

1. 产品介绍

当地政府积极引导企业申请荞麦产品认证，保证产品品质。荞麦种植加工企业加入国家农产品追溯平台，实现产品种植过程可控制，产品来源可追溯，去向可查询。同时，利用电视、报纸等宣传媒体推介，不断扩大翁牛特荞麦的影响力，并借助中国绿色食品博览会、农产品交易会等知名展会，增加品牌的曝光度和影响力，提升翁牛特荞麦的知名度。

2. 特征描述

翁牛特荞麦种皮为黑色，形状比较规则，为三棱卵圆形瘦果，表面与边缘平滑，千粒重约为29.34g；颗粒完整、饱满，去壳后种子颜色呈绿色和白色，具有荞麦特有的光泽和气味。

3. 营养指标（表31）

表31　翁牛特荞麦独特营养成分

参数	淀粉（%）	蛋白质（%）	锌（mg/100g）	总不饱和脂肪酸（%）	粗纤维（%）	脂肪（%）	铁（mg/100g）	总黄酮（mg/100g）
测定值	65.6	12.8	2.22	2.5	1.2	2.8	18.41	121.0
参考值	64.7	9.3	3.62	1.5	0.7	2.3	6.20	18.5

4. 评价鉴定

该产品在翁牛特旗范围内，在其独特的生长环境下，具有颗粒完整、饱满、表面与边缘平滑，千粒重约29.34g，有荞麦特有的光泽和气味的特性，内在品质蛋白质、淀粉、总不饱和脂肪酸、总黄酮、谷氨酸、亮氨酸、脂肪、粗纤维、铁均高于参考值，综合评价其符合全国名特优新农产品名录收集登录基本条件和要求。

5. 环境优势

翁牛特旗荞麦产区位于翁牛特旗西北，包括广德公镇、亿合公镇、五分地镇及毛山东乡，此区域属于山区丘陵地带，旱坡地较多，土壤大多为沙壤土，无盐碱。此地区在荞麦生长季节正值雨热同期，日照充足，昼夜温差相对较大，昼夜平均气温为18～25℃，正适宜荞麦生长。

6. 产品功效

功效同前述。

（六）库伦荞麦

1. 产品介绍

"库伦荞麦" 2010年荣获国家农产品地理标志，发挥库伦旗谷龙塔商贸有限公司的"谷龙塔"荞麦粉的"第十五届中国国际农产品交易会参展农产品金奖"示范带动作用，库伦旗丰顺有机杂粮农民专业合作社推出"石磨荞麦粉"、库伦旗神田原生态食品有限公司推出的"石碾子荞麦粉"又深受广大美食者的青睐，内蒙古荞泰生物科技有限公司对荞麦深加工，研发的固体饮料、化妆品即将上市，内蒙古荞都酒业有限公司推出的系列荞麦酒深受广大民众的喜爱。通过政策支持、项目资金扶持等方式，进一步做大做强库伦荞麦产业。2018年，组织"三品一标"认证企业参加了北京、广州、呼和浩特、厦门、长沙、通辽等多次展会。通过"政府搭台、企业唱戏"的形式，将其产品拿到各类展会上向国内外推介。进一步加大优势产品宣传力度，在"库伦荞麦"赢得北京、呼和浩特等北方大城市市场的同时，让"库伦荞麦"名片的系列产品赢得更广阔的市场。

2. 特征描述

瘦果种皮颜色为黑色或浅灰色，去皮为黄绿色和淡绿色，籽粒饱满的三角形或心形，表面光滑有凹陷的沟痕，棱上无刺，无异味，有荞麦固有的气味和光泽；籽粒长度约4mm，宽度约3mm，千粒重约27g。

3. 营养指标（表32）

表32　库伦荞麦独特营养成分

参数	淀粉（%）	蛋白质（%）	丙氨酸（mg/100g）	缬氨酸（mg/100g）	组氨酸（mg/100g）	苏氨酸（mg/100g）	钾（mg/100g）	水分（%）
测定值	35.6	12.1	491	455	876	446	410.53	13.5
参考值	58.5	9.3	407	427	222	299	401.00	13.0

4. 评价鉴定

荞麦属于蓼科，荞麦属；籽粒饱满，表面光滑，有荞麦固有的气味和光泽，无虫食粒、病斑粒、生霉粒和生芽粒；内在品质蛋白质、缬氨酸、组氨酸、丙氨酸、苏氨酸、水分、钾均高于参考值。综合评价符合全国名特优新农产品营养品质评价规范要求。

5. 环境优势

库伦荞麦地理标志保护区库伦旗位于内蒙古东部、通辽市西南约140km处，与辽宁省阜蒙县、彰武县接壤，辖8个苏木乡镇、1个国有林场、1个街道办事处、9个社区，共包括计107个嘎查、80个村。地处北纬42°21′~43°14′，东经121°09′~122°21′。同时，库伦旗地处燕山北部山地向科尔沁沙地过渡地段，全旗土壤有9个土类，42个土属，114个土种，多数为粟褐土、草甸土和风沙土，土壤pH值7.5~8.5。有大小河流22条，分布着大小山头720多座，20m以上的侵蚀沟达13 000多条，是全国水土保持八大重点治理区之一。年有效积温在3 007.6~3 470.3℃，无霜期158~187d，年降水量在292~597mm，多集中于6—8月。

6. 产品功效

功效同前述。

（七）兴和荞麦

1. 产品介绍

近年来，兴和县以"适量、精品、特色、高端"为总体发展方向，以规模化、产业化、品牌化为着力点，通过政策扶持，增加荞麦种植面积，重点扶持龙头企业、新型经营主体、家庭农场、农民合作社的发展壮大，加快发展荞麦的深加工产业，现有荞麦加工、销售企业1家，在全县9个乡镇发展订单0.5万亩，涉及农户300多户，其中贫困户100多户。

2. 特征描述

兴和荞麦外观呈白色，形状较规则，为三棱卵圆形瘦果，部门与边缘平滑，百粒重约2.37g，其颗粒完整、饱满、荞麦米内部颜色呈乳白色，具有荞麦特有的光泽和气味。

3. 营养指标（表33）

表33　兴和荞麦独特营养成分

参数	淀粉（%）	蛋白质（%）	亮氨酸（mg/100g）	谷氨酸（mg/100g）	粗纤维（%）	总黄酮（mg/100g）	直链淀粉（%）	多不饱和脂肪酸（%）
测定值	69.5	9.1	840	2 390	0.84	132.0	20.6	0.8
参考值	64.7	9.3	670	2 090	0.73	18.5	18.4	0.2

4. 评价鉴定

该产品在兴和县范围内，在其独特的生长环境下，具有颗粒完整、饱满、百粒重约为2.37g，有荞麦特有的光泽和气味的特性，内在品质淀粉、多不饱和脂肪酸、总黄酮、直链淀粉、谷氨酸、亮氨酸、缬氨酸、粗纤维均高于参考值，脂肪等于参考值，综合评价其符合全国名特优新农产品名录收集登录基本条件和要求。

5. 环境优势

兴和县自然气候属于典型的大陆性干旱气候区，夏季短促，冬季漫长，日照时间长，昼夜温差大，气候冷凉，水浇地少，旱坡地面积大。这里独特的气候和生态环境，非常适宜荞麦短日期、高积温的特性。产品在京津冀蒙等地，受到广大消费者的青睐及好评。

6. 产品功效

功效同前述。

五、小米

（一）库伦小米

1. 产品介绍

"库伦小米"色泽光润，入口绵甜糯香，还可暖胃养人，益气补中，深受种植户和消费者的欢迎。近年来，通过政策支持、项目资金扶持等方式，"库伦小米"产业进一步做大做强，和"库伦荞麦"并称库伦旗两大主要农产品，种植面积逐年增加，每年种植面积都在30万亩以上，多家小米加工企业也孕育而生，生产的产品不仅取得了绿标认证，也深受区内外广大消费者的好评，远销全国各地。通过"政府搭台、企业唱戏"的形式，组织"三品一标"认证企业参加了北京、广州、呼和浩特、厦门、上海、长沙等多次展会，"库伦小米"以其完美的外观，优良的品质，独特的口感赢得北京、上海等大城市消费者的青睐，同时也让"库伦小米"名片的系列产品赢得更广阔的市场。

2. 特征描述

库伦小米色泽金黄，米粒大小较均匀，粒型饱满，千粒重2.33g；外观鲜黄明亮，无明显感官色差；具有小米特有的自然清香气味，无其他异味。

3. 营养指标（表34）

表34　库伦小米独特营养成分

参数	淀粉 （%）	蛋白质 （%）	锌 （mg/100g）	谷氨酸 （mg/100g）	多不饱和 脂肪酸 （%）	脂肪 （%）	α- 维生素E （mg/100g）	直链淀粉 （%）
测定值	74.9	8.8	3.26	2 000	0.9	1.3	1.05	22.8
参考值	73.0	9.0	1.87	1 871	0.5	3.0	0.24	18.0

4. 评价鉴定

该产品在库伦旗范围内，在其独特的生长环境下，具有色泽金黄，米粒大小较均匀，粒型饱满，外观鲜黄明亮，无明显感官色差，具有小米特有的自然清香气味的特性，内在品质淀粉、α-维生素E、多不饱和脂肪酸、谷氨酸、亮氨酸、异亮氨酸、锌均高于参考值；库伦小米属于高直链淀粉小米，其黏性小，易回生。综合评价其符合全国名特优新农产品名录收集登录基本条件和要求。

5. 环境优势

库伦旗位于内蒙古东部、通辽市西南约140km处，与辽宁省阜蒙县、彰武县接壤，地处北纬42°21′~43°14′，东经121°09′~122°21′。库伦旗地处燕山北部山地向科尔沁沙地过渡地段。燕山山脉自旗境西南部延入，在中部与广袤的科尔沁沙地相接，构成旗境内南部浅山连亘，中部丘陵起伏，北部沙丘绵绵的地貌。整体地势呈西南高，东北低，海拔最高点为626.5m，最低点为190m。境内土石浅山面积150万亩，占总面积的21.2%，黄土丘陵沟壑120万亩，占总面积的17%，沙化漫岗89.75万亩，占总土地面积的12.7%。沙沼坨甸330万亩，占总面积的46.7%。全旗土壤有9个土类，42个土属，114个土种，多数为粟褐土、草甸土和风沙土，土壤pH值在7.5~8.5，年有效积温在3 007.6~3 470.3℃，无霜期158~187d，年降水量在292~597mm，多集中于6—8月。

6. 产品功效

谷子为抗旱耐瘠作物，多分布在我国北部省份，为粮食作物。谷子籽粒脱皮后的种仁称为小米，是一种高营养的暖性食物，能够在天气寒冷时帮助人们御寒。小米还被公认为最易消化的谷物，含有丰富的营养物质，包括碳水化合物、维生素、矿物质、脂肪、蛋白质和氨基酸等，其中必需氨基酸含量丰富且组成合理。

（二）兴和小米

1. 产品介绍

近年来，兴和县以"适量、精品、特色、高端"为总体发展方向，以规模化、产业化、品牌化为着力点，通过政策扶持，增加兴和小米种植面积，重点扶持龙头企业、新型经营主体、家庭农场、农民合作社的发展壮大，加快发展兴和小米的深加工产业，兴和小米主要打造"红谷小米"品牌，现有小米产业研发、加工、销售龙头企业1家，在全县中南部5个乡镇发展订单1万亩，涉及农户500多户，其中贫困户300多户。

2. 特征描述

兴和小米色泽金黄，米粒大小均匀，米粒饱满，千粒重2.36g。外观鲜黄明亮，无明显感官色差。具有小米特有的自然清香气味。

3. 营养指标（表35）

表35　兴和小米独特营养成分

参数	淀粉（%）	蛋白质（%）	锌（mg/100g）	谷氨酸（mg/100g）	多不饱和脂肪酸（%）	脂肪（%）	粗纤维（%）	直链淀粉（%）	亮氨酸（mg/100g）
测定值	75.4	10.2	3.74	2 414	3.5	6.1	0.90	21.0	1 321
参考值	74.0	9.0	1.87	1 871	0.5	3.0	0.66	18.0	1 166

4. 评价鉴定

该产品在兴和县范围内，在其独特的生长环境下，具有外观鲜黄明亮，无明显感官色差，米粒大小均匀，粒型饱满完整的特性，内在品质蛋白质、脂肪、淀粉、多不饱和脂肪酸、谷氨酸、亮氨酸、缬氨酸、铁、锌均高于参考值，兴和小米属于高直链淀粉小米，其黏性小，易回生，粗纤维高于参考值，是较好的粗粮食品。综合评价其符合全国名特优新农产品名录收集登录基本条件和要求。

5. 环境优势

兴和县自然气候属于典型的大陆性干旱气候区，夏季短促，冬季漫长，日照时间长，昼夜温差大，气候冷凉，水浇地少，旱坡地面积大。这里独特的气候和生态环境，非常适宜红谷小米喜长日照、高积温的特性。产品在京津冀蒙等地，受到广大消费者的青睐及好评。

6. 产品功效

功效同前述。

（三）突泉小米

1. 产品介绍

突泉小米具有悠久的种植历史，据史料记载突泉县已有300多年的种植谷子的历史。另外，丰富的自然资源，独特的山地丘陵地带以及温带大陆性季风气候，丰富的水源，肥沃的质地，未受重金属污染，农民都使用发酵好的农家肥进行种植。这些条件使得突泉小米营养价值较高。突泉县把小米产业列为国民经济发展规划的十大产业之一，突泉县9个乡镇在合作社的带领下集中连片的种植谷子，种植面积达2 000hm²。通过近几年的改革创新，在全县范围内涌现出一批农产品加工企业，其中谷子的加工企业已达5家，目前产品已经通过电商远销国内各大中心城市，发展潜力巨大。

2. 特征描述

突泉小米色泽金黄，米粒大小较均匀，粒型饱满，千粒重约2.25g；外观鲜黄明亮，无明显感官色差；具有小米特有的自然清香气味，无其他异味。

3. 营养指标（表36）

表36　突泉小米独特营养成分

参数	淀粉（%）	蛋白质（%）	锌（mg/100g）	谷氨酸（mg/100g）	多不饱和脂肪酸（%）	脂肪（%）	粗纤维（%）	直链淀粉（%）	α-维生素E（mg/100g）
测定值	72.4	10.6	3.04	2 470	1.2	1.6	0.79	18.3	1.39
参考值	74.0	9.0	1.87	1 871	0.5	3.0	0.66	18.0	0.24

4. 评价鉴定

该产品在突泉县范围内，在其独特的生长环境下，具有千粒重约2.25g，米粒大小较均匀，粒型饱满，外观鲜黄明亮，无明显感官色差，有小米特有的自然清香气味的特性，内在品质蛋白质、多不饱和脂肪酸、谷氨酸、亮氨酸、缬氨酸、α-维生素E、铁、锌均高于参考值；粗纤维高于参考值，是优质的粗粮谷物；突泉小米属于高直链淀粉小米，其黏性小，易回生。综合评价其符合全国名特优新农产品名录收集登录基本条件和要求。

5. 环境优势

突泉县自然资源丰富，生态环境良好，是以农业生产为主的国家级商品粮基地县，2012年突泉县人民政府申报了30万亩谷子生产基地创建全国绿色食品原料生产基地。2008年太和小米取得有机食品认证，2013年太和小米获得国家地理标识认证。突泉县政府非常重视突泉小米产业发展，通过推广标准化生产，走绿色食品农产品品牌、生态、可持续发展战略。目前，突泉小米已进入北京、上海、天津等一线城市的超市，市场潜力很大，突泉县政府通过精准扶贫把政策向带动贫困户发展合作社、家庭农场倾斜，确保企业发展活力，也为贫困人口脱贫致富开辟了一条阳光之路。今后县政府还会在专业化生产、标准化经营、品牌化打造上大做文章，为本地优质农产品走向全国市场提供更多的保障。

6. 产品功效

功效同前述。

（四）扎兰屯小米

1. 产品介绍

扎兰屯小米在2005年就被认证为绿色、有机食品。并且在扎兰屯市龙头企业带动下，形成种植、加工、销售一条龙规模式种植，现种植面积已700hm²，近些年来，由于新品种的引进和加工工艺的提升，使扎兰屯市小米在色、香、味上不断提升，营养价值不断满足人们生活需要，扎兰屯市准备把绿色小米创建成全国绿色食品原料标准化生产基地，带动绿色小米生产企业的发展，增加农民收入，快速推动提升绿色小米品牌发展。

2. 特征描述

扎兰屯小米金黄，外观鲜黄明亮，无明显感官色差，米粒大小均匀，粒型饱满完整，散发着小米特有的自然清香气味，无其他异味，无虫蚀粒、病斑粒、生霉粒。

3. 营养指标（表37）

表37　扎兰屯小米独特营养成分

参数	淀粉（%）	蛋白质（%）	锌（mg/100g）	铁（mg/100g）	脂肪（%）	粗纤维（%）	直链淀粉（%）
测定值	69.8	10.0	2.28	2.80	3.1	0.60	21.4
参考值	74.0	8.9	1.87	5.10	3.1	0.66	18.0

4. 评价鉴定

该产品在扎兰屯市区域范围内，在其独特的生长环境下，具有外观鲜黄明亮，无明显感官色差，米粒大小均匀，粒型饱满完整的特性，内在品质蛋白质、锌均高于参考值，脂肪等于参考值，扎兰屯小米属于高直链淀粉小米，其黏性小，易回生，粗纤维低于参考值，适口性较好。综合评价其符合全国名特优新农产品名录收集登录基本条件和要求。

5. 环境优势

扎兰屯素有"塞外苏杭""北国江南"的美誉，是国家级风景名胜区、国家生态市、国家绿色农业示范区，生态环境良好，区位优势明显，航运、铁路、公路运输发达，立体交通网络逐步完善，扎兰屯地处内蒙古与黑龙江跨省门户，为"哈大齐呼"经济走廊重要节点，是内蒙古向北开放的潜在中心。2016年12月，扎兰屯成吉思汗支线机场通航，公路、铁路、航空"三位一体"的立体交通网络已经形成，同时齐海满客运专线也将在此经过，是岭东区域性综合交通枢纽。因此使扎兰屯市的农副产品运输物流方便快捷，更加便捷小米产品对外销售。扎兰屯市森林覆盖率70.04%，水资源总量约25亿 m^3，年平均降水量485～540mm，土壤有机质平均含量为47.1g/kg，市域空气清新、水质纯净、土壤肥沃，非常适合绿色小米种植。

6. 产品功效

功效同前述。

（五）五家户小米

1. 产品介绍

近年来扎赉特旗政府高度重视五家户小米发展，推动五家户小米申请地理标识产品，扩大五家户小米知名度，五家户小米远近闻名，产品不仅畅销周边省市，还打入北京、上海等一线城市，发展前景非常远大。一是选择优良品种。谷子'昭谷1号''大金苗''张杂谷''吨谷'等品种经过试种，增产幅度较大。二是采取了"四化一供"的方针，即生产专业化、品种区域化、质量标准化、加工机械化和旗县统一供种，实现谷子良种化。三是加强品牌宣传。新谷园农业生态有限公司生产的五家户小米（黄金米）在内蒙古第二届农畜产品博览会上被认定为2014内蒙古"名优特"农畜产品。参展为扎赉特旗有机、绿色农产品搭建了销售的平台，创建了品牌效应，推进了小米产业发展，为逐步走向国内外市场打下了基础。

2. 特征描述

五家户小米色泽呈金黄色，米粒大小均匀，粒型饱满；外观鲜黄明亮，无明显感官色差；散发着小米固有的自然清香气味，无其他异味；无虫蚀粒、病斑粒、生霉粒。

3. 营养指标（表38）

表38　五家户小米独特营养成分

参数	淀粉（%）	蛋白质（%）	锌（mg/100g）	铁（mg/100g）	脂肪（%）	粗纤维（%）	直链淀粉（%）
测定值	70.1	10.0	2.03	4.36	2.0	0.82	21.8
参考值	74.0	8.9	1.87	5.10	3.1	0.66	18.0

4. 评价鉴定

该产品在扎赉特旗区域范围内，在其独特的生长环境下，具有色泽金黄，米粒大小均匀，粒型饱满完整，外观鲜黄明亮，无明显感官色差，散发着小米特有的自然清香气味的特性，内在品质蛋白质、锌均高于参考值，五家户小米属于高直链淀粉小米，其黏性小，易回生，粗纤维高于参考值，是优质的粗粮谷物，综合评价其符合全国名特优新农产品名录收集登录基本条件和要求。

5. 环境优势

扎赉特旗小米种植以五家户小米为主，五家户小米产于扎赉特旗音德尔镇和好力保镇，位于全国绿色食品原料标准化生产基地范围之内。耕地均为旱田，通过近几年的农业综合开发，已达到旱能灌、涝能排的高产稳产生产模式。五家户小米生产环境独特：①种植区土壤有机质含量高、微量元素丰富，是排水良好的偏碱性沙壤土，最适宜种植谷类作物；②五家户小米种植区灌溉水，水质清澈、纯净，为生产优质小米提供了可靠保障；③五家户小米生产区属温带大陆性半干旱季风气候区，光照充足，昼夜温差大，非常适宜生产优质小米；④五家户小米品质优良，口感香气浓郁，柔软黏甜，是老少皆宜的营养食品。

6. 产品功效

功效同前述。

（六）奈曼小米

1. 产品介绍

近年来，奈曼旗旗委、旗政府加大了对小米产业的扶持力度，并把谷子列为全旗农业十大产业之一。不断加大小米品牌的创立，通过抓好龙头企业建设、基地建设、标准化生产，促进小米生产规模化、产业化发展，提升奈曼小米的市场竞争力，为小米产业发展增添了后劲。在龙头企业建设上，涌现出了内蒙古老哈河粮油公司、内蒙古沃禾农业公司、奈曼旗玉粟米业等谷子加工企业，建成了年加工能力达3万t的优质小米生产线。建立了青龙山、新镇、土城子等优质谷子种植基地5个。2000年在自治区农产品博览会上，奈曼小米被评为"全区著名农产品"，2014年，奈曼小米通过"国家地理标志证明"商标认证，2017年，通过"生态原产地保护"认证。

2. 特征描述

奈曼小米色泽金黄，米粒大小均匀，粒型饱满完整，外观鲜黄明亮，无明显感官色差，散发着小米特有的自然清香气味。

3. 营养指标（表39）

表39　奈曼小米独特营养成分

参数	淀粉（%）	蛋白质（%）	天冬氨酸（mg/100g）	铁（mg/100g）	脂肪（%）	粗纤维（%）	直链淀粉（%）	谷氨酸（mg/100g）
测定值	76.4	9.5	670	2.70	1.5	0.80	22.7	2 070
参考值	74.0	8.9	650	1.60	3.0	0.66	18.0	1 930

4. 评价鉴定

该产品在奈曼旗区域范围内，在其独特的生长环境下，具有色泽金黄，米粒大小均匀，粒型饱满完整，外观鲜黄明亮，无明显感官色差，散发着小米特有的自然清香气味的特性，内在品质蛋白质、淀粉、钙、铁、谷氨酸、亮氨酸、天冬氨酸均高于参考值，奈曼小米属于高直链淀粉小米，其黏性小，易回生，其粗纤维高于参考值，是优质的粗粮谷物，综合评价其符合全国名特优新农产品名录收集登录基本条件和要求。

5. 环境优势

奈曼旗谷子种植历史悠久，早在辽金时代，在奈曼旗南部丘陵地区就开始种植，发展到现在至少有700年的历史。这里光照充足，有效积温高，核心种植区位于奈曼旗南部3个乡镇，这里的土壤大多含有麦饭石风化物，或是麦饭石沉积壤土，富含硒、锌、钾、钠等多种对人体有益的元素，生产出来的小米口感好，营养价值丰富。

6. 产品功效

功效同前述。

（七）科右前旗小米

1. 产品介绍

随着近年来经济发展，市场对有机杂粮豆的需求量呈井喷式增长，从而促进兴安盟周边地区种植结构的调整。绿雨种植合作社新增加有机红谷种植基地1 000亩，新购进小米色选设备一套。2014年绿雨合作社所生产的小米被内蒙古评为"百佳特色农产品"，2015年合作社所使用的"巴拉格歹"商标，被内蒙古评为"内蒙古自治区著名商标"。科尔沁右翼前旗政府也在加大对科右前旗小米的宣传，现正在对"科右前旗小米"进行地域名商标的注册申请。

2. 特征描述

科右前旗小米色泽呈金黄色，米粒大小均匀，粒型饱满；外观鲜黄明亮，无明显感官色差；散发着小米固有的自然清香气味，无其他异味；无虫蚀粒、病斑粒、生霉粒。

3. 营养指标（表 40）

表 40　科右前旗小米独特营养成分

参数	淀粉（%）	蛋白质（%）	锌（mg/100g）	铁（mg/100g）	脂肪（%）	粗纤维（%）	直链淀粉（%）
测定值	77.9	10.4	2.07	5.80	7.2	0.82	22.1
参考值	74.0	8.9	1.87	5.10	3.1	0.66	18.0

4. 评价鉴定

该产品产自科尔沁右翼前旗区域范围内，在其独特的生长环境下，具有色泽金黄，米粒大小均匀，粒型饱满完整，外观鲜黄明亮，无明显感官色差，散发着小米特有的自然清香气味的特性，内在品质蛋白质、脂肪、淀粉、铁、锌均高于参考值，科右前旗小米属于高直链淀粉小米，其黏性小，易回生，粗纤维高于参考值，是优质的粗粮谷物，综合评价其符合全国名特优新农产品名录收集登录基本条件和要求。

5. 环境优势

科尔沁右翼前旗地处内蒙古兴安盟西部，属大陆性季风气候，特点显著，四季分明，年平均气温4℃，无霜期130d，平均降水量420mm，光照充足，春秋昼夜温差大，周边无重工业，水源充足无污染，空气清新，植被丰富，得天独厚的自然条件造就了高品质小米的种植条件。

6. 产品功效

功效同前述。

（八）丰镇黄小米

1. 产品介绍

丰镇小米以收获籽粒为主，在当地有着非常悠久的种植历史。近年来，通过当地政府出台相关优惠政策的扶持，小米的种植生产已逐步发展成为当地优势产品和主导产业之一。年均种植面积稳定在 9 000 亩左右，产量约为 1 600t。当地龙头企业"珍佰农"以推广优质农产品规模化、标准化农户、绿色种植小米。并获得兴农扶贫丰镇品牌站，通过地方政府扶持和龙头企业的带动，推动整个产业发展、促进农业增效和农民增收。

2. 特征描述

丰镇黄小米色泽金黄，米粒大小较均匀，粒型饱满，千粒重约为 2.16g；外观鲜黄明亮，无明显感官色差；具有小米特有的自然清香气味，无其他异味。

3. 营养指标（表41）

表41　丰镇黄小米独特营养成分

参数	淀粉（%）	蛋白质（%）	锌（mg/100g）	铁（mg/100g）	脂肪（%）	粗纤维（%）	直链淀粉（%）	谷氨酸（mg/100g）	多不饱和脂肪酸（%）
测定值	79.0	9.6	3.59	5.35	1.6	0.50	22.3	2 036	0.8
参考值	74.0	8.9	1.87	5.10	3.1	0.66	18.0	1 930	0.5

4. 评价鉴定

该产品在丰镇市域范围内，在其独特的生长环境下，具有色泽金黄，米粒大小均匀，粒型饱满完整，外观鲜黄明亮，无明显感官色差，散发着小米特有的自然清香气味的特性，内在品质蛋白质、多不饱和脂肪酸、淀粉、铁、锌、谷氨酸、亮氨酸、缬氨酸均高于参考值，该小米属于高直链淀粉小米，其黏性小，易回生，其粗纤维低于参考值，较适口。综合评价其符合全国名特优新农产品名录收集登录基本条件和要求。

5. 环境优势

丰镇市地处北纬40°33′，东经113°25′，纬度带，海拔高，寒暑变化明显等区位优势，属中温带大陆性气候，降水量少、寒暑变化明显。平均海拔1 400m的高原地区，气候冷凉，土地干燥少雨，昼夜温差大，无霜期短，降水多集中在6—8月，年均气温5℃左右，雨热同期。光照充足，日照时间平均每天可达10h，农作物光合作用旺盛，特别适宜耐瘠、耐寒、耐旱、喜光、日照长，对土壤适应性强的作物，是杂粮的最佳自然环境。黄小米生长期短、耐旱耐瘠的特性，决定了它能在干旱贫瘠的土地上获得比其他作物更高的产量。

6. 产品功效

功效同前述。

（九）哈民小米

1. 产品介绍

哈民小米是内蒙古通辽市科尔沁左翼中旗的谷米，是传承哈民文化，由哈谷1 000种子以绿色生态种植的哈民硒谷加工而来。当地以绿色生态优先，引进ETS微生物技术，推广菌水肥一体化节水农业，生产绿色富硒功能农产品。2019年创建种植基地3 000亩，2020年围绕舍伯吐镇发展庭院经济种植哈民小米订单农业，带动40余个嘎查村5 000亩左右面积。目前，已经注册"千古哈民""孝庄皇粮"商标，2019年已申报绿色食品认证材料，哈民小米是科尔沁左翼中旗原产地绿色种植名优产品。

2. 特征描述

哈民小米具有色泽金黄，米粒大小较均匀，粒型饱满；外观鲜黄明亮，无明显感官色差；具有小米特有的自然清香气味的特性，无其他异味；无虫蚀粒、病斑粒、生霉粒。内在品质蛋白质、淀粉、铁均高于参考值，粗纤维高于参考值，是优质的粗粮谷物，哈民小米属于高直链淀粉小米，其黏性小，易回生，综合评价其符合全国名特优新农产品名录收集登录基本条件和要求。

3. 营养指标（表42）

表42　哈民小米独特营养成分

参数	淀粉 （%）	蛋白质 （%）	锌 （mg/100g）	铁 （mg/100g）	脂肪 （%）	粗纤维 （%）	直链淀粉 （%）
测定值	74.4	9.4	1.84	3.90	2.8	0.80	21.2
参考值	74.0	8.9	2.81	1.60	3.0	0.66	18.0

4. 评价鉴定

该产品在科尔沁左翼中旗区域范围内，在其独特的生长环境下，具有色泽金黄，米粒大小较均匀，粒型饱满，外观鲜黄明亮，无明显感官色差，具有小米特有的自然清香气味的特性，内在品质蛋白质、淀粉、铁均高于参考值，粗纤维高于参考值，是优质的粗粮谷物，哈民小米属于高直链淀粉小米，其黏性小，易回生，综合评价其符合全国名特优新农产品名录收集登录基本条件和要求。

5. 环境优势

从地理位置和生态环境来看，科尔沁左翼中旗有着得天独厚的条件。科尔沁左翼中旗位于农牧交错区科尔沁大草原腹地，这里四季分明，日照丰富，昼夜温差大，雨热同期，积温有效性高，是适宜优质黍粟生长的黄金地带。科尔沁左翼中旗耕地土壤富含硼、锌、铜、硒等微量元素，种植生产出的农产品质量好、品质佳。"绿色节水农业在科尔沁左翼中旗"的美誉就来自这得天独厚的生态地理条件。

6. 产品功效

功效同前述。

（十）准格尔小米

1. 产品介绍

"准格尔小米"品牌建设符合国家和内蒙古自治区政府的发展方向。全国粮食和物资储备工作会议提出，要加快粮食产业创新发展、转型升级、提质增效，实现优质化、特色化、品牌化发展。2019年内蒙古自治区农村工作会议提出，按照特色兴农、科技强农、品牌立农、融合富农的路径，构建特色农业产业体系、生产体系、经营体系的准格尔特色现代农业发展格局。当地政府按照会议精神进一步强化品质品牌建设，大力发展区域品牌、企业品牌、产品品牌，继续做大做强"准格尔小米"等区域品牌。

2. 特征描述

准格尔旗小米色泽呈金黄色，米粒大小均匀，粒型饱满；外观鲜黄明亮，无明显感官色差；散发着小米固有的自然清香气味，无其他异味；无虫蚀粒、病斑粒、生霉粒。

3. 营养指标（表43）

表43　准格尔小米独特营养成分

参数	淀粉 （%）	蛋白质 （%）	锌 （mg/100g）	铁 （mg/100g）	脂肪 （%）	粗纤维 （%）	谷氨酸 （mg/100g）	亮氨酸 （mg/100g）
测定值	83.8	10.6	2.84	6.15	2.8	0.74	2 074	1 262
参考值	74.0	9.0	1.87	5.10	3.1	0.66	1 871	1 166

4. 评价鉴定

准格尔小米色泽呈金黄色，米粒大小均匀，粒型饱满；外观鲜黄明亮，无明显感官色差；散发着小米固有的自然清香气味，无其他异味；无虫蚀粒、病斑粒、生霉粒。内在品质粗纤维高于同类产品平均值，蛋白质、铁、锌、淀粉、谷氨酸、亮氨酸均高于参考值。综合评价符合全国名特优新农产品营养品质评价规范要求。

5. 环境优势

准格尔旗位于内蒙古西南部、鄂尔多斯市东部，地处山西、陕西、内蒙古三省交界处，属黄土高原丘陵沟壑山区，有"七山二沙一分田"之称。准格尔旗西南部的6个乡镇都属典型的丘陵旱作区，年降水量少，海拔高、光照充足，地理优势得天独厚，有机旱作独树一帜，自古就是谷子的黄金产区，小米产业具有天然优势。小米属于耐干旱稳产高产作物，是中国北方人民的主要粮食之一，经历了大自然数千年优胜劣汰的变迁，有着悠久的种植历史，形成了大规模的种植基地和加工产业链，既为当地农民提供营养丰盛的美食，又带来了一定的经济效益。

6. 产品功效

功效同前述。

（十一）赤峰小米

1. 产品介绍

近年来，赤峰积极推动小米生产绿色化、品牌化建设，狠抓质量管理严格生产过程管控，组织制定了产地环境、谷子栽培、生产加工等9个覆盖全产业链的地方标准，积极推广标准化示范建设。强化信息服务，推进产品精细加工，鼓励"三品一标"认证打造绿色品牌，开拓国内外市场，"赤峰小米"于2016年在农业部登记为地理标志农产品。目前，22家企业授权使用"赤峰小米"地理标志并凭借卓越的产品品质和厚重的历史文化，荣获2017年中国农业"博鳌"论坛"神农杯"最具影响力农产品区域公用品牌奖。2019年赤峰再次被评定为"赤峰小米"中国特色农产品优势区。以小米为主的杂粮杂豆产业健康发展，生产加工企业星罗棋布，其中蒙天粮油等市级以上产业化重点龙头企业28家，"禾为贵""金沟农业""大辽王府""佟明阡禾"等企业的小米多次在中国国际农产品交易会上荣获金奖。"赤峰小米"已入驻淘宝网、天猫商城、京东商城、1号店、美村网等大型网络超市，产品行销全国各地。"赤峰小米"区域品牌已经成为赤峰农产品的一张靓丽名片，产品深受广大消费者的欢迎和喜爱。2019年"赤峰小米"被确定为内蒙古自治区六大区域品牌之一，以实施"赤峰小米"地理标志农产品保护为契机，加强"赤峰小米"品种资源保护，提升谷子品种的优良品质特性。对已经审定的传统特色地方品种继续进行有针对性优化保护，增强知识产权保护意识，强化打假维权手段。建立完善地理标志农产品原产地可追溯制度和包装标识制度。运用《农产品地理标志管理办法》《中华人民共和国商标法》《中华人民共和国农产品质量安全法》等法律手段进行知识产权保护，打击假冒商品，保护"赤峰小米"区域品牌标识。市县两级工作机构对标准化生产基地质量管理、企业生产加工、产品用标规范化及市场监督检查实施地理标志农产品"赤峰小米"及区域品牌保护。

2. 特征描述

赤峰小米色泽呈金黄色，米粒大小均匀，粒型饱满；外观鲜黄明亮，无明显感官色差；散发着小米固有的自然清香气味，无其他异味；无虫蚀粒、病斑粒、生霉粒。

3. 营养指标（表44）

表44 赤峰小米独特营养成分

参数	淀粉（%）	蛋白质（%）	锌（mg/100g）	铁（mg/100g）	脂肪（%）	粗纤维（%）	谷氨酸（mg/100g）	酪氨酸（mg/100g）
测定值	85.8	9.5	2.04	5.29	1.6	0.68	1 921	266
参考值	74.0	9.0	1.87	5.10	3.1	0.66	1 871	259

4. 评价鉴定

赤峰小米色泽呈金黄色，米粒大小均匀，粒型饱满；外观鲜黄明亮，无明显感官色差；散发着小米固有的自然清香气味，无其他异味；无虫蚀粒、病斑粒、生霉粒。内在品质粗纤维高于同类产品平均值，蛋白质、淀粉、铁、锌、酪氨酸、谷氨酸均高于参考值。综合评价符合全国名特优新农产品营养品质评价规范要求。

5. 环境优势

赤峰市地处内蒙古东南部，地理坐标北纬41°17′~45°24′，东经116°21′~120°58′。东、东南与通辽市和辽宁省朝阳市相连，西南与河北省承德市接壤，西、北与锡林郭勒盟毗邻。东西最宽375km，南北最长457.5km，总面积90 275km²。市政府驻赤峰市新城区。东邻辽沈，南近京津塘，西北靠锡林郭勒大草原，交通四通八达，距锦州港220km，北京420km，沈阳440km。赤峰地处大兴安岭南段和燕山北麓山地，分布在西拉木伦河南北与老哈河流域广大地区，呈三面环山，西高东低，多山多丘陵的地貌特征。山地约占赤峰市总面积的42%；丘陵约占24%；高平原约占9%；平原约占25%。赤峰属中温带半干旱大陆性季风气候区。冬季漫长而寒冷，春季干旱多大风，夏季短促炎热、雨水集中，秋季短促、气温下降快、霜冻降临早。大部地区年平均气温为0~7℃，最冷月（1月）平均气温为-10℃左右，极端最低气温

−27℃；最热月（7月）平均气温在 20~24℃。年降水量的地理分布受地形影响十分明显，不同地区差别很大，有 300~500mm 不等。大部地区年日照时数为 2 700~3 100h。每当 5—9 月天空无云时，日照时数可长达 12~14h，日照百分率多数地区为65%~70%。主要水系有乌尔吉沐沦河水系，包括乌兰坝河、浩尔吐河、干支嘎河、乌兰白旗河、查干白旗河、沙力河、欧木伦河、黑木伦河，总流域面积为27 917km²；西拉木伦河水系，包括大克头河、碧掩河、查干沐沦河、少朗河、古力古台河、沙巴尔太河、木希嘎河13 条河流，总流域面积为 28 961km²；教来河水系，包括白塔子河、李家窝铺河、干沟子河、高力板河、腾克力河、孟克河，总流域面积为 12 397km²；老哈河水系，包括黑里河、英金河干流、饮马河、汐子河、锡伯河、西路嘎河等19 条河流，总流域面积为 28 463km²；内陆河水系，包括贡格尔河、镉林郭勒河、伊和吉林郭勒河、巴嘎吉林郭勒河。贡格尔河流入达里诺尔，其余3 条流入锡林郭勒盟。地上水年平均径流量为 32.67 亿 m³。赤峰小米是农产品地理标志产品，保护范围是赤峰全境：北纬 41°17′10″~45°24′15″，东经 116°21′07~120°58′52″，谷子保护面积为 144.5 万亩，保护产量 23.86 万 t，占全市谷子种植面积（209 万亩）的一半以上，占全区小米产量的 1/3，赤峰小米目前主推品种有赤谷系列、红谷系列，毛毛谷小米、大金苗小米等。赤峰已被国家确定为全国特色农产品小米优势区。赤峰市是典型的旱作农业区，杂粮生产是种植业中的优势产业，全市盛产谷子、糜黍、荞麦、高粱、绿豆等绿色杂粮，其中谷子是第一大杂粮作物。近年来，赤峰市经过不断努力，谷子产业逐渐做大做强，目前谷子产业逐渐形成了区域化种植、标准化生产、产业化经营的格局。

6. 产品功效

功效同前述。

（十二）明安谷米

1. 产品介绍

明安谷米作为特色农产品纳入巴彦淖尔市农牧业绿色发展中长期规划（2018—2025），已取得绿色食品认证。乌拉特前旗政府集中打造明安旱地有机谷米种植基地，培育和扶持种植大户，构建"龙头联基地，基地带动农户"的产业发展格局，形成订单保护、统一技术、统一销售、统一价格的产业链条，完善谷米原料仓储、加工设备等基础设施，帮助龙头企业打造特色品牌。2012 年，明安镇政府申请"明安川"商标，引进合作企业，注资 500 万元，将现有企业整合使用"明安川"公用品牌，向订单农户补贴优质谷米籽种扩大种植面积，2016 年，明安镇各村与龙头企业签订 800 亩旱地谷米种植订单；2017 年签订 900 亩旱地谷米种植订单；2018 年签订 1 000亩的旱地谷米种植原料供应合同，当地集中力量打造市场，让谷米走出大山，走向市场。

2. 特征描述

明安谷米色泽金黄，米粒大小较均匀，粒型饱满；外观鲜黄明亮，无明显感官色差；具有小米特有的自然清香气味，无其他异味；无虫蚀粒、病斑粒、生霉粒。

3. 营养指标（表45）

表45　明安谷米独特营养成分

参数	淀粉（%）	蛋白质（%）	锌（mg/100g）	铁（mg/100g）	脂肪（%）	粗纤维（%）	直链淀粉（%）
测定值	65.6	11.3	2.79	1.81	3.30	1.3	18.8
参考值	74.0	8.9	2.81	1.60	3.0	0.66	18.0

4. 评价鉴定

该产品在乌拉特前旗区域范围内，在其独特的生产环境下，具有色泽金黄，米粒大小较均匀，粒型饱满，外观鲜黄明亮，无明显感官色差，具有小米特有的自然清香气味的特性，内在品质蛋白质、脂肪、铁、粗纤维均高于参考值，是优质的粗粮谷物，明安谷米属于高直链淀粉小米，其黏性小，易回生，综合评价其符合全国名特优新农产品名录收集登录基本条件和要求。

5. 环境优势

明安川位于查石太山和乌拉山之间的黄河冲积平原，地势平坦，种植基地位于北纬40°55′、东经109°36′的全球农作物黄金种植带上，京藏高速、110国道、包兰铁路穿境而过，北临阴山、南濒黄河，气候具有光能丰富、日照充足、昼夜温差大、降水量少而集中，空气清新无污染，病虫害发生少的特点，土壤以沙壤土和栗钙土为主，蕴含多种微量元素，土层深厚、疏松、孔隙度大、通气性好，非常适合旱作谷米的生长，所产谷米微量元素和营养成分较为丰富，是世界公认的西北地区最适宜优质黍粟生长的黄金地带。

6. 产品功效

功效同前述。

六、炒米

（一）鄂托克前旗炒米

1. 产品介绍

目前鄂托克前旗仍有许多炒米加工家庭作坊，加工工艺没有形成标准，现各加工厂联结各种植散户以及众家庭加工作坊为在保持传统制作工艺的基础上，引进自动化和机械加工技术，努力提高产品产量和产品品质，带领农民增收，下一步打造创建"旺穗"品牌，创新产品加工线，为进一步推进鄂托克前旗炒米的市场建设基础。

2. 特征描述

鄂托克前旗炒米色泽呈金黄色，米粒直径1.6~1.9mm，千粒重约5.21g，米粒大小均匀，粒型饱满；外观金黄明亮，无明显感官色差；散发着炒米固有的香味，无其他异味。

3. 营养指标（表 46）

表 46 鄂托克前旗炒米独特营养成分

参数	淀粉（%）	蛋白质（%）	锌（mg/100g）	铁（mg/100g）	脂肪（%）	粗纤维（%）	直链淀粉（%）	异亮氨酸（mg/100g）	亚油酸/总脂肪酸（%）
测定值	81.8	11.3	2.20	4.49	1.0	0.4	29.3	429	58.9
参考值	71.4	8.1	1.89	14.30	2.6	1.7	15.7	392	51.7

4. 评价鉴定

该产品在鄂托克前旗范围内，在其独特的生长环境下，具有米粒大小均匀，粒型饱满，外观金黄明亮，无明显感官色差的特性，内在品质蛋白质、亚油酸/总脂肪酸、淀粉、缬氨酸、蛋氨酸、异亮氨酸、锌均高于参考值；粗纤维优于参考值；鄂托克前旗炒米属于高直链淀粉炒米，其糯性小，咀嚼有渣感。综合评价其符合全国名特优新农产品名录收集登记基本条件和要求。

5. 环境优势

鄂托克前旗炒米（糜子）核心产区位于鄂托克前旗敖勒召其镇、上海庙镇、城川镇及昂素镇境内。地处鄂尔多斯市西南。地理坐标在北纬 37°37′~38°50′，东经 106°28′~108°32′，总面积 1.2 万 km²。鄂托克前旗属典型的温带大陆性气候。年日照时间为 2 700~3 200h。年平均气温在 5.3~8.7℃，非常适合糜子这类作物的生长。

6. 产品功效

炒米，蒙古语叫作"蒙古勒巴达"，就是蒙古米的意思，是由糜子米炒熟后碾去外壳而得的米粒，是内蒙古特有的受大家喜爱的地方特色食品。吃时将米置于碗中，用奶茶泡至柔软时，拌着奶食品吃，或者用奶嚼口加糖拌着吃，或者用鲜奶煮炒米奶粥吃，也可以煮炒米肉粥吃，也可以干嚼着吃。

（二）巴林右旗炒米

1. 产品介绍

炒米口感香溢、传统工艺、忠于原味、营养健康、广泛受到大众喜爱的产品。巴林右旗炒米是当地的特色产品。质量振兴，是产业发展、富民强市的基础。近年来，当地上下深入实施质量振兴战略，全面加强质量监管，大力实施品牌战略，以名牌创建，标准引领，集群示范等措施，坚持不懈促进产业转型升级、品牌效应逐步显现，推动了全旗产业的转型升级。从生产端入手推进供给侧结构性改革，可以推动经济结构调整、产业结构升级，以新供给创造新需求和新经济增长点，以此推动品牌建设，加强品牌的引领作用。

2. 特征描述

巴林右旗炒米色泽呈金黄色，米粒直径 1.5~2.0mm，米粒大小均匀，粒型饱满；外观鲜黄明亮，散发着炒米固有的香味。

3. 营养指标（表47）

表47 巴林右旗炒米独特营养成分

参数	淀粉（%）	蛋白质（%）	锌（mg/100g）	铁（mg/100g）	脂肪（%）	粗纤维（%）	直链淀粉（%）
测定值	73.8	14.8	2.55	6.74	1.0	1.0	25.4
参考值	71.4	8.1	1.89	14.30	2.6	1.7	15.7

4. 评价鉴定

该产品在巴林右旗区域范围内，在其独特的生长环境下，具有米粒大小均匀，粒型饱满，外观鲜黄明亮，无明显感官色差的特性，内在品质蛋白质、淀粉、锌均高于参考值，粗纤维优于参考值，巴林右旗炒米属于高直链淀粉炒米，其糯性小，咀嚼有渣感。综合评价其符合全国名特优新农产品名录收集登录基本条件和要求。

5. 环境优势

巴林右旗是中温带型大陆性气候区，冬季漫长寒冷，夏季短促而降雨集中，积温有效性高，且水热同期，适宜于牧草与农作物生长，是一个以牧业为主的半农半牧地区，也是赤峰地区重要的农畜产品生产、集散地；环境条件和气候条件非常适合糜子生长。大部分地区年平均气温5.8℃左右，最冷月（1月）平均气温为－13.7℃左右，最热月（7月）平均气温在22.2℃左右。年降水量的地理分布受地形影响十分明显，不同地区差别很大，300～500mm不等。右旗有效积温高，昼夜温差大，光照充足，独特的气候条件，不同的土壤类型，该产品在巴林右旗区域范围内，在其独特的生长环境下，当地生产的炒米口感香溢、传统工艺、忠于原味、营养健康。

6. 产品功效

功效同前述。

（三）阿鲁科尔沁旗炒米

1. 产品介绍

当地采取"公司+游牧文化基地+牧户"的产业化经营模式，以高于市场价的订单形式发展炒米、牛肉、奶食品生产。成立阿鲁科尔沁旗畜牧业产业化联合体，与农牧民合作社建立了紧密型的利益联结机制，保障原材的纯真、天然、无公害。同时，严格执行标准化绿色食品生产加工卫生标准，严格按照《绿色食品生产技术规范》中有关规定，要求卫生、天然、合法，采用传统的做法保证了原生态炒米的优良品质。目前，已经注册商标1个。

2. 特征描述

阿鲁科尔沁旗炒米色泽呈金黄色，米粒直径约20mm，米粒大小均匀，粒型饱满；外观鲜黄明亮，无明显感官色差；散发着炒米固有的香味，无其他异味；无虫蚀粒、病斑粒、生霉粒。内在品质蛋白质、锌、淀粉、蛋氨酸均高于同类产品。

3. 营养指标（表48）

表48　阿鲁科尔沁旗炒米独特营养成分

参数	淀粉（%）	蛋白质（%）	锌（mg/100g）	蛋氨酸（mg/100g）	脂肪（%）	粗纤维（%）	谷氨酸（mg/100g）
测定值	89.7	14.0	1.91	245	0.3	0.7	2 546
参考值	71.4	8.1	1.89	220	2.6	1.7	2 872

4. 评价鉴定

阿鲁科尔沁旗炒米色泽呈金黄色，米粒直径约20mm，米粒大小均匀，粒型饱满；外观鲜黄明亮，无明显感官色差；散发着炒米固有的香味，无其他异味；无虫蚀粒、病斑粒、生霉粒。内在品质蛋白质、锌、淀粉、蛋氨酸均高于参考值。综合评价符合全国名特优新农产品营养品质评价规范要求。

5. 环境优势

内蒙古赤峰市阿鲁科尔沁旗地理位置在北纬43°30′~45°20′，东经119°02′~121°01′，地处大兴安岭南端支脉，属于丘陵地段，是糜子的黄金生长带。这里日照丰富，年日照时间达2 760~3 030h，年平均积温2 900~3 400℃，昼夜温差大。

6. 产品功效

功效同前述。阿鲁科尔沁旗炒米其蛋白质、锌、淀粉、蛋氨酸均高于参考值。综合评价该炒米品质较好，营养价值较高。

七、黄米及黄米面

（一）清水河黄米

1. 产品介绍

黄米主要的吃法就是磨成面后做成糕，糕也是内蒙古、山西等地比较受欢迎的一种食物。清水河黄米是清水河县的招牌特产，用清水河黄米做的油糕金黄铮亮，坚脆醇香，口感韧劲十足。同时，清水河黄米于2017年成功申报国家地理标志商标产品，并通过绿色、有机认证，在当地及周边地方非常有名气。

2. 特征描述

清水河黄米色泽呈金黄色，圆形粒大小均匀，粒型饱满；外观鲜黄明亮，无明显感官色差；散发着黄米固有的自然清香气味，无其他异味；无虫蚀粒、病斑粒、生霉粒。

3. 营养指标（表 49）

表 49　清水河黄米独特营养成分

参数	淀粉（%）	蛋白质（%）	锌（mg/100g）	铁（mg/100g）	脂肪（%）	粗纤维（%）	直链淀粉（%）	谷氨酸（mg/100g）	亚油酸/总脂肪酸（%）
测定值	68.7	12.4	2.22	5.13	1.6	1.0	5.1	2 930	21.5
参考值	67.0	9.7	2.07	5.70	1.5	1.9	12.4	1 518	17.7

4. 评价鉴定

该产品在清水河县域范围内，在其独特的生产环境下，具有色泽金黄，米粒大小较均匀，粒型饱满，外观鲜黄明亮，无明显感官色差，具有黄米特有的自然清香气味的特性，内在品质蛋白质、脂肪、多不饱和脂肪酸、亚油酸/总脂肪酸、淀粉、锌、谷氨酸、亮氨酸、缬氨酸均高于参考值，粗纤维低于参考值，适口性好，清水河黄米属于低直链淀粉黄米，其黏性较大。综合评价其符合全国名特优新农产品名录收集登录基本条件和要求。

5. 环境优势

清水河县地处中温带，气温日较差大，光照充足，热量丰富。年平均气温 7.1℃。全年日照时数在 244.51~3 357.9h，平均 2 914.3h。年平均无霜期 146d 左右，年均降水量为 413.8mm。该地区地处黄河中上游黄土丘陵沟壑区，海拔最高 1 806m，最低 921m，平均海拔 1 373m。土层覆盖较厚，土壤中有机质平均含量 11.1g/kg，pH 值 8.42，土壤呈碱性，十分适宜谷类作物的生长发育。清水河县的地理坐标在北纬 39°35′~40°12′，东经 111°18′~112°07′，是杂粮种植的黄金地区。由于糜子种植时间较晚，一般在 6 月上旬，在糜子拔节期正值夏季炎热而雨量集中期，灌浆正值秋季凉爽而雨水减少，这种气候条件十分适宜糜子的生长发育。

6. 产品功效

黄米富含蛋白质、碳水化合物、不饱和脂肪酸、锌等营养元素，具有益阴、利肺、利大肠之功效。一般为金黄到浅黄色，色泽莹润，颗粒浑圆。

（二）哈民黄米

1. 产品介绍

哈民黄米是内蒙古通辽市科尔沁左翼中旗的谷米，是传承哈民文化，由哈民大黄种子以绿色生态种植加工而来的。当地以绿色生态优先，引进 ETS 微生物技术，推广菌水肥一体化节水农业，生产绿色富硒功能农产品。2019 年创建种植基地 5 000 亩，2020 年围绕舍伯吐镇发展庭院经济，种植哈民黄米订单农业，带动 40 余嘎查村 3 000 亩左右面积。目前，已经注册"千古哈民""孝庄皇粮"商标，2019 年已申报绿色食品认证材料。哈民黄米是科尔沁左翼中旗原产地绿色种植名优产品。

2. 特征描述

哈民黄米色泽金黄，米粒大小均匀，千粒重约 5.32g，粒型饱满完整；外观鲜黄明亮，无明显感官色差；散发着黄米特有的自然清香气味，无其他异味；无虫蚀粒、病斑粒、生霉粒。

3. 营养指标（表 50）

表 50　哈民黄米独特营养成分

参数	淀粉（%）	蛋白质（%）	锌（mg/100g）	钙（mg/100g）	脂肪（%）	粗纤维（%）	直链淀粉（%）	谷氨酸（%）	天冬氨酸（%）	亮氨酸（%）
测定值	70.8	11.8	1.91	11.0	1.9	0.8	6.4	2.91	0.74	1.55
参考值	67.0	9.7	2.07	8.32	1.5	1.9	12.4	2.28	0.66	1.35

4. 评价鉴定

该产品在科尔沁左翼中旗区域范围内，在其独特的生产环境下，具有色泽金黄，米粒大小均匀，千粒重约 5.32g，粒型饱满完整，外观鲜黄明亮，散发着黄米特有的自然清香气味的特性，内在品质蛋白质、脂肪、淀粉、钙、谷氨酸、亮氨酸、天冬氨酸均高于参考值，粗纤维低于参考值，适口性好，哈民黄米属于低直链淀粉黄米，其黏性较大。综合评价其符合全国名特优新农产品名录收集登录基本条件和要求。

5. 环境优势

从地理位置和气候环境条件看，科尔沁左翼中旗的确称得上"得天独厚"的。科尔沁左翼中旗位于农牧交错区科尔沁大草原上，这里四季分明，日照丰富，昼夜温差大，雨热同期，积温有效性高，是适宜优质黍粟生长的黄金地带。科尔沁左翼中旗耕地土壤富含硼、锌、铜、硒等微量元素，种植生产出的农产品质量好。"绿色节水农业在科尔沁左翼中旗"的美誉就来自这得天独厚的生态地理条件。

6. 产品功效

功效同前述。

（三）林西黄米面

1. 产品介绍

林西黄米面色泽淡黄，颗粒度小，蒸熟后很黏，筋度大，有甜味，具有黄米面固有的色泽和气味。产品主要产于林西县十二吐乡乌兰沟村，该地位于高原丘陵地带，雨水集中，气候温和，光照充足，非常适合黄米生长。

2. 特征描述

林西黄米面色泽淡黄，颗粒度小，蒸熟后很黏，筋度大，有甜味；具有黄米面固有的色泽和气味，黄米面无霉变、无虫蚀、无污染。

3. 营养指标（表51）

表51　林西黄米面独特营养成分

参数	淀粉（%）	蛋白质（%）	锌（mg/100g）	钙（mg/100g）	脂肪（%）	硒（μg/100g）	直链淀粉（%）	谷氨酸（mg/100g）	蛋氨酸（mg/100g）	组氨酸（mg/100g）	铁（mg/100g）
测定值	73.6	9.8	2.45	9.39	1.9	2.90	14.3	2 310	260	320	8.97
参考值	72.5	9.7	2.07	1.43	1.5	1.90	22.6	2 872	220	305	4.00

4. 评价鉴定

该产品在林西县域范围内，在其独特的生长环境下，具有颗粒度小，蒸熟后很黏，筋度大，有甜味的特性，内在品质蛋白质、脂肪、淀粉、钙、铁、锌、硒、组氨酸、蛋氨酸均高于参考值，直链淀粉小于参考值，糯性较好，综合评价其符合全国名特优新农产品名录收集登录基本条件和要求。

5. 环境优势

种植地位于高原丘陵地带，雨水集中，气候温和，光照充足，适合黍子生长，该地区土壤肥沃，昼夜温差较大，使得种植出的黍子加工后口感细腻，品相极好，产地地处G306沿线，交通便利，四通八达，近年来通过争取项目建设，通往村组的道路均为新修水泥路，便于运输。

6. 产品功效

功效同前述。

八、小香米

清水河小香米

1. 产品介绍

当地积极推进有机认证工作，着力推动产业升级，走精品化、高端化路线，进一步提高本企业特色农产品品牌创建力度和市场竞争力。同时，在质量管理方面进一步完善有机产品质量安全企业标准修订，制定有机产品种植规范，严格有机产品种植、加工流程，逐步建立有机生产全程溯源监控。另外，当地注重加强科技交流合作，引进新技术、新工艺，积极开发广大消费者所需的更多有机杂粮产品。在品牌创建方面，当地建立实体店与网店相结合的营销体系，并且加强与科研机构和高等院校的合作，提高品牌科技含量。在品牌宣传方面，积极参加各项展示展销和品牌推介活动，提升"粟郷園"农产品品牌知名度，加强基地建设，基地建设必须依生态系统健康理论为指导，坚持标准化与科学化相结合，经济、环境、社会三大效益相结合，生产与市场开拓相结合的原则，进一步完善基地各项规章制度，生产出安全健康的有机农产品。

2. 特征描述

清水河小香米色泽金黄，米粒大小较均匀，粒型饱满；外观鲜黄明亮，无明显感官色差；具有小香米特有的自然清香气味，无其他异味；无虫蚀粒、病斑粒、生霉粒。

3. **营养指标**（表 52）

表 52 清水河小香米独特营养成分

参数	淀粉（%）	蛋白质（%）	锌（mg/100g）	亚油酸/总脂肪酸（%）	脂肪（%）	粗纤维（%）	直链淀粉（%）	总不饱和脂肪酸（%）	谷氨酸（mg/100g）	赖氨酸（mg/100g）	铁（mg/100g）	亮氨酸（mg/100g）
测定值	70.9	10.1	2.33	47.3	4.6	1.0	16.0	3.2	2 040	220	6.62	1 200
参考值	74.0	9.0	1.87	17.7	3.1	0.7	18.0	1.3	1 871	176	5.10	1 166

4. **评价鉴定**

该产品在清水河县域范围内，在其独特的生长环境下，具有色泽金黄，米粒大小较均匀，粒型饱满，外观鲜黄明亮，无明显感官色差的特性，内在品质蛋白质、脂肪、铁、锌、总不饱和脂肪酸、亚油酸/总脂肪酸、谷氨酸、赖氨酸、亮氨酸均高于参考值，粗纤维高于参考值，是优质的粗粮谷物，清水河小香米属于低直链淀粉小米，其黏性较大。综合评价其符合全国名特优新农产品名录收集登录基本条件和要求。

5. **环境优势**

清水河县地处中温带，属典型的温带大陆性季风气候，四季分明。气温日较差大，光照充足，热量丰富。年平均气温 7.1℃。全年日照时数在 244.51~3 357.9h，平均2 914.3h。生理辐射量为 16.01kJ/cm²，年平均无霜期 146d 左右，年均降水量为413.8mm。清水河县黄土覆盖较厚，成土母质以黄土、红土为主，土壤中有机质平均含量 11.1g/kg，pH 值 8.42，土壤呈碱性，十分适宜谷类作物的生长发育。清水河县的地理坐标在北纬 39°35′~40°12′、东经 111°18′~112°07′，全县平均海拔 1 373m，这种地理位置是杂粮种植的黄金地区。同时，谷子是喜温作物，丰富的热量有利于开花授粉。独特的地理特征，适宜的气候条件孕育了清水河独特优质的小香谷，从而造就了独特优质的清水河小香米。

6. **产品功效**

小香米是内蒙古中南部及河套地区被广泛种植的一种有机农作物食品。它还含有人体所必需的多种维生素、矿物质，均衡的 17 种氨基酸，长期食用小香米，具有健脾益胃，滋肝补肾，润肠通便，瘦身养颜，提高体质，增强抗病力，促进睡眠，健脑养神等功效。

九、燕麦及燕麦粉

（一）丰镇燕麦米

1. **产品介绍**

丰镇燕麦以收获成熟籽粒为主，在当地有着非常悠久的种植、食用历史。近年来，通过当地政府出台相关优惠政策的扶持，燕麦的种植生产已逐步发展成为当地优势产品和主导产业之一。年均种植面积稳定在5 300亩左右，产量约为150t。品牌创建：当地龙头企业"珍佰农"以推广优质农产品规模化、标准化农户、绿色种植燕麦。并获得兴农扶贫丰镇品牌站，通过地方政府扶持和龙头企业的带动，推动整个产业发展、促进农业增效和农民增收。

2. 特征描述

丰镇燕麦米体型较大，长度可达0.6~0.8cm，颗粒饱满，千粒重约为23.98g，色泽正常，具有燕麦特有气味，无异味；无虫蚀粒、病斑粒、生芽粒、生霉粒。

3. 营养指标（表53）

表53 丰镇燕麦米独特营养成分

参数	淀粉（%）	蛋白质（%）	锌（mg/100g）	铁（mg/100g）	脂肪（%）	亚麻酸/总脂肪酸（%）	直链淀粉（%）	谷氨酸（mg/100g）	亚油酸/总脂肪酸（%）
测定值	71.9	13.5	3.83	7.14	4.9	1.42	17.7	2 853	39.2
参考值	60.1	10.1	1.75	2.90	0.2	1.30	18.5	2 338	37.5

4. 评价鉴定

该产品在丰镇市域范围内，在其独特的生长环境下，具有颗粒饱满，色泽正常，千粒重约为23.98g，具有燕麦特有气味，无异味的特性，内在品质蛋白质、亚油酸/总脂肪酸、亚麻酸/总脂肪酸、谷氨酸、亮氨酸、缬氨酸、脂肪、淀粉、铁、锌均高于参考值。综合评价其符合全国名特优新农产品名录收集登录基本条件和要求。

5. 环境优势

丰镇市地处北纬40°34′，东经113°42′，海拔高，寒暑变化明显等区位优势，属中温带大陆性气候，降水量少、寒暑变化明显。平均海拔1 400m的高原地区，气候冷凉，土地干燥少雨，昼夜温差大，无霜期短，降水多集中在6—8月，年均气温5℃左右，雨热同期。光照充足，日照时间平均每天可达10h，农作物光合作用旺盛，特别适宜耐瘠、耐寒、耐旱、喜光、日照长，对土壤适应性强的作物，是杂粮的最佳自然环境。燕麦米生长期短、耐旱耐瘠的特性，决定了它能在干旱贫瘠的土地上获得比其他作物更高的产量。

6. 产品功效

燕麦是中国优质的粮饲兼用作物，在调整农业产业结构、确保粮食安全、提高全民健康水平、改善生态环境和促进农业增效方面具有重要价值。燕麦在粮食作物生产中还处于小杂粮地位。但燕麦的营养功能居八大谷物之首，随着人们对燕麦食品认识加深和需求增加，燕麦可望在水稻、小麦之后，发展成为"第三主粮"。

（二）和林燕麦

1. 产品介绍

和林县积极推进燕麦的有机认证工作，着力推动产业升级，走精品化、高端化路线，进一步提高本地企业特色农产品品牌创建力度和市场竞争力。在质量管理方面，进一步完善有机产品质量安全企业标准修订，制定有机产品种植规范，严格有机产品种植、加工流程，逐步建立有机生产全程溯源监控。当地积极加强科技交流合作，引进新技术、新工艺，积极开发广大消费者所需的更多有机杂粮产品，随着品质的提升和产量的增加，现该产品销往全国各地，并且入驻淘宝、京东等电商平台。品牌强农是提升农业竞争力的必然选择，当地正在通过强化标志性农产品、整合县域产品资源、构建品牌标准化体系。

2. 特征描述

和林燕麦米粒型较大，长度可达 0.6~0.8cm，颗粒饱满，色泽正常，具有燕麦特有气味，无异味；无虫蚀粒、病斑粒、生芽粒、生霉粒。

3. 营养指标（表54）

表 54 和林燕麦独特营养成分

参数	淀粉（%）	蛋白质（%）	锌（mg/100g）	铁（mg/100g）	脂肪（%）	膳食纤维（%）	直链淀粉（%）
测定值	62.2	14.6	2.15	5.52	5.0	6.9	19.1
参考值	60.1	10.1	1.75	2.90	0.2	9.0	18.5

4. 评价鉴定

该产品在和林格尔县域范围内，在其独特的生长环境下，具有颗粒饱满，色泽正常，具有燕麦特有气味，无异味的特性，内在品质蛋白质、脂肪、淀粉、铁、锌均高于参考值，直链淀粉高于参考值，高直链淀粉燕麦适合于糖尿病人食用。综合评价其符合全国名特优新农产品名录收集登录基本条件和要求。

5. 环境优势

位于北纬41°26′、东经112°06′的和林格尔县黑老窑乡，属于无污染火山灰地质，含有多种人体有益微量元素及矿物质，土壤腐殖质极高，富含钙、铁、镁、锌等人体必需的微量元素，距呼和浩特70km，海拔高度为1 900m，是内蒙古高原的制高点，周边群山林立，山内灌木丛生，风景秀丽，气候宜人，昼夜温差大，年日照时间长达2 941h；这种独特天然条件满足了燕麦的生长发育要求，该地区土地资源丰富，且都是通透性良好的土壤，这就决定了该区域比较适宜种植抗逆性较强的燕麦。

6. 产品功效

功效同前述。

（三）武川燕麦

1. 产品介绍

2006年，该产品在当地形成集种植、收购、加工、销售为一体的绿色食品。目前，全县种植绿色燕麦基地约1.6万多公顷，被国家绿色食品发展中心认证为A级绿色食品、QS认证食品，且获得国家食品药品SC管理认证。当地致力于打造绿色燕麦面特色品牌，经过多年的发展，不断引进新技术和提升新工艺，使该产品的色、香、味、营养价值等更符合人体健康的需求。随着品质的提升和产量的增加，现该产品销往全国各地，并且入驻京东、淘宝等各大电商。品牌强农是提升农业竞争力的必然选择，当地将通过强化标志性农产品、整合县域产品资源、构建品牌标准化体系。

2. 特征描述

武川燕麦米粒型较大，长度可达 0.6~0.9cm，颗粒饱满，粒型均匀、完整，色泽正常，具有燕麦特有气味和颜色，无异味；无虫蚀粒、病斑粒、生芽粒、生霉粒。

3. 营养指标（表55）

表55 武川燕麦独特营养成分

参数	淀粉（%）	蛋白质（%）	锌（mg/100g）	铁（mg/100g）	脂肪（%）	粗纤维（%）	直链淀粉（%）
测定值	57.6	14.0	1.71	5.10	6.3	0.9	17.9
参考值	57.5	10.1	1.75	2.90	0.2	2.1	18.5

4. 评价鉴定

该产品在武川县域范围内，在其独特的生长环境下，具有颗粒饱满，粒型均匀、完整，色泽正常，具有燕麦特有气味，无异味的特性，内在品质蛋白质、脂肪、淀粉、铁均高于参考值，直链淀粉低于参考值，其黏性相对较大，口感较好，综合评价其符合全国名特优新农产品名录收集登录基本条件和要求。

5. 环境优势

武川县地处高原，地域辽阔，气候主要以热带大陆性季风为主，常年比较干燥、冷凉，有着较大的昼夜温差，而且雨热同期，年降水量比较集中，降水量大，常年光照充足，光能源极其丰富，这种天然条件为燕麦的生长发育提供了及其丰富的光照条件，加之积累了大量的养分，完全适宜生产周期段、耐寒。耐贫瘠日照长的燕麦作物的生长要求。武川县土地资源丰富，且都是通透性良好的土壤，这也决定了该区域比较适宜种植抗逆性较强的燕麦。

6. 产品功效

功效同前述。

（四）凉城燕麦米

1. 产品介绍

凉城燕麦以收获颗粒、加工燕麦片、燕麦粉为主要用途，在当地有着悠久的种植、食用历史。近年来，通过当地政府出台相关优惠政策的扶持，燕麦种植及燕麦加工生产已逐步发展成为当地优势产品和主导产业之一。年均种植面积稳定在 5 万亩左右，产量约为 7 000t。另外，凉城厂汉营乡燕麦种植基地 2014 年已认证有机基地，当地龙头企业世纪粮行种植的燕麦已通过国家绿色食品认证，2019 年凉城县世纪粮行公司与全县 3 个乡镇 500 多户燕麦种植户签订 2 万多亩种植订单，通过地方政府的扶持和龙头企业的带动，推动整个产业发展和产业链延伸，促进农业增效和农民增收。

2. 特征描述

凉城燕麦米粒型较大，长度可达 0.6~0.8cm，颗粒饱满，色泽正常，具有燕麦特有气味，无异味；无虫蚀粒、病斑粒、生芽粒、生霉粒。

3. 营养指标（表56）

表56　凉城燕麦米独特营养成分

参数	淀粉（%）	蛋白质（%）	锌（mg/100g）	铁（mg/100g）	脂肪（%）	粗纤维（%）	直链淀粉（%）
测定值	57.6	14.0	1.71	5.10	6.3	0.9	17.9
参考值	57.5	10.1	1.75	2.90	0.2	2.1	18.5

4. 评价鉴定

凉城燕麦米粒型较大，长度可达 0.6~0.8cm，颗粒饱满，色泽正常，具有燕麦特有气味，无异味；无虫蚀粒、病斑粒、生芽粒、生霉粒。内在品质蛋白质、脂肪、铁、锌、淀粉、粗纤维均高于参考值。综合评价符合全国名特优新农产品营养品质评价规范要求。

5. 环境优势

凉城县属中温带半干旱大陆性季风气候，这里海拔高，气候冷凉，昼夜温差大，平均气温 2~5℃，雨热同期，降水量多集中在 6—8 月，光照充足且时间长，平均每天可达 10h 左右，农作物光合作用强，又因当地大气、土壤、水源没有污染，土壤中富含钙磷钾等植物生长所需的营养元素，所以当地莜麦（裸燕麦）种植过程中很少施用或者不施化肥和农药，种出的莜麦大多数都是绿色有机产品，这也为当地出产优质莜麦奠定了基础。由于这些自然气候条件的优势，凉城县多年来一直是乌兰察布地区高原旱地杂粮的优势产区。当地出产的莜麦全国知名，生产的燕麦米卖遍全国。

6. 产品功效

功效同前述。

（五）兴和燕麦粉

1. 产品介绍

近年来，兴和县以"适量、精品、特色、高端"为总体发展方向，以规模化、产业化、品牌化为着力点，通过政策扶持，增加燕麦种植面积，重点扶持龙头企业、新型经营主体、家庭农场、农民合作社的发展壮大，加快发展燕麦的深加工产业，现有燕麦产业研发、加工、销售龙头企业 3 家，在全县 9 个乡镇发展订单 2 万亩，涉及农户1 000多户，其中贫困户 400 多户。

2. 特征描述

兴和燕麦粉色泽发黄，有淡淡的燕麦粉香味，具有燕麦粉固有的色泽、口味和气味，无其他异味。

3. 营养指标（表57）

表57　兴和燕麦粉独特营养成分

参数	淀粉（%）	蛋白质（%）	锌（mg/100g）	铁（mg/100g）	脂肪（%）	α-维生素E（mg/100g）	直链淀粉（%）	谷氨酸（mg/100g）	油酸/总脂肪酸（%）
测定值	69.8	15.7	3.90	16.30	10.6	1.65	21.2	3 204	42.5
参考值	60.1	10.1	1.75	2.90	0.2	0.54	18.5	2 338	39.2

4. 评价鉴定

该产品在兴和县范围内，在其独特的生产环境下，具有色泽发黄，有淡淡的燕麦粉香味的特性，内在品质蛋白质、脂肪、α-维生素E、油酸（占总脂肪酸）、谷氨酸、亮氨酸、缬氨酸、淀粉、直链淀粉、铁、锌均高于参考值，综合评价其符合全国名特优新农产品名录收集登录基本条件和要求。

5. 环境优势

兴和县自然气候属于典型的大陆性干旱气候区，夏季短促，冬季漫长，日照时间长，昼夜温差大，气候冷凉，水浇地少，旱坡地面积大。这里独特的气候和生态环境，非常适宜燕麦喜寒凉、耐干旱、抗盐碱的特性。产品在京津冀蒙等地，受到广大消费者的青睐及好评。

6. 产品功效

功效同前述。

十、藜麦

（一）凉城藜麦米

1. 产品介绍

凉城藜麦以收获颗粒为主要用途，近年来，通过当地政府出台相关优惠政策的扶持，藜麦种植及加工生产已逐步发展成为当地优势产品和主导产业之一。年均种植面积稳定在3万亩左右，产量约为6 000t。同时，当地从育种、规模种植、销售、贮藏、加工等各个环节着手，全力打造藜麦产业链，良好的政策环境，可行的项目资金支持，种植和精加工技术不断提升，为藜麦产业发展创造了绝佳机遇和有利条件，为当地农民开辟了一条增收致富之路。

2. 特征描述

凉城藜麦米颜色偏灰白，形状为圆形药片状，直径1.5~1.8mm；米粒均匀、饱满、色泽鲜亮、完整度好，闻起来有淡淡的草木清香；过1.5mm和1.0mm圆孔筛无碎米和杂物，无虫蚀、病斑粒、生霉粒。

3. 营养指标（表58）

表58　凉城藜麦米独特营养成分

参数	淀粉 （%）	蛋白质 （%）	锌 （mg/100g）	钙 （mg/100g）	脂肪 （%）	天冬氨酸 （mg/100g）	赖氨酸 （mg/100g）
测定值	60.4	12.0	3.08	55.20	6.2	1 070	763
参考值	58.7	10.4	1.80	28.00	7.5	1 060	760

4. 评价鉴定

凉城藜麦米颜色偏灰白，形状为圆形药片状，直径1.5~1.8mm；米粒均匀、饱满、色泽鲜亮、完整度好，闻起来有淡淡的草木清香；过1.5mm和1.0mm圆孔筛无碎米和杂物，无虫蚀粒、病斑粒、生霉粒。内在品质蛋白质、钙、锌、淀粉、赖氨酸、天冬氨酸均高于参考值。综合评价符合全国名特优新农产品营养品质评价规范要求。

5. 环境优势

凉城县属于温带半干旱大陆性季风气候，这里海拔高，气候冷凉，昼夜温差大，平均气温2~5℃，雨热同期，水多集中在6—8月，年平均降水量150~450mm，日照时间长，日照时间平均每天可达10h，农作物光合作用强，特别适合抗旱、抗寒、耐瘠、耐盐碱作物生长。又因当地大气、土壤、水源没有污染，土壤中富含钙磷钾等植物生长所需的营养元素，所以当地藜麦种植过程中很少施用或者不施化肥和农药，种出的藜麦大多数都是绿色有机产品，由于这些自然气候条件的优势，凉城县种植藜麦具有得天独厚的自然条件和生态环境，是藜麦种植的黄金区域。

6. 产品功效

藜麦具有较高的营养价值和经济价值，具有"营养黄金"的美称；另外，藜麦中较高的生物活性成分还对"三高"人群有很好的药理作用，对抗癌、抗氧化也有很好的辅助功效。

（二）佘太藜麦

1. 产品介绍

佘太藜麦作为特色农产品纳入巴彦淖尔市农牧业绿色发展中长期规划（2018—2025），乌拉特前旗旗政府立足实际，突出"特色"和"产业"，靶向施策，加快构建"龙头联基地，基地带动农户"的产业发展格局，建立农业企业、合作社、农户的利益合作体，采取订单保护、统一技术、统一销售、统一价格的产业发展链条，打造佘太藜麦等有机小杂粮种植基地。同时，当地旗政府逐步完善当地原料仓储、杂粮加工等基础设施，帮助龙头企业打造特色品牌。目前已申报"河套藜麦姑娘"和"臻美小佘太""山咀粮"藜麦品牌。2019年，佘太藜麦被授权使用"内蒙古名特优"集体标识。2018年龙头企业签订1 000亩旱地藜麦种植订单，2019年签订3 000亩旱地藜麦种植订单，2020年签订5 000亩的旱地藜麦种植原料供应合同。大家集中力量打造市场，让佘太藜麦走出大山，走向市场。

2. 特征描述

佘太藜麦颜色呈灰白色，形状为圆形药片状，直径 1.6~1.8mm，千粒重约 3.16g；米粒均匀、饱满、色泽鲜亮、完整度好，闻起来有淡淡的草木清香；过 1.5mm 和 1.0mm 圆孔筛无碎米和杂物。

3. 营养指标（表59）

表59　佘太藜麦独特营养成分

参数	淀粉（%）	蛋白质（%）	锌（mg/100g）	钙（mg/100g）	粗纤维（%）	谷氨酸（mg/100g）	直链淀粉（%）	组氨酸（mg/100g）
测定值	61.1	13.1	4.15	6.41	2.0	1 844	13.6	466
参考值	58.7	10.4	1.80	28.00	7.5	2 110	3.8	380

4. 评价鉴定

该产品在乌拉特前旗范围内，在其独特的生长环境下，具有颗粒完整、饱满，千粒重约为 3.16g，色泽鲜亮、完整度好，闻起来有淡淡的草木清香的特性，内在品质蛋白质、淀粉、组氨酸、锌均高于参考值，直链淀粉高于参考值，利于高血压和糖尿病患者食用。综合评价其符合全国名特优新农产品名录收集登录基本条件和要求。

5. 环境优势

乌拉特前旗位于内蒙古巴彦淖尔市，河套平原东端，东邻包头，西接五原，南至黄河，北与乌拉特中旗接壤，地势平坦，京藏高速、110 国道、包兰铁路穿境而过。全旗有三大干渠，直口渠道 446 条，支渠 19 条，毛渠 427 条，密如蛛网的渠道灌溉着全旗土地，净灌溉面积 56.02 万亩，气候具有光能丰富、日照充足、昼夜温差大、全年日照时数 3 210.8~3 305.8h，属典型的温带大陆性气候，空气清新无污染。佘太地区地域独特，土地肥沃蕴含多种微量元素，是世界公认的西北地区最适宜藜麦等小杂粮生长的黄金地带。佘太藜麦大部分种植在旱坡地上，农户世代传承着施农家肥、轮作、套种、人工除草等古老的耕作方式，有效减少了化肥和农药污染，所产藜麦颗粒饱满，适口性好，而且营养丰富。

6. 产品功效

功效同前述。

十一、糜米

准格尔糜米

1. 产品介绍

准格尔糜米已成功申请国家地理标志证明商标，同时获国家知识产权局正式注册，成为准格尔旗第二件国家地理标志证明商标，增强了全旗注册地理标志商标的意识和热情。近年来，当地政府高度重视商标品牌培育工作，引导企业、农牧民专业合作社、农户等加入行业协会或集体组织，加强集体商标、证明商标的注册和使用。深入推进"一镇一品""一村一标"建设。推广"公司（农牧民专业合作社）+商标（地理标志）+农户"的生产经营模式，引导优势农产品企业加强商标品牌运作，不断延伸农牧业产业链、提升价值链。以"准格尔糜米"地理标志商标为引领，带动鼓励更多特色农产品、农副产品注册地理标志商标，推动农副产品品牌化、产业化经营，促进农牧业增效、带动农牧民增收。

2. 特征描述

准格尔糜米色泽呈金黄色，米粒直径约 2mm，米粒大小均匀，粒型饱满；外观鲜黄明亮，无明显感官色差；散发着糜米固有的清香气味，无其他异味；无虫蚀粒、病斑粒、生霉粒。

3. 营养指标（表60）

表 60 准格尔糜米独特营养成分

参数	淀粉（%）	蛋白质（%）	锌（mg/100g）	粗纤维（%）	脂肪（%）	谷氨酸（%）	蛋氨酸（%）
测定值	76.2	13.0	3.02	0.8	1.1	3.04	0.30
参考值	67.6	8.1	1.89	1.7	2.6	2.87	0.22

4. 评价鉴定

准格尔糜米色泽呈金黄色，米粒直径约 2mm，米粒大小均匀，粒型饱满；外观鲜黄明亮，无明显感官色差；散发着糜米固有的清香气味，无其他异味；无虫蚀粒、病斑粒、生霉粒。内在品质蛋白质、锌、谷氨酸、蛋氨酸、淀粉均高于参考值。综合评价符合全国名特优新农产品营养品质评价规范要求。

5. 环境优势

准格尔旗位于内蒙古西南部、鄂尔多斯市东部，地处山西、陕西、内蒙古三省交界处，属黄土高原丘陵沟壑山区，有"七山二沙一分田"之称。龙口镇地处准格尔旗东南部，2005 年 7 月由原马栅镇、魏家峁镇、长滩乡台子梁村两镇一村合并而成，属典型的丘陵沟壑山区，年降水量在 200～400mm，耕地面积 11 万亩，水浇地仅有 3 000 多亩，旱地面积大因此适合种植生育期短、具有耐旱、耐瘠薄特点的准格尔糜米。糜米是山西、陕西、内蒙古等北方地区人民的主要粮食，经历了大自然数千年优胜劣汰的变迁，有着悠久的种植历史，在五谷杂粮中占据着独特的地位，糜米做成的粥和酸捞饭成为准格尔人世代相袭、经久不衰的传统主食。

6. 产品功效

糜子脱壳后称为糜米或黄米，糜米是制作酸粥的主要原料之一，其营养丰富，具有较高的食用和药用价值，在功能食品的开发利用中占有重要地位。

十二、玉米及玉米面

（一）五原甜玉米

1. 产品介绍

甜玉米已由过去的简易粗粮发展为人们餐桌上不可或缺的营养美食，五原甜玉米通过"合作社+公司+电商"的发展模式，由电商向公司下订单，公司向合作社下订单，推进一二三产融合发展，实现互利互惠，互相监督，多方共赢，当地已有"傻小胖"和"井公"等甜玉米知名品牌。2020年，各公司订单要求合作社按照绿色食品标准进行种植，产品进行绿色食品申报认证，五原甜玉米已进入高速度和高质量并行发展的阶段，五原甜玉米甜糯品质兼具，口感香甜，深受消费者喜爱，具有广阔的发展前景。

2. 特征描述

五原甜玉米个体长约16cm，其颗粒完整、饱满，口感软糯、香甜；外观呈金黄色，具有玉米固有的气味，无异味。

3. 营养指标（表61）

表61　五原甜玉米独特营养成分

参数	淀粉（%）	蛋白质（%）	锌（mg/100g）	粗纤维（%）	脂肪（%）	赖氨酸（mg/100g）	可溶性糖（%）	直链淀粉（%）	铁（mg/100g）
测定值	71.0	4.5	1.53	1.9	1.6	146	3.4	0.5	1.98
参考值	69.3	4.0	0.90	4.0	1.2	220	1.5	0.5	1.10

4. 评价鉴定

该产品在五原县域范围内，在其独特的生产环境下，具有外观呈金黄色，颗粒完整、饱满，口感软糯、香甜的特性，内在品质蛋白质、脂肪、淀粉、可溶性糖、锌、铁均高于参考值，直链淀粉满足一级标准，粗纤维优于参考值，综合评价其符合全国名特优新农产品名录收集登录基本条件和要求。

5. 环境优势

五原县位于内蒙古巴彦淖尔市，南邻黄河，北靠阴山，东西长约62.5km，南北宽约40km，地处河套平原腹地，地势平坦，京藏高速和包兰铁路全境通过，交通十分便利；主要耕作土壤是灌淤土，其表土层为壤质灌淤层，耕作性好，含钾量高，对糖和淀粉的积累有利；五原县水源充沛，灌溉便利，全县有五大干渠，9条分干渠，135条农渠，密如蛛网的毛渠灌溉着全县土地；气候具有光能丰富、日照充足、昼夜温差大、降水量少而集中的特点，五原独特的自然环境造就了独特的农产品，五原甜玉米甜糯兼具，品质优良。五原县于2019年11月，被农业农村部命名为国家农产品质量安全县。

6. 产品功效

玉米是禾本科的一年生草本植物，原产于中美洲和南美洲，它是世界重要的粮食作物，广泛分布于美国、中国、巴西和其他国家。中国是玉米生产和消费的大国，随着天然产物提取加工的技术不断进步，玉米有效成分的研究和资源的深度转化已成为食品科学、营养学和保健品领域的研究热点。

（二）科右前旗甜黏玉米

1. 产品介绍

科尔沁右翼前旗昌隆玉米种畜合作社自 2017 年起种植甜糯玉米，并注册了品牌森鼕，之后逐渐建立品牌形象。2019 年 4 月，在科尔沁右翼前旗旗政府的支持下，为科尔沁右翼前旗昌隆玉米种畜合作社免费建设了厂房，2020 年 5 月，科尔沁右翼前旗政府免费为合作社提供了有机肥料，同年，合作社有了自己的种植标准示范基地，并已初步通过了有机认证初审。2020 年 8 月，当地组织申请的科右前旗玉米地域名商标已经得到科尔沁右翼前旗政府的批复，商标正在注册中。

2. 特征描述

科右前旗甜黏玉米长 16~17cm，外观呈金黄色，其颗粒完整、饱满，口感软糯、香甜；具有玉米固有的气味，无异味，无生霉粒、无生芽粒、无虫蚀粒。

3. 营养指标（表 62）

表 62 科右前旗甜黏玉米独特营养成分

参数	蛋白质（%）	锌（mg/100g）	粗纤维（%）	脂肪（%）	赖氨酸（mg/100g）	可溶性糖（%）	直链淀粉（%）	铁（mg/100g）
测定值	4.3	1.25	2.0	1.6	209	1.5	2.3	22.6
参考值	4.0	0.90	4.0	1.2	220	1.5	3.0	1.1

4. 评价鉴定

该产品在科尔沁右翼前旗区域范围内，在其独特的生产环境下，具有颗粒完整、饱满，口感软糯、香甜的特性，内在品质蛋白质、脂肪、锌、铁均高于参考值，直链淀粉满足二级标准，粗纤维优于参考值，综合评价其符合全国名特优新农产品名录收集登录基本条件和要求。

5. 环境优势

科尔沁右翼前旗地处内蒙古兴安盟西部，属大陆性季风气候，特点显著，四季分明，年平均气温 4℃，无霜期 130d，平均降水量 420mm，光照充足，春秋昼夜温差大，有利于玉米干物质和糖分的积累，使玉米的口感更加软糯香甜。种植基地周边无重工业，水源充足无污染，空气清新，植被丰富，这些良好的种植环境都使科右前旗甜黏玉米的品质更加健康。

6. 产品功效

功效同前述。

（三）土默特左旗玉米

1. 产品介绍

近年来，在旗委、政府倡导下，创立"一村一品"特色产业的基础上，善友板村结合自身优势，大力打造"土默特左旗玉米"，通过两年多的积累，"土默特左旗玉米"远近闻名，目前，土默特左旗玉米种植规模达到660hm²，产值达到500余万元，远销山西、北京、广州等地，得到广大消费者的认可。但是，在最早期因种植分散无隔离措施，时间先后无统一规划，上市时间不确定性等因素，导致产品出不了门。为此，请教农牧部门专业技术人员后，当地由村"两委"组成玉米种植协调小组，负责全面协调，成片规划种植，严控产品质量、集中推广销售，坚持走标准化、规模化、品牌化的道路，目前，土默特左旗玉米已经克服原有不利因素，产品销往山西、北京、广州等地，深得消费者的认可。

2. 特征描述

土默特左旗玉米呈长方形，颗粒完整、饱满；胚的部分呈白色，胚乳呈金黄色，具有玉米固有的气味，无异味，口感软糯、香甜；无生霉粒、无生芽粒。

3. 营养指标（表63）

表63　土默特左旗玉米独特营养成分

参数	蛋白质（%）	锌（mg/100g）	粗纤维（%）	脂肪（%）	赖氨酸（mg/100g）	可溶性糖（%）	直链淀粉（%）	铁（mg/100g）	水分（%）
测定值	4.4	0.74	2.4	1.9	164	5.8	1.0	1.64	64.6
参考值	4.0	0.90	4.0	1.2	220	1.5	3.0	1.10	71.3

4. 评价鉴定

该产品在土默特左旗区域范围内，在其独特的生长环境下，具有颗粒完整、饱满，口感软糯、香甜的特性，内在品质蛋白质、可溶性糖、铁均高于参考值，直链淀粉满足二级标准，粗纤维优于参考值，综合评价其符合全国名特优新农产品名录收集登录基本条件和要求。

5. 环境优势

土默特左旗玉米主要种植地在土默特左旗善友板村，该地处于大青山南麓，位于富饶的土默川平原上，本地区属温带季风气候，昼夜温差较大，有利于有机质的积累转化为糖分，该地区雨热同期，土壤肥沃，无霜期为133d，≥10℃的平均数为157d，积温2 917℃，平均降水量为379mm，年日照时数为2 952h，海拔1 000m，适宜的气候、地理条件为土默特左旗玉米的品质创造了先决条件，也造就了土默特左旗玉米高蛋白质、高可溶性糖、高糯性等特点。

6. 产品功效

功效同前述。

（四）松山甜糯玉米

1. 产品介绍

松山甜糯玉米在赤峰地区种植已有近 10 年的历史，改变了居民的食用结构，增加了新的花色品种，目前松山区有两家合作社专门从事甜糯鲜食玉米的生产、加工、贮藏、销售，合作社采取"优良品种+生产配套技术+产品精准选择+加工质量第一"的理念，做到"人民健康第一，产品质量至上"，主要有生鲜穗、熟穗、速冻穗、真空穗等产品，其中一家取得了国家"绿色食品"认证，同时企业还注册了"蒙恩泰""蒙乡栗"等商标，通过品牌化增加产品的市场竞争力，松山区将加大对企业的扶持力度，培养一些带头企业，最终达到"品牌做响、产业做强、农民增收、企业增效"的目标。

2. 特征描述

松山甜糯玉米颗粒呈长方形，颗粒完整、饱满；胚的部分呈白色，胚乳呈金黄色，具有玉米固有的气味，无异味，口感软糯、香甜；无生霉粒、无生芽粒、无虫蚀粒。

3. 营养指标（表64）

表64　松山甜糯玉米独特营养成分

参数	蛋白质（%）	锌（mg/100g）	粗纤维（%）	脂肪（%）	赖氨酸（mg/100g）	可溶性糖（%）	直链淀粉（%）	铁（mg/100g）	淀粉（%）
测定值	5.3	2.74	2.5	1.0	150	4.6	2.0	2.87	64.3
参考值	4.0	0.90	4.0	1.2	220	1.5	3.0	1.10	69.3

4. 评价鉴定

该产品在松山区域范围内，在其独特的生产环境下，具有颗粒完整、饱满，口感软糯、香甜的特性，内在品质蛋白质、可溶性糖、锌、铁均高于参考值，直链淀粉满足二级标准，粗纤维优于参考值，综合评价其符合全国名特优新农产品名录收集登录基本条件和要求。

5. 环境优势

内蒙古赤峰市松山区年平均气温 5.6℃，1 月最冷，月平均气温 -12℃，7 月最热，月平均气温 23℃，有效积温 2 900℃，年平均降水量 330.4mm（且集中在 6 月、7 月、8 月、9 月），无霜期 130d 左右，年日照时数 2 500h，平均每天 8.3h，日照百分率为 67%；全年太阳辐射总量为 502kJ/cm²，作物生长期内，作物光合作用有效幅总量 1 528kJ/cm²。基地土壤为中黏壤土，有机质含量平均在 0.9%，土壤容重 1.428g/cm³，田间持水量 23%，水质 pH 值在 6.9~7.8，主要以浅褐土、沙壤土为主。有较充裕的地下水资源，地表水有阴河可供灌溉，水质优良。特定的水、温、光及土壤等气候条件和生产环境为松山甜糯玉米的生长及优良品质创造了最佳的生长环境，产品质量优于其他产区。

6. 产品功效

功效同前述。

(五) 土默川玉米

1. 产品介绍

近年来,土默特右旗农业部门对土默川玉米进行种植业调整,经中国绿色食品发展中心批准,现土默特右旗有 20 万亩绿色玉米种植基地和包头市第一个"全国绿色食品原料标准化生产基地"。旗党委、政府和农业主管部门严格按照国家粮食作物补贴规程,给予种植农户补助,通过龙头企业北辰带动,形成一二三产业融合发展,带动当地产业发展,增加农户收入。同时,借助"绿色农畜产品博览会"和"包头市绿色农畜产品展销中心"等推广展销活动,开展一系列展销推广活动。建立农畜产品质量安全追溯体系,从生产、加工、检疫、包装、上市、销售实施全程可追溯,确保土默川玉米的绿色高品质。

2. 特征描述

土默川玉米颗粒呈长方形,颗粒完整、饱满;胚的部分呈白色,胚乳呈金黄色,具有玉米固有的气味,无异味,口感香甜。

3. 营养指标 (表 65)

表 65　土默川玉米独特营养成分

参数	蛋白质 (%)	锌 (mg/100g)	粗纤维 (%)	脂肪 (%)	赖氨酸 (mg/100g)	可溶性糖 (%)	直链淀粉 (%)	钙 (mg/100g)	淀粉 (%)	铁 (mg/100g)
测定值	8.6	1.53	1.4	2.6	150	7.3	23.2	52.40	72.4	5.33
参考值	8.7	1.70	1.6	3.8	130	1.5	25.0	14.00	69.3	2.40

4. 评价鉴定

该产品在土默特右旗区域范围内,在其独特的生产环境下,具有颗粒完整、饱满,口感香甜的特性,内在品质赖氨酸、可溶性糖、淀粉、铁、钙均高于参考值,粗纤维低于参考值,口感较好,直链淀粉低于参考值,其糯性相对较好,综合评价其符合全国名特优新农产品名录收集登录基本条件和要求。

5. 环境优势

土默特右旗位于内蒙古包头市的东南部,旗地处中温带,干旱与半湿润交错带,属温带大陆性气候。这里四季分明,光照充足,雨热同期,为喜温、光照的玉米提供了良好的生长环境。土默特右旗地处呼和浩特市、包头和鄂尔多斯"金三角"腹地,地理位置优越,交通便利,为玉米的运输和销售提供了便利。

6. 产品功效

功效同前述。

(六) 扎兰屯玉米面

1. 产品介绍

扎兰屯玉米是全国绿色食品原料标准化基地,扎兰屯玉米面在 2005 年就被认证为绿色、有机食品。并且在当地龙头企业带动下，形成种植、加工、销售为一条龙规模式种植，近些年来，由于新品种的引进和加工工艺的提升，使扎兰屯玉米面在色、香、味上不断得到提升，同时营养价值也不断满足人们生活的需要。通过绿色食品原料玉米基地的认证，带动了当地龙头加工生产企业的快速发展，也增加了当地农民收入，为下一步快速推动提升玉米面的品牌发展夯实基础。

2. 特征描述

扎兰屯玉米面，色泽呈金黄色，颗粒度较大且颗粒较均匀；具有玉米面固有的色泽和气味，无霉变、无虫蚀、无污染。

3. 营养指标（表66）

表66 扎兰屯玉米面独特营养成分

参数	蛋白质（%）	锌（mg/100g）	粗纤维（%）	脂肪（%）	谷氨酸（mg/100g）	可溶性糖（%）	直链淀粉（%）	亮氨酸（mg/100g）	淀粉（%）	铁（mg/100g）
测定值	8.1	1.30	0.4	0.1	1 771	12.7	24.8	1 016	78.6	2.51
参考值	8.5	0.08	1.6	1.5	1 650	1.5	25.0	1 110	69.3	0.40

4. 评价鉴定

该产品在扎兰屯市范围内，在其独特的生长环境下，具有色泽呈金黄色，颗粒度较大且颗粒较均匀的特性，内在品质谷氨酸、可溶性糖、淀粉、铁、锌均高于参考值，粗纤维优于参考值，口感较好，直链淀粉低于参考值，其糯性相对较好，综合评价其符合全国名特优新农产品名录收集登录基本条件和要求。

5. 环境优势

扎兰屯素有"塞外苏杭""北国江南"的美誉，生态环境良好，区位优势明显，交通运输发达，形成公路、铁路、航空"三位一体"的立体交通网络，使扎兰屯市的农副产品运输、物流等方便快捷，更加便捷的有利于扎兰屯市农副产品对外销售。扎兰屯市森林覆盖率70.04%，水资源总量约25亿 m³，年平均降水量485～540mm，土壤有机质平均含量为47.1g/kg，市域空气清新、水质纯净、土壤肥沃，非常适合绿色玉米种植，目前扎兰屯市种植玉米已经占其他农作物2/3左右。

6. 产品功效

功效同前述。

十三、绿豆

（一）扎鲁特绿豆

1. 产品介绍

1999 年扎鲁特绿豆选入通辽市首批农业名牌产品。近几年，通过不断加大资金投入，强化政策措施，大力发展设施农业、节水农业，加快推进避灾农牧业、设施农牧业、现代农牧业发展进程，全旗设施农业总面积达到 2.6 万亩，设施农业小区数量达到 41 个。"扎鲁特绿豆"名扬海内外，年产量 5 000 万 kg 以上，产品畅销国内国际市场，是全国闻名的"杂豆之乡"。

2. 特征描述

扎鲁特绿豆籽粒为长圆柱形，大小均匀，粒型端正饱满，质地坚实，耐压性好；籽粒表面光滑，粒色整体颜色呈绿色且有光泽。散发自然香味；口感软糯，香味浓郁等特征特点。

3. 营养指标（表 67）

表 67　扎鲁特绿豆独特营养成分

参数	蛋白质（%）	钠（mg/100g）	钾（mg/100g）	钙（mg/100g）	铁（mg/100g）	淀粉（%）	锰（mg/100g）
测定值	23.4	27.54	1 092	94.83	6.56	61.8	1.14
参考值	21.6	3.20	787	81.00	6.50	55.2	1.11

4. 评价鉴定

籽粒为长圆柱形，大小均匀，粒型端正饱满，质地坚实，耐压性好；籽粒表面光滑，粒色整体颜色呈绿色且有光泽。散发自然香味；口感软糯，香味浓郁；内在品质蛋白质、淀粉、钙、铁、钾、钠、锰均优于参考值。综合评价符合全国名特优新农产品营养品质评价规范要求。

5. 环境优势

扎鲁特旗地处内蒙古通辽市西北部，大兴安岭南麓，科尔沁草原西北端，属内蒙古高原向松辽平原过渡地带。位于北纬 43°50′~45°35′，东经 119°13′~121°56′。东与科尔沁右翼中旗接壤，西与阿鲁科尔沁旗毗邻，南同开鲁县、科尔沁左翼中旗交界，北与东乌珠穆沁旗、西乌珠穆沁旗及通辽市的霍林郭勒市相连。土地总面积 1.75 万 km²，四季分明，光照充足，日照时间长。年均气温 6.6℃，年均日照时数 2 882.7h。无霜期中南部较长，北部较短，平均 139d。春旱多风，年均降水量 382.5mm，年均湿度 49%，年均风速 2.7m/s。境内有较大河流 9 条，支流 49 条，分属嫩江和辽河两大水系。土壤为栗钙黑壤土，土层深厚，肥力中等，有机质含量 1.5% 以上。扎鲁特旗耕地 220 万亩，有效灌溉面积达 80 万亩，节水灌溉 32 万亩。

6. 产品功效

中医认为绿豆能帮助体内毒物的排泄，促进机体的正常代谢，可消肿通气，清热解毒。

（二）敖汉绿豆

1. 产品介绍

敖汉旗政府鼓励企业积极认证，提高产品品质，为全面推进品牌化的农业标准化生产。坚持绿色生产理念，敖汉旗统防统治面积年均 50 万亩，主要是通过农民专业合作组织运用大型器械来进行。绿色防控面积年均 8 万亩以上。年均举办各类科技培训班510 多期，完成农民培训 10 多万人次，发放技术资料 15 万多份。大力推行农业标准化生产，引导获证品牌企业建立质量追溯平台。通过一系列措施，提升了敖汉绿豆的品质管控，提高了其知名度。

2. 特征描述

敖汉绿豆籽粒为扁圆形，大小均匀、颗粒饱满，百粒重约 6.56g，质地坚实，耐压性好；籽粒表面光滑，颗粒整体呈绿色，且有光泽。

3. 营养指标（表 68）

表 68　敖汉绿豆独特营养成分

参数	蛋白质（%）	灰分（%）	锌（mg/100g）	脂肪（%）	铁（mg/100g）	淀粉（%）	天冬氨酸（mg/100g）	膳食纤维（%）	亮氨酸（mg/100g）	赖氨酸（mg/100g）
测定值	25.2	2.7	4.68	0.8	15.05	52.0	2 750	10.8	1 790	1 610
参考值	25.0	3.3	2.18	0.8	6.50	52.0	2 671	6.7	1761	1 626

4. 评价鉴定

该产品在敖汉旗区域范围内，在其独特的生长环境下，具有大小均匀、颗粒饱满，百粒重约 6.56g，质地坚实，耐压性好的特性，内在品质膳食纤维、铁、锌、天冬氨酸、亮氨酸均高于参考值；脂肪含量等于参考值；蛋白质优于参考值，满足一等品标准要求；灰分优于参考值。综合评价其符合全国名特优新农产品名录收集登录基本条件和要求。

5. 环境优势

敖汉旗气候温和适中，年 ≥10℃ 积温在 2 600～3 200℃，无霜期 130～150d，日照时数为 1 550～1 630h，这正是绿豆等杂粮最适宜的温度，充足的光照即适合杂粮作物生长，又有利于作物蛋白质和芳香物质的积累。而我国南方高热量地区和北方寒冷地区就缺少这个条件。以黄土丘陵山区棕壤土为主，土壤有机质在 1.244%～1.380%，土质含氮、磷、钾较高，此无霜期、日照时数、土壤含有机质都极适合敖汉绿豆的生长。

6. 产品功效

功效同前述。

十四、黑豆

科右前旗黑豆

1. 产品介绍

近年来随着经济的发展，市场对有机杂粮豆的需求量呈井喷式增长，促进了兴安盟周边地区种植结构的调整。2019 年绿雨合作社新增有机黑豆种植基地 1 000 亩，新扩建标准化黑豆加工车间 720m²，新增黑豆加工设备一套。2015 年合作社所使用的"巴拉格牙"商标，被内蒙古评为"内蒙古自治区著名商标"，2016 年绿雨合作社驯化的野生黑豆通过了国家专利申请。2020 年 8 月，科尔沁右翼前旗旗政府授权申请注册"科右前旗黑豆"地域名商标，促进了对科右前旗黑豆的宣传力度。

2. 特征描述

科右前旗黑豆种皮为亮黑色，形状为椭圆形，其直径 0.6～0.7cm，颗粒大而饱满，籽粒均匀，百粒重约 15g，气味正常，无发霉，无变质。

3. 营养指标（表 69）

表 69　科右前旗黑豆独特营养成分

参数	蛋白质（%）	锌（mg/100g）	脂肪（%）	铁（mg/100g）	淀粉（%）	谷氨酸（mg/100g）	膳食纤维（%）	缬氨酸（mg/100g）	赖氨酸（mg/100g）
测定值	42.3	4.91	18.3	7.00	24.7	7 270	25.4	1 830	2 470
参考值	36.0	4.18	15.9	7.00	14.2	6 004	30.0	1 704	1 955

4. 评价鉴定

该产品在科尔沁右翼前旗范围内，在其独特的生产环境下，具有颗粒大而饱满，籽粒均匀，百粒重约 15g，气味正常的特性，内在品质蛋白质、脂肪、淀粉、谷氨酸、赖氨酸、缬氨酸、锌均高于参考值，铁等于参考值。综合评价其符合全国名特优新农产品名录收集登录基本条件和要求。

5. 环境优势

科尔沁右翼前旗地处内蒙古兴安盟西部，属大陆性季风气候，特点显著，四季分明，年平均气温 4℃，无霜期 130d，平均降水量 420mm，光照充足，春秋昼夜温差大，周边无重工业，水源充足无污染，空气清新，植被丰富，得天独厚的自然条件造就了科右前旗绿豆良好的种植条件。

6. 产品功效

黑豆中所含的不饱和脂肪酸，可促进胆固醇的代谢、降低血脂，预防心血管疾病，且黑豆的纤维质含量高，可促进肠胃蠕动，预防便秘，是不错的减肥佳品。

十五、芸豆

鄂伦春芸豆

1. 产品介绍

鄂伦春旗的芸豆产业通过与各地农科院合作，不断进行品种优化和改良，2013 年鄂伦春芸豆获得呼伦贝尔农产品地理标志证书的授权，2015 年开始与黑龙江省农业科学院合作，2017年开始又和西北农林科技大学合作，目前已经培育出一棵树紫花、柱形红花、柱形紫花等早熟新品种，有些品种还在培育中，为当地芸豆品种优化改良，提高当地农民的种植效益，满足消费者对营养健康的需求，引导农民科学有机种植产品，做出了积极贡献，鄂伦春旗芸豆的品质极好，产量大，在2018年和2019年鄂伦春芸豆产品还是出现了供不应求状态。通过20年的积累，鄂伦春芸豆产业坚持开拓国内市场，也得到了业界的认可，产品已经遍布江苏、浙江、北京、上海、广州等19个省市，以大杨树荣盛商贸有限责任公司为代表的芸豆产品远销南非、土耳其、突尼斯、俄罗斯、法国、意大利、伊朗、印度、巴基斯坦、日本、比利时、保加利亚、罗马尼亚、匈牙利、越南、菲律宾、韩国、哥斯达黎加、智利等国家。

2. 特征描述

鄂伦春芸豆皮色为暗红色，内肉呈乳白色，长腰形籽粒长度15~20mm，外形饱满；无肉眼可见杂质，无虫蛀粒，无不完整粒；内在品质淀粉、铁、锌、蛋氨酸均高于参考值。综合评定符合全国名特优新农产品营养品质评价规范要求。

3. 营养指标（表70）

表70 鄂伦春芸豆独特营养成分

参数	蛋白质（%）	锌（mg/100g）	脂肪（%）	铁（mg/100g）	淀粉（%）	蛋氨酸（g/100g）	维生素E（mg/100g）	谷氨酸（g/100g）
测定值	20.2	4.79	1.1	10.30	41.8	0.44	0.12	1.97
参考值	21.4	2.07	1.3	5.40	40.7	0.33	4.47	3.59

4. 评价鉴定

鄂伦春芸豆皮色为暗红色，内肉呈乳白色，长腰形籽粒长度15~20mm，外形饱满；无肉眼可见杂质，无虫蛀粒，无不完善粒；内在品质淀粉、铁、锌、蛋氨酸均高于参考值。综合评价符合全国名特优新农产品营养品质评价规范要求。

5. 环境优势

鄂伦春自治旗位于呼伦贝尔市东北部，大光安岭南麓，嫩江西岸，北纬48°50′~51°25′，东经121°55′~126°10′。北与黑龙江省呼玛县以伊勒呼里山为界，东与黑龙江省嫩江县隔江相望，南与莫力达瓦达斡尔族自治旗、阿荣旗接壤，西与根河市、牙克石市为邻。全旗总面积59 880km²。鄂伦春自治旗属于寒温带半湿润大陆性季风气候，四季变化显著。年均气温在-2.7~-0.8℃，自西向东递增。7月气温最高，平均为17.9~19.8℃，最高温度达37.5℃，无霜期平均95d。风速较小，年均风速1.8~2.9m/s。年降水量459.3~493.4mm。鄂伦春自治旗没有大型的工业和加工企业，土壤、大气和水资源都没有受到污染，为生产绿色芸豆提供了先决条件。

6. 产品功效

芸豆含有皂苷、尿毒酶和多种球蛋白等独特成分，具有提高人体免疫能力、增强抗病能力等功能。综合评价鄂伦春芸豆品质较好，营养价值较高。

十六、高粱

(一) 扎鲁特高粱

1. 产品介绍

近几年，扎鲁特旗在农牧业发展中，通过不断加大资金投入，发展设施农业、节水农业，加快推进避灾农牧业、设施农牧业、现代农牧业发展进程。全旗设施农业小区数量达到 41 个，年有浅埋地灌 2 万~2.5 万亩高粱地，为地区绿色农业发展提供坚持保障，至目前扎鲁特旗高粱绿色认证企业已有 3 家、年提供优质高粱 13 万 t。扎鲁特高粱属于高直链淀粉高粱，属于粳高粱，单宁含量符合用于酿造清香型白酒单宁范围，与衡水老白干、五粮液等白酒典范企业有着多年的合作关系。

2. 特征描述

扎鲁特高粱种皮色泽为红色，籽粒饱满，粒型为椭圆形和卵形，千粒重约 28.8g，无筛下物和无机杂质，有高粱固有的气味和色泽，无病斑粒、虫蚀粒、生霉粒、破损粒、生芽粒和热损伤粒。

3. 营养指标 (表 71)

表 71 扎鲁特高粱独特营养成分

参数	蛋白质 (%)	粗纤维 (%)	铁 (mg/100g)	淀粉 (%)	脂肪 (%)	直链淀粉 (%)	单宁 (%)	锌 (mg/100g)
测定值	9.4	1.7	5.98	64.9	3.0	21.7	1.1	1.67
参考值	10.4	2.0	6.30	64.30	3.1	14.6	0.5~1.5	1.64

4. 评价鉴定

该产品在扎鲁特旗区域范围内，在其独特的生长环境下，具有种皮色泽为红色，籽粒饱满，千粒重约 28.8g，具有高粱固有的气味和色泽的特性，内在品质淀粉、锌均高于参考值，粗纤维优于参考值，扎鲁特高粱属于高直链淀粉高粱，属于粳高粱，扎鲁特高粱单宁含量符合用于酿造清香型白酒单宁范围。综合评价其符合全国名特优新农产品名录收集登录基本条件和要求。

5. 环境优势

扎鲁特旗地处内蒙古通辽市西北部，大兴安岭南麓，科尔沁草原西北端，属内蒙古高原向松辽平原过渡地带。位于北纬 43°50′~45°35′，东经 119°13′~121°56′。四季分明，光照充足，日照时间长。年均气温 6.6℃，年均日照时数 2 882.7h。无霜期中南部较长，北部较短，平均 139d。春旱多风，年均降水量 382.5mm，年均湿度 49%，年均风速 2.7m/s。境内有较大河流 9 条，支流 49 条，分属嫩江和辽河两大水系。土壤为栗钙黑壤土，土层深厚，肥力中等，有机质含量 1.5% 以上。扎鲁特旗耕地 220 万亩，有效灌溉面积达 80 万亩，节水灌溉 32 万亩。

6. 产品功效

高粱谷粒可供食用、酿酒。扎鲁特高粱单宁含量符合用于酿造清香型白酒单宁范围，与衡水老白干、五粮液等白酒典范企业有着多年的合作关系。

（二）科尔沁左翼中旗高粱

1. 产品介绍

近年来，当地逐步加大认证规模、提高认证级别，提高产品知名度，增强市场竞争力，从而增加效益，为促进地方经济发展起到积极推进作用。当地为了抓好无公害高粱标准化生产技术推广和基地建设工作，制定了《科左中旗无公害高粱生产技术操作规程》，并大力开展生产技术培训、宣传推广，加大培训力度，加强基地建设和管理工作；采取"合作社（公司）+基地+农户"的形式实施基地建设，将分散的种植户组织在一起，进行统一培训、统一购种、统一技术指导、统一收获、统一收购、统一管理。同时，积极参加全国和自治区农产品展销会、产品推介会等，不断提高产品品牌知名度和市场竞争力，从而增加效益，推动产业的发展。

2. 特征描述

科尔沁左翼中旗高粱种皮色泽为红色颗粒，籽粒饱满，粒型为椭圆形和卵形，无病斑粒、虫蚀粒、生霉粒、破损粒、生芽粒和热损伤粒，无筛下物和无机杂质，有高粱固有的气味和色泽。

3. 营养指标（表 72）

表 72　科尔沁左翼中旗高粱独特营养成分

参数	蛋白质（%）	粗纤维（%）	铁（mg/100g）	淀粉（%）	硒（μg/100g）	单宁（%）	锌（mg/100g）
测定值	10.4	1.9	18.76	44.8	3.00	1.6	2.96
参考值	10.4	2.0	6.30	51.4	2.83	0.4~1.9	1.64

4. 评价鉴定

种皮色泽为红色的颗粒，籽粒饱满，粒型为椭圆形和卵形，无病斑粒、虫蚀粒、生霉粒、破损粒、生芽粒和热损伤粒，无筛下物和无机杂质，有高粱固有的气味和色泽；内在品质蛋白质等同于参考值，单宁高于同类产品平均值，铁、锌、硒均高于参考值，硒含量高于参考值近 1.1 倍。综合评价符合全国名特优新农产品营养品质评价规范要求。

5. 环境优势

科尔沁左翼中旗地处内蒙古东部松辽平原西端，自然环境条件优良，有独特的土质地貌，土壤肥沃、含有丰富的钙、铁、锌、硒等微量元素；这里环境良好，土地肥沃，无工业污染，在作物生长季节内，雨热同步，昼夜温差大，生产出的产品品质优、营养丰富，产品质量安全可靠。

6. 产品功效

功效同前述。

十七、血麦

胜利血麦

1. 产品介绍

当地逐步增加"三品一标"农产品认证面积，提高产品知名度和市场竞争力。同时，进一步加强血麦生产技术推广和基地建设工作。大力开展生产技术宣传和推广，加大培训力度，加强基地建设和管理工作。采取"合作社（公司）+基地+农户"的形式实施基地建设，将分散的小麦种植户组织在一起，进行统一培训、统一购种、统一技术指导、统一收获、统一收购、统一管理。另外，为了扩大其影响力，当地积极参加全国绿色食品博览会、产品展销推介会等，提高品牌农业的知名度，推动品牌农业的快速健康发展。

2. 特征描述

胜利血麦籽粒外观正常，表皮呈黑褐色，形状比较规则，长条形近似小麦米，直径2.5mm 左右，千粒重 32.8g；米粒均匀、饱满、完整度好，无碎米、霉变、虫蚀和杂质；质地较硬，具有特殊的米香味。

3. 营养指标（表 73）

表 73　胜利血麦独特营养成分

参数	蛋白质（%）	膳食纤维（%）	铁（mg/100g）	淀粉（%）	脂肪（%）	总不饱和脂肪酸（%）	赖氨酸（%）	锌（mg/100g）	谷氨酸（%）	湿面筋（%）
测定值	11.9	9.9	4.94	64.2	3.2	1.6	0.32	2.33	3.82	25.3
参考值	15.4	9.0	5.10	62.4	1.2	0.7	0.39	2.33	3.23	16.0

4. 评价鉴定

该产品在科尔沁左翼中旗区域范围内，在其独特的生长环境下，具有表皮呈黑褐色，形状比较规则，长条形近似小麦米，直径 2.5mm 左右，千粒重 32.8g，米粒均匀、饱满、完整度好的特性，内在品质淀粉、脂肪、谷氨酸、总不饱和脂肪酸、膳食纤维、湿面筋均高于参考值，锌含量等于参考值，综合评价其符合全国名特优新农产品名录收集登录基本条件和要求。

5. 环境优势

环境优势同前述。

6. 产品功效

血麦含有多种人体必需的营养物质，具有低脂肪，低糖等特性，适合三高人群。

十八、粉条

（一）科右前旗粉条

1. 产品介绍

2011年，俄体天甲粉业专业合作社注册了富甲天下商标，走上了合作社了品牌打造之路，俄体粉条2013年12月通过了国家质量检验检疫监督总局评审，被确定为国家地理标志保护产品。2013年至今，在科尔沁右翼前旗旗政府的支持下，先后通过各种媒体宣传，并举办了三次粉条节，促进了俄体粉条的宣传力度，俄体粉条的美味和质量也获得了广大消费者的认可。

2. 特征描述

科右前旗粉条为干粉条，呈圆柱形细粉条，粉条长约32cm，其外观为半透明状，带有光泽；粉条柔韧，弹性良好，无肉眼可见外来杂质、无碎条、无发霉条。

3. 营养指标（表74）

表74　科右前旗粉条独特营养成分

参数	锌（mg/100g）	酸度（ml/kg）	脂肪（%）	硒（μg/100g）	灰分（%）	水分（%）	淀粉（%）	铁（mg/100g）
测定值	0.53	203	0.1	3.90	0.6	14.0	78.7	20.80
参考值	0.83	273	0.1	2.18	0.8	14.3	70.0	5.20

4. 评价鉴定

该产品在科尔沁右翼前旗范围内，在其独特的生产环境下，具有外观为半透明状，带有光泽，粉条柔韧，弹性良好，无肉眼可见外来杂质、无碎条、无发霉条的特性，内在品质淀粉、水分、灰分均优于参考值，满足标准要求，铁、硒均高于参考值，脂肪等于参考值，酸度优于参考值，综合评价其符合全国名特优新农产品名录收集登记基本条件和要求。

5. 环境优势

科尔沁右翼前旗地处内蒙古兴安盟西部，属大陆性季风气候，特点显著，四季分明，年平均气温4℃，最高气温37℃。无霜期130d左右，平均降水量420mm，日照充足，春秋昼夜温差较大，土壤以黑钙土为主，有机质含量在3%以上，周边无重工业，水源充足无污染，独特的水土、气候、积温等自然因素非常适合马铃薯生长，马铃薯淀粉含量较高。

6. 产品功效

粉条是淀粉经糊化、成型、凝沉、干燥而成的固体产品。马铃薯粉条作为一种独特的淀粉制品，越来越受到广大人民群众的喜爱。

(二) 宁城粉条

1. 产品介绍

当地政府坚持用科学发展观统筹宁城粉条产业发展，以农民增收为目标，以市场需求为导向，实行区域化布局，标准化生产，产业化经营，努力在产业规模、品牌培育、市场开发、产品加工等方面实现新突破，把该县打造成宁城粉条现代农业示范区，目前宁城县政府正在积极打造三座店粉条基地，全面提升宁城县现代农业发展新形象。为加强产业发展建设，成立由分管农业副县长任组长，相关成员单位为成员的建设领导小组，领导小组有关部门要高度重视，落实领导责任，层层建立责任机制，细化分解工作目标和任务。细化与高等院校以及科研机构建立紧密型合作关系，建立农业专家库，农业技术成果库，建立与市场经济体制相适应的用人机制，在引进人才的同时要加强对产业内部技术骨干队伍的培养，建立一支有技术、懂管理的人才队伍，为产业发展建设提供技术支撑。加大技术推广力度，建立"专家+企业+农户"的农业科技推广模式。探索"政府引导、市场运作"多元化投资机制，积极加大涉农资金的整合力度，建立以奖代补措施，强力推进招商引资，广泛吸纳社会资本参与现代肉鸭产业发展建设。当地品牌创建经过不懈的努力已初见成效。近年来，当地积极鼓励引导各类农业经营主体走品牌化发展之路，着力营造"重品牌、创品牌"的浓厚氛围。截至目前，宁城县"三品一标"认证的农畜产品 95 个。其中无公害认证 12 家企业，32 个产品，绿色食品认证企业 14 家，45 个产品，有机产品认证 3 家，产品 11 个，地理标志产品 7 个，名特优新产品 1 个。

2. 特征描述

宁城粉条为干样品，粉条长约 32cm，宽约 0.7cm，其色泽洁白，带有光泽；粉条柔韧，弹性良好，无肉眼可见外来杂质，无碎条、无发霉条。

3. 营养指标（表 75）

表 75　宁城粉条独特营养成分

参数	锌（mg/100g）	酸度（ml/kg）	脂肪（%）	硒（µg/100g）	灰分（%）	淀粉（%）	铁（mg/100g）	蛋白质（%）
测定值	0.20	227	0.1	3.00	0.5	93.3	2.64	0.2
参考值	0.83	273	0.1	2.18	0.8	70.0	5.20	0.5

4. 评价鉴定

该产品在宁城县域范围内，在其独特的生产环境下，具有色泽洁白，带有光泽，粉条柔韧，弹性良好，无肉眼可见外来杂质、无碎条、无发霉条的特性，内在品质淀粉、水分、灰分均优于参考值，满足标准要求，硒含量高于参考值，脂肪含量等于参考值，酸度优于参考值，综合评价其符合全国名特优新农产品名录收集登录基本条件和要求。

5. 环境优势

宁城县位于内蒙古东南部、赤峰市南部,是辽中京故地,历史悠久,风光秀美,素有"千年古都、山水宁城"之称。地处北纬 41°17′~41°53′,东经 118°26′~119°25′,四季分明,年平均气温 6.6℃、降水量 451mm,森林覆盖率 45.6%,动植物资源丰富。辽河上源的老哈河、坤都伦河由西南流向东北贯穿全境。悠久的历史和优越的地理、气候环境,为宁城粉条奠定了不可复制的优良基础。

6. 产品功效

功效同前述。

第二章　果品类

一、西瓜

(一) 乌审西瓜

1. 产品介绍

乌审西瓜产于内蒙古鄂尔多斯市乌审旗无定河镇、苏力德苏木；随着西瓜市场的不断开拓和先进技术的推广应用，乌审西瓜种植面积逐年增加，销售市场不断扩展，目前已扩展到西安、兰州、郑州等大中城市。现如今，产品依托西瓜协会，形成统一生产、统一经营管理、统一销售的完整市场体系，使西瓜种植成为农民增收的新亮点。下一步将结合农牧业产业化结构调整，进一步扩大种植面积至5万亩，借助无定河和苏力德高效农业示范园区和电商平台，做响乌审西瓜品牌知名度、多措并举开拓销售渠道，凭借优良的水土条件，种植健康、绿色的西瓜产品。

2. 特征描述

乌审西瓜瓜型端正，外形呈椭圆形，果实完整良好，发育正常，个头中等偏大，单瓜重约5.9kg；瓜皮纹路清晰光亮，表皮呈深绿色，瓜肉呈鲜红色；其肉质较绵，甘甜多汁，无黄筋，具有西瓜特有的水果香味。

3. 营养指标（表76）

表76　乌审西瓜独特营养成分

参数	维生素C （mg/100g）	硒 （μg/100g）	铁 （mg/100g）	锌 （mg/100g）	可溶性固形物 （%）	总糖 （%）	可滴定酸 （%）	水分 （%）
测定值	7.6	0.20	0.45	0.15	6.6	2.7	0.05	93.3
参考值	≥6.0	0.09	0.40	0.09	≥9.0	4.2	0.20	92.3

4. 评价鉴定

乌审西瓜果实完整良好，发育正常，个头中等偏大，瓜皮纹路清晰，表皮呈深绿色，瓜肉呈鲜红色，甘甜多汁，无黄筋的特性，内在品质维生素C、铁、锌、硒均高于参考值，可滴定酸低于参考值，其口感较好，综合评价其符合全国名特优新农产品名录收集登录基本条件和要求。

5. 环境优势

乌审旗地处毛乌素沙地腹部，水、土、光照资源充足，昼夜温差大，无霜期长，温带大陆性季风气候条件下种植的乌审西瓜外形呈球形或椭圆形，皮薄、瓤沙、味甜、瓜瓤松脆适口、汁多色鲜、含纤维少、含糖度高等特点，微量元素含量高于其他普通产品。

6. 产品功效

西瓜是葫芦科一年生草本植物，以成熟果实供食用，是人们在夏季最为喜爱的果品。西瓜果实多汁、味甜，含有多种维生素、矿物质。西瓜的主要成分为水，约占90%，其次是糖、蛋白质、脂肪，还有钙、铁、钾、钠、硒等多种元素；西瓜还具有酯酶、果酸酶、多酚氧化酶、纤维素酶等多种活性物质，另外，西瓜中所含有的番茄红素是抗癌的好帮手。

（二）土默特左旗西瓜

1. 产品介绍

土默特左旗西瓜产于内蒙古呼和浩特市土默特左旗沙尔营乡新圪太村；近年来，在旗委、政府倡导下，创立"一村一品"特色产业的基础上，结合自身优势，大力打造"土默特左旗西瓜"，在专业技术人员多年的培训和技术指导下，土默特左旗西瓜种植技术日渐成熟。经过多年的积累，远近闻名，远销北京、河北、长春等地，得到广大消费者的认可。同时，为了打开市场，我们设立了各个省市的代办，严控市场流入，层层把关品质和销售，使得西瓜销量大增。

2. 特征描述

土默特左旗西瓜瓜型端正，外形呈椭圆形，果实完整良好，发育正常，个头偏大，单瓜重约6kg；瓜皮纹路清晰光亮，表皮呈深绿色，瓜肉呈鲜红色；其肉质沙绵多汁，爽口，无黄筋。

3. 营养指标（表77）

表77　土默特左旗西瓜独特营养成分

参数	维生素C（mg/100g）	硒（μg/100g）	铁（mg/100g）	锌（mg/100g）	可溶性固形物（%）	总糖（%）	可滴定酸（%）	水分（%）
测定值	8.6	0.10	1.03	0.05	5.8	2.2	0.08	94.0
参考值	≥6.0	0.09	0.40	0.09	≥9.0	4.2	0.20	92.3

4. 评价鉴定

土默特左旗西瓜瓜型端正，外形呈椭圆形，果实完整良好，发育正常，瓜肉呈红色，其肉质沙绵多汁，爽口，无黄筋的特性，内在品质铁、硒、水分均高于参考值，维生素C高于参考值，满足标准要求，综合评价其符合全国名特优新农产品名录收集登录基本条件和要求。

5. 环境优势

土默特左旗西瓜产自内蒙古土默特左旗沙尔营乡，该地地处阴山山脉、大青山南麓富饶的土默川平原，属温带半干旱大陆性季风气候，全年四季分明、昼夜温差较大，特别适合种植西瓜，昼夜温差较大有利于糖分的积累；该地区雨热同期，土壤肥沃，无霜期为133d，≥10℃的平均数为157d，积温2 917℃，平均降水量为379mm，年日照时数为2 952h，海拔1 000m，适宜的气候、地理条件为"土默特左旗西瓜"的品质创造了先决条件，也造就了土默特左旗西瓜高维生素C、高微量元素等特点。

6. 产品功效

功效同前述。

（三）可沁村小西瓜

1. 产品介绍

可沁村小西瓜（小皇妃）产区主要分布在土默特左旗塔布赛乡可沁村，可沁村的种植规模达到5 000多亩，小西瓜的主要生产区集中在塔布赛乡的可沁村，可沁村是一村一品示范点，对辐射带动周边农户起到了极大的作用，可沁村小西瓜品牌已经深入人心。

2. 特征描述

可沁村小西瓜瓜型端正，外形呈圆形，果实完整良好，大小较均匀，个头偏小，单瓜重约1.2kg；瓜皮纹路清晰光亮，表皮呈深绿色，瓜肉呈黄色；其瓜皮薄，肉质脆甜，甘甜多汁，爽口，具有西瓜特有的水果香味。

3. 营养指标（表78）

表78　可沁村小西瓜独特营养成分

参数	维生素C（mg/100g）	硒（μg/100g）	锌（mg/100g）	铁（mg/100g）	可溶性固形物（%）	总糖（%）	可滴定酸（%）	水分（%）
测定值	7.4	0.25	0.08	0.48	8.1	4.5	0.07	92.5
参考值	≥6.0	0.11	0.08	0.20	≥8.0	4.2	0.20	92.1

4. 评价鉴定

可沁村小西瓜果实完整良好，大小较均匀，个头偏小，单瓜重约1.2kg，表皮呈深绿色，瓜肉呈黄色，其瓜皮薄，肉质脆甜，甘甜多汁的特性，内在品质总糖、铁、硒均高于参考值，锌含量等于参考值，可溶性固形物、维生素C均高于参考值，满足标准要求，可滴定酸低于参考值，其口感较好，综合评价其符合全国名特优新农产品名录收集登录基本条件和要求。

5. 环境优势

土默特左旗可沁村地处于大青山南麓，位于富饶的土默川平原上，该地无霜期为

133d，≥10℃的平均数为 157d，积温 2 917℃，平均降水量为 379mm，年日照时数为 2 952h，海拔 1 000m，气候凉爽适宜，独特的自然条件造就了独特的农产品，使得可沁村小西瓜远近闻名，由于可沁村耕地能够常年得到万家沟水库的浇灌，使得该地区土地肥沃、耕作性好，非常适宜种植小西瓜，特殊的自然条件和独特的浇灌优势，造就了高维生素 C、高糖、高硒的可沁村小西瓜。

6. 产品功效

可沁村小西瓜可以直接食用，也可以被用来当作药物，具有生津利尿、解渴解暑、治疗便秘等功效。

（四）阿拉善左旗西瓜

1. 产品介绍

阿拉善左旗西瓜产于阿拉善盟阿拉善左旗吉兰泰镇查哈尔沙拉嘎查、瑙干勃日格嘎查、呼和陶勒盖嘎查、瑙干陶力嘎查、乌达木塔拉嘎查、哈图陶勒盖嘎查，西瓜是当地优质特色农产品，产地坚持走“绿色、精品、高端”的发展道路，大力推动西瓜等优质特色农产品发展布局区域化、种植规模化、生产标准化、销售品牌化、经营一体化。政府出台质量与品牌创建奖励政策，鼓励种植合作社对西瓜等农产品进行“三品一标”认证，确保产品质量安全和品牌效益。

2. 特征描述

阿拉善左旗西瓜瓜型端正，外形呈椭圆形，果实完整良好，发育正常，个头偏大，单瓜重约 7.2kg；瓜皮纹路清晰光亮，表皮呈深绿色，瓜肉呈鲜红色；其肉质沙绵，甘甜多汁，爽口，无黄筋，具有西瓜特有的水果香味。

3. 营养指标（表79）

表 79　阿拉善左旗西瓜独特营养成分

参数	维生素 C（mg/100g）	硒（μg/100g）	铁（mg/100g）	锌（mg/100g）	可溶性固形物（%）	总糖（%）	可滴定酸（%）	水分（%）
测定值	10.4	0.30	0.55	0.11	9.3	4.4	0.07	91.4
参考值	≥6.0	0.09	0.40	0.09	≥9.0	4.2	0.2	92.3

4. 评价鉴定

阿拉善左旗西瓜果实完整良好，发育正常，个头偏大，单瓜重约 7.2kg，瓜皮纹路清晰，表皮呈深绿色，瓜肉呈鲜红色，其肉质沙绵，甘甜多汁，爽口，无黄筋的特性，内在品质总糖、铁、锌、硒均高于参考值，维生素 C、可溶性固形物高于参考值，满足标准要求，可滴定酸低于参考值，其口感较好，综合评价其符合全国名特优新农产品名录收集登录基本条件和要求。

5. 环境优势

环境优势同前述。

6. 产品功效

功效同前述。

(五) 三道桥西瓜

1. 产品介绍

三道桥西瓜产于巴彦淖尔市杭锦后旗,三道桥西瓜远近闻名,在杭锦后旗的种植规模达到 1 133hm²。为更好地发展西甜瓜特色产业,杭锦后旗形成了以三道桥和平村为核心的西甜瓜种植产业带,大力推广"两棚三膜""瓜田套种"等高效种植模式,向现代、高端、标准化的模式转变,最终实现西瓜的有标有牌,优质优价。西瓜远销北京、天津、呼和浩特等地,受到了广大消费者的喜爱。

2. 特征描述

三道桥西瓜瓜型端正,外形呈椭圆形,果实完整良好,发育正常,个头偏大,;瓜皮纹路清晰,表皮呈深绿色,瓜肉呈鲜红色;其肉质脆沙,甘甜多汁,爽口,无黄筋,具有西瓜特有的水果香味。

3. 营养指标 (表80)

表80 三道桥西瓜独特营养成分

参数	维生素C (mg/100g)	硒 (μg/100g)	铁 (mg/100g)	锌 (mg/100g)	可溶性固形物 (%)	总糖 (%)	可滴定酸 (%)	水分 (%)
测定值	11.5	0.30	0.57	0.11	9.1	4.4	0.05	91.4
参考值	≥6.0	0.09	0.40	0.09	≥9.0	4.2	0.20	92.3

4. 评价鉴定

三道桥西瓜果实完整良好,发育正常,个头偏大,单瓜重约 7.7kg,瓜皮纹路清晰,表皮呈深绿色,瓜肉呈鲜红色,具有肉质脆沙,甘甜多汁,爽口,无黄筋的特性,内在品质总糖、铁、锌、硒均高于参考值,维生素C、可溶性固形物高于参考值,满足标准要求,可滴定酸低于参考值,其口感较好,综合评价其符合全国名特优新农产品名录收集登录基本条件和要求。

5. 环境优势

环境优势同前述。

6. 产品功效

功效同前述。

(六) 瓦窑滩西瓜

1. 产品介绍

瓦窑滩西瓜产于乌拉特前旗苏独仑镇瓦窑滩村、圐圙补隆村、永和村,瓦窑滩西瓜集中育苗、统一种植、标准化管理、市场销售等产业于一体的三产深度融合发展,连片种植 5 400 亩，应用土地托管模式，推广全程绿色标准化生产技术和四控技术，保证产品质量，提高产品附加值。

2. 特征描述

瓦窑滩西瓜瓜型端正，外形呈椭圆形，果实完整良好；瓜皮纹路清晰，表皮呈深绿色，瓜肉呈鲜红色；其肉质沙绵，甘甜多汁，爽口，无黄筋，具有西瓜特有的水果香味。

3. 营养指标（表 81）

表 81　瓦窑滩西瓜独特营养成分

参数	维生素 C（mg/100g）	硒（μg/100g）	铁（mg/100g）	锌（mg/100g）	可溶性固形物（%）	总糖（%）	可滴定酸（%）	水分（%）
测定值	11.3	0.20	0.77	0.15	10.0	4.2	0.07	90.2
参考值	≥6.0	0.09	0.40	0.09	≥9.0	4.2	0.20	92.3

4. 评价鉴定

瓦窑滩西瓜果实完整良好，成熟度较好，单瓜重约 3.9kg，瓜皮纹路清晰，表皮呈深绿色，瓜肉呈鲜红色，其肉质沙绵，甘甜多汁，爽口，无黄筋的特性，内在品质总糖、铁、锌、硒均高于参考值，维生素 C、可溶性固形物高于参考值，满足标准要求，可滴定酸低于参考值，其口感较好，综合评价其符合全国名特优新农产品名录收集登录基本条件和要求。

5. 环境优势

环境优势同前述。

6. 产品功效

功效同前述。

二、苹果

（一）准格尔海红果

1. 产品介绍

准格尔海红果产于准格尔旗龙口镇红树梁村、马栅村、沙坪梁村；近年来，旗政府经过积极引导涉农企业、农民专业合作社开展海红果树规模化种植，使得准格尔旗海红果产业化发展步伐不断加快，成为内蒙古重要的海红果生产基地之一。海红果树是山西、陕西、内蒙古边界地区特有的树种，它的果实有着极高的营养价值。现有三家农业企业经营海红果系列产品，经过多年发展，初步形成发展以劳动密集、技术创新、精小特色为主的加工企业，集研发、生产、销售为一体的产业链。小小海红果在创造出经济效益和社会效益的同时，也产生了文化价值。并通过举办"海红杯"摄影大赛展示海红果春华秋实、秋收冬储的四季之美及海红树在脱贫致富、绿化山头方面的社会价值，进一步挖掘准格尔旗本土特色农产品——海红果的文化价值，打造海红果品牌，扩大准格尔的知名度和影响力。

2. 特征描述

准格尔海红果呈近圆形，单果重约 15g，果皮为暗红色，果肉为乳黄色；果皮薄，肉质细脆多汁，酸甜可口。

3. 营养指标（表 82）

表 82　准格尔海红果独特营养成分

参数	维生素 C （mg/100g）	硒 （μg/100g）	铁 （mg/100g）	锌 （mg/100g）	可溶性固形物 （%）	可溶性糖 （%）	可滴定酸 （%）	水分 （%）
测定值	15.6	0.16	2.91	0.28	22.5	15.3	0.95	77.8
参考值	4.6	1.22	0.40	0.04	18.0	15.2	1.04	79.9

4. 评价鉴定

准格尔海红果单果重约 15g，果肉为乳黄色，果皮薄肉质细脆多汁，酸爽可口，内在品质可溶性糖、可溶性固形物、维生素 C、铁、锌均高于参考值，可滴定酸优于参考值。综合评价其符合全国名特优新农产品名录收集登录基本条件和要求。

5. 环境优势

准格尔海红果产自准格尔旗位于内蒙古西南部、鄂尔多斯市东部，地处山西、陕西、内蒙古三省交界处，属典型的黄土高原丘陵沟壑山区，有"七山二沙一分田"之称。龙口镇地处准格尔旗东南部，2005 年 7 月由原马栅镇、魏家峁镇、长滩乡台子梁村，两镇一村合并而成，属典型的丘陵沟壑山区，年降水量在 200~400mm。准格尔旗海红果树，属蔷薇科苹果属滇池海棠系的西府海棠种，是我国稀有的果树资源，曾是名贵的观赏树种。海红果又名海红子，是陕晋蒙接壤地带所独有的特产，栽培历史悠久，属全国稀有树种。海红果产业是准格尔旗新兴产业中最具有特色的优势产业之一。海红果在内蒙古、陕西、山西交界地区盛产，栽培历史久远，属于全国的罕见树种。目前准格尔旗有 4 个乡镇是海红果树种植密集区，其产地远离工矿污染源，紧靠黄河沿岸，产地昼夜温差大，空气清新，无污染，不施化肥，属于纯天然状态下的绿色食品源。

6. 产品功效

海红果属于蔷薇科苹果属，学名西府海棠，主要分布在我国陕晋蒙接壤地带的准格尔旗、和林格尔、清水河、河曲、偏关、保德、神木、府谷等地，作为一种稀有的世界树种资源，海红果树由千余年前生活在黄土高原丘陵沟壑地区的劳动人民，经长期优胜劣汰后保留的特色家果品种，同时也是一种重要的农业文化遗产。海红果富含矿物质、有机钙、多酚类、黄酮类物质等营养物质，经常食用具有抗衰老、预防心脑血管老化、抑制脂肪堆积、减肥和防高血脂症等功效。

(二) 暖水山地苹果

1. 产品介绍

暖水山地苹果产自鄂尔多斯市准格尔旗暖水乡，暖水乡被誉为准格尔旗的"苹果之乡"，苹果种植面积2 000余亩，苹果种植大部分在乡村产业振兴示范村——德胜有梁村。截至目前，该村共发展果农68户，种植苹果2 030亩，约20万株。2019年苹果产量达34万kg、实现收入460万元。德胜有梁村村集体果园占地150亩，按照"党支部+合作社+贫困户"的发展模式建设，2019年争取农机补贴17万元；争取扶贫资金新建村集体果园150亩。2020年种植宁丰、富士等品种约8 000苗。

2. 特征描述

暖水山地苹果呈圆形，单果重约300g，外观为红色，果皮薄，果肉为淡黄色，果核较小，果肉致密口感脆甜，果香浓郁。

3. 营养指标 (表83)

表83　暖水山地苹果独特营养成分

参数	维生素C (mg/100g)	硒 (μg/100g)	铁 (mg/100g)	锌 (mg/100g)	可溶性固形物 (%)	可溶性糖 (%)	可滴定酸 (%)	水分 (%)
测定值	7.7	0.16	14.52	0.08	15.5	12.7	0.34	84.2
参考值	3.0	0.10	0.30	0.04	13.5	5.3	≤0.40	86.1

4. 评价鉴定

暖水山地苹果单果重约300g，外观为红色，果皮薄，果肉为淡黄色，果核较小，果肉致密口感脆甜的特性。内在品质可溶性糖、维生素C、铁、锌、硒均高于参考值，可溶性固形物满足特级标准范围要求，可滴定酸满足标准范围要求。综合评价其符合全国名特优新农产品名录收集登录基本条件和要求。

5. 环境优势

暖水乡位于鄂尔多斯市准格尔旗西部，背靠达拉特旗，南临准格尔召镇与纳日松镇，东与沙圪堵镇毗邻，西与东胜区搭界。年有效积温3 300℃左右。年平均日照量2 960h左右 (有效日照时间)。30年平均降水量380mm左右。年蒸发量2 100mm左右。无霜期180d。适宜栽植富士系列品种。根据富士系列苹果的生长条件，果园所处的自然环境为苹果的生长提供了极致的环境优势，在这样得天独厚的自然环境中出产的苹果具有含糖量高、着色好、口感脆、病虫害少等其他地区无法企及的优点。主要产地德胜有梁村的地势西高东低、背风向阳，是非常适宜种植苹果的特殊区域，相对于鄂尔多斯地区平均气温，春天早热15d，秋霜晚到15d，昼夜温差大 (15℃以上)，光照时间长，培育出的苹果糖分高、品质好。

6. 产品功效

暖水山地苹果自有天然的芳香，挂果以后不打农药，采摘以后不用防腐剂，这种原味的"纯"是大产地所不能比的。暖水山地苹果品种涉及宁丰、寒富、烟富、蒙富、红心二号等 18 种。绿树满山梁，苹果十里香。

(三) 巴林左旗小苹果

1. 产品介绍

巴林左旗小苹果产于赤峰市巴林左旗，巴林左旗小苹果建立林果产品分拣中心和林果电子商务中心，逐步形成完善的水果产业链。通过扩大市场知名度、引导支持林果产品商标注册、强化科技人才支撑和技术服务等措施，加强林果采摘、品牌培育、销售平台、技术攻关等环节的配套建设，提升林果品牌效益和市场核心竞争力。

2. 特征描述

巴林左旗小苹果果树为落叶小乔木，果型端正，呈纺锤形，大小均匀，平均单果重约为 54g，果皮表面呈深红色，果面光洁，伴有浓郁果香味，果皮薄，汁多，果肉呈浅黄色，肉质鲜嫩，口感脆甜。

3. 营养指标 (表 84)

表 84　巴林左旗小苹果独特营养成分

参数	维生素C (mg/100g)	硒 (μg/100g)	铁 (mg/100g)	锌 (mg/100g)	可溶性固形物 (%)	可溶性糖 (%)	可滴定酸 (%)	水分 (%)
测定值	12.3	0.50	8.39	0.13	16.8	13.6	0.54	83.0
参考值	3.0	0.10	0.30	0.04	13.5	5.3	0.21	86.1

4. 评价鉴定

巴林左旗小苹果果皮为深红色，果肉呈浅黄色，果肉细脆鲜嫩，味甜汁多，果实酸甜可口，内在品质维生素 C、可溶性固形物、可滴定酸、可溶性糖、铁、锌、硒均高于参考值，综合评价其符合全国名特优新农产品名录收集登录基本条件和要求。

5. 环境优势

巴林左旗地处内蒙古赤峰市北部，大兴安岭山脉向西南延伸处，西辽河支流乌力吉伦河中上游地段，内蒙古高原向东北平原的过渡地带上；东与阿鲁科尔沁旗为邻，西、南两面与巴林右旗接壤，北与锡林郭勒盟西乌珠穆沁旗交界。"巴林左旗小苹果"种植范围南北长约 128km，东西宽约 52km。属中温带半干旱的森林草原气候类型，年平均气温在 5.3℃左右；年平均降水量大于 380mm，而且集中于农作物生长季节。该地区气候冷凉，种植季节日照长，昼夜温差大，降水较集中，土质肥沃，有天然的森林和草场，独特的气候资源很适宜种植小苹果等果树。

6. 产品功效

巴林左旗小苹果味酸甜香浓多汁，营养丰富，果型美观，富含维生素 C。属纯天然、无污染绿色食品，具有醒脑、润喉、清肺、健胃、增强肌体抗病能力等功效。

（四）科尔沁区塞外红苹果

1. 产品介绍

科尔沁区塞外红苹果产于通辽市科尔沁区大林镇。塞外红苹果又名锦绣海棠，其果色艳丽、口感酸甜香脆，科尔沁区发展了科区塞外红苹果产业，统一连片栽植塞外红苹果2 300亩。远销上海、广州、杭州、重庆等大城市。

2. 特征描述

科尔沁区塞外红苹果果型为阔梨形，果色为鲜红色，果面至少3/4着红色，色泽艳丽，果面光洁无茸毛，果皮较薄，果肉为淡黄色；果肉甜脆、汁多，酸甜适口并伴有清香味。

3. 营养指标（表85）

表85 科尔沁区塞外红苹果独特营养成分

参数	维生素C（mg/100g）	总黄酮（mg/100g）	可溶性固形物（%）	可溶性糖（%）	水分（%）	铁（mg/100g）	锌（mg/100g）
测定值	19.6	375.0	17.6	14.4	81.5	0.52	0.13
参考值	3.0	303.7	13.5	5.34	86.1	0.30	0.04

4. 评价鉴定

科尔沁区塞外红苹果果型为阔梨形，果色为鲜红色，色泽艳丽，果面光洁无茸毛，果皮较薄，果肉为淡黄色；果肉甜脆、汁多，酸甜适口并伴有清香味。内在品质维生素C、可溶性糖、可溶性固形物、铁、锌、总黄酮均高于参考值。综合评价符合全国名特优新农产品营养品质评价规范要求。

5. 环境优势

科尔沁区气候为干旱、半干旱，昼夜温差大，而且有效积温在2 700~2 800℃，加上天然的沙壤土、中性和偏碱性土壤造就了品质优良的塞外红苹果。科尔沁区地下水充足，保证了塞外红苹果的正常生长。

6. 产品功效

塞外红苹果，又名锦绣海棠、鸡心果。富含维生素、微量元素和黄酮等，红苹果更有益心脏，提高记忆力，保持泌尿系统的健康；红苹果入心，降低血脂、软化血管的作用更强，有利于心脑血管健康。

（五）扎兰屯沙果

1. 产品介绍

扎兰屯沙果产于扎兰屯市大河湾镇大河湾村。扎兰屯沙果是农业农村部地理标志保护农产品、绿色食品。扎兰屯沙果种植品种主要有黄太平、沙果、大秋、黄海棠、七月鲜等，产品主要有果汁饮料、果干、果丹皮、果酱四大类20余个品种；沙果种植面积达到 15 万亩，年产量达到 12.75 万 t。沙果加工能力达到 10 万 t，占全市沙果总产量的 80%。近年来，沙果干产业已成为扎兰屯市支柱产业之一，产品全国各地都有销售。

2. 特征描述

扎兰屯沙果果实大小均匀，果实呈扁圆形或圆形，外形酷似苹果，个头小于苹果，直径 3.5~4.5cm，平均单果重 45g；果皮薄，底色呈黄绿色，着色为鲜红或浓红色，果皮光滑无茸毛；果肉为黄白色，质地细，肉质沙绵，松脆、汁多，风味酸甜，有清香味。

3. 营养指标（表 86）

表 86　扎兰屯沙果独特营养成分

参数	维生素 C（mg/100g）	可滴定酸（%）	可溶性固形物（%）	可溶性糖（%）	总黄酮（mg/100g）	铁（mg/100g）
测定值	18.9	0.63	13.9	10.4	27.9	2.05
参考值	3.0	0.42	11.0~14.8	10.3	19.6	1.00

4. 评价鉴定

扎兰屯沙果果实呈扁圆形，直径 3.5~4.5cm，平均单果重 45g；果皮薄，底色呈黄绿色，着色为鲜红或浓红色，果皮光滑无茸毛；果肉为黄白色，质地细，肉质沙绵，风味酸甜，有清香味。内在品质可溶性固形物高于同类产品平均值，维生素 C、铁、可滴定酸、可溶性糖、总黄酮均高于参考值。综合评价符合全国名特优新农产品营养品质评价规范要求。

5. 环境优势

扎兰屯市地处呼伦贝尔市南端，背倚大兴安岭，面眺松嫩平原。光照时间长，昼夜温差大，宜于沙果营养物质的积累，沙果的糖分含量高，酸甜适度，表现出品种固有的风味。该地区气候冷凉，沙果病害轻，农药施用量极少；扎兰屯市是一块没有污染的"绿色净土"，是种植绿色、有机沙果的理想产地。

6. 产品功效

沙果又名黄太平，果实硕大、色泽鲜艳、营养丰富、酸甜爽口。沙果中含有多种维生素、矿物质、微量元素和糖等营养成分，尤以硒、锌、铁及抗氧化因子的含量最为突出。沙果具有治疗高血压、冠心病、咳嗽气喘等功效，它开胃健脾，经济实惠，贮藏期比较长，一直很受消费者青睐。

三、蜜瓜

（一）额济纳蜜瓜

1. 产品介绍

额济纳蜜瓜主产区在额济纳旗，2017 年农业部正式批准对"额济纳蜜瓜"实施农产品地理标志登记保护。把蜜瓜产业作为促农增收的支柱产业，不断加大政策扶持、示范带动、服务拉动力度，推动一批优质品种、先进实用技术进行推广。随着额济纳旗蜜瓜产业发展，也带动了中介、物流、农资、包装等相关产业的发展。

2. 特征描述

额济纳蜜瓜果实大小均匀，单瓜重约2.5kg，心室小，肉瓤厚，具有个大形美、含糖量高的特点。果肉鲜嫩，肉质细软，风味独特，有的带奶油味、有的含柠檬香，具有味甘如蜜、奇香袭人、黏口黏手的特性。

3. 营养指标（表87）

表87　额济纳蜜瓜独特营养成分

参数	维生素C（mg/100g）	硒（μg/100g）	铁（mg/100g）	锌（mg/100g）	可溶性固形物（%）	可溶性糖（%）	可滴定酸（%）
测定值	18.6	0.60	1.09	0.18	10.8	8.5	0.07
参考值	12.0	1.10	0.50	0.13	9.0	5.7	0.14

4. 评价鉴定

额济纳蜜瓜外形为椭圆形，果实大小均匀，单瓜重约2.5kg，心室小，肉瓤厚，果肉鲜嫩，肉质细软，味道香甜的特性，内在品质维生素C、可溶性固形物、可溶性糖、铁、锌均高于参考值，可滴定酸优于参考值；综合评价其符合全国名特优新农产品名录收集登录基本条件和要求。

5. 环境优势

额济纳旗特殊的土壤条件极符合哈密瓜的生态学特性，属全国适合哈密瓜生长的生态地理区域。额济纳旗属内陆干燥气候。具有干旱少雨，蒸发量大，日照充足，温差较大等气候特点，年日照时数在3 300~3 400h，哈密瓜生长季节日照充足，昼夜温差大，热量条件可满足额济纳蜜瓜的生长。额济纳河进入额济纳三角洲分支19条，周边无任何工业及其他污染，水质清澈纯净，为额济纳蜜瓜的主要灌溉水源。

6. 产品功效

蜜瓜俗称华莱士瓜，属葫芦科黄瓜属甜瓜种厚皮甜瓜亚种，其品质优，香气浓郁、醇香甘甜、风味独特，含有大量的水分和维生素，具有生津止渴，除烦热，宁心神等作用。

（二）杭锦后旗甜瓜

1. 产品介绍

杭锦后旗甜瓜产于巴彦淖尔市杭锦后旗，产地光照充足，昼夜温差大，使香瓜中积累了大量的糖分和营养物质。甜瓜的种植规模达到3 334hm²，杭锦后旗形成了以三道桥和平村为核心的甜瓜种植产业带，大力推广"两棚三膜""瓜田套种"等高效种植模式，向现代、高端、标准化的模式转变，最终实现甜瓜的有标有牌，优质优价。甜瓜远销北京、天津、呼和浩特等大中城市，受到了广大消费者的喜爱。

2. 特征描述

杭锦后旗甜瓜外形为椭圆形，表皮为黄色，瓜皮带有不规则青绿色斑纹，表皮手感粗糙，心室小，肉瓤厚；果肉为乳白色，果肉鲜嫩，肉质细软，味道香甜；具有甜瓜特有的水果香味。

3. 营养指标（表88）

表88　杭锦后旗甜瓜独特营养成分

参数	维生素 C（mg/100g）	硒（μg/100g）	铁（mg/100g）	锌（mg/100g）	可溶性固形物（%）	可溶性糖（%）	可滴定酸（%）
测定值	27.8	1.00	2.83	0.45	13.5	10.7	0.09
参考值	12.0	1.10	0.50	0.13	9.0	5.7	0.14

4. 评价鉴定

杭锦后旗甜瓜单瓜重约600g，其具有心室小，肉瓤，果肉为乳白色，果肉鲜嫩，肉质细软，味道香甜的特性，内在品质维生素 C、可溶性固形物、可溶性糖、铁、锌均高于参考值，可滴定酸低于参考值，其口感较好，其维生素 C 含量高于参考值两倍多，综合评价其符合全国名特优新农产品名录收集登录基本条件和要求。

5. 环境优势

杭锦后旗南临黄河，北靠阴山，南北长约 87km，东西宽约 52km，总面积 1 790km²。地处河套平原腹地，地势平坦，土地耕作为灌淤层，耕作性好，含钾量高，对糖分的积累非常有利。水源充沛，灌溉便利。光能丰富，日照充足，昼夜温差大，降水量少而集中。因此，种植的甜瓜香甜细软。

6. 产品功效

功效同前述。

（三）五原蜜瓜

1. 产品介绍

五原蜜瓜产于巴彦淖尔市五原县隆兴昌镇、胜丰镇、天吉泰镇、复兴镇、新公中镇、银定图镇、塔尔湖镇、巴彦套海镇、和胜乡、荣丰办事处、丰裕办事处。五原县充分利用得天独厚的自然光热资源与成熟的蜜瓜种植管理经验，按照"市场主导、政府服务、农户参与、协会运作、能人带动"的思路，在各乡镇建设蜜瓜种植园区，从蜜瓜的选种、种植、管理、收购等环节入手，严格按照"天赋河套"巴彦淖尔农产品区域公用品牌相关标准种植生产，有效提高蜜瓜质量和商品价值。种植的蜜瓜糖度高、口感好，深受消费者欢迎。

2. 特征描述

五原蜜瓜外形呈圆形或椭圆形，外观颜色为深绿色，上面有白色纹路。其心室小，肉瓤，果肉为深黄色，果肉鲜嫩，肉质细软，味道香甜。

3. 营养指标（表89）

表89　五原蜜瓜独特营养成分

参数	维生素C（mg/100g）	硒（μg/100g）	铁（mg/100g）	锌（mg/100g）	可溶性固形物（%）	可溶性糖（%）	可滴定酸（%）
测定值	23.1	2.00	0.82	0.24	14.6	11.9	0.07
参考值	12.0	1.10	0.50	0.13	9.0	5.7	0.14

4. 评价鉴定

五原蜜瓜单瓜重约700g，其心室小，肉瓤，果肉为深黄色，果肉鲜嫩，肉质细软，味道香甜的特性，内在品质维生素C、可溶性固形物、可溶性糖、铁、锌、硒均高于参考值，可滴定酸优于参考值，其维生素C含量高于参考值近两倍，综合评价其符合全国名特优新农产品名录收集登录基本条件和要求。

5. 环境优势

五原县南邻黄河，北靠阴山，地处河套平原腹地，地势平坦。土地耕作层为灌淤层，耕作性好，含钾量高，对糖和淀粉的积累非常有利。水源充沛，灌溉便利，光能丰富、日照充足、昼夜温差大、降水量少而集中，独特的自然环境造就了独特的农产品。

6. 产品功效

功效同前述。

（四）乌加河甜瓜

1. 产品介绍

乌加河甜瓜产于巴彦淖尔市乌拉特中旗乌加河镇新永胜村。乌加河甜瓜2017年成功申报为无公害农产品，乌加河甜瓜加入农产品质量可追溯管理试点。目前全镇共培育甜瓜生产合作社2家，农户1 982户，种植面积666hm²，年生产量为1.8万t。

2. 特征描述

乌加河甜瓜果型端正，呈纺锤形；果皮光滑，着色均匀，皮薄肉厚，果皮黄中透白，果肉外层白色，内层为橘色；瓜瓤含水较少，果肉与瓜瓤易于分离；口感甜脆，伴有浓郁甜瓜香味。

3. 营养指标（表90）

表90　乌加河甜瓜独特营养成分

参数	维生素C（mg/100g）	硒（μg/100g）	铁（mg/100g）	锌（mg/100g）	可溶性固形物（%）	可溶性糖（%）	可滴定酸（%）
测定值	38.3	1.10	4.06	0.64	9.9	9.1	0.14
参考值	15.0	0.40	0.70	0.09	6.7	8.4	0.24

4. 评价鉴定

乌加河甜瓜皮薄肉厚, 口感甜脆, 伴有浓香甜瓜味的特性, 内在品质可溶性固形物、维生素C、可溶性糖、铁、锌、硒均高于参考值, 可滴定酸优于参考值, 综合评价其符合全国名特优新农产品名录收集登录基本条件和要求。

5. 环境优势

乌加河镇位于阴山南麓, 距离乌拉特中旗69km, 是乌拉特中旗的一个典型农业镇。总面积有189km², 可耕地8 853hm², 海拔1 040m, 年平均气温6.2℃, 年平均降水量173mm, 无霜期125~130d。地势平坦, 土地肥沃, 渠道纵横, 农田遍布属于阴山积扇区, 灌溉系统发达属于井黄双灌, 适于种植甜瓜等作物。

6. 产品功效

功效同前述。

(五) 磴口华莱士

1. 产品介绍

磴口华莱士产于磴口县, 1986年, 磴口县成立华莱士瓜研究所, 致力于华莱士瓜原良种繁殖体系建设, 瓜类新品种引进, 瓜类栽培组装配套新技术应用推广及产业化服务, 随着温室大棚、小棚、大田一条龙生产模式及一系列组装配套农业新技术措施的推广应用, 该县已实现了华莱士瓜一年四季均衡上市。1998年磴口县被国务院特产办命名为"中国华莱士蜜瓜之乡", 享誉中外。

2. 特征描述

磴口华莱士外形为圆球形, 单瓜重约1kg; 果皮色泽金黄, 表面新鲜、平滑, 果肉为黄白色, 果肉与瓜瓤易于分离, 果肉鲜嫩, 肉质细软; 具有华莱士特有的水果香味。

3. 营养指标 (表91)

表91 磴口华莱士独特营养成分

参数	维生素C (mg/100g)	硒 (μg/100g)	锌 (mg/100g)	可溶性固形物 (%)	可溶性糖 (%)	可滴定酸 (%)
测定值	24.2	1.40	0.88	11.1	9.4	0.14
参考值	12.0	1.10	0.13	9.0	5.7	0.14

4. 评价鉴定

磴口华莱士果肉鲜嫩香甜, 肉质细软, 内在品质维生素C、可溶性固形物、可溶性糖、锌、硒均高于参考值, 可滴定酸优于参考值, 其维生素C含量高于参考值两倍以上, 综合评价其符合全国名特优新农产品名录收集登录基本条件和要求。

5. 环境优势

磴口县属北温带大陆性季风气候, 其特征是冬寒漫长, 春秋短暂, 夏季炎热、降水量少、气候干燥、风沙多、日照充足、昼夜温差大、无霜期长, 全年无霜期136~144d。

年平均气温为 7.6℃，年日照时数为 3 209.5h。植物生长期积温约为 3 300℃，生长期昼夜温差 14.5℃。历年平均降水量 142.7mm，虽干旱少雨，但黄河穿区而过，灌溉方便，这种特殊的气候条件，是由于复杂的地形地貌和地理条件形成的。昼夜温差大、积温高，有利于华莱士瓜的糖分积累，是种植华莱士甜瓜的最理想地方。磴口县濒临黄河、依乌兰布和沙漠，北靠阴山，灌溉用水是无污染的黄河水，独特的地理优势和气候特征为华莱士瓜的生产提供了极为优越的自然条件。

6. 产品功效

功效同前述。

（六）九原甜瓜

1. 产品介绍

九原甜瓜产于包头市九原区哈业胡同镇新胜三村。九原区现代农牧业"十三五"规划中将西部 2 万亩耕地作为甜瓜生产基地。先后将"高标准农田整理""财政支持现代农业""绿色高质高效"等项目融合，投入资金 3 000 余万元，建成反季节甜瓜技术培训及繁育实践基地、产品集中交易中心、技术培训办公大楼、注册了"如意新""黑柳子"两个品牌，因其产品质量好，经营信誉佳，逐步受到了消费者和采购商的认可和好评。

2. 特征描述

九原甜瓜果型端正，呈纺锤形；果皮光滑，着色均匀，皮薄肉厚，果皮呈黄色，果肉呈白色，内层为橘色；瓜瓤含水较少，果肉与瓜瓤易于分离；口感清脆，有浓香瓜果味。

3. 营养指标（表 92）

表 92　九原甜瓜独特营养成分

参数	维生素 C （mg/100g）	硒 （μg/100g）	铁 （mg/100g）	锌 （mg/100g）	可溶性固形物 （%）	可溶性糖 （%）	可滴定酸 （%）
测定值	35.2	1.90	0.97	0.42	12.5	9.1	0.18
参考值	15.0	0.40	0.70	0.09	6.7	8.4	0.24

4. 评价鉴定

九原甜瓜果皮光滑，着色均匀，皮薄肉厚，口感清脆，内在品质维生素 C、可溶性固形物、可溶性糖、铁、锌、硒均高于参考值，可滴定酸优于参考值，其维生素 C 含量高于参考值两倍以上，综合评价其符合全国名特优新农产品名录收集登记基本条件和要求。

5. 环境优势

九原区位于阴山南麓，黄河北岸，土默特平原与河套平原的结合部，九原区属大陆性半干旱气候，春季多风少雨，蒸发量大，夏季炎热，雨量集中，冬季严寒，气温变化大。年平均气温为 7.2℃，年降水量平均在 330mm 左右，年日照时数为 3 111.6h，年均无霜期 120d 以上，冻土层厚度 1.5m，光照充足，雨热同期，适宜甜瓜等多种作物生长。

6. 产品功效

功效同前述。

（七）黑柳子白梨脆甜瓜

1. 产品介绍

黑柳子白梨脆甜瓜瓜香四溢、皮薄肉厚、口感甜脆。产于巴彦淖尔市乌拉特前旗乌拉山镇、白彦花镇、新安镇、大余太镇、西小召镇、小佘太镇、先锋镇、明安镇、苏独仑镇、额尔登布拉格苏木、沙德盖苏木。乌拉特前旗采取互联网+合作社+农户+企业的模式，推动黑柳子白梨脆甜瓜特色农产品品牌发展，其独特的品质，市场供不应求，产品竞争力强、发展前景广，"黑柳子白梨脆甜瓜"已于 2016 年申报为农产品地理标志保护产品，近年来，以"三品一标"为抓手，大力发展农业品牌，随着政府对产业的推动、农民种植技术水平的提高和市场需求的不断扩大，种植面积发展到了 10 万亩。

2. 特征描述

黑柳子白梨脆甜瓜果型端正，呈纺锤形；果皮光滑，着色均匀，皮薄肉厚，果皮呈灰绿色，果肉外层绿色，内层为橘色；瓜瓢含水较少，果肉与瓜瓢易于分离；口感甜脆，有浓香瓜果味。

3. 营养指标（表 93）

表 93　黑柳子白梨脆甜瓜独特营养成分

参数	维生素 C （mg/100g）	硒 （μg/100g）	铁 （mg/100g）	锌 （mg/100g）	可溶性固形物 （%）	可溶性糖 （%）	可滴定酸 （%）
测定值	43.5	1.50	1.68	0.92	12.2	11.0	0.21
参考值	15.0	0.40	0.70	0.09	6.7	8.4	0.24

4. 评价鉴定

黑柳子白梨脆甜瓜口感甜脆，芳香味浓，内在品质维生素 C、可溶性固形物、可溶性糖、铁、锌、硒均高于参考值，可滴定酸优于参考值，其维生素 C 含量高于参考值近三倍，综合评价其符合全国名特优新农产品名录收集登录基本条件和要求。

5. 环境优势

乌拉特前旗位于内蒙古巴彦淖尔市，河套平原东端，东邻包头，西接五原，南至黄河，北与乌拉特中旗接壤，地势平坦。土地耕作层土壤是灌淤土，其表层为壤质灌淤层，耕作性好，含钾量高，对糖分和淀粉的积累非常有利。水源充沛，灌溉便利，光能丰富、日照充足、昼夜温差大、降水量少而集中。

6. 产品功效

功效同前述。

（八）五原灯笼红香瓜

1. 产品介绍

五原灯笼红香瓜产于巴彦淖尔市五原县隆兴昌镇隆盛村、联合村、荣誉村；胜丰镇新红村、新丰村。五原县设施农业发展快速，灯笼红香瓜种植形式不断优化，由原来的露地种植发展为温室、大中小拱棚、露地相结合的种植方式，种植面积现已达400余 hm²，种植规模不断扩大。产品供应从4—8月货源不断，畅销自治区内外，知名度和影响力不断扩大，特别是晏安和桥灯笼红香瓜成为远近闻名的知名品牌。2014年申请登记为农产品地理标志产品。

2. 特征描述

五原灯笼红香瓜果型端正，近圆柱形或阔梨形；果皮光滑，着色均匀，皮薄肉厚，果皮呈灰绿色，果肉外层绿色，内层为橘色；瓜瓤含水较少，果肉与瓜瓤易于分离；口感甜脆，芳香味浓。

3. 营养指标（表94）

表94 五原灯笼红香瓜独特营养成分

参数	维生素C（mg/100g）	蛋白质（%）	锌（mg/100g）	可溶性固形物（%）	可溶性糖（%）	可滴定酸（%）
测定值	33.5	0.9	0.17	8.5	6.0	0.19
参考值	15.0	0.4	0.09	6.7	3.6~8.4	0.11~0.37

4. 评价鉴定

五原灯笼红香瓜果型端正，近圆柱形或阔梨形；果皮光滑，着色均匀，皮薄肉厚，果皮呈灰绿色，果肉外层绿色，内层为橘色；瓜瓤含水较少，果肉与瓜瓤易于分离；口感甜脆，芳香味浓。内在品质可溶性糖高于同类产品平均值，可滴定酸优于同类产品平均值，维生素C、蛋白质、锌、可溶性固形物均高于参考值。综合评价符合全国名特优新农产品营养品质评价规范要求。

5. 环境优势

五原县位于内蒙古巴彦淖尔市，南邻黄河，北靠阴山，地处河套平原腹地，地势平坦，土地耕作层为灌淤层，耕作性好，含钾量高，对糖和淀粉的积累非常有利。水源充沛，灌溉便利，光能丰富、日照充足、昼夜温差大、降水量少而集中，利于香瓜糖分的积累。

6. 产品功效

香瓜是民间对传统薄皮甜瓜的称呼，香瓜甘、寒、无毒；瓜蒂苦、寒、有毒。入胃、肺、大肠。香瓜清热解暑止渴；香瓜籽清热解毒利尿。香瓜是夏令消暑瓜果，其营养价值可与西瓜媲美。多食甜瓜，有利于人体心脏和肝脏以及肠道系统的活动，促进内分泌和造血机能。

（九）托县香瓜

1. 产品介绍

托县香瓜产于托克托县河口管委会东营子村、新营子镇豆腐夭村、托县双河镇。利用黄河水资源灌溉，托县嘉丰农业园现有可种耕地 3 000 亩，实现休闲、采摘、娱乐、餐饮为一体的现代农业。打造新型农业产业链；云中农业开发公司规划可种植面积 670 余亩，拥有"云中绿"注册商标。

2. 特征描述

托县香瓜果型端正，近椭圆形或倒卵形；果皮平滑，皮薄肉厚，果皮底色黄中泛白，果皮覆纹为浅绿色点状条带，果肉为白色；口感甜脆，香味较浓，深受喜爱。

3. 营养指标（表 95）

表 95　托县香瓜独特营养成分

参数	维生素 C（mg/100g）	硒（μg/100g）	锌（mg/100g）	可溶性糖（%）	水分（%）
测定值	23.3	2.03	0.38	7.4	89.3
参考值	15.0	0.40	0.09	6.3	92.9

4. 评价鉴定

托县香瓜果型端正，近椭圆形或倒卵形；果皮平滑，皮薄肉厚，果皮底色黄中泛白，果皮覆纹为浅绿色点状条带，果肉为白色：果肉含水较高，瓜瓤含水较少。果肉口感甜脆；内在品质维生素 C、可溶性糖、锌、硒均优于参考值，水分低于参考值。综合评价符合全国名特优新农产品营养品质评价规范要求。

5. 环境优势

托克托县属于温带大陆性气候，四季分明，日照充足，年均气温 7.3℃，年均降水量 362mm，属半干旱大陆性季风气候。昼夜温差大。郝家窑地处黄河东岸，有丰富的土地资源和水资源。嘉丰农业科技有限公司依附神泉旅游带进行休闲采摘，土壤的丰富和光照的有利条件促使农产品的口感香甜，营养丰富。

6. 产品功效

功效同前述。

（十）口肯板香瓜

1. 产品介绍

口肯板香瓜产于土默特左旗口肯板村。2003 年口肯板香瓜被认证为"国家级无公害纯绿色农产品"；2006 年土默特左旗成立"口肯板香瓜协会"，2009 年经上级批准成立了"土默特左旗口肯板香瓜种植农业专业合作社"，村民种植香瓜 4 000 多亩，带动周边邻村种植达 8 000 多亩，以无公害纯绿色为标准；2017 年正式注册了"口肯板香瓜"品牌。

2. 特征描述

口肯板香瓜果型端正，近圆柱形或阔梨形；果皮光滑，着色均匀，皮薄肉厚，果皮底色为白色，果皮覆纹为浅绿色点状条带，果肉为白色；瓜瓤含水较少，果肉与瓜瓤易于分离；口感脆甜，芳香味浓，品质极佳。

3. 营养指标（表 96）

表 96　口肯板香瓜独特营养成分

参数	维生素 C（mg/100g）	铁（mg/100g）	锌（mg/100g）	钙（mg/100g）	可溶性糖（%）	水分（%）
测定值	41.3	3.74	0.48	20.06	7.7	87.2
参考值	15.0	0.70	0.09	14.00	6.3	92.9

4. 评价鉴定

口肯板香瓜果型端正，近圆柱形或阔梨形；果皮光滑，着色均匀，皮薄肉厚，果皮底色为白色，果皮覆纹为浅绿色点状条带，果肉为白色；果肉质地硬脆，口感甜脆，瓜瓤含水较少，果肉与瓜瓤易于分离；内在品质维生素 C、可溶性糖、钙、铁、锌均高于参考值，水分优于参考值。综合评价符合全国名特优新农产品营养品质评价规范要求。

5. 环境优势

土默特左旗口肯板村地处大青山南麓，位于富饶的土默川平原上，该地无霜期为 133d，≥10℃的平均天数为 157d，积温 2 917℃，平均降水量为 379mm，年日照时数为 2 952h，海拔 1 000m，凉爽适宜。另外，口肯板村地处黑河故道，该地区大部分为黑土，该地区土地肥沃、地势平缓，非常适宜种植香瓜。特殊的气候、地理条件为口肯板香瓜的品质积累创造了最佳条件，也造就了高维生素 C、可溶性糖、钙、铁、锌、钾、镁、铜、钠、锰等特点的口肯板香瓜。

6. 产品功效

功效同前述。

四、树莓

乌拉特树莓

1. 产品介绍

乌拉特树莓产于乌拉特中旗海流图镇，当地土地宽广肥沃，盛产红树莓、荞麦、莜麦等各种农作物，有良好的自然条件和生态优势。所产的农产品具有丰富的营养价值。乌拉特树莓 2019 年成功申报为绿色食品，乌拉特树莓加入农产品质量可追溯管理试点。目前全镇共培育乌拉特树莓企业 1 家，农户 982 户，种植面积 500hm²，年生产量为 425 万 t。

2. 特征描述

乌拉特树莓形状呈圆锥形，果实呈鲜红色，色泽均匀，果实表面新鲜洁净，成熟度好，大小均匀一致，无碰压伤，并伴有浓郁的芳香味，果肉鲜嫩，口感酸甜。

3. 营养指标（表97）

表97 乌拉特树莓独特营养成分

参数	维生素C（mg/100g）	花青素（mg/100g）	缬氨酸（mg/100g）	亮氨酸（mg/100g）	可溶性固形物（%）	可溶性糖（%）	可滴定酸（%）	蛋白质（g/100g）
测定值	31.9	65.3	48	60	12	4.2	1.79	1.2
参考值	9.0	40.0	40	54	9.25	5.3	2.16	0.8

4. 评价鉴定

乌拉特树莓果实呈鲜红色，色泽均匀，果肉鲜嫩，口感酸甜的特性，内在品质花青素、蛋白质、可溶性固形物、维生素C、缬氨酸、亮氨酸均高于参考值，可滴定酸优于参考值，综合评价其符合全国名特优新农产品名录收集登录基本条件和要求。

5. 环境优势

乌拉特树莓产自巴彦淖尔市乌拉特中旗海流图镇是乌拉特中旗人民政府驻地，是全旗政治、经济、文化、交通中心。平均海拔1288m，年平均气温4.9℃。全年降水量少而集中，降水集中在7—9月，空气清新，水质纯净，土壤未受污染或污染程度较低，且远离交通干线、工矿企业和村庄等生活区，适宜种植业的发展。

6. 产品功效

乌拉特树莓果肉丰盈、果香浓郁、酸甜可口。富含鞣花酸、水杨酸、维生素等大量营养素和多种微量元素，是国家卫健委公布的药食同源名单中的一员，在国际市场上被誉为"第三代黄金水果之王"。

五、梨

（一）临河早酥梨

1. 产品介绍

临河早酥梨产于巴彦淖尔市临河区，临河早酥梨通过"公司+基地+销售+加工+农户"的运作方式实施万亩经济林示范园项目，打造万亩河套早酥梨生产基地，带动农户与企业签订了经济林苗木栽植及产品回收合同。通过发展林果产业推进沿黄生态廊道建设，推广农业绿色安全生产模式严控农业生产活动造成的土壤污染，全力推广农业绿色集约安全生产模式，深入开展控肥增效、控药减害、控水降耗、控膜提效"四控"行动，加大源头控制力度，助推农业绿色高质量发展。品牌创建情况：牢固树立绿色发展理念，加快实施植树造林工程，着力探索临河绿色发展的"生态路径"。

2. 特征描述

临河早酥梨单果重约260g，果实呈纺锤形，果型端正，果梗完整，果皮呈绿色，表面光滑果皮薄；果肉洁白，细脆鲜嫩，味甜汁多，果实酸甜可口，无异味或非正常气味。

3. 营养指标（表98）

表98　临河早酥梨独特营养成分

参数	维生素 C（mg/100g）	硒（μg/100g）	铁（mg/100g）	锌（mg/100g）	可溶性固形物（%）	总糖（%）	总酸（%）	水分（%）
测定值	18.6	0.33	1.46	0.99	13.5	6.1	0.18	86.0
参考值	12.0	0.37	0.20	0.07	≥11.0	8.4	≤0.24	85.8

4. 评价鉴定

临河早酥梨具有果皮薄，果肉洁白，细脆鲜嫩，味甜汁多，果实酸甜可口的特性，内在品质维生素 C、水分、铁、锌均高于参考值，可溶性固形物、总酸优于参考值，满足标准要求，综合评价其符合全国名特优新农产品名录收集登录基本条件和要求。

5. 环境优势

临河区位于内蒙古巴彦淖尔市，南邻黄河，北靠阴山，地处黄河平原腹地，地势平坦，交通便利。临河区境内地势平坦，土壤肥沃，临河早酥梨含铁量高、口感好，深受消费者欢迎。临河全境水源充沛，灌溉便利，是全国八大自流灌溉农区之一。气候具有光能丰富，日照充足，昼夜温差大，降水量少而集中的特点，独特的自然条件造就了独特的农产品。

6. 产品功效

临河早酥梨富含维生素 C、水分、铁、锌，能起到润肺降肺火的作用，同时还有止咳、润燥化痰、润肠通便的功效，对热病津伤、心烦口渴、肺燥干咳、咽干舌燥、大便干结等症状有一定的调节作用。

（二）杭锦后旗早酥梨

1. 产品介绍

杭锦后旗早酥梨种植历史悠久，种植面积达到 1 333hm²，种植区域主要集中在头道桥镇。2019 年，杭锦后旗新绿营果树农业专业合作社的早酥梨被认证为绿色食品标志，在早酥梨的良种繁育体系，推广优质早酥梨苗木，实施绿色食品栽培技术标准，贮藏保鲜技术标准等方面取得良好的辐射带动作用。同时，合作社利用网上销售的手段，早酥梨远销北京、山东、山西等地。目前全旗早酥梨种植专业合作社共 3 家，年产量 3.2 万 t，下一步将加强早酥梨品牌建设，完善合作社功能建设，引导杭锦后旗的早酥梨产业向绿色食品产业发展，达到农民增收的目的。

2. 特征描述

果实呈纺锤形，果型端正，果梗完整，果皮呈绿色，部分绿色带红晕，表面光滑果皮较薄；果肉洁白，细脆鲜嫩，味甜汁多，果实酸甜可口，无异味或非正常气味；无虫伤、无机械损伤、无磨伤、无雹伤。

3. 营养指标（表99）

表99　杭锦后旗早酥梨独特营养成分

参数	维生素 C（mg/100g）	硒（μg/100g）	铁（mg/100g）	锌（mg/100g）	可溶性固形物（%）	总糖（%）	总酸（%）
测定值	16.4	3.10	3.77	1.09	11.8	4.7	0.12
参考值	12.0	0.37	0.20	0.07	≥11.0	8.4	≤0.24

4. 评价鉴定

该产品在杭锦后旗县域范围内，在其独特的生长环境下，具有果肉洁白、细脆鲜嫩、味甜汁多，果实酸甜可口的特性，内在品质维生素 C、铁、锌、硒均高于参考值，可溶性固形物、总酸优于参考值，满足标准要求，综合评价其符合全国名特优新农产品名录收集登录基本条件和要求。

5. 环境优势

杭锦后旗位于内蒙古巴彦淖尔市，南临黄河，北靠阴山，南北长约87km，东西宽约52km，总面积1 790km²。地处河套平原腹地，地势平坦，110 国道、京藏高速全境通过。土地耕作为灌淤层，耕作性好，含钾量高，对糖分的积累非常有利。杭锦后旗水源充沛，灌溉便利，黄河在全旗境内长 17km，过境年流量 226 亿 m³，是全国八大自流灌溉农区之一。气候具有光能丰富，日照充足，昼夜温差大，降水量少而集中的特点，独特的自然条件造就了独特的农产品，杭锦后旗的早酥梨远近闻名。2019 年，杭锦后旗被农业农村部正式命名为国家农产品质量安全县。

6. 产品功效

功效同前述。

六、杏

（一）扎鲁特旗珍珠油杏

1. 产品介绍

扎鲁特旗珍珠油杏产自扎鲁特旗，扎鲁特旗素有"中国山杏第一林"之称，旗内山杏分布广，面积大，产量高，总面积达 354.4 万亩。山杏核是全旗重要出口资源，自1949—1985 年累计出口 3 105 万 kg，最高产于 1973 年达 262.5 万 kg，常年产量 50 万 kg。自 1950 年实施封山育林，到 1986 年，全旗累计封育 373.81 万亩。国家"三北"防护林体系第 11 号工程封育在旗内南部乌力吉木仁苏木和查布嘎图苏木的山杏集中分布区实施。山杏核最高年产量达 200 多万 kg，是全国四大重点土特产产区之一。

2. 特征描述

扎鲁特旗珍珠油杏果型端正，近圆形或卵圆形，果顶形状为凹入，果实梗洼深，果实缝合线深度为平，果实对称；果皮光滑，着色均匀，果皮底色为橙色，果皮无盖色，果肉颜色为橙色，果面无绒毛，果面油性大，果实外观为上等；果肉纤维较粗，果肉较脆韧，果肉风味脆甜，香气较浓，品质极佳。

3. 营养指标（表100）

表100　扎鲁特旗珍珠油杏独特营养成分

参数	维生素C（mg/100g）	硒（μg/100g）	铁（mg/100g）	类胡萝卜素（mg/kg）	可溶性糖（%）
测定值	23.3	1.62	1.02	4.2	9.3
参考值	4.0	0.20	0.60	17.8	2.3~11.7

4. 评价鉴定

扎鲁特旗珍珠油杏果皮薄，果肉洁白，细脆鲜嫩，味甜汁多，果实酸甜可口，内在品质维生素C、水分、铁、锌均高于参考值，可溶性固形物、总酸优于参考值，满足标准要求，综合评价其符合全国名特优新农产品名录收集登录基本条件和要求。

5. 环境优势

扎鲁特旗地处内蒙古通辽市西北部，大兴安岭南麓，科尔沁草原西北端，属内蒙古高原向松辽平原过渡地带。四季分明，光照充足，日照时间长。年均气温6.6℃，年均日照时数2 882.7h。无霜期中南部较长，北部较短，平均139d。春旱多风，年均降水量382.5mm，年均湿度49%，年均风速2.7m/s。土壤为栗钙黑壤土，土层深厚，肥力中等，有机质含量1.5%以上，山杏林生长范围内无工业废水、废气、废渣污染现象，大气质量优良，适宜生产优质果品，重点发展优质珍珠油杏果品。

6. 产品功效

扎鲁特旗珍珠油杏人工除草，以农家肥和有机肥为主要肥料，保证了珍珠油杏绿色生态。杏果与杏仁具有较高的营养与保健价值，尤其在防癌、治癌及心血管保健方面价值较高，优质杏果的价格远在苹果、梨、桃等之上。杏的加工品，有杏酱、杏汁、杏仁等。

（二）夏家店大扁杏

1. 产品介绍

夏家店大扁杏产于赤峰市松山区夏家店乡三家村。夏家店大扁杏规模大、效益好，现已经成为夏家店发展经济的主导产业之一，通过夏家店大扁杏栽植的带动，赤峰市阿荣旗、松山区其他乡镇和本乡镇等地新增5 000余亩大扁杏的栽植，已经成为赤峰地区经济林发展的样板基地。接下来着力打造农产品品牌培育，发展大扁杏深加工，为夏家店三家村大扁杏的发展和品牌培育奠定基础。

2. 特征描述

夏家店大扁杏个头大，杏仁饱满，整齐度好；杏仁外壳形状为扁心脏形，色泽黄褐色，成熟饱满，光滑无黑斑；仁肉白色纯正，杏仁苦而酥脆可口，杏仁味很浓。

3. 营养指标（表 101）

表 101　夏家店大扁杏独特营养成分

参数	维生素 C（mg/100g）	锌（mg/100g）	铁（mg/100g）	蛋白质（%）	脂肪（%）
测定值	61.9	7.11	5.83	24.1	43.8
参考值	26.0	4.30	2.20	22.5	45.4

4. 评价鉴定

夏家店大扁杏仁个头大，杏仁饱满，整齐度好；杏仁外壳形状为扁心脏形，色泽为黄褐色，成熟饱满、光滑无黑斑；仁肉白色纯正、无霉斑、无异味，杏仁味苦而酥脆可口，杏仁味很浓；内在品质蛋白质、维生素 C、锌、铁均高于参考值。综合评价符合全国名特优新农产品营养品质评价规范要求。

5. 环境优势

赤峰市松山区夏家店乡年平均气温 5.6℃，1 月最冷，月平均气温 -12℃，7 月最热，月平均气温 23℃，有效积温 2 200℃，年平均降水量 330.4mm（且集中在 6 月、7 月、8 月、9 月），无霜期 130d 左右，年日照时数 2 500h，平均每天 8.3h，地形、地貌主要以中低山、丘陵区为主，地势较为平坦。特定的气候环境为大扁杏的生长及品质积累创造了最佳的生长环境。

6. 产品功效

夏家店大扁杏属于山杏自然变异中选育出来的一种甜杏仁品系，脂肪、蛋白质、钙、磷、铁等含量高，除此之外还含有抗癌物质维生素 B 等，因此广泛应用于食品医药、工业等方面；杏核的壳还可作为高级活性炭的生产原料。

七、火龙瓜

赛罕火龙果

1. 产品介绍

赛罕火龙果主产区内蒙古呼和浩特市黄合少镇黑沙图村，赛罕区大力推进设施农业发展，充分发挥设施农业优势，积极进行新品种试验和引进，加大火龙果栽培推广力度，带动了赛罕区观光采摘休闲农业的发展。着力推动产业升级，走精品化路线，打造精品品牌，进一步提高特色农产品品牌创建力度和市场竞争力，2018 年同天津市农业科学院及合作社孵化企业合作研发出红心火龙果酒，确定生产工艺流程，制定产品标准，实现规模化生产，提高原料附加值，进一步扩大消费市场，推动火龙果产业的发展。

2. 特征描述

赛罕火龙果为圆球形或长圆形，外观呈玫红色，果皮颜色均匀，单果重约 385g，果实个大饱满，果肉较紧实；种子似芝麻粒大小分布于果肉中，果肉鲜红、汁水多，味清甜。

3. 营养指标（表102）

表102　赛罕火龙瓜独特营养成分

参数	维生素C（mg/100g）	硒（μg/100g）	铁（mg/100g）	锌（mg/100g）	可溶性固形物（%）	多糖（%）	可滴定酸（%）
测定值	13.3	0.23	23.22	1.00	15.5	0.5	0.22
参考值	3.0	0.03	0.30	0.29	15.0	1.0	0.28

4. 评价鉴定

赛罕火龙果外观呈玫红色，果皮颜色均匀，单果重约385g，果实个大饱满，果肉较紧实，内在品质维生素C、可溶性固形物、铁、锌、硒均高于参考值，可滴定酸优于参考值，综合评价其符合全国名特优新农产品名录收集登录基本条件和要求。

5. 环境优势

呼和浩特市赛罕区位于内蒙古高原地区，属典型的蒙古高原大陆性气候，四季气候变化明显，年温差大，日温差也大。年平均气温为6.7℃左右。最冷月气温-16.1～-12.7℃；最热月平均气温17～22.9℃。平均年温差为34.4～35.7℃，平均日温差为13.5～13.7℃。极端最高气温38.5℃，最低-41.5℃。无霜期为113～134d。年平均降水量为335.2～534.6mm，主要集中在6～8月。农业园区周围以农业为主，没有工业污染，空气清新，光照充足；栽培过程中以施用农家肥为主，园区土壤有机质含量、养分含量可以充分满足火龙果种植。适宜的气候、地理条件和栽培管理措施造就了优秀的火龙果品质。

6. 产品功效

赛罕火龙果以"提供绿色产品，传播健康理念"为己任，火龙果具有丰富的营养价值和药用价值，膳食纤维、必需氨基酸、维生素和矿物质的种类多样、含量丰富，而且含有丰富的花青素，以及多酚、黄酮和抗坏血酸等活性物质。对预防冠心病、肿瘤、骨质疏松、延缓人体衰老等都具有一定功效。

八、李子

毕克齐大紫李

1. 产品介绍

毕克齐大紫李产于内蒙古土默特左旗毕克齐镇银匠房村，是著名的李子之乡，也是呼和浩特市周边地区规模最大的李子树种植基地。这里的李子个大皮薄，颜色紫红，水分大，糖分含量高，远近闻名。

2. 特征描述

毕克齐大紫李其果型端正，呈圆球形，果实大小均匀一致，平均单果重约 75g；果皮表面呈紫红色，果肉呈鲜黄色，成熟度好，伴有浓郁的果香味；其果皮薄，肉质鲜嫩，酸甜可口。

3. 营养指标（表 103）

表 103　毕克齐大紫李独特营养成分

参数	维生素 C（mg/100g）	硒（μg/100g）	锌（mg/100g）	铁（mg/100g）	可溶性固形物（%）	可溶性糖（%）	可滴定酸（%）	可食率（%）	硬度（kg/cm²）	水分（%）
测定值	5.2	10.70	0.16	1.67	10.7	8.5	1.16	96.7	4.1	89.8
参考值	5.0	12.00	0.14	0.60	12.0	8.3	0.85	91.0	4.0	90.0

4. 评价鉴定

毕克齐大紫李果型端正，呈圆球形，果实大小均匀一致，平均单果重约 75g，果皮表面呈紫红色，果肉呈鲜黄色，成熟度好，伴有浓郁的果香味的特性，内在品质维生素 C、可溶性糖、可食率、铁、锌、硬度、可滴定酸均高于参考值，硒含量等于参考值，综合评价其符合全国名特优新农产品名录收集登录基本条件和要求。

5. 环境优势

毕克齐镇地处阴山山脉大青山南麓富饶的土默川平原，属温带半干旱大陆性季风气候，全年四季分明、昼夜温差较大，境内土质肥沃，灌溉便利，有着得天独厚的大紫李生长环境，种植的大紫李饱满圆润，玲珑剔透，形态美艳，口味甘甜，富含维生素 C、可溶性糖、可滴定酸、铁、锌等营养物质，是抗衰老、防疾病的"超级水果"。另外，毕克齐地处土默川平原，该地区大部分为黑土，该地区土地肥沃、地势平缓，非常适宜种植大紫李。特殊的气候、地理条件为毕克齐大紫李的品质积累创造了最佳条件，也造就了高维生素 C、高可溶性糖、高铁、高锌等特点的毕克齐大紫李。

6. 产品功效

毕克齐大紫李中含有多种营养成分，有养颜美容、润滑肌肤的作用，含有抗氧化剂是抗衰老、防疾病的"超级水果"。李子味酸，能促进胃酸和胃消化酶的分泌，并能促进胃肠蠕动，因而有改善食欲，促进消化的作用，尤其对胃酸缺乏、食后饱胀、大便秘结者有效。

九、果干及果汁

（一）科右前旗沙果干

1. 产品介绍

科右前旗沙果干产于兴安盟科尔沁右翼前旗白辛办事处。沙果干作为科尔沁右翼前旗的特色产品，以生产过程中不添加食品添加剂为优势，深受广大消费者的青睐。为更好地满足消费者的需求，2017年，科尔沁右翼前旗旗政府为公司提供树苗，京蒙帮扶单位北京林业大学给予技术支持，帮助公司产品进入京东等销售平台，既增加了沙果干的产量，又提高了质量，还拓宽了销路。

2. 特征描述

科右前旗沙果干外表颜色为金黄色，其表面无糖霜析出，味道香甜可口，肉质柔韧，甜而微酸，具有沙果干应有的形态、色泽、滋味和气味；无异味、无霉变、无杂质。

3. 营养指标（表104）

表104　科右前旗沙果干独特营养成分

参数	维生素C（mg/100g）	铁（mg/100g）	锌（mg/100g）	可溶性固形物（%）	总糖（%）	总酸（%）	水分（%）
测定值	28.2	6.00	0.49	78.4	82.7	1.59	16.9
参考值	2.0	0.40	0.61	57.8	≤85.0	2.61	≤35.0

4. 评价鉴定

科右前旗沙果干的直径为2.5~3.0cm，其表面无糖霜析出，味道香甜可口，肉质柔韧，甜而微酸的特性，内在品质可溶性固形物、维生素C、铁均高于参考值，总酸优于参考值，总糖、水分优于参考值，满足标准要求。综合评价其符合全国名特优新农产品名录收集登录基本条件和要求。

5. 环境优势

科尔沁右翼前旗地处兴安盟西部，属大陆性季风气候，特点显著，四季分明，年平均气温4℃，无霜期130d，平均降水量420mm，光照充足，春秋昼夜温差大，周边无重工业，水源充足无污染，空气清新，植被丰富，得天独厚的自然条件有利于果实干物质积累和着色，造就了科尔沁右翼前旗沙果的优良品质。

6. 产品功效

科右前旗沙果干是沙果的干燥制品，食用可以提升口腔健康和美容，因为沙果干去除了多余的水分，通过咀嚼沙果干带来的面部肌肉运动，会使面部皱纹减少，面色逐渐红润；咀嚼沙果干可以刺激唾液分泌，食之有生津止渴，消食除烦和化积滞的作用。

（二）林西沙果汁

1. 产品介绍

林西沙果汁产于赤峰市林西县十二吐乡，以农业产业化联合体，龙头企业、农民合作社和家庭农场等新型农业经营主体分工协作为前提，发展规模经营、利益联结为纽带的一体化农业经营组织联合体。

2. 特征描述

林西沙果汁颜色为橙色，味道酸甜可口，具有独特的沙果汁清香的特性，沙果中富含多种维生素、矿物质、抗氧化因子、碳水化合物和微量元素等。

3. 营养指标（表105）

表105　林西沙果汁独特营养成分

参数	维生素 C（mg/100g）	硒（μg/100g）	铁（mg/100g）	锌（mg/100g）	可溶性固形物（%）	可溶性糖（%）	可滴定酸（%）
测定值	31.1	1.80	8.82	0.31	9.5	9.6	0.30
参考值	3.6	0.48	0.53	0.03	11.3	8.6	0.27

4. 评价鉴定

该产品在林西县域范围内，在其独特的生产环境下，具有味道酸甜可口，具有独特的沙果汁清香味的特性，内在品质维生素C、可滴定酸、总糖、铁、锌、硒均高于参考值，综合评价其符合全国名特优新农产品名录收集登录基本条件和要求。

5. 环境优势

十二吐乡2019年被誉为国家森林乡村，近年来陆续栽植经济林，大力发展林业经济；属温带季风气候，雨热同期，水热配合较好，土壤肥沃，且排水性好，日照充足，极适合沙果的栽植，对发展绿色健康的农业经济很有利。

6. 产品功效

沙果又名海棠果、文林果、楸子、海红果、海红子、西府海棠等，是蔷薇科苹果属植物。沙果中含有黄酮、多糖、多酚等功能性成分，具有健胃消食、降血压、降血脂、软化血管、抗氧化、抗癌等保健功效。

十、大枣

夏家店大枣

1. 产品介绍

夏家店大枣产于赤峰市松山区夏家店乡三家村。夏家店大枣现已经成为夏家店发展经济的主导产业之一，规模大、收益好已经成为赤峰地区经济林发展的样板基地，接下来着力打造农产品品牌培育，发展大枣深加工，发展休闲、采摘、旅游、民宿为一体的发展方向为夏家店大枣的发展和品牌培育奠定基础。

2. 特征描述

夏家店大枣外形饱满，口感爽脆，果型近圆形，表皮光滑、光亮；大枣直径1.0~1.2cm，高2.0~2.2cm；果皮薄，果皮颜色为赭红色，果肉呈白绿色；枣核较小、为褐红色圆锥形木质结构。

3. 营养指标（表106）

表106　夏家店大枣独特营养成分

参数	维生素C （mg/100g）	蛋白质 （%）	可溶性固形物 （%）	可溶性糖 （%）	总酸 （%）	总黄酮 （mg/100g）	铁 （mg/100g）	钙 （mg/100g）
测定值	210.0	1.3	13.0	80.3	0.29	284	1.12	51.98
参考值	243.0	1.1	18.4	75.0~82.0	0.53	410	1.20	22.00

4. 评价鉴定

夏家店大枣外形饱满，口感爽脆，果型近圆形，表皮光滑、光亮；果皮薄，果皮颜色为赭红色，果肉呈白绿色；内在品质可溶性糖高于同类产品平均值；蛋白质、钙高于参考值；总酸优于参考值。综合评价符合全国名特优新农产品营养品质评价规范要求。

5. 环境优势

松山区夏家店乡年平均气温5.6℃，1月最冷，月平均气温-12℃，7月最热，月平均气温23℃，有效积温2 200℃，年平均降水量330.4mm（且集中在6月、7月、8月、9月），无霜期130d左右，年日照时数2 500h，平均每天8.3h。特定的气候环境为大枣的生长及品质积累创造了最佳的生长环境。

6. 产品功效

大枣，又名红枣、枣，是鼠李科枣属植物枣树的果实。中国古医学、古农学对大枣的营养、保健价值早已做了十分精辟的阐述。《齐民要术》（公元533—544年）所论42种果品中，大枣位居榜首。大枣味甘、性温、无毒，入心、脾、胃经。大枣既是普通食品，也是常用的药品，久食或入药膳，有补气血、益脾胃、通九窍、润肤养颜、延年养生之保健功效。

十一、葡萄

（一）科尔沁区沙地葡萄

1. 产品介绍

科尔沁区沙地葡萄产于通辽市科尔沁区莫力庙种羊场。莫力庙种羊场自1985年开始引进葡萄种植项目，羊场沙地葡萄以其品质优良，酸甜适口广受消费者的青睐，行销周边各大中城市和地区。羊场葡萄产品于1999年被通辽市评为首批名牌产品，2011年"羊场牌"商标，被通辽市评为知名商标。

2. 特征描述

科尔沁区沙地葡萄外形为圆形，果皮色泽为紫色；果面新鲜洁净，葡萄紧密度适中，大小均匀，整齐度好；皮薄肉厚，酸甜适口。

3. 营养指标（表 107）

表 107　科尔沁区沙地葡萄独特营养成分

参数	维生素 C （mg/100g）	总酸 （%）	可溶性固形物 （%）	可溶性糖 （%）	水分 （%）	铁 （mg/100g）	锌 （mg/100g）
测定值	14.0	0.46	17.5	14.0	82.0	0.70	0.21
参考值	4.0	0.30	16.4	11.9	88.5	0.40	0.16

4. 评价鉴定

科尔沁区沙地葡萄外形为圆形，果皮色泽为紫色；果面新鲜洁净，葡萄紧密度适中，大小均匀，整齐度好；皮薄肉厚，酸甜适口。内在品质水分低于参考值，维生素 C、可溶性糖、铁、锌、可溶性固形物、总酸均高于参考值。综合评价符合全国名特优新农产品营养品质评价规范要求。

5. 环境优势

科尔沁区莫力庙种羊场位于科尔沁区西侧与开鲁县接壤，南侧与我国最大的沙漠水库莫力庙水库接壤。方圆百里没有任何大型厂矿企业污染环境，地下水丰富充足，全场90%是沙壤土，具有得天独厚种植葡萄的先天自然优势，光照充足，昼夜温差大，便于糖分积累，加上葡萄在管理上坚持采用原生态的管理方式，就是施肥上以施农家肥为主，微量元素为辅，修枝打杈，留足叶片，合理负载，不用任何膨大催熟增甜剂等达到自然坐果，自然成熟，所以造就了优良的葡萄品质。

6. 产品功效

葡萄是多年生落叶藤本植物，富含蛋白质、糖、有机酸、维生素及矿物质等多种营养成分，具有抗氧化、抗菌、抗炎、抗癌和保护心血管等保健功效，深受消费者青睐。我国约80%的葡萄用于鲜食，其次是用于酿酒和葡萄干的制作。

（二）察右前旗葡萄

1. 产品介绍

察右前旗葡萄产于察右前旗巴音镇田家梁村、大哈拉村等。察右前旗葡萄已发展成为察右前旗主导产业之一，在政府的支持下，察右前旗葡萄截至目前种植面积达1 600多亩，年产量达到4 000多 t。在种植技术方面，政府配备相应的技术人员全程指导培训。品牌创建方面：2019 年 9 月知名农业电商惠农网成立了前旗公用品牌"前旗优鲜"，阳光玫瑰成为主推产品之一。

2. 特征描述

察右前旗葡萄外形为圆形，果皮色泽为绿色；果面新鲜洁净，葡萄紧密度适中，大小均匀，整齐度好；无异常粒、霉烂粒；皮薄肉厚，酸甜适口。

3. 营养指标（表108）

表108　察右前旗葡萄独特营养成分

参数	维生素C（mg/100g）	硒（μg/100g）	铁（mg/100g）	可溶性固形物（%）	可溶性糖（%）	可滴定酸（%）	水分（%）
测定值	10.0	0.18	0.53	17.0	15.6	0.16	83.0
参考值	4.0	0.11	0.40	16.4	11.9	0.20	88.5

4. 评价鉴定

察右前旗葡萄外形为圆形，果皮色泽为绿色；果面新鲜洁净，葡萄紧密度适中，大小均匀，整齐度好；皮薄肉厚，酸甜适口。内在品质维生素C、可溶性糖、铁、锌、可溶性固形物均高于参考值。综合评价符合全国名特优新农产品营养品质评价规范要求。

5. 环境优势

察哈尔右翼前旗平均海拔1 300m，属于中温带半干旱大陆性气候。年均总日照时数3 052.6h，年平均气温5.6℃，全年≥10℃的有效积温为2 403℃，无霜期115d左右，年均降水量380mm，主要集中在7月、8月、9月，雨热同季，且日照时间长，昼夜温差大，气候冷凉，有利于光合作用发生及产物积累。加上土壤肥沃，水质清洁无污染，非常适宜冷凉作物生长，是全国四大冷凉蔬菜生产基地之一。特殊的气候条件为察右前旗葡萄的品质积累创造了最佳条件。

6. 产品功效

功效同前述。

十二、山楂

明安山楂

1. 产品介绍

当地政府以"明安山楂"为抓手，打造集现代农业、林业经济、休闲旅游、田园风光为一体的"明安川林田综合体"，通过"企业+农户+合作社+基地"的模式，形成集中购苗、统一种植、标准化管理、市场销售，观光旅游等产业于一体的三产深度融合产业发展服务链。同时，应用土地托管模式，推广全程绿色标准化生产技术，应用四控技术，集中连片种植达到2 500亩，并于2012年注册"明安川"区域公共商标，结合当地扶贫经济林产业，打造"明安山楂"生态旅游品牌。2018年年底建成山楂切片厂，在山楂切片的基础上引进山楂饮料、罐头等生产企业，引进北京同仁堂药材公司实地观摩，意向签订药材订单合同，提高产品附加值，目前正在申报有机山楂农产品认证。2020年9月23日明安山楂参加乌拉特前旗第三届"中国农民丰收节"农产品展销会，政府副旗长亲自代言直播宣传，提升了"明安山楂"的知名度。

2. 特征描述

明安山楂果皮表面呈深红色，色泽均匀一致，果实大小较均匀，单果重 8.5~9.5g，均匀度指数约为 0.82，果实表面洁净，果肉呈淡黄色，口感微酸，无苦味。

3. 营养指标（表 109）

表 109　明安山楂独特营养成分

参数	维生素C（mg/100g）	硒（μg/100g）	铁（mg/100g）	可溶性固形物（%）	可溶性糖（%）	可滴定酸（%）	锌（mg/100g）	总黄酮（%）
测定值	22.5	0.26	10.29	16.2	9.7	3.90	1.44	0.27
参考值	19.9	1.22	0.90	13.5	8.3	3.06	0.28	2.01

4. 评价鉴定

该产品在乌拉特前旗范围内，在其独特的生长环境下，具有果色为深红色，其色泽较均匀一致，单果重 8.5~9.5g，均匀度指数约为 0.82，果肉颜色为淡黄色，其肉质细腻味酸甜的特性，内在品质维生素 C、可溶性固形物、可溶性糖、铁、锌均高于参考值，综合评价其符合全国名特优新农产品名录收集登录基本条件和要求。

5. 环境优势

乌拉特前旗位于内蒙古巴彦淖尔市，河套平原东端，东邻包头，西接五原，南至黄河，北与乌拉特中旗接壤，地势平坦，京藏高速、110 国道、包兰铁路穿境而过。全旗有三大干渠，直口渠道 446 条，支渠 19 条，毛渠 427 条，密如蛛网的渠道灌溉着全旗土地，净灌溉面积 56.02 万亩，气候属典型的温带大陆性气候，具有光能丰富、日照充足、昼夜温差大的特点，乌拉特前旗明安镇地处北纬 40°48′~41°16′，东经 108°56′~109°54′，明安川、小佘太川及色尔腾山区、大佘太北部的山区、丘陵、干旱与半湿润交错带，属高原性小气候；空气清新无污染，全年日照时数 3 210.8~3 305.8h，土层深厚，富含有机质；独特的地域条件，所产的山楂色泽饱满，酸度适中、果肉绵软、品质优良，是人们首选的药食同源产品。

6. 产品功效

明安山楂性味偏酸、甘，对于消化油腻肉食的积滞具有较好的功效。

第三章　畜产品类

一、羊肉

（一）额济纳白绒山羊肉

1. 产品介绍

白绒山羊产业是额济纳旗经济发展的特色优势产业和重要的民生产业。在内蒙古自治区振兴白绒山羊产业政策指引下，以落实牧区"草畜平衡"机制为契机，以市场为导向，以技术创新为突破口，以保护优质品种资源为依托，以专业合作社为纽带，保护区牧户为基地，科研推广部门为支撑的阿拉善高端白绒山羊产业发展体系，积极开展细度型绒山羊养殖、选育技术推广和服务，加大养殖基础设施建设，继续全面实施阿拉善"1396"超级绒山羊选育工作，利用 2 个白绒山羊种羊场和 8 个育种核心群，向市场提供高质量种羊，推广提高白绒山羊肉绒兼用价值，促进传统草原畜牧业向"草原增绿、资源增值、企业增效、牧民增收"可持续发展方式转变，为当地经济高质量发展再续新力。

2. 特征描述

额济纳白绒山羊公母羊均有角有须，体型粗壮，肌肉发达，行动敏捷，耐粗饲，抗旱、抗病能力强，采食广泛，喜登高远牧，具有广泛适应性，特别是在干旱少雨、植被稀疏的荒漠地区更能体现出其优良生产性能。额济纳白绒山羊肉为鲜红色，有光泽，肉质紧密，有坚实感；羊肉具有切面湿润，不粘手，有弹性的特性。

3. 营养指标（表 110）

表 110　额济纳白绒山羊肉独特营养成分

参数	胆固醇（mg/100g）	蛋白质（%）	锌（mg/100g）	钙（mg/100g）	脂肪（%）	剪切力（N）	蒸煮损失（%）	异亮氨酸（mg/100g）	不饱和脂肪酸占总脂肪酸百分比（%）	亚油酸/总脂肪酸（%）
测定值	40.5	22.0	4.89	81.38	5.4	24.4	32.6	860	59.4	13.4
参考值	82.0	18.5	3.52	16.00	6.5	60.0	35.0	835	43.2	7.2

4. 评价鉴定

该产品在额济纳旗范围内，在其独特的生长环境下，具有肌肉为鲜红色，有光泽，肉质紧密，有坚实感，切面湿润，不粘手，有弹性的特性，内在品质蛋白质、钙、铁、锌、硒、异亮氨酸、苯丙氨酸、不饱和脂肪酸占总脂肪酸百分比、亚油酸/总脂肪酸均高于参考值，胆固醇、脂肪均优于参考值，剪切力、蒸煮损失均优于参考值，满足标准要求，水分优于参考值，满足优质肉羊要求；综合评价其符合全国名特优新农产品名录收集登录基本条件和要求。

5. 环境优势

额济纳旗位于内蒙古阿拉善盟最西端，地处北纬39°52′~42°47′，东经97°10′~103°07′，平均海拔1 000m左右。额济纳旗白绒山羊在全旗范围内都有养殖，额济纳旗白绒山羊属内蒙古白绒山羊品系中的阿拉善型，是额济纳旗主要畜种之一。额济纳白绒山羊深居内陆，受特殊自然环境和牧草植被影响，经过长期改良选育，具有了抗逆性强、抗病力强、耐粗放管理等特点，适应荒漠草场饲养，已成为优良地方品种，是集绒肉兼用型家畜。

6. 产品功效

羊肉作为一种低胆固醇，低脂肪，高蛋白质的理想肉食品，其消费需求量逐年增加。此外，从我国传统药膳理念来看，羊肉还是既能补虚壮体，又能治病抗寒的药用食品，有记载曰："羊肉，味苦，甘，性大热，无毒。主治：乳余疾及头脑大风出汗、虚劳寒冷，补中益气，镇静止惊"，具助元阳、补精血、疗肺虚、益劳损的功效，对肺结核、气管炎、哮喘、贫血、产后气血两虚及其他虚寒症都有一定的疗效，常吃羊肉对提高人的体质及抗病力十分有益。

（二）固阳羊肉

1. 产品介绍

固阳是传统的养羊县，为扩大畜牧产业，政府加大投资力度扶持地方产业规模化发展，建立了年屠宰100万只肉羊生产线，解决了肉羊加工和销售问题，刺激和促进了畜牧业的发展，为加大品牌建设力度，注册了"草原百盈"和"德吉玛"商标，通过了质量管理体系、食品安全管理体系和有机产品认证，地理标志产品认证。产业前景十分看好。借此殊荣直接带动农户年增收4 000元，创利税7 000万元。同时肉羊产业也是固阳县的一个主导产业，为了依托龙头企业带动贫困户脱贫，进一步壮大肉羊养殖业，在平等、自愿、互信和互利的基础上，县政府委托包头市草原百盈农牧业有限责任公司为贫困户代养羊。县政府投入800万元代养成本金，公司经营保证给贫困户保底利润，该项目为贫困户提供稳定增收，壮大了固阳县肉羊主导产业。

2. 特征描述

固阳羊肉，其肌肉呈鲜红色，有光泽，脂肪呈乳白色；肌纤维致密，有弹性，指压后凹陷立即恢复；外表及切面湿润，不粘手；具有羊肉固有气味，无异味；煮沸后，肉汤透明澄清，无肉眼可见杂质。

3. 营养指标（表 111）

表 111 固阳羊肉独特营养成分

参数	胆固醇（mg/100g）	蛋白质（%）	锌（mg/100g）	钙（mg/100g）	脂肪（%）	剪切力（N）	蒸煮损失（%）	鲜味氨基酸占总氨基酸比例（%）	不饱和脂肪酸占总脂肪酸百分比（%）	亚油酸/总脂肪酸（%）
测定值	39.8	18.6	5.97	23.57	4.8	17.9	13.9	28.2	49.3	6.8
参考值	82.0	18.5	3.52	16.00	6.5	60.0	35.0	26.0	43.2	7.2

4. 评价鉴定

该产品在固阳县域范围内，在其独特的生长环境下，具有肌肉为鲜红色，有光泽，肉质紧密，有坚实感，外表及切面湿润，不粘手，煮沸后，肉汤澄清透明，具有羊肉香味的特性，内在品质蛋白质、钙、铁、锌、不饱和脂肪酸占总脂肪酸百分比、鲜味氨基酸占总氨基酸比例均高于参考值，胆固醇、脂肪均优于参考值，剪切力、蒸煮损失、水分均优于参考值，满足标准要求，综合评价其符合全国名特优新农产品名录收集登录基本条件和要求。

5. 环境优势

固阳县，地理坐标为：北纬 40°42′~41°28′，东经 109°35′~110°43′。境内的草原地处中温带，又深居内陆腹地，大陆性气候特征显著，属中温带半干旱大陆性气候。冬季寒冷干燥，夏季干旱炎热，寒暑变化强烈，昼夜温差大，雨热同期，日照充足，有效积温多，为优质的高原牧草生长提供了有利的气候条件。草原天然草场水草丰美，远离污染，为羊肉独特品质的形成创造了良好的自然环境。

6. 产品功效

功效同前述。

（三）阿拉善右旗白绒山羊肉

1. 产品介绍

阿拉善白绒山羊 2011 年被认证为农产品地理标志产品。在白绒山羊产业发展上，我们计划将全旗白绒山羊细度核心群增加到 100 户，育种核心群增加到 50 户。对此，在认真落实白绒山羊绒毛测定和提质补贴的基础上，为进一步加强与意大利合作，阿拉善右旗将力促意大利诺悠翩雅公司在旗内组建诺悠翩雅生态牧场，以牧场为平台，在白绒山羊的选育、饲养管理、原绒抓取等诸多方面进行研究和推广。同时加强肉羊产业品牌建设，积极帮助白绒山羊养殖户与该公司直接对接，通过双方面对面的沟通交流与合作，扩大合作范围，加大对外合作力度，进一步提升阿拉善右旗品牌知名度和市场竞争力，并为当地经济高质量发展再续新力。

2. 特征描述

阿拉善右旗白绒山羊肉肌肉呈红色，颜色较均匀，有光泽，脂肪呈乳白色；肌纤维致密结实，有弹性，指压后凹陷立即恢复；外表微干，切面湿润，不粘手；具有新鲜羊肉固有气味，无异味，煮沸后，肉汤透明澄清，无肉眼可见杂质。

3. 营养指标（表 112）

表 112　阿拉善右旗白绒山羊肉独特营养成分

参数	胆固醇（mg/100g）	蛋白质（%）	硒（μg/100g）	钙（mg/100g）	脂肪（%）	剪切力（N）	蒸煮损失（%）	异亮氨酸（mg/100g）	亮氨酸（mg/100g）	亚油酸/总脂肪酸（%）
测定值	41.0	20.7	8.00	31.27	2.5	25.8	31.0	920	1 610	8.2
参考值	82.0	18.5	5.95	16.00	6.5	60.0	35.0	835	1 541	7.2

4. 评价鉴定

该产品在阿拉善右旗区域范围内，在其独特的生长环境下，具有肌纤维致密结实，有弹性，指压后凹陷立即恢复，外表微干，切面湿润，不粘手，具有新鲜羊肉固有气味的特性。内在品质蛋白质、钙、铁、硒、亮氨酸、异亮氨酸、亚油酸/总脂肪酸均高于参考值，剪切力、蒸煮损失优于参考值，满足标准要求，胆固醇、脂肪优于参考值，水分优于参考值，满足优质羊肉要求。综合评价其符合全国名特优新农产品名录收集登录基本条件和要求。

5. 环境优势

阿拉善右旗位于内蒙古西部，龙首山与合黎山褶皱带北麓，地理坐标介于北纬38°38′~42°02′，东经99°44′~104°38′，全旗总面积73 443km²。地势南高北低，总趋势西高东低，平均海拔1 200~1 400m。土地总面积10 768.94万亩，其中耕地面积3万亩，林地面积484.7万亩，天然草场面积6 346.7万亩。地处内陆高原，属暖温带荒漠干旱区，为典型的干燥大陆性气候特征。热量丰富，日照充足，寒暑剧变，降水稀少，蒸发强烈，干燥多风。无霜期155d。城镇供水、牧区人畜饮水和灌溉用水主要靠地下水。境内野生植物有436种，分属63科，226属，植被划分为6个植被型，14个群系组，25个群系。

6. 产品功效

功效同前述。

（四）阿尔巴斯山羊肉

1. 产品介绍

鄂托克旗是内蒙古自治区的畜牧业大旗，牲畜总头数为200万头（只）左右，主要以阿尔巴斯白绒山羊为主，年出栏阿尔巴斯白绒山羊60万只，肉羊20万只，随着鄂托克旗及周边旗县产业结构的调整，养殖业的兴起，必须配套的屠宰加工有效提升产品附加值，该项目为绒山羊和肉羊价值提升将更为显现。品牌于2011年3月开始筹建，2011年10月建成，注册资金620万元，已申请注册"好尼沁"商标，其出栏的阿尔巴斯白绒山羊肉远销北京、天津、广东等区外城市和本区的呼和浩特、包头、鄂尔多斯等地区。

2. 特征描述

阿尔巴斯山羊肉色泽鲜艳，肌肉红色均匀，有光泽，脂肪呈乳白色；肌纤维致密结实，有弹性，指压后凹陷立即恢复，具有细嫩多汁、鲜香爽口、香味浓郁、口感怡人、风味独特等特点；切面湿润，不粘手；煮沸后，肉汤透明澄清，无肉眼可见杂质，高蛋白质低脂肪，营养价值高，有益人、益气、滋补之功效，被称为"肉中人参"。

3. 营养指标（表 113）

表 113 阿尔巴斯山羊肉独特营养成分

参数	胆固醇（mg/100g）	蛋白质（%）	硒（μg/100g）	钙（mg/100g）	脂肪（%）	剪切力（N）	蒸煮损失（%）	赖氨酸（mg/100g）	多不饱和脂肪酸占总脂肪酸百分比（%）	亚油酸/总脂肪酸（%）
测定值	31.5	21.3	8.30	50.00	1.6	39.2	24.6	1 406	12.0	9.4
参考值	60.0	20.5	7.13	9.00	3.9	60.0	35.0	1 713	10.8	7.2

4. 评价鉴定

该产品在鄂尔多斯市鄂托克旗范围内，在其独特的生长环境下，具有肌肉红色均匀，有光泽，脂肪呈乳白色，肌纤维致密结实，有弹性，切面湿润，不粘手，煮沸后，肉汤透明澄清的特性。内在品质蛋白质、组氨酸、多不饱和脂肪酸占总脂肪酸百分比、亚油酸/总脂肪酸、钙、铁、锌、硒均高于参考值；胆固醇、脂肪优于参考值；剪切力、蒸煮损失优于参考值，满足标准要求；水分优于参考值，满足优质羊肉要求。综合评价符合全国名特优新农产品营养品质评价规范要求。

5. 环境优势

鄂托克旗的气候，日照丰富，四季分明，无霜期短，年平均气温在 5.3～8.7℃，降水量为 190～350mm，全年降水集中在 7—9 月，蒸发量大。当地土壤以灌漠土和灰灌漠土为主，土层深厚，土壤水分充足，有机质含量较高，pH 值在 7.5～8.5。地表生长着比较茂密的湿生性草甸植被，植被以多年生牧草和半灌木为主，主要有藏锦鸡、芨芨草、山葱、地椒等，牧草中微量元素和氨基酸含量较高。区位优势：阿尔巴斯山羊品种久远，原产于境内千里山和桌子山一带，属古老的亚洲山羊一支，上溯至新石器时代，鄂托克草原上的游牧民族就开始放养阿尔巴斯山羊，又名阿尔巴斯绒山羊，它是当地广大农牧民经过长期的饲养选育及自然进化而形成的珍稀地方优良畜种，阿尔巴斯山羊是依据其主产区命名，因其最早发源于鄂托克旗阿尔巴斯苏木，故称为阿尔巴斯山羊，地理坐标为北纬 38°18′～40°11′，东经 106°41′～108°54′，鄂托克旗阿尔巴斯属于半荒漠草原类型，典型的中温带大温暖型干旱、半干旱大陆性气候，日照丰富，四季分明，无霜期短，非常适合阿尔巴斯山羊的繁殖发展。独特的地理环境和自然条件造就了阿尔巴斯山羊肉独特的肉质品质。

6. 产品功效

功效同前述。

（五）杭锦旗杭盖羊肉

1. 产品介绍

杭锦旗杭盖羊肉依靠多方举措，积极拓展市场。一是积极培育有发展前景、有一定规模、能辐射带动的县域内牛羊肉产品加工龙头企业，在资金、政策、服务等多方面加大扶持力度，使其提高产品附加值、延长产业链条，不断把资源优势转化为品牌优势。二要注重引进一批有实力、有一定的市场占有率、辐射带动能力强的区外牛羊肉产品加工龙头企业，缩短养殖户与市场的距离，减少中介，降低流通成本，推行订单养殖和产销对接，提高养殖户效益。三是注重品牌效应，以"两品一标一新"认证，创建名优特产品为抓手，积极培育优势品牌，扩大知名度，建立现代化营销体系，提高市场占有率，使杭锦旗杭盖羊肉走出内蒙古，走向全国。

2. 特征描述

内蒙古白绒山羊，生长于复合型生态环境，善于奔跑、攀爬，从而背腰平直，体躯深长，四肢强健有力，体质结实；其肉质细腻，肌肉红色均匀，有光泽，脂肪呈乳白色；肌纤维致密结实，有弹性，指压后凹陷立即恢复；切面湿润，不粘手；煮沸后，肉汤透明澄清，无肉眼可见杂质；口感鲜香、营养滋补；具有无膻味、高蛋白、低醇低脂等特点。

3. 营养指标（表114）

表114　杭锦旗杭盖羊肉独特营养成分

参数	胆固醇（mg/100g）	蛋白质（%）	硒（μg/100g）	铁（mg/100g）	脂肪（%）	剪切力（N）	蒸煮损失（%）	组氨酸（mg/100g）	不饱和脂肪酸占总脂肪酸百分比（%）	亚油酸/总脂肪酸（%）
测定值	38.8	20.6	6.90	3.92	1.2	28.2	22.9	690	56.6	8.4
参考值	60.0	18.5	5.95	3.90	6.5	60.0	35.0	556	43.2	7.2

4. 评价鉴定

该产品在杭锦旗范围内，在其独特的生长环境下，具有肌纤维致密，有韧性，富有弹性，切面湿润，不粘手，煮沸后，肉汤透明澄清的特性，内在品质蛋白质、蛋氨酸、组氨酸、不饱和脂肪酸占总脂肪酸百分比、亚油酸/总脂肪酸、铁、硒均高于参考值；胆固醇、脂肪均优于参考值；剪切力、蒸煮损失均优于参考值，满足标准要求；水分优于参考值，满足优质羊肉要求。综合评价其符合全国名特优新农产品名录收集登录基本条件和要求。

5. 环境优势

杭锦旗位于鄂尔多斯高原西北部，气候特征属于典型的中温带半干旱高原大陆性气候，日照较丰富，年平均气温6.8℃，年平均日照时间为3 193h。是草原、沙漠、河流的交界带，属于半荒漠化草原，其复合型的生态环境孕育了包括沙葱、柠条、甘草、地椒、苜蓿、羊柴等百余种天然牧草，同时也盛产地椒、金银花、无根草、黄芩、甘草、艾草等 20 多种天然中草药，这些都是山羊最为钟爱的食物；在草原上涓涓流淌的河流含有多种微量元素和矿物质，也成了山羊日常的饮品，这些"饮食"成为名副其实的牧草天堂，也是山羊的天然厨房，为山羊的成长提供了足够的营养，也让山羊肉变得与众不同，从而造就了远近闻名的杭锦旗杭盖羊肉。

6. 产品功效

功效同前述。

（六）鄂尔多斯细毛羊肉

1. 产品介绍

鄂尔多斯细毛羊产业是乌审旗主导优势特色产业之一。其饲养量达到 120 万只，年出栏 50 万只、产优质细羊毛 4 400t 以上、优质羊肉 10 000t 以上。勤劳淳朴的乌审旗人民通过 60 多年的努力，已成功培育出全国县域规模最大、品质最佳的细毛羊品种，目前农牧民养殖收入的 70% 以上来自鄂尔多斯细毛羊产业。乌审旗人民政府创建了鄂尔多斯细毛羊养殖示范嘎查+合作社运行模式，在全旗 10 个鄂尔多斯细毛羊示范嘎查中推行"嘎查+合作社+牧户"运行模式，以此带动牧民养殖积极性。合作社成员的鄂尔多斯细毛羊存栏占本嘎查细毛羊存栏 50% 以上，合作社成员养殖鄂尔多斯细毛羊的达 90% 以上；合作社成员饲养管理、饲草料、畜产品生产加工各环节实现标准化生产；通过合作社直销细羊毛 100%，羊肉 70% 以上。2006 年，乌审旗全境被认证为无公害畜产品生产基地。2007 年，乌审旗被认定为中国绿色畜产品生产示范基地。2008 年，鄂尔多斯细毛羊被农业部农产品质量安全中心认证为中国首批地理标志产品，成为鄂尔多斯市第一个地理标志产品，同年被认证为绿色食品。2016 年"鄂尔多斯细毛羊养殖标准化示范旗"建设项目通过国家标准化委员会验收。鄂尔多斯细毛羊肉，2017 年荣获第十八届中国绿色食品博览会农畜产品金奖，2018 年被内蒙古农牧业产业龙头企业协会认定为"特色农畜产品"。2019 年成功注册鄂尔多斯细毛羊肉地理标志证明商标。

2. 特征描述

鄂尔多斯细毛羊肉为新鲜肉，其肌肉呈浅红色，脂肪呈乳白色；肌纤维致密结实，有韧性富有弹性；外表微干，切面湿润，不粘手；具有新鲜羊肉固有气味，无异味，煮沸后，肉汤透明澄清，无肉眼可见杂质。

3. 营养指标（表 115）

表 115 鄂尔多斯细毛羊肉独特营养成分

参数	胆固醇（mg/100g）	蛋白质（%）	硒（μg/100g）	铁（mg/100g）	脂肪（%）	剪切力（N）	蒸煮损失（%）	天冬氨酸（mg/100g）	不饱和脂肪酸占总脂肪酸百分比（%）	亮氨酸（mg/100g）
测定值	36.7	22.0	6.10	13.97	4.8	21.0	14.3	1 890	53.0	1 660
参考值	82.0	18.5	5.95	3.90	6.5	60.0	35.0	1 832	43.2	1 541

4. 评价鉴定

该产品在乌审旗范围内，在其独特的生长环境下，具有肌肉呈浅红色，脂肪呈乳白色，肌纤维致密结实，有韧性富有弹性，外表微干，切面湿润不粘手的特性，内在品质蛋白质、亮氨酸、天冬氨酸、缬氨酸、不饱和脂肪酸占总脂肪酸百分比、亚油酸/总脂肪酸、钙、铁、锌、硒均高于参考值；胆固醇、脂肪优于参考值；剪切力、蒸煮损失优于参考值，满足标准要求；水分优于参考值，满足优质羊肉要求。综合评价其符合全国名特优新农产品名录收集登录基本条件和要求。

5. 环境优势

乌审旗地处鄂尔多斯高原西南部向黄土高原过渡的洼地中，为毛乌素沙漠腹地，地形以沙漠和草滩为主。土壤类型主要为风沙土和草甸栗钙土，土质较好，有适合牧草生长的微量元素和氨基酸等。黄河二级支流无定河流经乌审旗全境，流域面积达 2 060km^2，年平均流量 5 万 m^3。水库库容达 9 350 m^3，其他季节性河流有纳林河、海流图河、白河等，总径流量达 18 327万 m^3，境内有 70 多个湖泊，较大的有 16 个，农田草牧场主要利用地下水资源灌溉。乌审旗位于北温带南部季风区的边缘，属温带极端大陆性气候，受蒙古高压影响极大，西北冷空气控制时间较长，降水少，干旱多风且蒸发强，日照充足，无霜期短，无霜期平均为 140～150d，年平均气温为 7.1℃，年平均降水量为 355.1mm。

6. 产品功效

功效同前述。

（七）乌拉特后旗富硒山羊肉

1. 产品介绍

乌拉特后旗富硒山羊肉采取"控激素、控脂肪、控药和降解药残"的"三控一降"及和阶梯精料配比、加硒保硒和专项养殖技术，养殖具有功能性的富硒羊肉。为保证羊肉的全年生产销售，将在饲养区附近建设一定规模的饲草料库等配套设施，以及委托当地资质企业加工生产和储存，用来常年持续销售，达到稳定富硒羊肉销售价格的目的。在运行规范后，计划逐步延长产业链，研发羊肉膳食快餐和精细化分拣肉等。品牌创建情况方面，乌拉特后旗富硒羊肉已注册"蒙康宝"第 29 类商标。积极加入巴彦淖尔市"天赋河套"区域品牌建设和借助"盒马鲜生"的合作产业平台，来扩大销售和知名度。利用新闻媒体做宣传广告，在电商平台做直播带货销售新模式，加速融合线上线下销售。

2. 特征描述

乌拉特后旗富硒山羊肉样品鲜红，肉质紧密，有弹性，肌纤维有韧性；表面微湿润，不粘手；具有羊肉正常气味，无异味；煮沸后，肉汤透明澄清，无异味，无肉眼可见杂质。

3. 营养指标（表 116）

表 116 乌拉特后旗富硒山羊肉独特营养成分

参数	胆固醇（mg/100g）	蛋白质（%）	硒（μg/100g）	钙（mg/100g）	脂肪（%）	剪切力（N）	蒸煮损失（%）	蛋氨酸（mg/100g）	不饱和脂肪酸占总脂肪酸百分比（%）	组氨酸（mg/100g）
测定值	42.9	20.9	27.70	28.50	2.9	28.2	25.5	484	64.7	715
参考值	82.0	18.5	5.95	17.00	6.5	60.0	35.0	389	43.2	556

4. 评价鉴定

该产品在乌拉特后旗范围内，在其独特的生长环境下，具有肉质紧密，有弹性，肌纤维有韧性，表面微湿润，不粘手，煮沸后，肉汤透明澄清的特性；内在品质蛋白质、不饱和脂肪酸占总脂肪酸百分比、蛋氨酸、组氨酸、钙、铁、锌、硒均高于参考值，其中硒含量高于参考值近 5 倍；胆固醇、脂肪优于参考值；蒸煮损失、剪切力优于参考值，满足标准要求；水分优于参考值，满足优质羊肉范围。综合评价其符合全国名特优新农产品名录收集登录基本条件和要求。

5. 环境优势

乌拉特后旗富硒山羊集中在乌拉特后旗阴山以北的牧区，东西长 210km，南北宽 50km。属中温带大陆性气候，日照充足，降水少，昼夜温差大，日温差 11~12℃。属于高原荒漠化草原类型，生长着柠条、沙冬青、花棒、梭梭等灌木和索胡、野沙葱、苁蓉、黄芪等野生药材，羊群常饮用矿泉水。区位优势：乌拉特后旗富硒山羊数量较大，保守数据达 20 万只。这里的富硒山羊肉有着肉口感好、无膻味、肥瘦相间、抗氧化而内储存、肉质细嫩有嚼劲等特点获得业界认可和好评。这里也是我国北方无污染的一块净土，历史至今是天然的有机牧场。旗南有 G6、G7 高速和 335 国道、临策铁路东西横贯，312 省道南北相通，交通便利通达，运输成本低。

6. 产品功效

功效同前述。

（八）鄂托克前旗羊肉

1. 产品介绍

鄂托克前旗羊肉经过不断的改良发展，形成了优质的羊产业优势，境内羊饲养量达到了 300 万只，年产羊肉 1 200 万 kg，年产值达 2.1 亿元，收益占农牧民总收入的 60% 以上。通过走品牌化、规模化、标准化的发展路子，提高了羊肉的附加值，使羊肉产品高出同类产品价值的 30% 左右；能够稳步推进全旗羊产业转型升级，提高羊产业综合效益和核心竞争力，提高美誉度和社会认知度，助推鄂托克前旗优势特色产业做大做强；依托地理标志农产品保护，助力精准扶贫，带动农牧民增收。鄂托克前旗先后建成恒科农牧业开发有限责任公司和人人益清真食品有限责任公司 2 家肉食品加工龙头企业，肉羊生产加工能力达到40万只，开发各类产品180余种，并在北京、上海、鄂尔多斯市等地区建立了直营体验店。为推动羊肉产业发展，鄂托克前旗还致力于实施羊肉全产业链追溯体系，通过羊肉全产业链追溯体系建设，发展龙头企业与农牧民紧密型利益联结机制，逐步完善可追溯档案，实现肉羊养殖、屠宰加工、物流配送、消费终端等全产业链的无缝监管，进军高端市场，提高肉羊产业效益，打造属于鄂托克前旗本土的"地理标识品牌"。

2. 特征描述

鄂托克前旗羊肉样品为新鲜肉，肌肉红色均匀，有光泽，脂肪呈乳白色；肌纤维致密结实，有弹性，指压后凹陷立即恢复；外表微干，切面湿润，不粘手；煮沸后，肉汤透明澄清，无肉眼可见杂质。

3. 营养指标（表117）

表117　鄂托克前旗羊肉独特营养成分

参数	胆固醇（mg/100g）	蛋白质（%）	硒（μg/100g）	钙（mg/100g）	脂肪（%）	剪切力（N）	蒸煮损失（%）	天冬氨酸（mg/100g）	不饱和脂肪酸占总脂肪酸百分比（%）	亚油酸/总脂肪酸（%）
测定值	39.4	21.4	6.90	26.71	3.2	48.2	19.1	1 533	67.6	13.3
参考值	82.0	18.5	5.95	17.00	6.5	60.0	35.0	1 832	43.2	7.2

4. 评价鉴定

该产品在鄂托克前旗范围内，在其独特的生长环境下，具有肌纤维致密结实，有弹性，指压后凹陷立即恢复，外表微干，切面湿润，不粘手的特性。内在品质蛋白质、钙、铁、锌、硒、亚油酸/总脂肪酸、不饱和脂肪酸占总脂肪酸百分比均高于参考值，剪切力、蒸煮损失优于参考值，满足标准要求，胆固醇、脂肪优于参考值，水分优于参考值，满足优质羊肉要求。综合评价其符合全国名特优新农产品名录收集登录基本条件和要求。

5. 环境优势

鄂托克前旗是内蒙古鄂尔多斯市南大门，地处蒙、陕、宁三省区交界，是内蒙古自治区33个牧业旗之一。全旗土地总面积1 833万亩（1.222万 km²），其中基本草原1 395万亩，耕地面积78万亩。空气、土壤、水洁净度高，年环境空气质量优良以上天数超过300d；农牧业人口人均拥有基本草牧场、牲畜、水浇地3项指标，均位居鄂尔多斯市前列；鄂托克前旗境内野生植物种类近400种。天然草原药用植物资源丰富，主要有草苜蓿、甘草等180余种。鄂托克前旗的羊以自然放牧为主，食用含有180种中草药的牧草，饮用水水质优良，呼吸无污染的洁净空气。

6. 产品功效

功效同前述。

（九）翁牛特羊肉

1. 产品介绍

翁牛特羊肉多举措开拓市场，不断转型升级。①完善"公司+基地+农户"的产业化经营模式，按照产业化经营模式，调动和组织广大农牧民参与肉羊的标准化、规模化、集约化生产。②推广科学饲养技术，提高养羊经济效益，利用青贮饲料、秸秆微贮饲料再配合全价精料进行科学饲喂，以满足肉羊在生产过程中的营养需要。③构建全程可追溯的技术系统，构建覆盖公司产品的全程可追溯系统。④开启"互联网+草原羊肉"新战略和以消费者为主导的B2C互联网商业模式，实现传统食品加工企业向"互联网+"的转型升级。

2. 特征描述

翁牛特羊肉样品为新鲜肉，其肌肉呈浅红色，脂肪呈乳白色；肌纤维致密结实，有韧性富有弹性，指压后凹陷立即恢复；外表微干，切面湿润，不粘手；具有新鲜羊肉固有气味，无异味，煮沸后，肉汤透明澄清，具有羊肉特有的香味，无肉眼可见杂质。

3. 营养指标（表118）

表118　翁牛特羊肉独特营养成分

参数	胆固醇（mg/100g）	蛋白质（%）	硒（μg/100g）	铁（mg/100g）	脂肪（%）	剪切力（N）	蒸煮损失（%）	天冬氨酸（mg/100g）	不饱和脂肪酸占总脂肪酸百分比（%）	水分（%）
测定值	50.6	20.4	9.00	28.43	4.7	16.2	27.5	1 952	53.6	73.1
参考值	82.0	18.5	5.95	3.90	6.5	60.0	35.0	1 832	43.2	78.0

4. 评价鉴定

该产品在翁牛特旗范围内，在其独特的生长环境下，具有肌纤维致密结实，有韧性，富有弹性，指压后凹陷立即恢复，外表微干，切面湿润，不粘手的特性。内在品质蛋白质、铁、硒、赖氨酸、异亮氨酸、天冬氨酸、不饱和脂肪酸占总脂肪酸百分比均高于参考值，剪切力、蒸煮损失优于参考值，满足标准要求，胆固醇、脂肪优于参考值，水分优于参考值，满足优质羊肉要求。综合评价其符合全国名特优新农产品名录收集登录基本条件和要求。

5. 环境优势

内蒙古赤峰市翁牛特旗位于大兴安岭山脉西南段与七老图山脉北端结合地带，科尔沁沙地西南缘横贯中北部，地处北纬42°26′~43°25′，东经117°49′~120°43′。地处西辽河上游、科尔沁沙地西缘，地貌特征自西向东依次为中山台地、低山丘陵、平原沙丘3个类型区。翁牛特旗肉羊主要以"放养+饲养"为主。坚持"标准化生产、规模化经营、科学化管理"的发展模式，重点发展养殖园区、紧密型养殖专业合作社，着力培育有市场竞争力的龙头企业、规模养殖场、生态家庭牧场，构建羊养殖、屠宰加工、产品流通各环节有机结合、相互协调的产业化经营体系，努力实现"保供给、保安全、保生态"，有力推动了肉羊产业快速发展，全旗肉羊产业已初具规模，具备了一定的生产能力，形成了基地、市场、企业较为完备的产业链条，成为增加农牧民收入、拉动农牧业经济发展、振兴农村牧区的支柱产业。

6. 产品功效

功效同前述。

（十）西旗羊肉

1. 产品介绍

近年来，新巴尔虎右旗站在全局和战略的高度，加快推进牧区现代化建设工作，大力探索、不断创新经营推广模式，培育畜牧养殖和电子商务相结合的现代化畜牧业，努力打通"西旗羊肉"品牌推广和销售渠道，探索出一条以生态优先、绿色发展为导向的牧区高质量发展新路子，实现牧区美、牧业强、牧民富的愿景。新巴尔虎右旗加大对"西旗羊肉"品牌的保护，坚持建设养畜、产业转型、稳定发展、持续增收的发展思路，加快建立畜产品质量追溯体系，为出栏羔羊佩戴二维码耳标，逐步实现了肉羊养殖、屠宰、加工、物流配送、销售全产业链的全程无缝监管，着力打造绿色、安全、放心的"西旗羊肉"品牌。

2. 特征描述

西旗羊肉样品为新鲜肉，其肌肉呈浅红色，脂肪呈乳白色；肌纤维致密结实，有韧性，富有弹性，指压后凹陷立即恢复；具有新鲜羊肉固有气味，无异味，煮沸后，肉汤透明澄清，具有羊肉特有的香味，无肉眼可见杂质。

3. 营养指标（表119）

表119 西旗羊肉独特营养成分

参数	胆固醇（mg/100g）	蛋白质（%）	硒（μg/100g）	钙（mg/100g）	脂肪（%）	剪切力（N）	蒸煮损失（%）	异亮氨酸（mg/100g）	多不饱和脂肪酸占总脂肪酸百分比（%）	亚油酸/总脂肪酸（%）
测定值	45.2	20.6	6.50	97.62	1.6	31.6	17.2	890	19.3	16.1
参考值	82.0	18.5	5.95	16.00	6.5	60.0	35.0	835	10.8	7.2

4. 评价鉴定

该产品在新巴尔虎右旗范围内，在其独特的生长环境下，具有肌肉呈浅红色，脂肪呈乳白色，肌纤维致密结实，有弹性，指压后凹陷立即恢复，煮沸后肉汤透明澄清的特性，内在品质蛋白质、异亮氨酸、蛋氨酸、苯丙氨酸、多不饱和脂肪酸占总脂肪酸百分比、亚油酸/总脂肪酸、钙、铁、锌、硒均高于参考值；胆固醇、脂肪均优于参考值；剪切力、蒸煮损失优于参考值，满足标准要求；水分优于参考值，满足优质羊肉要求。综合评价符合全国名特优新农产品营养品质评价规范要求。

5. 环境优势

新巴尔虎右旗具有良好的生态环境，拥有中国第五大淡水湖呼伦湖和优越广阔的天然牧场，被誉为天堂草原，陈巴尔虎右旗草质优良、水草丰美，是理想的畜牧业生产基地。新巴尔虎右旗牧场面积达 3 069 万亩，野生植物资源丰富，有 66 科、232 属、472 种，其中黄芩、柴胡、防风等野生药用植物 36 种。该地羔羊食用优质的纯天然牧草，是经自然长期孕育而成的地方优良品种，它吃的是中草药，喝的是矿泉水。西旗羊就是在这种高寒地区纯天然草原自然生态环境下长期孕育而成的地方优良品种。

6. 产品功效

功效同前述。

（十一）察右前旗羊肉

1. 产品介绍

察右前旗利用京蒙对口帮扶项目资金，引进肉、奶兼用的奶绵羊项目，为改善察右前旗肉羊生产优质种羊，利用国家良种补贴项目资金，引进白头杜尔伯特种公羊 200 多只，为全面提升肉羊养殖效益打下良好基础，年存栏肉羊 45 万只，年平均出栏羔羊 55 万只，羊肉产品 1.1 万 t。借助内蒙古自治区农畜产品质量安全监督管理中心帮扶察右前旗的机遇，免费为阿吉纳肉业有限公司等 7 家肉羊养殖合作社和企业，认证无公害羊肉 2 100 多 t，通过地方政府扶持和龙头企业的带动，推动整个产业发展和产业链延伸，促进农牧业增效和农民增收，这必将成为当地又一脱贫致富的支柱产业。

2. 特征描述

察右前旗羊肉样品为冻肉卷；肉卷外层为脂肪层，呈乳白色，内层为肌肉，呈暗红色，有光泽；肌肉横截面有大理石花纹；展开肉卷为整块羊肉，无零散肉块；肉质紧密，有坚实感，肌纤维有韧性；表面微湿润，不粘手；具有羊肉正常气味，无异味；煮沸后，肉汤透明澄清，无异味，无肉眼可见杂质。

3. 营养指标（表 120）

表 120　察右前旗羊肉独特营养成分

参数	胆固醇（mg/100g）	蛋白质（%）	硒（μg/100g）	钙（mg/100g）	脂肪（%）	水分（%）	赖氨酸（mg/100g）	亮氨酸（mg/100g）	总不饱和脂肪酸（%）	亚油酸/总脂肪酸（%）
测定值	62.1	13.9	9.30	48.60	1.6	51.4	1 830	1 660	11.7	5.4
参考值	77.0	12.6	3.15	17.00	6.5	78.0	1 713	1 541	3.8	7.7

4. 评价鉴定

该产品在察右前旗区域范围内，在其独特的生长环境下，具有肉质紧密，有坚实感，肌纤维有韧性，煮沸后，肉汤透明澄清，无异味的特性，内在品质蛋白质、总不饱和脂肪酸、赖氨酸、亮氨酸、天冬氨酸、钙、铁、硒均高于参考值，胆固醇、脂肪均优于参考值，水分优于参考值，满足优质羊肉要求，综合评价其符合全国名特优新农产品名录收集登录基本条件和要求。

5. 环境优势

察右前旗地处蒙古高原，是多寒干燥，风多雨少，昼夜温差大，气候属于北温带大陆性干旱气候，冬季长达5个月之久，年均气温为4.5℃。主要草场类型为：山地干草原草场；丘陵干草原草场；低温草甸草场，植被以多种菊科植物、沙葱、野韭菜等为主，是非常适合饲养生产羊肉的天然草场。察右前旗肉羊具有地方优良种羊品种的优势，通过提纯复壮，建立起了草原品牌的优良肉羊生产体系，培育出具有抗逆性强、繁殖率高、生产性能高、饲料转化率高的肉羊品种。察右前旗羊肉肉质鲜嫩、营养价值高，拥有质量竞争优势。察右前旗自改革开放以来一直是我国的羊肉储备加工基地，积累并发展出完善的羊肉加工工艺。

6. 产品功效

功效同前述。

（十二）科右前旗草地羊

1. 产品介绍

科尔沁右翼前旗是畜牧业大旗，近年来，在当地政府的一系列政策支持下，科右前旗草地羊的养殖规模也在不断加大。2019年10月，在科尔沁右翼前旗商务局的帮助下，对接北京海淀锦绣大地商务在线，销售科右前旗草地羊羊肉，进一步拓宽了科右前旗草地羊的销售渠道。科尔沁右翼前旗鑫祥圆养殖合作社从2018年开始涉足餐饮连锁领域，策划运营了"特门郭勒"草原有机羊肉火锅，并在乌兰浩特和长春开出了连锁店，2018年通过了有机羊肉认证，成为真正的草原有机羊肉。阿力得尔牧场百吉纳营销合作社的"绿垦"品牌和科尔沁右翼前旗乌兰图雅牲畜养殖合作社的"勿布林"品牌都获得了有机认证，满足了大众对于羊肉产品安全、营养、优质、健康的需求。

2. 特征描述

科右前旗草地羊为新鲜羊肉，其肌肉呈鲜红色，有光泽，脂肪呈乳白色；肌纤维致密，有弹性，指压后凹陷立即恢复；外表及切面湿润，不粘手；具有羊肉固有气味，无异味；煮沸后，肉汤透明澄清，无肉眼可见杂质。

3. 营养指标（表121）

表121　科右前旗草地羊独特营养成分

参数	胆固醇（mg/100g）	蛋白质（%）	硒（μg/100g）	钙（mg/100g）	脂肪（%）	水分（%）	剪切力（N）	赖氨酸（mg/100g）	蒸煮损失（%）	亚油酸/总脂肪酸（%）
测定值	51.4	21.7	2.00	42.30	2.2	74.4	35.6	1 780	20.8	20.2%
参考值	77.0	18.5	5.95	16.00	6.5	78.0	60.0	1 713	35.0	7.2

4. 评价鉴定

该产品在科尔沁右翼前旗范围内，在其独特的生长环境下，具有肌纤维致密，有弹性，外表及切面湿润，不粘手，煮沸后，肉汤透明澄清的特性，内在品质蛋白质、天冬氨酸、亮氨酸、赖氨酸、亚油酸/总脂肪酸、钙、铁均高于参考值，胆固醇、脂肪均优于参考值，剪切力、蒸煮损失均优于参考值，满足标准要求，水分优于参考值，满足优质羊肉要求。综合评价其符合全国名特优新农产品名录收集登录基本条件和要求。

5. 环境优势

科尔沁右翼前旗位于大兴安岭南麓，属大陆性季风气候，特点显著，四季分明。原生态的草原上生长有 1 000 多种饲用植物，饲用价值高、适口性强的有 100 多种，尤其是羊草、羊茅、冰草、披碱草、野燕麦等禾本和豆科牧草非常适于饲养牲畜。草原上的河水，基本都以泉水及雨水组成。周边无重工业，所以几乎没有任何污染，造就了高品质草地羊的放养环境。

6. 产品功效

功效同前述。

（十三）乌珠穆沁羊肉

1. 产品介绍

1982 年经农业部、国家标准总局的确认下，正式批准"乌珠穆沁羊"为当地优良品种。根据《农产品地理标志管理办法》规定，锡林郭勒盟农牧业科学研究所申请对"乌珠穆沁羊"农产品实施农产品地理标志保护。经过初审、专家评审和公示，符合农产品地理标志登记程序和条件，农业部决定于 2008 年 8 月 31 日准予登记。

2. 特征描述

乌珠穆沁羊体质结实，体格较大，背腰宽平，四肢粗壮，尾肥大，额稍宽，鼻梁微凸，公羊有角或无角，母羊多无角。颈中等长，体躯宽而深，胸围较大，不同性别和年龄羊的体躯指数都在130%以上，背腰宽平，体躯较长，体长指数大于105%，后躯发育良好，肉用体型比较明显。四肢粗壮。尾肥大，尾宽稍大于尾长，尾中部有一纵沟，稍向上弯曲。毛色以黑头羊居多，头或颈部黑色者约占62.0%，全身白色者占10.0%。有一个重要特征为 14 对肋骨（一般羊只有 13 对）。乌珠穆沁羊游走采食，抓膘能力强，肉质产量高，肉水分含量低。乌珠穆沁羊肉色泽鲜红，有光泽，脂肪呈乳白色；肌纤维致密，有韧性且富有弹性，切面光滑、不粘手，有羊肉固有气味，无异味；煮沸后，肉汤透明澄清，无肉眼可见杂质。

3. 营养指标（表 122）

表 122 乌珠穆沁羊肉独特营养成分

参数	胆固醇（mg/100g）	蛋白质（%）	锌（mg/100g）	水分（%）	脂肪（%）	总不饱和脂肪酸（%）	剪切力（N）	蛋氨酸（mg/100g）	蒸煮损失（%）	亚油酸/总脂肪酸（%）
测定值	54.1	16.9	3.55	66.3	16.6	4.4	45.0	390	24.1	7.8
参考值	77.0	12.6	7.67	78.0	24.4	3.8	60.0	389	35.0	7.7

4. 评价鉴定

该产品在东乌珠穆沁旗区域范围内，在其独特的生长环境下，具有肌纤维致密，有韧性且富有弹性，切面光滑、不粘手，有羊肉固有气味，无异味的特性，内在品质蛋白质、蛋氨酸、总不饱和脂肪酸、亚油酸/总脂肪酸均高于参考值；胆固醇、脂肪均优于参考值；剪切力、蒸煮损失优于参考值，满足标准要求；水分优于参考值，满足优质羊肉要求。综合评价其符合全国名特优新农产品名录收集登录基本条件和要求。

5. 环境优势

东乌珠穆沁旗是纯牧业边境旗，属于北温带大陆性气候，处于高海拔和中、高纬度带的内陆地区，气候特征为冬季受蒙古高压控制寒冷风大，夏季水热同期。地势北高南低，由东向西倾斜，海拔在800~1500m；北部是低山丘陵，南部是盆地；全旗土壤水平地带性分布非常明显，由东向西依次有灰色森林土、黑钙土、栗钙土，非地带性土壤有沼泽土、草甸土、风沙土。东乌珠穆沁旗地处世界四大天然草原之一的锡林郭勒大草原核心区，拥有优质天然草牧场面积7100万亩，天然野生植物890余种，牧业年度牲畜存栏300万头只。素有"皇家贡品、肉中人参、天下唯一"的多肋骨、多脊椎的乌珠穆沁肉羊，以其营养价值高、肉质鲜美、不膻不腻等特有品质享誉国内外。

6. 产品功效

功效同前述。

(十四) 陈巴尔虎旗羊

1. 产品介绍

陈巴尔虎旗羊是陈巴尔虎旗游牧民族成立以来游牧放养的家畜，至今已有千年历史。每年3—5月为接羔时期，这也是牧民最为忙碌时间，同时这也是陈巴尔虎旗接羔保畜工作的重点工作之一，在这个时间段陈巴尔虎旗农牧部门会发放各类消毒水、消炎药等药物，还会告知生产者接羔时的注意事项。进入6月牧民就开始剪羊毛、因为厚重的羊毛会影响生长和肉的品质，剪下来的羊毛也能卖了给牧民带来一些补贴。每年（5月1日和10月1日）春秋季防疫时间，兽医局会集中力量对陈巴尔虎旗牲畜展开全覆盖的防疫工作，等过了休药期就进入屠宰期，屠宰期间陈巴尔虎旗官方兽医入住旗里所有屠宰场，做屠宰环节检验检测，对不合格的肉品直接做无害化处理，保障人民群众的舌尖上的安全。

2. 特征描述

陈巴尔虎旗羊肉样品为新鲜羊肉，其肌肉为暗红色，颜色均匀，有光泽，脂肪呈乳白色，肌纤维致密，有弹性，指压后凹陷立即恢复；外表微干，切面湿润，不沾手；具有新鲜羊肉固有气味，无异味，煮沸后，肉汤透明澄清，无肉眼可见杂质。

3. 营养指标（表123）

表123　陈巴尔虎旗羊独特营养成分

参数	胆固醇（mg/100g）	蛋白质（%）	硒（μg/100g）	水分（%）	脂肪（%）	总不饱和脂肪酸（%）	剪切力（N）	蛋氨酸（mg/100g）	蒸煮损失（%）	异亮氨酸（mg/100g）
测定值	36.9	19.9	4.00	68.6	6.8	3.6	36.3	500	24.8	860
参考值	77.0	18.5	5.95	78.0	6.5	3.2	60.0	389	35.0	835

4. 评价鉴定

该产品在呼伦贝尔市陈巴尔虎旗区域范围内，在其独特的生长环境下，具有肌肉呈暗红色、颜色均匀、有光泽，脂肪呈乳白色，肌纤维致密，有弹性，指压后凹陷立即恢复的特性。内在品质蛋白质、异亮氨酸、蛋氨酸、总不饱和脂肪酸、钙、铁、锌均高于参考值，胆固醇优于参考值，剪切力、蒸煮损失优于参考值，满足标准要求，水分优于参考值，满足优质羊肉要求。综合评价符合全国名特优新农产品营养品质评价规范要求。

5. 环境优势

陈巴尔虎旗属于内蒙古呼伦贝尔市，位于中国内蒙古呼伦贝尔市西北部，地处呼伦贝尔大草原腹地，东部和东北部分别与牙克石市、额尔古纳市接壤，东南与海拉尔毗邻，南边接着鄂温克族自治旗，西与新巴尔虎左旗交接，西北与俄罗斯隔额尔古纳河相望，中俄边境线总长193.9km（系水界）陈巴尔虎旗土地面积21 192km²。地形地貌为大兴安岭西部末端向呼伦贝尔高平原过渡带。地势由东北向西南逐渐降低，东半部为大兴安岭中低山丘陵，西半部为波状起伏的高平原（海拔为600~700m）。陈巴尔虎旗地跨森林草原与旱草原两个地带，属中湿带半湿润半干旱大陆性气候。四季气候特点表现为：春季（4—5月）气温回升较快，变幅大，天气变化剧烈；夏季（6—8月）多雨、炎热、湿润，是大雨、雷阵雨集中的季节；秋季（9—10月）气温逐渐下降，降水明显减少；冬季（11月至翌年3月）漫长而严寒，干旱、晴朗少云降雪少。据气象站多年观测，年平均风速3.5m/s，主导风向为西北、西南。陈巴尔虎旗境内有莫日格勒河、海拉尔河、额尔古纳河等5条河流，大小湖泊317个，天然矿泉95处。陈巴尔虎旗天然草场面积为2 290.2万亩，有553种草类，其中含旁风、黄芩等中草药394种。

6. 产品功效

功效同前述。

（十五）五原羊肉

1. 产品介绍

近年来，五原县委、政府高度重视羊肉产业的发展，把加快发展羊肉产业作为调整优化产业结构，提高农业综合生产效益，增加农民收入的根本举措来抓。五原县累计建成肉羊整村推进示范社120个，年出栏2 000只以上的肉羊规模养殖场48个，年出栏1

万只以上的肉羊规模养殖场 7 个，年出栏 10 万只以上的肉羊养殖园区 3 个；全县建成金草原、青青草原、领头羊等 7 家高标准肉羊屠宰加工厂，年屠宰加工肉羊 200 多万只，分割产品达 110 多种，金草原 17 个羊肉分割产品获得绿色食品认证；在销售方面，五原县建成河套电子商务产业园，线上线下齐发力，推动优质羊肉产品进军全国市场，产品销往北京、上海、广州、深圳等 20 多个城市和地区。

2. 特征描述

五原羊肉，肌肉呈暗红色，有光泽，脂肪呈乳白色；肉质紧密，有坚实感，肌纤维有韧性；表面微湿润，不粘手；具有羊肉固有气味，无异味，煮沸后，肉汤透明澄清，无异味。

3. 营养指标（表 124）

表 124　五原羊肉独特营养成分

参数	胆固醇（mg/100g）	蛋白质（%）	硒（μg/100g）	水分（%）	脂肪（%）	亚油酸/总脂肪酸（%）	剪切力（N）	蛋氨酸（mg/100g）	蒸煮损失（%）	天冬氨酸（mg/100g）
测定值	40.7	20.8	6.40	74.3	4.0	13.1	30.7	470	22.9	1 630
参考值	77.0	18.5	5.95	72.5	6.5	7.2	60.0	389	35.0	1 832

4. 评价鉴定

该产品在五原县域范围内，在其独特的生长环境下，具有肉质紧密、有坚实感，肌纤维有韧性，肉质表面微湿润，不粘手，具有羊肉正常气味，煮沸后，肉汤透明澄清的特性。内在品质蛋白质、钙、铁、锌、硒、蛋氨酸、亚油酸/总脂肪酸均高于参考值，剪切力、蒸煮损失均优于参考值，满足标准要求，胆固醇、脂肪优于参考值。综合评价其符合全国名特优新农产品名录收集登录基本条件和要求。

5. 环境优势

五原县位于内蒙古巴彦淖尔市，南邻黄河，北靠阴山，东西长约 62.5km，南北宽约 40km，地处河套平原腹地，地势平坦，110 国道、京藏高速和包兰铁路全境通过。土地耕作层为灌淤层，耕作性好，含钾量高，对糖和淀粉的积累非常有利。五原县水源充沛，灌溉便利，全县有五大干渠，9 条分干渠，135 条农渠，密如蛛网的毛渠灌溉着全县土地，每年引黄河水量 10 亿~11.6 亿 m³；气候具有光能丰富、日照充足、昼夜温差大、降水量少而集中的特点，独特的自然条件，为羊肉产业发展奠定了坚实的基础，也为五原县打造绿色有机高端农畜产品生产加工输出基地奠定了基础，2019 年 11 月，五原县被农业农村部评为国家农产品质量安全县。

6. 产品功效

功效同前述。

（十六）达茂羊肉

1. 产品介绍

一直以来，肉羊养殖为达茂旗的主导产业之一，近年来随着养殖规模的扩大，达茂旗在满都拉镇、巴音花镇、查干哈达苏木、明安镇、巴音敖包苏木、达尔汗苏木、希拉穆仁镇7个牧区苏木镇建设优质绿色肉羊养殖基地，养殖规模稳定在60万只左右。另外，借助"牛羊肉产业大会"及"农民丰收节"等节庆活动，开展优质羊肉产品推介及展览展示系列活动；制定《达茂旗农畜产品品牌创建实施意见》，建立了农畜产品质量安全追溯体系，从养殖、加工、生产、检疫、包装、上市、销售实施全程可追溯，确保达茂旗肉羊养殖的绿色品质。

2. 特征描述

达茂羊肉，肌肉呈暗红色，有光泽，脂肪呈乳白色；肉质紧密，有坚实感，肌纤维有韧性；表面微湿润，不粘手；具有羊肉固有气味，无异味。

3. 营养指标（表125）

表125　达茂羊肉独特营养成分

参数	胆固醇（mg/100g）	蛋白质（%）	锌（mg/100g）	水分（%）	脂肪（%）	亚油酸/总脂肪酸（%）	剪切力（N）	异亮氨酸（mg/100g）	不饱和脂肪酸（%）	亮氨酸（mg/100g）
测定值	54.0	18.5	4.53	61.9	16.5	9.6	39.2	850	6.5	1 600
参考值	77.0	18.5	3.52	78.0	6.5	7.2	60.0	835	3.2	1 541

4. 评价鉴定

该产品在达茂联合旗区域范围内，在其独特的生长环境下，具有肉质紧密、有坚实感，肌纤维有韧性，肉质表面微湿润，不粘手，具有羊肉正常气味，无异味的特性。内在品质蛋白质等于参考值，不饱和脂肪酸、亚油酸/总脂肪酸、铁、锌、谷氨酸、亮氨酸、异亮氨酸均高于参考值，胆固醇优于参考值，剪切力、水分均优于参考值，满足标准要求。综合评价其符合全国名特优新农产品名录收集登录基本条件和要求。

5. 环境优势

达茂联合旗位于阴山山脉北麓，北纬41°20′~42°40′，东经109°16′~110°25′，全旗总土地面积2 661.6万亩，天然草场面积2 486.2万亩，占总土地面积的93.4%。草原类型分为荒漠草原，干草原、草原化荒漠和草甸草原4个类型，牧草种类主要为针茅、沙葱、羊草、冷蒿、锦鸡儿，其中冷蒿返青草是达茂草原羊早春提壮、产羔期催乳、秋季抓膘的主要牧草；百合科葱属植物种类：碱韭（多根葱）、蒙古葱（沙葱）、矮韭、砂韭、细叶韭、黄花葱6个品种，是达茂草原羊抓膘，并使其具有特有味道的天然饲料。达茂旗草原天然草场水草丰美，远离污染，得天独厚的地理条件，给达茂草原羊肉的独特品质创造了良好的自然环境。

6. 产品功效

功效同前述。

（十七）土默特羊肉

1. 产品介绍

羊肉是土默特右旗的主要畜产品，肉羊产业是土默特右旗农畜产品的支柱产业。从2008年以来，政府始终将现代羊产业作为财政资金的重要投资方向，保持了高强度的投入，旗委、政府、农牧业部门编制了《现代肉羊养殖建设标准》等一系列方案和制度，集中全旗各方面力量支持肉羊产业发展，努力把土默特右旗打造成为内蒙古重要的绿色农畜产品生产加工输出基地。旗党委、政府和农业主管部门积极组织当地龙头企业进行商标品牌建设，借助"绿色农畜产品博览会""牛羊肉大会"等推广活动，展示本地优良品种，提升农牧业品牌竞争力。同时建立农畜产品质量安全追溯体系，从繁殖、生产、加工、检疫、包装、上市、销售实施全程可追溯，确保土默特羊肉的高品质。

2. 特征描述

土默特羊肉为鲜羊肉，肌肉呈暗红色，有光泽，脂肪呈乳白色；肉质紧密，有坚实感，肌纤维有韧性；表面微湿润，不粘手；具有羊肉固有气味，无异味，煮沸后，肉汤透明澄清。

3. 营养指标（表126）

表126　土默特羊肉独特营养成分

参数	铁（mg/100g）	蛋白质（%）	锌（mg/100g）	水分（%）	脂肪（%）	亚油酸/总脂肪酸（%）	剪切力（N）	组氨酸（mg/100g）	不饱和脂肪酸（%）	蒸煮损失（%）
测定值	4.58	17.7	2.93	62.9	18.9	8.9	32.4	570	6.8	24.1
参考值	3.9	18.5	3.52	78.0	6.5	7.2	60.0	556	3.2	35.0

4. 评价鉴定

该产品在土默特区域范围内，在其独特的生长环境下，具有肉质紧密，有坚实感，肌纤维有韧性，表面微湿润，不粘手的特性。内在品质组氨酸、总不饱和脂肪酸、铁、亚油酸/总脂肪酸均高于参考值，剪切力、蒸煮损失均优于参考值，满足标准要求，水分优于参考值，满足优质羊肉要求。综合评价其符合全国名特优新农产品名录收集登录基本条件和要求。

5. 环境优势

土默特右旗，简称土右旗。土右旗南临黄河，北靠阴山，依山傍水，自然资源丰富。土右旗境内草场类型丰富，分为山地草甸草原草场，山地干草原草场，山前冲积扇干草原草场和平原盐、湿草甸草场4种草场类型。且土右旗地处中温带，干旱与半湿润交错带，属温带大陆性气候，四季分明，光照充足，昼夜温差大，可以生长优质的草场。土右旗地处呼和浩特市、包头市和鄂尔多斯市"金三角"腹地，地理位置优越，交通便利，有利于土默特羊肉的运输和销售。丰富的草场和便利的交通都为优质的土默特羊的生长提供了优越的条件。

6. 产品功效

功效同前述。

（十八）阿鲁科尔沁旗羊肉

1. 产品介绍

阿鲁科尔沁旗羊肉产业始终坚持以"质量第一、用户至上"为宗旨，本着开拓进取的精神，始终为高端市场提供新鲜羊肉。依靠全旗优越、独特的养殖环境和电商平台飞跃发展，市场需求量逐年增加。下一步我们将鼓励当地企业、合作社适度扩大养殖和生产规模，同时以订单方式收购草原游牧系统核心区牧户的蒙古羊，通过放牧补饲方式完成四季不间断向市场供应新鲜羊肉，严格追求数量和质量双提升，大力推广互联网+畜牧业新型的产业方式，建立健全产品质量追溯体系，让消费者吃得放心。

2. 特征描述

阿鲁科尔沁旗羊肉样品为新鲜肉，肌肉呈暗红色，有光泽；脂肪呈乳白色，有大理石花纹；肉质紧密，有坚实感，肌纤维有韧性，表面微湿润，不粘手；具有羊肉正常气味，无异味；煮沸后，肉汤透明澄清，无异味，无肉眼可见杂质。

3. 营养指标（表127）

表127 阿鲁科尔沁旗羊肉独特营养成分

参数	胆固醇（mg/100g）	蛋白质（%）	硒（μg/100g）	水分（%）	脂肪（%）	维生素A（μg/100g）	剪切力（N）	蛋氨酸（mg/100g）	不饱和脂肪酸（%）	蒸煮损失（%）
测定值	53.2	19.6	4.00	61.0	18.0	22.4	29.0	410	5.5	16.8%
参考值	82.0	18.5	5.95	78.0	6.5	8.0	60.0	389	3.2	35.0

4. 评价鉴定

该产品在阿鲁科尔沁旗区域范围内，在其独特的生长环境下，具有肉质紧密，有坚实感，肌纤维有韧性，表面微湿润，不粘手的特性，内在品质蛋白质、维生素A、总不饱和脂肪酸、铁、蛋氨酸、组氨酸均高于参考值，脂肪高于参考值，肉质偏肥，胆固醇优于参考值，剪切力、蒸煮损失均优于参考值，满足标准要求，水分优于参考值，满足优质羊肉要求。综合评价其符合全国名特优新农产品名录收集登录基本条件和要求。

5. 环境优势

阿鲁科尔沁羊肉生产地域范围在北纬43°21′~45°24′，东经119°02′~121°01′，处在阿鲁科尔沁旗14 277km² 范围内，整体气候光照充足，积温有效性高，自然环境独特的条件下，非常适合蒙古羊的养殖和发展。这里的蒙古羊具有肉质鲜嫩、细腻、色泽好、多汁、膻味小、适口性好、易消化、低胆固醇和高蛋白等特点，深受广大消费者喜爱。

6. 产品功效

功效同前述。

（十九）临河巴美肉羊

1. 产品介绍

地方政府努力推动羊产业"肉乳结合"发展新模式，打造高端肉羊品牌，推广种养加模式，2020年计划新增优质基础母羊17.5万只。助推"中国羊都"建设，打响"天赋河套"区域品牌，全面提升"中国羊都"建设水平与影响力。同时，借助全市打造"天赋河套"农产品区域公用品牌的契机，扶持龙头企业，调动千家万户改良育种积极性，减轻种羊场育种压力，迅速增加优质公羊数量。当前，巴美肉羊顺利完成农产品地理标志登记，肉羊规模化养殖场累计达4 471个，规模化养殖比重达85%，成为全国唯一四季出栏、均衡上市的肉羊集散地。共有屠宰加工企业48家，年分割肉羊100万只以上有4家，产品畅销全国20多个省市、自治区。

2. 特征描述

临河巴美肉羊体格较大，无角，体质结实，结构匀称，胸宽而深，背腰平直，四肢结实，后肢健壮，肌肉丰满，呈圆桶形，肉用体型明显；其肌肉色泽为暗红色，色泽鲜艳；脂肪呈现乳白色，具有大理石花纹，肉质紧密；肌纤维有韧性，具有羊肉固有的气味，无异味；肉质表面微湿润，不粘手；煮沸后，肉汤透明澄清，无异味；无肉眼可见杂质。

3. 营养指标（表128）

表128　临河巴美肉羊独特营养成分

参数	胆固醇（mg/100g）	蛋白质（%）	锌（mg/100g）	水分（%）	脂肪（%）	亚油酸/总脂肪酸（%）	剪切力（N）	组氨酸（mg/100g）	不饱和脂肪酸（%）	蒸煮损失（%）
测定值	66.2	19.8	4.23	74.5	5.0	8.8	34.2	700	2.7	20.0
参考值	82.0	18.5	3.52	78.0	6.5	8.6	60.0	539	3.2	35.0

4. 评价鉴定

该产品在巴彦淖尔市临河区域范围内，在其独特的生长环境下，具有大理石花纹、肉质紧密、有坚实感，肌纤维有韧性，肉质表面微湿润，不粘手，具有羊肉正常气味，无异味的特性。内在品质蛋白质、铁、锌、组氨酸、蛋氨酸、亚油酸/总脂肪酸均高于参考值，剪切力、蒸煮损失优于参考值，满足标准要求，脂肪优于参考值。综合评价其符合全国名特优新农产品名录收集登录基本条件和要求。

5. 环境优势

临河深处内陆，属于中温带半干旱大陆性气候，云雾少降水量少、气候干燥，年降水量138.8mm，平均气温6.8℃，昼夜温差大，日照时间长，年日照时间为3 389.3h，是我国日照时数最多的地区之一。光、热、水同期，无霜期为153d左右，适宜于农作物和牧草生长。另外，临河区位于内蒙古西部巴彦淖尔市，南邻黄河，北靠阴山，地处黄河平原腹地，地势平坦，交通便利，临河现有耕地面积14万hm²，草场面积4.3

万 hm²，林地面积 3.3 万 hm²。临河区境内地势平坦，土壤肥沃，水资源丰富，草场丰富，为发展肉羊产业奠定了基础。

6. 产品功效

功效同前述。

（二十）化德羊肉

1. 产品介绍

化德县细毛羊属于毛兼肉型，肉为主要用途，在当地有非常悠久养殖及食用历史，近年来通过当地政府出台相关优惠政策的扶持细毛羊养殖及羊肉的生产已逐步发展成为当地优势产品和主导产业之一。年均养殖 30 万只左右，年平均出栏羔羊 30 万只左右，肉产品达 3 000t 左右，养殖数量和羊产品均居全国县级前列。当地龙头企业化德县宏旺种养殖肉食品加工有限公司养殖的肉羊分别荣获国家绿色食品认证。2019 年与全县 6 个乡镇贫困户签订收购肉羊协议，以高于市场价每斤 1 元收购，通过地方政府的扶持和龙头企业的带动，推动整个产业发展和产业链延伸，促进农牧业增效和农民增收，这必将成为当地又一脱贫致富的支柱产业。

2. 特征描述

肌肉呈淡红色，有光泽，脂肪呈白色或淡黄色，肥瘦均匀，有大理石花纹；肌纤维致密，有韧性，富有弹性，脂肪和肌肉硬实，切面湿润不粘手；具有羊肉固有气味，无异味，无膻味。

3. 营养指标（表 129）

表 129 化德羊肉独特营养成分

参数	蛋白质（%）	锌（mg/100g）	水分（%）	脂肪（%）	钙（mg/100g）	铁（mg/100g）
测定值	13.6	3.96	62.0	23.5	16.74	4.49
参考值	18.5	3.52	72.5	6.5	16.00	3.90

4. 评价鉴定

化德羊肉其肌肉呈淡红色，有光泽，脂肪呈白色或淡黄色，肥瘦均匀，有大理石花纹；肌纤维致密有韧性富有弹性，脂肪和肌肉硬实，切面湿润不粘手；具有羔羊肉固有气味，无异味，无膻味；内在品质水分低于参考值，脂肪、钙、铁、锌均高于参考值。综合评价符合全国名特优新农产品营养品质评价规范要求。

5. 环境优势

化德县地处北纬 41°，北与锡林郭勒盟镶黄旗接壤，西、西南与商都县相连，东与正镶白旗毗邻，位于世界公认的细毛羊黄金生长纬度带，有数百年历史，是细毛羊之乡，更是全球优质细毛羊产区之一，这里平均海拔 1 450m 的高原地区，属典型的半干旱大陆性气候，有着得天独厚的气候资源优势。年均气温 2.5℃ 左右，雨热同期，降水集中，主要在 7 月、8 月、9 月。日照充足且时间长，平均可达 10h 左右。昼夜温差大，风沙日数多，蒸发量大，气候干燥，有利于营养物质的积累。成土母质为冲洪积物，有机质含量较高，在 2.5%~2.9%，天然草场植被稀疏，植被组成以针茅、小叶锦鸡儿、冷蒿、羊草、冰草、驼绒藜为主，牧草矮小、适宜养羊。特殊的气候条件和地形条件为化德细毛羊的品质积累创造了最佳条件。

6. 产品功效

功效同前述。

（二十一）乌拉山山羊肉

1. 产品介绍

为了保护乌拉山生态环境，乌拉山山羊发展坚持政府划定草片，宏观控制规模，草畜平衡，限制养殖的原则，由生产企业、农牧民专业合作社，采取传统放牧、企业化管理的方式进行散养。数量少，品质优，价格极高。近年来，当地城乡居民都很少能吃到正宗的乌拉山山羊肉。2012 年 11 月，内蒙古电视台"每食每刻"品鉴栏目组，在乌拉特前旗白彦花镇专题报道"乌拉山山羊肉"蒙餐制作全过程，节目播出后，一时名声大振，一"羊"难求，赋予了"乌拉山山羊肉"传奇的色彩。今后，我们将依托乌拉特前旗草原游牧文化——"哈萨尔文化"，大力发扬和继承蒙餐文化，推动乌拉山山羊肉品牌推广；借助"乌梁素海""乌拉山国家森林公园"等丰富的旅游资源，完善游、购、娱、品尝美食等功能，使品尝乌拉山山羊肉成为一种时尚消费。

2. 特征描述

体质结实、结构匀称，背腰平直，后躯稍高，体长略大于体高。四肢端正有力，蹄质坚实。面部清秀、鼻梁微凹，眼大有神，两耳向两侧展开或半垂，有前额和下颌须。公母均有角，向后、上、外方向伸展。尾短而小，向上翘立。羊肉肌肉丰满发达，富有光泽，色红而均匀，肉块紧凑美观，两后腿呈明显的"U"字形，脂肪洁白，量适中，皮下脂肪均匀分布在整个表面上，背脂厚度 1.5cm。表层稍带干燥的"皮膜"，新鲜的切口略带潮湿而无黏性，肉质紧密，富有弹性，用手指按压时，凹陷处立即复原。具有香味浓郁特点。

3. 营养指标（表 130）

表 130　乌拉山山羊肉独特营养成分

参数	蛋白质（%）	锌（mg/100g）	水分（%）	脂肪（%）	天冬氨酸（mg/100g）	赖氨酸（mg/100g）	亮氨酸（mg/100g）	不饱和脂肪酸（%）
测定值	16.8	3.49	57.3	21.9	2 292	2 147	1 960	8.3
参考值	18.5	3.52	72.5	6.5	1 832	1 713	1 541	3.2

4. 评价鉴定

乌拉山山羊肉肌肉色泽暗红，脂肪呈白色，羊肉较肥，有少量大理石花纹；肌纤维较粗有韧性富有弹性，指压后凹陷立即恢复，脂肪和肌肉较硬实，切面湿润不粘手；具有新鲜山羊肉固有气味，无异味、无肉眼可见杂质，有膻味。内在品质脂肪、天冬氨酸、赖氨酸、亮氨酸、不饱和脂肪酸均高于参考值。综合评价符合全国名特优新农产品营养品质评价规范要求。

5. 环境优势

首先，当地的草牧场资源和传统的放牧养殖具有优势。乌拉山为阴山支脉，位于乌拉特前旗境内，草木茂盛，沟谷发育完整，大小山沟较多，涓涓清泉四季长流，满足了乌拉山山羊喜登高、爱清洁、喜饮活水的习性。其次，特殊的植被、优质的牧草也具有优势。乌拉山植被类型复杂，植物群落类型多样。植被覆盖度在 35% ~ 90%，草层高 15 ~ 45cm。山中天然野生植物有 500 多种。优质牧草有针茅属、隐子草属等，能够完全满足乌拉山山羊食性杂的要求。经考证，乌拉山山中野生植物药材 305 种，乌拉山山羊长期食用多种野生杂草和中药材，可以增强活体和屠体抗氧化能力，减少肉品中氧化产物的生成，可达到保持肉色新鲜，汁液损失减少和防止脂肪酸败的效果，使乌拉山羊肉富含多种氨基酸和不饱和脂肪酸，肌肉发达，色泽鲜嫩，香味浓郁。

6. 产品功效

功效同前述。

（二十二）苏尼特羊肉

1. 产品介绍

产业升级推进措施：苏尼特左旗肉食品精深加工园建于 2012 年，一、二期规划占地面积 37 万 m²，以牛羊屠宰、肉类精深加工为主，经过两年多的建设，园区共入驻 6 家肉食品企业，并投入生产，园区内基础设施完备，采用国内领先生产设备和工艺，达到国家进出口卫生技术标准，年屠宰能力 100 万羊单位，精深加工 50 万羊单位，已形成"工厂+基地+牧户"产业化经营模式。品牌创建情况："苏尼特羊"地理标志商标已获国家市场监督管理总局知识产权局批准注册，成为苏尼特左旗首个中国地理标志商标。近年来，旗政府积极推动本地区畜牧业品牌建设，把"苏尼特羊"品牌建设作为本旗乡村振兴和精准扶贫的一项重要产业，为"苏尼特羊"产业发展描绘了宏伟蓝图。旗政府 2018 年初开始推动、支持、引导旗地方产品学会申请注册"苏尼特羊"地理标志商标。该商标的成功注册提升了苏尼特羊的品牌价值和市场竞争力，推动了"公司（龙头企业）+牧户（专业合作社）+商标（地理标志商标）"的产业化经营新模式的运用，加快了全旗农牧业产业品牌建设，提高了产品价值，促进了牧民增收，为助力全旗脱贫攻坚贡献了一份力量。

2. 特征描述

苏尼特羊肉肌肉色泽鲜红，有光泽，脂肪呈白色，肥瘦均匀，有大理石花纹；肌纤维致密，有韧性，富有弹性，指压后凹陷立即恢复，脂肪和肌肉较硬实，切面湿润不粘手；具有新鲜羊肉固有气味，无异味、无肉眼可见杂质。

3. 营养指标（表 131）

表 131　苏尼特羊肉独特营养成分

参数	蛋白质（%）	钙（mg/100g）	水分（%）	脂肪（%）	天冬氨酸（mg/100g）	赖氨酸（mg/100g）	亮氨酸（mg/100g）	不饱和脂肪酸（%）	铁（mg/100g）
测定值	19.4	17.19	63.0	17.9	2 126	1 990	1 872	5.5	3.92
参考值	18.5	16.00	72.5	6.5	1 832	1 713	1 541	3.2	3.90

4. 评价鉴定

苏尼特羊肉肌肉色泽鲜红，有光泽，脂肪呈白色，肥瘦均匀，有大理石花纹；肌纤维致密，有韧性，富有弹性，指压后凹陷立即恢复，脂肪和肌肉较硬实，切面湿润不粘手；具有新鲜羊肉固有气味，无异味、无肉眼可见杂质。内在品质蛋白质、脂肪、钙、铁、不饱和脂肪酸、天冬氨酸、赖氨酸、亮氨酸均高于参考值。综合评价符合全国名特优新农产品营养品质评价规范要求。

5. 环境优势

苏尼特左旗是纯牧业边境旗，属于半干旱大陆性气候，雨水偏少，日照充足，处于我国北方草原带的典型草原过渡地带，具有典型草原、沙地草原、荒漠草原和低湿地草甸等多种植被类型，是闻名遐迩的纯天然牧场，这里既没有葱茏高耸的大树，也没有肥嫩过膝的茂草。然而，在其特有的地理和气候环境中，形成了苏尼特草原特有的地方良种苏尼特羊。苏尼特羊是在气候寒冷干旱、牧草稀疏低矮的苏尼特荒漠半荒漠草原的特殊生态环境中，经过长期的自然选择和人工选育而形成的蒙古羊系统中的一个具有独特品质的优良类型，是我国少有的地方优良肉羊品种资源。

6. 产品功效

功效同前述。

（二十三）乌拉特羊肉

1. 产品介绍

在品牌创建方面：乌拉特中旗成功申请注册"乌拉特羊肉"地理标志产地证明商标，商标证号为第 7326605 号，认证绿色羊肉企业 1 家 5 个产品，有机养殖基地 24 万亩。在羊肉产业推进方面：乌拉特中旗坚持山水林田湖草沙生命共同体，融入"天赋河套"品牌体系，深入推动质量监管体系、检测体系、追溯体系三大体系建设。积极培养乌拉特羊肉品牌产业入驻"天赋河套"区域公共品牌，全力打造全域绿色有机高端乌拉特羊肉生产加工输出基地，确保乌拉特羊肉品牌建设以及产品质量把控。制定一批以牧区为主的标准化生产配套技术，积极鼓励生产企业认证有机、绿色、无公害标志，同时，政府给予相应的补贴政策。

2. 特征描述

乌拉特羊肉肌肉呈红色，肉色鲜亮，脂肪呈白色；羊肉瘦肉居多，大理石花纹明显；肌纤维致密有韧性且富有弹性，脂肪和肌肉较硬实，具有羊肉固有气味，无异味。

3. 营养指标（表132）

表132 乌拉特羊肉独特营养成分

参数	蛋白质（%）	水分（%）	脂肪（%）	谷氨酸（mg/100g）	组氨酸（mg/100g）	蛋氨酸（mg/100g）	不饱和脂肪酸（%）	锌（mg/100g）
测定值	19.1	74.6	5.5	3 120	612	496	4.6	4.65
参考值	18.5	72.5	6.5	2 974	556	389	3.2	3.52

4. 评价鉴定

乌拉特羊肉其肌肉呈红色，肉色鲜亮，脂肪呈白色；羊肉瘦肉居多，大理石花纹明显；肌纤维致密，有韧性，富有弹性，指压后凹陷立即恢复，脂肪和肌肉较硬实，切面湿润不粘手；具有羊肉固有气味，无异味；内在品质蛋白质、水分、锌、谷氨酸、蛋氨酸、组氨酸、总不饱和脂肪酸均高于参考值。综合评价符合全国名特优新农产品营养品质评价规范要求。

5. 环境优势

乌拉特草原位于北纬 41°~42° 的畜牧业黄金带，属荒漠半荒漠草原，草场总面积 3 221.65 万亩，空气清新、生态环境优美，牧草种类 400 多种，优质牧草主要有紫花苜蓿、青贮玉米等，以大陆性干旱气候为主，多年平均降水量在 115~250mm，平均蒸发量在 1 900~2 953mm，四季分明，昼夜温差大，光照充足，病虫害少，光、热等气候特点，适宜牧草的生长。是优质肉羊和二狼山白绒山羊生产基地。年产优质山羊绒57.4 万 kg，鲜肉近 3 587.4 万 kg。大小牲畜年度饲养量保持在 329 万头（只），牲畜年度存栏 210 万头（只）。

6. 产品功效

功效同前述。

（二十四）巴林羊肉

1. 产品介绍

养殖业已经成为巴林右旗发展经济的主导产业之一。质量振兴，是产业发展，富民强市的基础。近年来，全旗上下深入实施质量振兴战略，全面加强质量监管，大力实施品牌战略，以名牌创建，标准引领，集群示范等措施，坚持不懈促进产业转型升级、品牌效应逐步显现，推动了全旗产业的转型升级。从生产端入手推进供给侧结构性改革，可以推动经济结构调整、产业结构升级，以新供给创造新需求和新经济增长点，以此推动品牌建设，加强品牌的引领作用。

2. 特征描述

巴林羊肉肌肉呈红色，有光泽，脂肪呈白色，瘦肉居多，有大理石花纹；肌纤维致密，有韧性，富有弹性，指压后凹陷立即恢复，脂肪和肌肉较硬实，切面湿润不粘手；

具有新鲜羊肉固有气味，无异味。

3. 营养指标（表133）

表133　巴林羊肉独特营养成分

参数	蛋白质 （%）	水分 （%）	脂肪 （%）	谷氨酸 （mg/100g）	亮氨酸 （mg/100g）	不饱和 脂肪酸 （%）	锌 （mg/100g）
测定值	20.3	72.4	5.9	3 104	1 563	1.9	2.05
参考值	18.5	72.5	6.5	2 974	1 541	3.2	3.52

4. 评价鉴定

巴林羊肉肌肉呈红色，有光泽，脂肪呈白色，瘦肉居多，有大理石花纹；肌纤维致密，有韧性，富有弹性，指压后凹陷立即恢复，脂肪和肌肉较硬实，切面湿润不粘手；具有新鲜羊肉固有气味，无异味。内在品质脂肪优于参考值，蛋白质、谷氨酸、亮氨酸均高于参考值。综合评价符合全国名特优新农产品营养品质评价规范要求。

5. 环境优势

巴林右旗是中温带型大陆性气候区，冬季漫长寒冷，夏季短促而降雨集中，积温有效性高，且水热同期，适宜于牧草与农作物生长，是一个以牧业为主的半农半牧地区，也是赤峰地区重要的农畜产品生产、集散地；保护区域范围内饲草饲料资源丰富，水源充足，牧坡宽阔，有利于巴林肉羊的高品质、标准化养殖。年降水量的地理分布受地形影响十分明显，不同地区差别很大，有300~500mm不等。有效积温高，昼夜温差大，光照充足好，适宜于牧草与农作物生长。巴林肉羊生长在一望无际的草原上，由于自然环境优越，在这么原生态的环境下生长的巴林肉羊，其肉质细嫩、香味浓郁、鲜美可口、不膻不腻。煮沸后肉汤透明澄清，脂肪具有清香之味。

6. 产品功效

功效同前述。

（二十五）准格尔羯羊

1. 产品介绍

准格尔旗农特产品协会于2017年11月20日开始向国家商标局递交了"准格尔羯羊"地理标志商标的申请资料，于2018年3月收到了国家工商总局的受理通知书。近年来，准格尔旗高度重视商标品牌培育工作，引导企业、农牧民专业合作社、农户等加入行业协会或集体组织，加强集体商标、证明商标的注册和使用。深入推进"一镇一品""一村一标"建设。推广"公司（农牧民专业合作社）+商标（地理标志）+农户"的生产经营模式，引导优势农产品企业加强商标品牌运作，不断延伸农牧业产业链、提升价值链。以"准格尔羯羊"地理标志商标为引领，带动鼓励更多特色农产品、农副产品注册地理标志商标，推动农副产品品牌化、产业化经营，促进农牧业增效、带动农牧民增收。

2. 特征描述

准格尔羯羊肌肉红色均匀，有光泽，脂肪呈白色，肉质以瘦肉为主，有大理石花纹；肌纤维致密，有韧性，富有弹性，脂肪和肌肉硬实，切面湿润不粘手，具有羊肉固有气味。酪氨酸、脯氨酸、赖氨酸、蛋氨酸、总不饱和脂肪酸、锌、脂肪均高于参考值。

3. 营养指标（表134）

表134 准格尔羯羊独特营养成分

参数	蛋白质（%）	水分（%）	脂肪（%）	酪氨酸（mg/100g）	脯氨酸（mg/100g）	不饱和脂肪酸（%）	锌（mg/100g）	蛋氨酸（mg/100g）
测定值	17.8	62.0	16.3	730	880	5.8	3.71	460
参考值	18.5	72.5	6.5	693	852	3.2	3.52	389

4. 评价鉴定

准格尔羯羊肌肉红色均匀，有光泽，脂肪呈白色，肉质以瘦肉为主，有大理石花纹；肌纤维致密，有韧性，富有弹性，脂肪和肌肉硬实，切面湿润不粘手；具有羊肉固有气味，无异味；肉眼可见异物未检出；内在品质水分优于参考值，脂肪、锌、酪氨酸、脯氨酸、蛋氨酸、总不饱和脂肪酸均高于参考值。综合评价符合全国名特优新农产品营养品质评价规范要求。

5. 环境优势

准格尔旗位于内蒙古西南部、鄂尔多斯市东部，地处山西、陕西、内蒙古三省交界处，素有"鸡鸣三省"之称，属黄土高原丘陵沟壑山区，有"七山二沙一分田"之称。准格尔旗地处中温带，位于鄂尔多斯高原东侧斜坡上，海拔高度相对偏低，故气温偏暖，四季分明，无霜期较长，日照充足，相对湿度为52%。使得这里的地面自然植被资源丰富，且大多可入中药，准格尔羯羊以其为食，使自身肉质鲜嫩可口，不腥不燥，自带药草香。区位优势：准格尔旗位于鄂尔多斯市东部，毛乌素沙漠东南端。北与包头市、东与呼和浩特市隔黄河相望，东南、南部与山西省的偏关县与河曲县以河为界，西南与陕西省的府谷县接壤，西部与伊金霍洛旗、东胜区、达拉特旗搭界。

6. 产品功效

功效同前述。

（二十六）达拉特羊肉

1. 产品介绍

政府着力将达拉特旗建设成"北纬40°、黄河'几'字湾"健康安全农畜产品生产加工输出基地。深入推进农牧业供给侧结构性改革，坚持走特色路线、创绿色品牌，农林牧渔结合、一二三产融合，打通农牧林水横向连接和种养加销纵向产业链条，发展高效、优质、生态、品牌农牧业。现政府引导龙头企业与农户发展羊联体，农户按标准养殖，龙头企业开拓市场，政府技术服务，现在有鄂尔多斯市四季青农业开发有限公司、内蒙古西敖都农牧业有限公司两家公司作为龙头企业在有效的运行羊联体，所用"蒙祥""西敖都"两个品牌也取得相当好的市场占有率。

2. 特征描述

达拉特羊肉其肌肉呈红色，有光泽，脂肪呈白色，肥瘦均匀，有大理石花纹，肌纤维致密，有韧性，富有弹性，指压后凹陷能立即恢复，脂肪和肌肉较结实，有羊肉特有的气味，无膻味。

3. 营养指标（表135）

表135 达拉特羊肉独特营养成分

参数	蛋白质（%）	水分（%）	脂肪（%）	赖氨酸（mg/100g）	蛋氨酸（mg/100g）	不饱和脂肪酸（%）	铁（mg/100g）	钙（mg/100g）
测定值	14.5	62.9	19.5	1 180	350	8.4	7.57	27.58
参考值	18.5	72.5	6.5	1 713	389	3.2	3.90	16.00

4. 评价鉴定

达拉特羊肉肌肉呈红色，有光泽，脂肪呈白色，肥瘦均匀，有大理石花纹；肌纤维致密，有韧性，富有弹性，指压后凹陷立即恢复，脂肪和肌肉较硬实；具有羊肉固有气味，无异味，无膻味；内在品质水分优于参考值，脂肪、钙、铁、总不饱和脂肪酸均高于参考值。综合评价符合全国名特优新农产品营养品质评价规范要求。

5. 环境优势

达拉特旗全境地势南高北低、呈阶梯状，俗有"五梁、三沙、二份滩"之称，南部为丘陵沟壑区，矿藏丰富；中部为库布齐沙漠，宜林宜牧；北部为黄河冲积平原。年平均降水量为240~360mm，主要集中在七到八月；全旗羊的养殖存栏量稳定在200万只以上，主要品种以鄂尔多斯细毛羊、阿尔巴斯山羊及其杂交品种为主；养殖区域内也没有大型污染企业，整个生产区域环境优良。达拉特旗是国家"一带一路"和"呼包银榆"经济圈的重要节点，210国道、包茂高速、沿黄高速和包神铁路、包西铁路、沿河铁路等交通主干道贯穿全境，形成"三横五纵"公路交通网和"一横二纵"铁路交通网，距离包头机场22km、鄂尔多斯机场100km、呼和浩特机场150km，能够有效辐射"呼包鄂""晋陕宁""京津冀"等地区，并且是国家商品粮基地和现代农业示范区。

6. 产品功效

功效同前述。

（二十七）扎鲁特草原羊

1. 产品介绍

扎鲁特旗是内蒙古33个重点牧业旗县之一。近年来扎鲁特旗抢抓机遇，深入推进农牧业供给侧结构性改革，切实转变畜牧业经营方式，加快调整生产结构，依托资源优势和地理优势，做强做优羊产业。近年来，通过养羊专业村建设、扶贫联片开发、退牧还草工程等项目实施，以规模养殖场、生态家庭牧场、基础母羊繁育改良等重点建设为依托，切实加大棚舍、窖池基础设施建设力度。全旗累计拥有标准化棚舍4.41万处、321.8万 m²，永久性窖池4.85万座、194万 m³，饲草料库0.92万处、61.8万 m²。基本实现棚顶彩钢化，过冬畜禽暖棚化。全旗现有规模化养羊场128个、养羊合作社78个、肉羊为主的家庭生态牧场689个。

2. 特征描述

扎鲁特草原羊属于脂尾型肉用粗毛羊品种。体格较大，体质结实，体躯深长，肌肉丰满。公羊多数有螺旋形角，母羊无角或成姜状型短角。耳宽长，鼻梁微隆。胸宽而深，肋骨拱圆。背腰宽平，后躯丰满。尾大而厚，尾宽过两腿，尾尖不过飞节。在自然放牧的情况下，4月龄羔羊体重母羔达25kg、公羔达30kg。肉色呈均匀红色，有光泽，具有鲜羊肉特有的浓郁香气。表面微平，触摸时不粘手，指压后的凹陷能立即恢复。肉汤汁透明澄清，脂肪团聚浮于表面，具有一定的香味。肉中粗蛋白质、氨基酸、脂肪酸含量丰富、口感好、肉质鲜嫩。

3. 营养指标（表136）

表136　扎鲁特草原羊独特营养成分

参数	蛋白质（%）	水分（%）	铁（mg/100g）	锌（mg/100g）
测定值	24.3	60.6	25.60	27.60
参考值	20.6	78.0	4.00	3.07

4. 评价鉴定

内质呈均匀红色，有光泽，具有鲜羊肉特有的浓郁香气。表面微平，触摸时不粘手，指压后的凹痕能立即恢复。肉汤汁透明澄清，脂肪团聚于表面，具有一定的香味。其中水分、蛋白质、铁、锌等指标优于同类产品。综合评价符合全国名特优新农产品营养品质评价规范要求。

5. 环境优势

扎鲁特旗地处内蒙古通辽市西北部，大兴安岭南麓，科尔沁草原西北端，属内蒙古高原向松辽平原过渡地带。位于北纬43°50′~45°35′，东经119°13′~121°56′。东与科尔沁右翼中旗接壤，西与阿鲁科尔沁旗毗邻，南同开鲁县、科尔沁左翼中旗交界，北与东乌珠穆沁旗、西乌珠穆沁旗及通辽市的霍林郭勒市相连。土地总面积1.75万 km²，四季分明，光照充足，日照时间长。年均气温6.6℃，年均日照时数2 882.7h。无霜期中南部较长，北部较短，平均139d。春旱多风，年均降水量382.5mm，主要集中在7—8月，年均湿度49%，年均风速2.7m/s。境内有较大河流9条，支流49条，分属嫩江和辽河两大水系。2013年，扎鲁特新建肉牛肉羊养殖专业示范村30个、规模养殖场（小区）30处，优质牧草10.3万亩、青贮68.7万亩；家畜存栏达到449.5万头、出栏

236.5 万头。

6. 产品功效

功效同前述。

（二十八）阿拉善左旗白绒山羊羊肉

1. 产品介绍

白绒山羊是阿拉善左旗优势畜种，政府出台相关政策，实施种质资源保护项目和肉羊产业发展项目，强化肉羊产业开发。同时加强肉羊产业品牌建设，阿拉善白绒山羊2011 年获得国家农产品地理标志登记保护，先后注册了"苍天圣地白中白""羊绒地理证明"等商标，2020 年 2 月，阿拉善左旗（白绒山羊）被列入中国特色农产品优势区。2020 年 7 月，阿拉善白绒山羊地理标志入选《中欧地理标志合作和保护协定》，为阿拉善左旗生态产业产品走出国门，进入欧盟市场奠定了基础，将进一步提升阿拉善左旗区域品牌知名度、美誉度和市场竞争力，并为当地经济高质量发展再续新力。

2. 特征描述

阿拉善白绒山羊被毛白色，体质结实，结构匀称，后躯稍高，体长略大于体高，四肢强健，蹄质坚实，两耳向两侧展开或半垂，有前额毛和下颌须，公羊有扁形大角，母羊角细小，向后上、外方向伸展，尾短小，向上翘立。公羊体重 45kg，母羊体重 35kg。屠宰率 45% 左右。山羊肉呈暗红色，颜色均匀，有光泽，脂肪呈乳白色；肌纤维致密结实，有弹性，指压后凹陷立即恢复；外表微干，切面湿润，不粘手；具有新鲜羊肉固有气味，无异味，煮沸后，肉汤透明澄清，具有特有的香味。

3. 营养指标（表 137）

表 137　阿拉善左旗白绒山羊羊肉独特营养成分

参数	蛋白质（%）	水分（%）	铁（mg/100g）	钙（mg/100g）	胆固醇（mg/100g）	不饱和脂肪酸占总脂肪酸百分比（%）	异亮氨酸（mg/100g）	剪切力（N）	蒸煮损失（%）	蛋氨酸（mg/100g）	丙氨酸（mg/100g）	脂肪（%）
测定值	22.2	73.1	4.33	16.20	52.1	54.8	870	28.6	34.6	490	1 280	3.9
参考值	20.5	78.0	3.90	9.00	60.0	43.2	858	60.0	35.0	435	1 178	3.9

4. 评价鉴定

该产品在阿拉善左旗区域范围内，在其独特的生长环境下，具有肌纤维致密结实，有弹性，指压后凹陷立即恢复，煮沸后，肉汤透明澄清，具有特有的香味的特性。内在品质蛋白质、异亮氨酸、蛋氨酸、丙氨酸、不饱和脂肪酸占总脂肪酸百分比、钙、铁均高于参考值，脂肪等于参考值，胆固醇优于参考值，剪切力、蒸煮损失优于参考值，满足标准范围要求，水分优于参考值，满足优质羊肉要求。综合评价符合全国名特优新农产品营养品质评价规范要求。

5. 环境优势

阿拉善左旗位于北纬 37°24′~41°52′，东经 103°21′~106°51′，属温带荒漠干旱区，为典型的大陆性气候，境内有腾格里、乌兰布和两大沙漠。以干旱少雨、日照充足、蒸发强烈为主要特点。海拔高度 800~1 500m，年降水量 80~220mm，年蒸发量 2 900~3 300mm。日照时间 3 316h，年平均气温 7.2℃，无霜期 150d 左右。白绒山羊产区地域辽阔，植被稀疏，产草量低，属典型的荒漠草原，主要植物有冷蒿、珍珠、红砂、白刺、柠条、沙竹、碱草、棉刺、针毛等，大部适宜于山羊采食，在这种典型的荒漠草原地理环境中经过自然选择和人工培育，形成了独特的阿拉善白绒山羊适应性和种质类型。

6. 产品功效

功效同前述。

（二十九）乌拉特后旗二狼山白绒山羊肉

1. 产品介绍

乌拉特后旗二狼山白绒山羊是当地的优势畜种，已被社会各界认识和认可，随着农牧业经济结构的战略性调整，当地政府出台相关政策，实施种质资源保护项目和肉羊产业发展。当地划定保护区，建立保种核心群，加大资金投入，通过品种选育和增产技术，不断提高个体生产性能。目前，该羊肉因其肉质鲜美，营养丰富，受到当地消费者的一致好评。

2. 特征描述

乌拉特后旗二狼山白绒山羊肉样品为新鲜肉，肌肉红色均匀，有光泽，脂肪呈乳白色；肌纤维致密结实，有弹性，指压后凹陷立即恢复；外表微干，切面湿润，不粘手；煮沸后，肉汤透明澄清，无肉眼可见杂质。

3. 营养指标（表138）

表138 乌拉特后旗二狼山白绒山羊肉独特营养成分

参数	蛋白质（%）	水分（%）	锌（mg/100g）	钙（mg/100g）	胆固醇（mg/100g）	不饱和脂肪酸占总脂肪酸百分比（%）	天冬氨酸（mg/100g）	剪切力（N）	蒸煮损失（%）	亮氨酸（mg/100g）	硒（μg/100g）	脂肪（%）	亚油酸比总脂肪酸（%）
测定值	20.8	73.2	5.45	104.10	40.4	60.1	1 890	28.9	15.5	1 660	8.20	3.6	7.5
参考值	18.5	78.0	3.52	16.00	82.0	43.2	1 832	60.0	35.0	1 541	5.95	6.5	7.2

4. 评价鉴定

该产品在乌拉特后旗范围内，在其独特的生长环境下，具有肌肉红色均匀，有光泽，脂肪呈乳白色，肌纤维致密，有弹性，指压后凹陷立即恢复的特性。内在品质蛋白质、天冬氨酸、亮氨酸、不饱和脂肪酸占总脂肪酸百分比、亚油酸/总脂肪酸、钙、铁、锌、硒均高于参考值；胆固醇、脂肪优于参考值；剪切力、蒸煮损失优于参考值，满足标准要求；水分优于参考值，满足优质羊肉要求。综合评价符合全国名特优新农产品营养品质评价规范要求。

5. 环境优势

乌拉特后旗地处中温带，属高原大陆性气候。产区季节分明，冬季寒冷干燥风沙多，夏季干旱降水少，日照强烈，蒸发量大。年降水量在40~250mm，蒸发量2 800~3 200mm。年均光照充足，长达3 300h，积温2 400h，无霜期110d，年平均温度4.7℃，日温差11~12℃。全旗地势南高北低，平均海拔在1 500m以上，海拔最高点达2 365m，东西长210km，南北宽130km。高原荒漠化草原类型，地下水位较低。

6. 产品功效

功效同前述。

二、牛 肉

（一）杭锦旗库布齐牛肉

1. 产品介绍

积极培育有发展前景、有一定规模、能辐射带动的县域内牛羊肉产品加工龙头企业，在资金、政策、服务等多方面加大扶持力度，使其提高产品附加值、延长产业链条，不断把资源优势转化为品牌优势。二要注重引进一批有实力、有一定的市场占有率、辐射带动能力强的区外牛羊肉产品加工龙头企业，缩短养殖户与市场的距离，减少中介，降低流通成本，推行订单养殖和产销对接，提高养殖户效益。三是注重品牌效应，以"两品一标一新"认证，创建名优特产品为抓手，积极培育优势品牌，扩大知名度，建立现代化营销体系，提高市场占有率，使杭锦旗库布齐牛肉走出内蒙古，走向全国。

2. 特征描述

杭锦旗库布齐牛肉，具有鲜牛肉正常的气味，无肉眼可见异物；肌肉有光泽，肉色为深红色，脂肪呈乳白色，肉外表微干，不粘手，指压后的凹陷可立即恢复；煮沸后，肉汤透明澄清，具有特有的香味。

3. 营养指标（表139）

表139 杭锦旗库布齐牛肉独特营养成分

参数	蛋白质（%）	剪切力（N）	蒸煮损失（%）	脂肪（%）	赖氨酸（mg/100g）	天冬氨酸（mg/100g）	不饱和脂肪酸占总脂肪酸百分比（%）	硒（μg/100g）	钙（mg/100g）	胆固醇（mg/100g）
测定值	21.6	48.2	27.0	3.5	1 790	2 030	62.7	8.80	8.16	47.2
参考值	20.0	60.0	35.0	8.7	1 722	1 725	47.5	3.15	5.00	58.0

4. 评价鉴定

该产品在杭锦旗范围内,在其独特的生长环境下,具有肌肉有光泽,肉色为深红色,脂肪呈乳白色,外表微干,不粘手,指压后的凹陷可恢复,煮沸后,肉汤透明澄清的特性,内在品质蛋白质、赖氨酸、天冬氨酸、亮氨酸、铁、钙、硒、不饱和脂肪酸占总脂肪酸百分比、亚油酸/总脂肪酸均高于参考值;胆固醇、脂肪均优于参考值;蒸煮损失、剪切力均优于参考值,满足标准要求。综合评价其符合全国名特优新农产品名录收集登录基本条件和要求。

5. 环境优势

杭锦旗位于鄂尔多斯高原西北部,库布齐沙漠横贯东西,气候特征属于典型的中温带半干旱高原大陆性气候,日照较丰富,年平均气温 6.8℃,年平均日照时间为3 193h。黄河凌汛退水引入库布齐沙漠腹地形成的水生态湿地为放牧提供了广阔的天然牧场,特定的自然地理环境和气候,孕育了境内禾本科、大百合科植物为主的优良牧草,如多节植物蒿、杨柴、沙打旺、芦苇蒲草等,为形成独特品质的库布齐牛提供了丰富的优良牧草。终年放牧,无草料补饲,回归自然式的野生放养加天然牧场,成为库布齐牛的生长繁育天堂。

6. 产品功效

牛肉是营养价值很高的一种肉类,蛋白质含量高,脂肪含量低,微量元素和矿物质元素丰富,在推崇绿色健康饮食的今天,深受广大消费者的喜爱。而且随着生活水平的提高,人们对牛肉品质的要求也越来越高。牛肉含有丰富的蛋白质、维生素以及矿物元素,含有人体必需氨基酸,而且脂肪和胆固醇含量低,更符合现代人健康绿色的生活理念,是一种营养价值较高的营养食品。

(二) 乌审草原红牛肉

1. 产品介绍

乌审草原红牛已发展到存栏 10.8 万头、年出栏 4 万头规模,有 8 家市级和自治区级农牧业产业化经营重点龙头企业参与到乌审草原红牛的产业化经营中间,共带动8 000多户农牧户发展乌审草原红牛养殖业和相关产业,户均可实现年收入 3 万元。2011 年,6 万头乌审草原红牛被中国质量认证中心认证为有机肉牛,天然放养乌审草原红牛的 1 000万亩草牧场被认证为有机牧场,乌审草原红牛的质量与知名度得以进一步的认可与提升,产品远销北京、银川、西安、呼和浩特等大城市的消费市场,出现了供不应求的局面。2016 年,乌审草原游牧系统申报了农业部农业文化遗产传承保护项目,已通过了农业部专家组的现场检查、资料申报、评审论证等环节,2017 年将实现认定命名。乌审草原红牛养殖业已经成为农牧民致富迈小康重要渠道,在全民重视农畜产品质量安全的前提下,品格独特、质量优良、历史悠远的乌审草原红牛就是乌审草原上的一颗靓丽明珠,熠熠生辉。

2. 特征描述

乌审草原红牛肉样品为新鲜肉,肌肉有光泽,色深红 (3 级),脂肪呈乳白色 (2级),有大理石花纹 (3 级);外表微干,不粘手,指压后的凹陷可恢复;煮沸后,肉汤透明澄清，具有其特有的香味，无肉眼可见异物。

3. 营养指标（表140）

表140　乌审草原红牛肉独特营养成分

参数	蛋白质（%）	剪切力（N）	蒸煮损失（%）	脂肪（%）	异亮氨酸（mg/100g）	苯丙氨酸（mg/100g）	亚油酸/总脂肪酸（%）	硒（μg/100g）	钙（mg/100g）	胆固醇（mg/100g）
测定值	21.3	45.2	19.4	2.2	900	880	7.7	7.10	23.20	38.3
参考值	21.3	60.0	35.0	2.5	879	832	3.3	3.47	5.00	60.0

4. 评价鉴定

该产品在乌审旗范围内，在其独特的生长环境下，具有肌肉有光泽、色深红（3级）、脂肪呈乳白色（2级）、有大理石花纹（3级）、外表微干，不粘手，指压后的凹陷可恢复的特性，内在品质异亮氨酸、蛋氨酸、苯丙氨酸、多不饱和脂肪酸占总脂肪酸百分比、亚油酸/总脂肪酸、钙、铁、锌、硒均高于参考值；蛋白质等于参考值；胆固醇、脂肪优于参考值；剪切力、蒸煮损失优于参考值，满足标准要求。综合评价其符合全国名特优新农产品名录收集登录基本条件和要求。

5. 环境优势

乌审旗位于毛乌素沙地腹部，自然生态环境独特，号称"塞上小江南"。全旗光照充足，年日照时数在2 886h左右，年均气温7.1℃，年降水量350～400mm，≥10℃的积温3 222～3 489℃；无霜期130～135d；气候特征是日照时间长、昼夜温差大。该地区地势由西北向东南平缓倾斜，属于沙漠丘滩相间地形，土壤肥沃独特的地理位置和自然气候造就了乌审草原红牛独特的品质和口感。

6. 产品功效

功效同前述。

（三）鄂托克前旗牛肉

1. 产品介绍

鄂托克前旗引进优质安格斯牛和西门塔尔牛作为肉牛主要品种，已逐渐形成适合鄂托克前旗区位的养殖模式，再加上本地特有的富含蛋白质的优质牧草，肉牛产量逐年提高，企业与养殖户间利益联结与分配机制较完善，有利于肉牛产业升级与更深层次发展。目前重点加强优良种质资源建设、推动规模化生产、助力肉牛加工企业实现集群化发展、挖掘潜在消费市场、实行标准化生产。逐步建立"协会+企业+地标+牧户"的生产模式，将企业和养殖户经济紧密联系在一起，形成完善的利益联结机制，助力精准扶贫，带动农牧民增收。

2. 特征描述

鄂托克前旗牛肉肉色为鲜红色，有光泽，脂肪呈乳白色，外表微干，切面湿润，不粘手；肉质富有弹性，肌纤维韧性强，指压后凹处立即恢复；具有牛肉特有的气味，无异味；煮沸后，肉汤透明澄清。

3. 营养指标（表141）

表141　鄂托克前旗牛肉独特营养成分

参数	蛋白质（%）	剪切力（N）	蒸煮损失（%）	脂肪（%）	异亮氨酸（mg/100g）	蛋氨酸（mg/100g）	亚油酸/总脂肪酸（%）	硒（μg/100g）	钙（mg/100g）	胆固醇（mg/100g）
测定值	21.7	32.3	26.7	1.8	903	509	6.1	7.03	17.87	27.7
参考值	21.3	60.0	35.0	2.5	879	351	2.9	3.15	5.00	60.0

4. 评价鉴定

该产品在鄂托克前旗范围内，在其独特的生长环境下，具有肌纤维致密结实，有弹性，韧性强，指压后凹陷立即恢复，外表微干，切面湿润，不粘手的特性。内在品质蛋白质、钙、铁、锌、硒、蛋氨酸、异亮氨酸、亚油酸/总脂肪酸、多不饱和脂肪酸占总脂肪酸百分比均高于参考值，剪切力、蒸煮损失优于参考值，满足标准要求，胆固醇、脂肪优于参考值。综合评价其符合全国名特优新农产品名录收集登录基本条件和要求。

5. 环境优势

鄂托克前旗是内蒙古鄂尔多斯市南大门，地处蒙、陕、宁三省区交界，是内蒙古自治区33个牧业旗之一。全旗土地总面积1 833万亩（1.222万 km^2），其中基本草原1 395万亩，耕地面积78万亩。空气、土壤、水洁净度高，年环境空气质量优良以上天数超过300d；农牧业人口人均拥有基本草牧场、牲畜、水浇地3项指标，均位居鄂尔多斯市前列；鄂托克前旗境内野生植物种类近400种。天然草原药用植物资源丰富，主要有草苜蓿、甘草等180余种，因温度和日照原因，饲草料蛋白质含量高。

6. 产品功效

功效同前述。

（四）伊金霍洛牛肉

1. 产品介绍

伊金霍洛旗肉牛养殖有多年历史，养殖具有一定规模。近几年，由伊金霍洛旗政府主导旗，以"质量兴农、绿色兴农、品牌强农"为农牧业发展理念，按照"标准化、规模化养殖"和"家家种草、户户养畜，小群体、大规模"的发展模式，大力推进肉牛良种引进、繁育建设项目，以西门塔尔和安格斯品种为主，推广肉牛良种繁育冷配改良技术，提升肉牛产业品质和效益，全面推进肉牛养殖产业化进程。

2. 特征描述

伊金霍洛肉牛产于伊金霍洛旗区域范围内，在独特的生长环境下，牛肉肌肉有光泽、肉质富有弹性、煮沸后肉汤透明澄清。

3. 营养指标（表142）

表 142　伊金霍洛肉牛独特营养成分

参数	蛋白质（%）	剪切力（N）	蒸煮损失（%）	脂肪（%）	天冬氨酸（mg/100g）	赖氨酸（mg/100g）	不饱和脂肪酸占总脂肪酸百分比（%）	硒（μg/100g）	钙（mg/100g）	胆固醇（mg/100g）
测定值	21.4	24.9	24.9	3.9	2 000	1 740	61.5	9.00	10.00	41.0
参考值	20.0	60.0	35.0	8.7	1 725	1 722	47.5	3.47	5.00	58.0

4. 评价鉴定

该产品在伊金霍洛旗区域范围内，在其独特的生长环境下，具有肌肉有光泽，肉质富有弹性，煮沸后，肉汤透明澄清的特性，内在品质蛋白质、赖氨酸、天冬氨酸、缬氨酸、铁、钙、硒、不饱和脂肪酸占总脂肪酸百分比、亚麻酸/总脂肪酸均高于参考值，胆固醇、脂肪优于参考值，蒸煮损失、剪切力均优于参考值，满足标准要求，综合评价其符合全国名特优新农产品名录收集登录基本条件和要求。

5. 环境优势

伊金霍洛旗地处鄂尔多斯高原东南部、毛乌素沙地东北边缘，东与准格尔旗相邻，西与乌审旗接壤，南与陕西省榆林市神木县交界，北与鄂尔多斯市府所在地康巴什新区隔河相连，系鄂尔多斯市城市核心区的重要组成部分，也是集铁路、公路、航空于一体的鄂尔多斯及周边地区的重要立体交通枢纽。伊金霍洛旗自然地理环境独具特色，平均海拔在1 000~1 500m，年日照时间为2 700~3 200h，年平均气温在5.3~8.7℃，降水量平均在300~400mm，属典型的温带大陆性气候。在独特的气候条件下，当地牧草品质优良且天然草场面积大，饲养的肉牛品质良好，肉质风味独特。

6. 产品功效

功效同前述。

（五）杭锦后旗肉牛

1. 产品介绍

为抢占高端牛肉市场，推动产业提档升级，杭锦后旗立足高起点，打特色牌、走特色路，将高档牛肉作为全旗肉牛产业的提档升级的突破口和主攻方向，以旭一牧业有限公司为龙头，大力发展高档肉牛养殖基地，全旗肉牛规模化养殖户达45个，肉牛存栏3万多头。另外，当地引进优良品种，建设高档肉牛养殖示范基地；打造优势品牌，龙头企业带动农民增收致富。品牌创建：利用国家、内蒙古组织开展的农博会，进行现场宣传，同时还进行线上销售，形成线上线下齐发力，推动优质牛肉进军全国市场，销往北京、上海、天津、内蒙古等20多个大中城市及地区，产品质量受到了各界的认可。

2. 特征描述

杭锦后旗牛肉样品为新鲜肉，肌肉色为粉红（3级），有光泽，脂肪呈乳白色（2

级），肌肉截面有大理石花纹（2级），肌肉外表湿润，不粘手；肌肉结构紧密，有坚实感，肌纤维韧性强；具有牛肉正常气味，煮沸后，肉汤澄清透明，具有牛肉汤固有的香味和鲜味，无肉眼可见异物。

3. 营养指标（表143）

表143　杭锦后旗肉牛独特营养成分

参数	蛋白质（%）	剪切力（N）	蒸煮损失（%）	脂肪（%）	蛋氨酸（mg/100g）	总不饱和脂肪酸（%）	亚油酸/总脂肪酸（%）	硒（μg/100g）	钙（mg/100g）	胆固醇（mg/100g）
测定值	22.5	31.0	23.8	2.9	510	1.0	3.7	9.70	5.56	55.1
参考值	21.3	60.0	35.0	2.5	351	1.4	3.3	3.47	5.00	60.0

4. 评价鉴定

该产品在杭锦后旗区域范围内，在其独特的生长环境下，具有肌肉色为粉红（3级），有光泽，脂肪呈乳白色（2级），肌肉截面有大理石花纹（2级），肌肉外表湿润，不粘手；肌肉结构紧密，有坚实感，肌纤维韧性强；具有牛肉正常气味，煮沸后，肉汤澄清透明的特性。内在品质蛋白质、钙、铁、锌、硒、甘氨酸、蛋氨酸、亚油酸/总脂肪酸均高于参考值，胆固醇优于参考值，剪切力、蒸煮损失均优于参考值，满足标准要求。综合评价其符合全国名特优新农产品名录收集登录基本条件和要求。

5. 环境优势

杭锦后旗位于内蒙古巴彦淖尔市，南临黄河，北靠阴山，南北长约87km，东西宽约52km，总面积1790km²。地处河套平原腹地，地势平坦，110国道、京藏高速全境通过。土地耕作为灌淤层，耕作性好，含钾量高，对糖分的积累非常有利。杭锦后旗水源充沛，灌溉便利，黄河在全旗境内长17km，过境年流量226亿m³，是全国八大自流灌溉农区之一。气候具有光能丰富，日照充足，昼夜温差大，降水量少而集中的特点，独特的自然条件，为肉牛产业的发展奠定了坚实的基础，也为杭锦后旗打造绿色有机高端农畜产品生产加工输出基地奠定了基础，2019年，杭锦后旗被农业农村部正式命名为国家农产品质量安全县。

6. 产品功效

功效同前述。

（六）吉尔利阁牛肉

1. 产品介绍

依托全国首个卫星放牧系统，在吉尔利阁牛生长期间可利用手机或网络平台对牛群生长期的各项指标进行可视化和数字化管理，现已实现了肉食品安全防伪"二维码"全程追溯溯源。吉尔利阁牛非常适合沙漠繁殖，秦川牛的牛犊遇到危险时没有呼叫牛妈妈的本能，没有方向感，乱跑导致很容易被狐狸群吃掉；而吉尔利阁牛犊遇到危险时高声呼叫牛妈妈，并且跑到牛妈妈腹部底下能够得到保护，所以能繁衍生存。秦川牛等其他的牛群不适合这个沙漠的环境。吉尔利阁牛无忧无虑地生活在广阔的库布齐草原，自然发情、自然交配，充分享受大自然和牧民赋予它们的每一份恩惠，库布齐草原特定的经纬度决定了光照时间长，日夜温差大；这样的"福利牛"肉色深紫、肉味鲜美、肥而不腻，根据专家检测发现胶原蛋白含量特别高，低脂肪低胆固醇，特别是硒、铁、钙等矿物元素含量特别高，该牛肉有抗癌、保健作用。

2. 特征描述

吉尔利阁野化牛肉样品为鲜肉，具有鲜牛肉正常的气味，无肉眼可见异物；肌肉有光泽，肉色为深红色，脂肪呈乳白色，有大理石花纹；外表微干，不粘手，指压后的凹陷可恢复；煮沸后，肉汤透明澄清，具有其特有的香味。

3. 营养指标（表144）

表144 吉尔利阁牛肉独特营养成分

参数	蛋白质（%）	剪切力（N）	蒸煮损失（%）	脂肪（%）	天冬氨酸（mg/100g）	多不饱和脂肪酸占总脂肪酸百分比（%）	亚油酸/总脂肪酸（%）	硒（μg/100g）	钙（mg/100g）	胆固醇（mg/100g）
测定值	22.3	38.7	23.4	5.8	1 780	7.3	5.7	11.00	8.96	49.1
参考值	20.0	60.0	35.0	8.7	1 725	3.8	3.3	3.15	5.00	58.0

4. 评价鉴定

该产品在鄂尔多斯市杭锦旗境内库布齐沙漠区域范围内，在其独特的生长环境下，具有肌肉有光泽，肉色为深红色，脂肪呈乳白色，有大理石花纹，外表微干，不粘手，指压后的凹陷可恢复，煮沸后，肉汤透明澄清的特性，内在品质蛋白质、蛋氨酸、天冬氨酸、异亮氨酸、铁、钙、锌、硒、多不饱和脂肪酸占总脂肪酸百分比、亚油酸/总脂肪酸均高于参考值，胆固醇、脂肪均优于参考值，蒸煮损失、剪切力均优于参考值，满足标准要求，其中硒含量高于参考值近4倍，综合评价其符合全国名特优新农产品名录收集登录基本条件和要求。

5. 环境优势

库布齐沙漠其实是个大水库，其地下水位较高，特别是雨水泉水都经过希拉穆仁河、陶赖沟、翁贡河等河流全部渗透到沙漠并造就了很多个天然湖泊绿洲，所以严格地说沙漠实属"沙地"不属于"沙漠"。沙漠中生长着570多种草，有甘草、苦豆等300多种中草药，由于地下水中含丰富的硒、铁、钙矿物质元素，所以吉尔利阁牛肉属于富硒肉，有抗癌、保健作用。牛的生长环境远离污染、远离喧嚣。牧民对牛的天性非常尊重，认同牛的感知能力。他们忌讳在牛的面前说"宰""杀"等粗鲁词话，忌讳生拉硬拽而用牵引的方式引导。牧民们还会给每一头牛起一个美好的动听的昵称，称呼它们的名字，且忌讳用手指指着说这个牛或那个牛什么。屠宰方面有人道的"乌日彻勒乎"屠宰法，最大限度地减少了痛苦。2014年，中国农业国际合作促进会动物福利国际合作委员会专授予库布齐草原吉尔利阁牛养殖为"动物福利推广基地"匾牌。

6. 产品功效

功效同前述。

（七）三河牛

1. 产品介绍

三河牛的培育是经过几代呼伦贝尔农垦人共同努力的结果。呼伦贝尔农垦集团立足农牧业基础优势，大力发展三河牛产业，促进畜牧业转型升级。曾获得周恩来总理颁发的"培育三河牛奖状"和内蒙古自治区三河牛育种奖，为"内蒙古三河牛"的育成做出了突出贡献。2014年呼伦贝尔市草原畜牧业转型升级方案中将三河牛作为主推品种，用于呼伦贝尔市牧业四旗肉牛改良工作，2014—2018年农垦集团每年向牧业四旗提供三河牛后备公牛200头以上，并给具备人工授精条件的地区供应三河牛冷冻精液扶持其实施三河牛冷配改良。所属谢尔塔拉农牧场作为三河牛培育基地率先响应呼伦贝尔农垦集团畜牧业转型升级政策号召，充分利用国有单位经济优势和技术优势摸索建立了本地可持续化托管机制，顺利的由传统养殖过渡到规模化养殖。通过集约化的饲养规模，先进的管理方式，三河牛成为本地区品种的佼佼者，目前是呼伦贝尔塞尚雀巢、呼伦贝尔光明乳业等多家企业原料生鲜乳供应方。通过全国畜牧总站组织的"学生奶"基地验收，成为呼伦贝尔市学生奶的奶源基地，目前注册了"三河牛"商标代工生产"巴氏奶"，市场前景看好。

2. 特征描述

三河牛肉横截面肉质鲜红，有光泽，肌肉纹理匀称，大理石纹较丰富，脂肪呈白色，脂肪含量较少；具有牛肉特有气味，表面微干触摸时不粘手，手指按压后的凹陷能立即恢复；牛肉无碎肉、无血污、无骨渣。

3. 营养指标（表145）

表145　三河牛独特营养成分

参数	蛋白质（%）	赖氨酸（mg/100g）	水分（%）	脂肪（%）	蛋氨酸（mg/100g）	不饱和脂肪酸（%）	铁（mg/100g）	锌（mg/100g）
测定值	22.5	1 480	75.4	1.7	472	0.9	2.96	6.08
参考值	21.3	1 849	73.7	2.5	351	1.4	2.30	5.09

4. 评价鉴定

三河牛肉横截面肉质鲜红，有光泽，肌肉纹理匀称，大理石纹较丰富，脂肪呈白色，脂肪含量较少；具有牛肉特有气味，表面微干触摸时不粘手，手指按压后的凹陷能立即恢复；牛肉无碎肉、无血污、无骨渣；内在品质脂肪优于参考值，蛋白质、水分、铁、锌、蛋氨酸均高于参考值。综合评价符合全国名特优新农产品营养品质评价规范要求。

5. 环境优势

三河牛，因其主要分布于内蒙古呼伦贝尔市三河地区（根河、得耳布尔河、哈布尔河）而得名。是呼伦贝尔农垦几代人30多年不懈努力培育的结果，填补了我国乳肉兼用型牛品种的空白，是高寒地区草畜结合的优良品种，也是我国首个自主培育兼用品种。1986 年由内蒙古自治区人民政府命名为"内蒙古三河牛"；呼伦贝尔农垦建有全国唯一的国家级三河牛种牛站。三河牛产地位于内蒙古呼伦贝尔市，是大兴安岭—蒙古高原过渡带，多变的气候条件、复杂的地形条件、兼以额尔古纳河水系对地形纵横切割，形成多样的景观生态类型，生长着丰富的植物区系，具有较高的生态服务价值和生产资源价值，是中国重要的农牧业生产基地、宝贵的自然生态遗产。呼伦贝尔草原是欧亚大陆草原的重要组成部分，是世界著名的温带半湿润典型草原，作为世界草地资源研究和生物多样性保护的重要基地，也是中国乃至世界上生态保持最完好，纬度最高、位置最北，未受污染的大草原之一。呼伦贝尔素有"牧草王国"之称，天然草场总面积 1.49 亿亩。多年生草本植物是组成呼伦贝尔草原植物群落的基本生态性特征，草原植物资源 1 000 余种。

6. 产品功效

功效同前述。

（八）达茂牛肉

1. 产品介绍

一直以来，肉牛养殖为达茂旗主导产业之一，随着近年来肉牛养殖标准化程度越来越高，达茂旗建立牛肉加工厂（包括屠宰场、分割包装车间、冷库、物流车等）、牛肉精深加工厂（包括熟制品、风干肉等）。在明安镇、巴音敖包苏木、达尔汗苏木、乌克镇、石宝镇建设优质绿色肉牛养殖基地，养殖规模稳定在 1 万头左右。品牌创建情况：借助"牛羊肉产业大会"及"农民丰收节"等节庆活动，开展优质牛肉产品推介及展览展示系列活动，制定《达茂旗农畜产品品牌创建实施意见》，建立了农畜产品质量安全追溯体系，从养殖、加工、生产、检疫、包装、上市、销售实施全程可追溯，确保达茂旗绿色有机肉牛养殖品质。

2. 特征描述

达茂牛肉肉色鲜红，肉质细嫩，有大理石花纹沉淀，脂肪交杂均有，有光泽，外表有膜微干，不粘手；肉质富有弹性，指压后凹处立即恢复。

3. 营养指标（表 146）

表 146　达茂牛肉独特营养成分

参数	蛋白质（%）	天冬氨酸（mg/100g）	亚油酸/总脂肪酸（%）	脂肪（%）	谷氨酸（mg/100g）	总不饱和脂肪酸（%）	铁（mg/100g）	锌（mg/100g）	剪切力（N）
测定值	14.8	1 810	3.4	1.7	3 110	7.2	2.96	2.68	44.1
参考值	20.0	1 725	2.9	2.5	2 832	3.8	2.30	4.70	60.0

4. 评价鉴定

该产品在达茂旗区域范围内，在其独特的生长环境下，具有肉质富有弹性，指压后凹处立即恢复，煮沸后，肉汤透明澄清的特性，内在品质总不饱和脂肪酸、亚油酸/总脂肪酸、天冬氨酸、谷氨酸、丙氨酸、铁、钙均高于参考值，水分优于参考值，剪切力优于参考值，满足标准要求，综合评价其符合全国名特优新农产品名录收集登录基本条件和要求。

5. 环境优势

达茂联合旗位于阴山山脉北麓，北纬41°20′~42°40′，东经109°16′~110°25′，全旗总土地面积2 661.6万亩，天然草场面积2 486.2万亩，占总土地面积的93.4%，草原分为荒漠草原、干草原、草原化荒漠和草甸草原4个类型。牧草种类主要为针茅、沙葱、羊草、冷蒿、锦鸡儿。达茂联合旗草原的牧草是天然牧草，不施化肥，不施农药，无公害，也无污染，牛羊四季放牧以采食天然牧草为主。牛羊在这片草原上生长繁殖膘肥体壮，其肉质鲜嫩可口，无膻味，含有多种人体必需的氨基酸、蛋白质、脂肪、碳水化合物、矿物质及维生素。

6. 产品功效

功效同前述。

（九）乌拉特牛肉

1. 产品介绍

当地制定一批以牧区为主的标准化生产配套技术，打造全域绿色有机高端乌拉特牛肉生产加工输出基地。鼓励生产企业认证有机、绿色标志，同时，政府给予相应的补贴。同时，建立牛肉质量监管、检测、追溯三大体系，确保乌拉特牛肉品牌建设以及产品质量把控。培养乌拉特牛肉品牌产业入驻"天赋河套"区域公共品牌，提升牛肉产业的知名度。目前，当地成功认证绿色牛肉企业1家2个产品，有机养殖基地16 000hm²。未来预计发展绿色牛肉企业2家5个产品，培养绿色有机高端牛肉生产加工输出基地5个。

2. 特征描述

乌拉特牛肉样品为鲜肉，具有鲜牛肉正常的气味，无肉眼可见异物；肌肉有光泽，色深红（7级）；脂肪呈乳白色（2级），有大理石花纹（2级）；外表微干，不粘手，指压后的凹陷可恢复；煮沸后，肉汤透明澄清，具有其特有的香味。

3. 营养指标（表147）

表147　乌拉特牛肉独特营养成分

参数	蛋白质（%）	蛋氨酸（mg/100g）	亚油酸/总脂肪酸（%）	脂肪（%）	组氨酸（mg/100g）	多不饱和脂肪酸占总脂肪酸百分比（%）	铁（mg/100g）	钙（mg/100g）	剪切力（N）	胆固醇（mg/100g）	硒（μg/100g）	蒸煮损失（%）
测定值	21.3	460	6.1	11.9	750	7.1	7.71	10.10	42.8	41.1	5.70	22.4
参考值	20.0	248	2.9	8.7	692	3.7	1.80	5.00	60.0	58.0	3.15	35.0

4. 评价鉴定

该产品在乌拉特中旗区域范围内，在其独特的生长环境下，具有肌肉有光泽，有大理石花纹，外表微干，不粘手的特性，内在品质蛋白质、蛋氨酸、组氨酸、铁、钙、硒、多不饱和脂肪酸占总脂肪酸百分比、亚油酸/总脂肪酸均高于参考值，胆固醇、水分均优于参考值，蒸煮损失、剪切力均优于参考值，满足标准要求，综合评价其符合全国名特优新农产品名录收集登录基本条件和要求。

5. 环境优势

乌拉特草原位于北纬 41°～42° 的畜牧业黄金带，全旗东西长 203.8km，南北宽 148.9km，属荒漠半荒漠草原，草场总面积2 150hm²，牧草种类 400 多种，优质牧草主要有紫花苜蓿、青贮玉米等，以大陆性干旱气候为主，多年平均降水量在 115～250mm，平均蒸发量在 1 900～2 953mm。当地四季分明，昼夜温差大，光照充足，病虫害少等气候特点，适宜牧草的生长。是优质肉牛生产基地。

6. 产品功效

功效同前述。

（十）科尔沁牛肉干

1. 产品介绍

牛肉干选用精选科尔沁黄牛腿部分为原料，采用 72h 排酸工艺、严格按照独特的生产工艺操控，保证了产品"天然、绿色、健康"的品质特点。产品以精良的品质和鲜明的特点满足了现代人对"健康膳食"理念的追求。同时健全销售网络，与牛肉企业有着密切的联系，并与其保持良好的合作关系。为了强化食品的质量安全管理，以质量管理体系为平台，全面推进 5S 管理体系，又建立了质量、食品安全、环境管理体系。风干牛肉企业均认证"绿色食品"标志；通过了 ISO 9001 质量管理体系认证。

2. 特征描述

科尔沁牛肉干呈条形，其长度 7～8cm，单个重 10～18g，外观呈棕黄色，有很浓香味；其肉质紧实，吃起来有嚼劲，肉香浓郁。

3. 营养指标（表 148）

表 148　科尔沁牛肉干独特营养成分

参数	蛋白质（%）	天冬氨酸（mg/100g）	亚麻酸/总脂肪酸（%）	脂肪（%）	赖氨酸（mg/100g）	不饱和脂肪酸占总脂肪酸百分比（%）	铁（mg/100g）	锌（mg/100g）	胆固醇（mg/100g）
测定值	52.2	4 290	1.5	4.2	3 990	62.8	10.15	11.41	86.3
参考值	41.8	2 896	0.6	5.1	2 627	49.0	10.00	5.51	120.1

4. 评价鉴定

该产品在通辽市科尔沁区范围内，在其独特的生产环境下，具有外观呈棕黄色，有很浓香味，肉质紧实，吃起来有嚼劲，肉香浓郁的特性，内在品质蛋白质、不饱和脂肪酸占总脂肪酸百分比、亚麻酸/总脂肪酸、赖氨酸、天冬氨酸、亮氨酸、铁、锌均高于参考值，胆固醇优于参考值，综合评价其符合全国名特优新农产品名录收集登录基本条件和要求。

5. 环境优势

产地坐落在科尔沁草原腹地，辽宁、吉林、内蒙古三省区交界处，具有悠久的草原畜牧传统，全市 45 万~60 万 km² 的天然牧场，温和的气候，充沛的阳光，雨水，水草丰美，牧草优良，生长植物 1 600 多种，其中可做优质牧草的有 900 多种，科尔沁草原是中国最理想的天然牧场，通辽市素有"内蒙古粮仓"和"黄牛之乡"的美誉。养牛产业是本市的主导产业，近年来通辽市把加快发展肉牛产业作为调整农村牧区经济结构，促进农牧民增收的战略任务来抓，2019 年全市黄牛存栏数达 270 万头，全市黄牛养殖业的发展和壮大为我们牛肉干产业提供了强大的资源优势和地域优势。

6. 产品功效

功效同前述。牛肉干是利用牛肉加工而成的食物，是我国传统肉制品的代表，具有悠久的历史。牛肉干不仅保留牛肉中含有的丰富维生素以及蛋白质，且口感独特，方便携带，受到各个年龄段人群的喜爱。风味牛肉干随着加工工艺不断进步，不仅受到我国人民的喜爱，更走入世界受到众多国家人民的喜爱，需求量日渐增加。

三、猪　肉

（一）东胜猪肉

1. 产品介绍

猪肉具有营养价值全面，生产成本低，加工方便等特点，是人们食品结构中主要的蛋白质来源之一。随着经济的发展，生活条件的改善，人们在消费过程中不仅注重猪肉的营养，对肉质的口感等品质提出了更高的要求。为此，东胜区高度重视畜类养殖，现生猪生产规模 1 万多头，预计年商品总量 1 643t。品牌创建方面，申报企业 2008 年获得东胜区人民政府、东胜区产业化办公室重点龙头企业，2009 年获得内蒙古自治区工商局"自治区重合同守信用企业"称号，2009 年获得鄂尔多斯市"产业化办公室龙头企业"称号。2010 年获得内蒙古自治区农牧业厅的自治区育猪育种中心称号，2016 年获得内蒙古自治区人民政府重点龙头企业称号。2017 年成为中共东胜区委员会、东胜区人民政府技术创新引领奖。2018 年获得内蒙古自治区农牧厅无公害农产品认证。2019 年获得内蒙古质信体系认证服务中心的内蒙古质量服务诚信 AAA 级企业。

2. 特征描述

东胜猪肉样品为鲜肉，肌肉色为鲜红色，有光泽；脂肪呈乳白色，无霉点；其肉质紧密，有坚实感；外表及切面湿润，不粘手；具有鲜猪肉正常气味，无异味，煮沸后，肉汤澄清透明，具有猪肉香味。

3. 营养指标（表149）

表149　东胜猪肉独特营养成分

参数	蛋白质（%）	剪切力（N）	锌（mg/100g）	脂肪（%）	硒（μg/100g）	多不饱和脂肪酸占总脂肪酸百分比（%）	亚油酸/总脂肪酸（%）	天冬氨酸（mg/100g）	蒸煮损失（%）	胆固醇（mg/100g）
测定值	22.3	30.1	3.41	3.0	8.41	14.2	11.6	1 860	28.6	73.6
参考值	20.3	45.0	2.99	6.2	9.50	6.5	4.3	1 850	30.0	81.0

4. 评价鉴定

该产品在东胜区域范围内，在其独特的生长环境下，具有肌肉为鲜红色，有光泽，肉质紧密，有坚实感，外表及切面湿润，不粘手，煮沸后，肉汤澄清透明，具有猪肉香味的特性，内在品质蛋白质、钙、铁、锌、多不饱和脂肪酸占总脂肪酸百分比、亚油酸/总脂肪酸、天冬氨酸、赖氨酸、异亮氨酸均高于参考值，胆固醇、脂肪均优于参考值，蒸煮损失、剪切力优于参考值，满足标准要求，综合评价其符合全国名特优新农产品名录收集登录基本条件和要求。

5. 环境优势

养殖区位于鄂尔多斯市东胜区乡镇，距市区较近，干净的柏油马路直通市区，交通便利，是东胜区农畜产品的开发基地，发展养殖业有较强的地区优势。基地地形地貌较为复杂，属典型的丘陵沟壑地貌，东部为丘陵沟壑山区，地质属硬质砂岩。西部为风沙地貌，属沙质土壤。地势由北向南倾斜，基地属于极端大陆性气候，冬长夏短，四季分明。多年平均气温6℃，降水量多年平均325.8～400.2mm，多集中在7—8月。全年多盛行东南风，其次为西北偏西风。项目区地势较为平缓，属于风蚀坡梁高原地形。地下水资源较为丰富，水质较好，地下水类型为坡关高原碎屑岩类孔隙裂隙水和松散岩类孔隙水。项目区地下水资源充足，水位较高，水质好，矿化度低。由于地理分布、地貌和水文地质条件等因素的影响，分布有地带性土壤和隐域性土壤。养殖区地势高燥平坦，排水良好，有清洁水源，背风向阳，不受其他外界环境的污染。

6. 产品功效

随着时间的推移，如今中国的猪肉消费量占据了全球产量的一半左右，人均食用量更是超越了世界的平均水准。猪肉是人们日常食物的重要组成部分。由于猪肉中的肌肉纤维柔软，结缔组织较少，肌肉中脂肪层次多，所以猪肉经烹饪之后非常美味，得到了广大消费者的喜爱。

（二）扎兰屯黑猪肉

1. 产品介绍

扎兰屯黑猪，2020年被中国绿色食品发展中心认证为绿色食品，养殖规模达到20 000头以上，黑猪肉肉质含有丰厚的铁质、蛋白质和维生素，特别是胆固醇含量和脂肪含量是普通猪肉无法相比的，也是符合现代人生活需要的，前景广阔。扎兰屯政府积极协调有发展前景的公司，对哈日嘎海肉业有限责任公司、孔贤养殖农民专业合作社等龙头企业给予政策和资金的倾斜，在该公司和合作社的带动下，把黑猪仔猪下放到贫困户家中养殖，带动贫困户发展养殖业，扩大规模实现利益联结机制，贫困户不承担任何风险，公司保底订单回收等措施，加大加快扎兰屯市黑猪养殖业迅速发展，同时带动贫困户增产增收。

2. 特征描述

扎兰屯黑猪，头中等大，面直长、耳大下垂，体躯扁平，背腰狭窄，臀部倾斜，四肢粗壮，抗寒能力强。扎兰屯黑猪具有抗寒力强、体质强健、其肌肉为鲜红色，有光泽，脂肪呈乳白色，无霉点；肌肉截面有大理石花纹，肉质紧密，有坚实感，外表及切面湿润，不粘手；具有猪肉正常气味，无异味，煮沸后，肉汤澄清透明，具有猪肉的香味。

3. 营养指标（表150）

表150 扎兰屯黑猪肉独特营养成分

参数	蛋白质（%）	剪切力（N）	锌（mg/100g）	脂肪（%）	硒（μg/100g）	多不饱和脂肪酸占总脂肪酸百分比（%）	亚油酸/总脂肪酸（%）	天冬氨酸（mg/100g）	蒸煮损失（%）	胆固醇（mg/100g）
测定值	16.3	20.4	4.54	24.8	6.71	16.3	14.2	1 535	13.2	50.5
参考值	15.1	45.0	1.78	30.1	7.90	7.9	5.7	1 380	30.0	86.0

4. 评价鉴定

该产品在扎兰屯市域范围内，在其独特的生长环境下，具有肌肉为鲜红色，有光泽，肉质紧密，有坚实感，外表及切面湿润，不粘手，煮沸后肉汤澄清透明，具有猪肉香味的特性，内在品质蛋白质、天冬氨酸、赖氨酸、异亮氨酸、钙、铁、锌、多不饱和脂肪酸占总脂肪酸百分比、亚油酸/总脂肪酸均高于参考值，胆固醇、脂肪均优于参考值，剪切力、蒸煮损失均优于参考值，满足标准要求，综合评价其符合全国名特优新农产品名录收集登录基本条件和要求。

5. 环境优势

扎兰屯市属于中温带大陆性季风气候，雨热同季，雨量充沛且集中，光照充足，环境宜人，昼夜温差大，冬季寒冷，夏季炎热。四季分明，环境优良，特别适合黑猪养殖，扎兰屯黑猪具有抗寒力强、体质强健、产仔数多、脂肪沉积能力强和肉质好的特点。

6. 产品功效

功效同前述。

（三）布尔陶亥蒿召赖猪肉

1. 产品介绍

近年来，为了解决当前养殖户的猪存在的种源杂乱、生长慢、繁殖率低、畜群周转慢、商品率低、经济效益较低，严重影响农民经济收入的问题，蒿召赖嘎查新建了仔猪繁育养殖场，该项目采取了"党支部+基地+农户"的经营模式，以合作社为组织形式。按照"五统一""一服务"运行。五统一：统一品种、统一饲料、统一猪舍建设、统一免疫、统一回收，做好全程服务。合作社按合同订单回收，合作社建立养殖示范基地，为农户提供优质抓仔及技术服务，出栏时回收农户的商品猪，保证农户的利益，提高农户养殖积极性，从而增加养殖户的收益。

2. 特征描述

布尔陶亥蒿召赖猪肉样品为鲜肉，肌肉色为暗红色，有光泽，脂肪呈乳白色；外表及切面湿润，不粘手；其肉质紧密，有坚实感；具有鲜猪肉正常气味，无异味，煮沸后，肉汤澄清透明，具有猪肉香味。

3. 营养指标（表151）

表151 布尔陶亥蒿召赖猪肉独特营养成分

参数	蛋白质（%）	剪切力（N）	钙（mg/100g）	脂肪（%）	硒（μg/100g）	多不饱和脂肪酸占总脂肪酸百分比（%）	亚油酸/总脂肪酸（%）	天冬氨酸（mg/100g）	蒸煮损失（%）	胆固醇（mg/100g）
测定值	22.0	27.4	7.43	9.4	6.90	14.0	11.6	2 000	25.6	41.2
参考值	19.0	45.0	4.00	11.7	9.88	9.4	7.6	1 671	30.0	73.0

4. 评价鉴定

该产品在准格尔旗范围内，在其独特的生长环境下，具有肌肉为暗红色，有光泽，外表及切面湿润，不粘手，肉质紧密，有坚实感，煮沸后，肉汤澄清透明的特性，内在品质蛋白质、天冬氨酸、赖氨酸、亮氨酸、钙、铁、多不饱和脂肪酸占总脂肪酸百分比、亚油酸/总脂肪酸均高于参考值；胆固醇、脂肪均优于参考值；剪切力、蒸煮损失均优于参考值，满足标准要求。综合评价其符合全国名特优新农产品名录收集登录基本条件和要求。

5. 环境优势

布尔陶亥苏木蒿召赖嘎查位于呼和浩特市南部，丘陵沙地，北邻呼和浩特市，南邻鄂尔多斯市，北连和林格尔、托克托县，南接包头市土默特右旗。准格尔旗地理位置优越，是自治区首府呼和浩特市、草原钢城包头市和国家重点建设项目鄂尔多斯准格尔大煤田的"金三角"腹地，交通通信发达，呼准鄂铁路和呼鄂高速公路横贯全境，全旗公路基本实现了"村村通"，通信极其便利。公路、交通四通八达，地理位置十分优越、交通便利。蒿召赖嘎查位于布尔陶亥苏木南侧，总面积 65km²，总人口 413 户，839 人，常住人口 368 人，辖区 8 个合作社，耕地面积 5 728 亩，其中水浇地 2 000 多亩，有林面积 4.04 万亩，人工种草 1.63 万亩，大小牲畜 10 000 多只，无工矿企业，没有污染，是一个典型农牧业村。蒿召赖嘎查是一个生猪养殖大村，有 30 多年养猪历史，其中 50~100 头的养猪户 4 户，20~50 头有 62 户。水源充足、喂养的饲料充足、多数养殖户是以种植玉米为主，兼种紫花苜蓿、苦荬菜等优质牧草，因此在猪的饲料相当充足丰富。

6. 产品功效

功效同前述。

（四）托县猪肉

1. 产品介绍

托克托县在生猪养殖上借助当地政府的支持以及本土养猪优势，从种猪引进、饲料优化等科学化养殖，到精细化管理，使出栏的肥猪具有瘦肉率高、适应性强的特点。在生猪产品深加工上结合呼包鄂人们饮食习惯，始终坚持从养殖场到餐桌的健康餐饮理念，结合托县红辣椒加工出来的猪肉丸子、烧猪肉、红烧肉等食品营养丰富、色香味儿俱全，深受北方人的青睐。依托企业品牌，定位于优质生鲜，通过系列的宣传策略，迅速赢得了消费者的信任，提高了品牌猪肉的市场占有率和影响力。

2. 特征描述

托县猪肉肌肉色为鲜红色，有光泽，脂肪呈乳白色，无霉点；肌肉截面有大理石花纹，肉质紧密，有坚实感，外表及切面湿润，不粘手；具有猪肉正常气味，无异味，煮沸后，肉汤澄清透明，具有猪肉的香味；无肉眼可见异物。

3. 营养指标（表 152）

表 152　托县猪肉独特营养成分

参数	蛋白质（%）	剪切力（N）	赖氨酸（mg/100g）	脂肪（%）	硒（μg/100g）	多不饱和脂肪酸占总脂肪酸百分比（%）	亚油酸/总脂肪酸（%）	天冬氨酸（mg/100g）	蒸煮损失（%）	胆固醇（mg/100g）
测定值	22.4	42.1	1 700	5.4	3.90	12.7	10.9	1 950	16.5	63.0
参考值	20.3	45.0	1 521	6.2	9.50	6.5	4.3	1 850	30.0	81.0

4. 评价鉴定

该产品在托克托县域范围内，在其独特的生长环境下，具有肌肉为鲜红色，有光泽，肉质紧密，有坚实感，外表及切面湿润，不粘手，煮沸后，肉汤澄清透明，具有猪肉香味的特性，内在品质蛋白质、天冬氨酸、赖氨酸、异亮氨酸、铁、多不饱和脂肪酸占总脂肪酸百分比、亚油酸/总脂肪酸均高于参考值，胆固醇、脂肪均优于参考值，剪切力、蒸煮损失均优于参考值，满足标准要求，综合评价其符合全国名特优新农产品名录收集登录基本条件和要求。

5. 环境优势

托克托县养殖生猪可以说是天时地利人和。托克托县地处黄河中上游分界处北岸的土默川平原，北纬40°的玉米和家畜养殖黄金地带，县境东南部为蛮汉山系的边缘，其地貌东南高、南北低，由丘陵地带逐步过渡到宽广的平原地形，全县平均海拔高度为1 000m，年平均气温7.1℃，年平均降水量为357mm，属典型的中温带大陆性季风气候，全县玉米种植面积4.7万多公倾，得天独厚的气候资源，优质的饲料玉米供应、地广人稀地域优势为托克托县的生猪养殖创造了优越的自然条件，也正是在这样的自然条件下养殖出来的生猪才会有抗病能力强、肉质紧实、产肉率高的特性。

6. 产品功效

功效同前述。

（五）乌审皇香猪肉

1. 产品介绍

依托地域、生态、资源特色，重点围绕乌审旗皇香猪规模养殖、产品深加工、品牌推广效应三大发展模式，结合供给侧结构性改革，优化传统生猪养殖产业，做大做强加工业，大力发展品牌战略，促进绿色农畜产品生产加工输出基地建设、构建主导产业多元化的产业发展格局，把乌审旗建成内蒙古自治区、国家生猪调出大县，带动相关产业联动发展，实现农牧业增效农牧民增收的目标。

2. 特征描述

乌审皇香猪肉样品为新鲜肉，肌肉为深红色，光泽好，脂肪为白色；其肌肉质地坚实，纹理致密；外表及切面湿润，不粘手；具有猪肉正常气味，无异味，煮沸后，肉汤澄清透明，具有猪肉香味。

3. 营养指标（表153）

表153　乌审皇香猪肉独特营养成分

参数	蛋白质（%）	剪切力（N）	赖氨酸（mg/100g）	脂肪（%）	硒（μg/100g）	多不饱和脂肪酸占总脂肪酸百分比（%）	亚油酸/总脂肪酸（%）	天冬氨酸（mg/100g）	蒸煮损失（%）	胆固醇（mg/100g）
测定值	23.0	28.8	1 840	5.7	6.40	8.0	6.3	2 000	14.8	37.2
参考值	20.3	45.0	1 521	6.2	9.50	6.5	4.3	1 850	30.0	81.0

4. 评价鉴定

该产品在乌审旗区域范围内，在其独特的生长环境下，肌肉为深红色，光泽好，脂肪为白色，肌肉质地坚实，纹理致密，煮沸后，肉汤澄清透明的特性，内在品质蛋白质、天冬氨酸、赖氨酸、异亮氨酸、铁、锌、多不饱和脂肪酸占总脂肪酸百分比、亚油酸/总脂肪酸均高于参考值；胆固醇、脂肪均优于参考值；剪切力、蒸煮损失均优于参考值，满足标准要求。综合评价其符合全国名特优新农产品名录收集登录基本条件和要求。

5. 环境优势

乌审旗位于毛乌素沙地腹部，自然生态环境独特，号称"塞上小江南"。全旗光照充足，年日照时数在2 886h左右，年均气温7.1℃，年降水量350~400mm，≥10℃的积温3 222~3 489℃；无霜期130~135d；气候特征是日照时间长、昼夜温差大。该地区地势由西北向东南平缓倾斜，属于沙漠丘滩相间地形，土壤肥沃，土地总面积11 645km²。其中有林地565万亩，基本草原面积1 060万亩，水浇地62万亩，森林覆盖率和植被覆盖率分别达32.28%和80%。毛乌素沙地特有的自然生态环境孕育了体型与众不同、产品品质独到的乌审旗皇香猪。

6. 产品功效

功效同前述。

(六) 临河封缸肉

1. 产品介绍

当地借助国家出台扩大生猪养殖政策契机，采用猪事业线的建设技术标准，全程按照先进饲养技术与饲养标准进行管理，自动化、规模化、科技化水平较高。同时，借助全市打造"天赋河套"农产品区域公用品牌的契机，重点推进生猪养殖、屠宰、加工推广和购、销、调、存为整体的现代化大型企业建设，引进猪养殖项目，实行"公司+基地+农户"新型模式，实现自繁自育。大力推广散户小规模养殖，做好动物疫病防控和动物防控知识宣传。目前，当地建有50头猪规模以上养殖场52个，年存栏猪17.5万只，肉猪屠宰企业3家，全区年生产封缸肉2.4万t，目前有1家企业获得绿色食品认证，全产业链年销售额可达3亿元，实现利润9 000万元。产品畅销全国20多个省区市。

2. 特征描述

临河封缸肉样品为腌制肉，瘦肉切面呈红色，脂肪切面呈白色，有光泽；其肥瘦均匀，切面平整，有层次感，肉质紧密富有弹性，有坚实感；具有腌猪肉正常气味，无酸味、苦味，无肉眼可见异物。

3. 营养指标（表154）

表154　临河封缸肉独特营养成分

参数	蛋白质 (%)	水分 (%)	缬氨酸 (mg/ 100g)	脂肪 (%)	硒 (μg/ 100g)	不饱和脂肪酸占总脂肪酸百分比 (%)	亚油酸/ 总脂肪酸 (%)	天冬氨酸 (mg/ 100g)	α-维生素E (mg/ 100g)	胆固醇 (mg/ 100g)	亮氨酸 (mg/ 100g)	锌 (mg/ 100g)	铁 (mg/ 100g)
测定值	30.8	30.0	1 260	38.1	12.6	59.7	11.5	2 230	0.02	53.1	1 910	3.66	4.02
参考值	16.5	≤58.0	800	36.0	13.00	57.9	10.3	1 511	0.04	72.0	1 302	2.04	2.60

4. 评价鉴定

该产品在巴彦淖尔市临河区域范围内，在其独特的生产环境下，具有瘦肉切面呈红色，脂肪切面呈白色，有光泽，其肥瘦均匀，切面平整，有层次感，肉质紧密富有弹性，有坚实感的特性，内在品质蛋白质、脂肪、天冬氨酸、缬氨酸、亮氨酸、铁、锌、多不饱和脂肪酸占总脂肪酸百分比、亚油酸/总脂肪酸均高于参考值，胆固醇优于参考值，水分优于参考值，满足标准要求，综合评价其符合全国名特优新农产品名录收集登录基本条件和要求。

5. 环境优势

临河深处内陆，属于中温带半干旱大陆性气候，云雾少降水量少、气候干燥，年降水量138.8mm，平均气温6.8℃，昼夜温差大，日照时间长，年日照时间为3 389.3h，是我国日照时数最多的地区之一。光、热、水同期，无霜期为153d左右，适宜于农作物和牧草生长。区位优势：临河区位于内蒙古巴彦淖尔市，南邻黄河，北靠阴山，地处黄河平原腹地，地势平坦，交通便利，临河现有耕地面积14万 hm^2，草场面积4.3万 hm^2，林地面积3.3万 hm^2。临河区境内地势平坦，土壤肥沃，水资源丰富，优越的自然地理环境，适宜的土壤和气候，孕育了境内丰富的植被和农作物，为畜牧业的发展提供了充足的草饲来源，是猪生长繁衍的理想场所。

6. 产品功效

功效同前述。

四、骆驼肉

（一）乌拉特后旗戈壁红驼肉

1. 产品介绍

在2004年，乌拉特后旗牧民就自发成立了内蒙古乌拉特戈壁红驼事业协会，协会旨在保障正当竞争，改善畜种结构，恢复生态平衡。2007年，在协会的基础上，牧民们又注册成立了公司和合作社。主要是在一定范围内组织红驼的养殖和贩卖，并协调驼奶和驼肉的加工，从而实现合理定价，保障正当竞争。目前，乌拉特后旗戈壁红驼专业合作社已成为驼产业中的领军企业，会员已经发展到230户，骆驼5万余峰、保护繁殖基地5处，固定资产1 000余万元。品牌创建情况：在当地，乌拉特后旗戈壁红驼专业合作社、蒙驼集团、内蒙古腾合泰驼沙产业有限责任公司等形成了驼产业链，并打响了"乌拉特后旗戈壁红驼"这个名号。

2. 特征描述

戈壁红驼肉为新鲜骆驼肉（以下简称驼肉）且含瘦肉率高，肉色和大理石纹分布很好，肉色鲜红，有光泽，脂肪呈乳白色；肌纤维致密，有弹性，指压后凹陷立即恢复；外表微干，切面湿润，不粘手；红驼肉无碎肉、无血污、无骨渣；煮沸后，汤肉透明澄清，无肉眼可见杂质。

3. 营养指标（表 155）

表 155　乌拉特后旗戈壁红驼肉独特营养成分

参数	蛋白质（%）	剪切力（N）	亮氨酸（mg/100g）	脂肪（%）	硒（μg/100g）	亚麻酸/总脂肪酸（%）	亚油酸/总脂肪酸（%）	天冬氨酸（mg/100g）	蒸煮损失（%）	胆固醇（mg/100g）	维生素A（μg/100g）
测定值	22.6	67.2	1 560	2.0	17.10	1.0	8.3	1 770	26.0	23.6	8.8
参考值	21.4	82.2	1 100	2.43	20.16	0.7	1.8	1 324	26.1	41.6	9.0

4. 评价鉴定

该产品在乌拉特后旗区域范围内，在其独特的生长环境下，具有肌纤维致密，有弹性，煮沸后，肉汤透明澄清，无肉眼可见杂质的特性，内在品质蛋白质、亚麻酸/总脂肪酸、亚油酸/总脂肪酸、铁、锌、钙、天冬氨酸、亮氨酸、赖氨酸均高于参考值，脂肪、胆固醇、剪切力、蒸煮损失均优于参考值，综合评价其符合全国名特优新农产品名录收集登录基本条件和要求。

5. 环境优势

乌拉特后旗戈壁红驼主要集中在旗北部的戈壁沙漠地区。东西长 210km，南北宽 130km。海拔 1 000~1 500m。产区季节分明，寒暑剧变，风多雨少，属中温带大陆性气候。年降水量在 40~250mm，蒸发量 2 800~3 200mm。年均光照充足，长达 3 300h，积温 2 400h，无霜期 110d，平均温度 4.7℃，昼夜温差 11~12℃。高原荒漠化草原类型，草层不高，由东向西草逐渐减少，灌木增多。棕色钙土为主以及淡棕色荒漠土，土壤组成结构松散，石砾与沙质含量较高。区位优势：乌拉特后旗是我国骆驼最为集中的地区之一，也是戈壁红驼的集中产地，当地骆驼存量已达 5 万余峰、保护繁殖基地 5 处、保护和发展骆驼的知名企业有 5 家，2013 年，获得国际层面的两项荣誉证书。

6. 产品功效

与其他肉类相比，驼肉属于一种高蛋白、低脂肪、低胆固醇、营养丰富的肉类。驼肉肌纤维虽较粗，但无异味，骆驼脂肪主要沉积在两峰和腹腔两侧，皮下脂肪很少，因此，驼肉是一种含动物性蛋白质较高的瘦肉型肉类。近年来，消费者的口味和喜好在不断变化着，消费者的喜好正朝着食用更多瘦肉的方向改变，这将使驼肉成为消费者最受欢迎的肉食之一。

（二）阿拉善左旗驼肉

1. 产品介绍

骆驼属于阿拉善左旗优势畜种，政府出台相关政策，禁牧区与草畜平衡区均可以饲养，实施种质资源保护项目和骆驼产业发展项目，强化骆驼产业开发。2013 年开始阿拉善左旗先后建驼肉加工企业 7 家，年加工驼肉 500t，开发出卤汁驼肉、风干驼肉、卤汁驼掌、驼肉水饺等产品。同时加强品牌建设，现有驼肉商标"ALASHAN""大漠魂"

"草原今朝""阿荣德吉""游牧御品"等。通过政策扶持，企业带动，加强骆驼产业研发体系建设，打造以骆驼文化为主题的乡村休闲旅游品牌。阿拉善双峰驼 2011 年 8 月获得国家农产品地理标志登记保护，2020 年 7 月，阿拉善双峰驼地理标志入选《中欧地理标志合作和保护协定》，为阿拉善左旗生态产业产品走出国门，进入欧盟市场奠定了基础，将进一步提升阿拉善左旗区域品牌知名度、美誉度和市场竞争力，并为当地经济高质量发展再续新力。

2. 特征描述

阿拉善双峰驼体质结实，肌肉发达，头高昂过体，颈长呈"乙"字形弯曲，体形呈高方形，胸宽而深，背短腰长，膘满时双峰挺立而丰满，四肢关节强大，筋腱明显，蹄大而圆。毛色多为杏黄或红棕色。成年肉驼体高 170cm 左右、体长 150cm 左右，胸围 220cm 左右，体重 500kg 左右，屠宰率 52% 左右，净肉率 40% 左右。驼肉肉色鲜红，肉质鲜嫩，有光泽，脂肪呈乳白色；肌纤维致密，有弹性，指压后凹陷立即恢复；外表微干，切面湿润，不粘手；驼肉煮沸后，肉汤透明澄清，具有特有的香味。

3. 营养指标（表 156）

表 156 阿拉善左旗驼肉独特营养成分

参数	蛋白质（%）	剪切力（N）	亮氨酸（mg/100g）	脂肪（%）	锌（mg/100g）	亚麻酸/总脂肪酸（%）	亚油酸/总脂肪酸（%）	天冬氨酸（mg/100g）	蒸煮损失（%）	胆固醇（mg/100g）	铁（mg/100g）
测定值	22.6	59.1	1 540	5.8	3.78	1.2	5.6	1 800	24.1	33.2	3.07
参考值	21.4	82.2	1 100	2.4	3.4	0.7	1.8	1 324	26.1	41.6	2.10

4. 评价鉴定

该产品在阿拉善左旗区域范围内，在其独特的生长环境下，具有肉质鲜嫩，肌纤维致密，有弹性，煮沸后，肉汤透明澄清，无肉眼可见杂质的特性，内在品质脂肪、亚麻酸/总脂肪酸、亚油酸/总脂肪酸、铁、锌、天冬氨酸、亮氨酸、赖氨酸均高于参考值，胆固醇、剪切力、蒸煮损失均优于参考值，综合评价其符合全国名特优新农产品名录收集登录基本条件和要求。

5. 环境优势

阿拉善左旗位于北纬 37°24′~41°52′，东经 103°21′~106°51′，属温带荒漠干旱区，为典型的大陆性气候，境内有腾格里、乌兰布和两大沙漠。以干旱少雨、日照充足、蒸发强烈为主要特点。海拔高度 800~1 500m，年降水量 80~220mm，年蒸发量 2 900~3 300mm。日照时间 3 316h，年平均气温 7.2℃，无霜期 150d 左右。骆驼产区地域辽阔，植被稀疏，产草量低，属典型的荒漠草原，主要植物有冷蒿、珍珠、红砂、白刺、柠条、沙竹、碱草、棉刺、针茅等，大部适宜于骆驼采食，这些特殊的自然选择，加上人工培育，成为独具特色的地方优势畜种。

6. 产品功效

功效同前述。

（三）额济纳驼肉

1. 产品介绍

骆驼属于额济纳旗优势畜种之一，近年来，额济纳旗在划定骆驼保护区的基础上，积极推进制定骆驼产业发展政策措施，建立和完善双峰驼保护区管理职能和机制，使保护生态与保护骆驼有机结合，统筹建设，统筹管理。尽快出台双峰驼良种补贴政策；制定骆驼优良品种等级标准，鼓励养驼户向专业化、标准化方向发展。加大投入力度，提高骆驼产业化发展水平，解决双峰驼系列产品的市场问题。主要由政府主导、企业参与，从技术研发、资金投入、项目实施、市场推广等诸多方面入手，将阿拉善双峰驼系列产品作为本地区主导特色产品，丰富双峰驼系列产品种类，打造循环产业链，提高附加值，扩大市场占有率，带动双峰驼养殖、加工、销售各个环节形成规模效应。鼓励骆驼协会、合作社、加工企业开展特色活动，继续办好骆驼文化节、那达慕，开展骆驼良种评比活动。

2. 特征描述

额济纳双峰驼体质结实，肌肉发达，头高昂过体，颈长呈"乙"字形弯曲，体形呈高方形；胸宽而深，背短腰长，膘满时双峰挺立而丰满；四肢关节强大，筋腱明显，蹄大而圆；毛色多为杏黄或红棕色。驼肉无碎肉、无血污、无骨渣，其肉质鲜嫩，肉色鲜红，有光泽，脂肪呈乳白色；肌纤维致密，有弹性，指压后凹陷立即恢复；外表微干，切面湿润，不粘手；煮沸后，肉汤透明澄清，无肉眼可见杂质。

3. 营养指标（表157）

表157　额济纳驼肉独特营养成分

参数	蛋白质（%）	剪切力（N）	亮氨酸（mg/100g）	脂肪（%）	锌（mg/100g）	亚麻酸/总脂肪酸（%）	亚油酸/总脂肪酸（%）	天冬氨酸（mg/100g）	蒸煮损失（%）	胆固醇（mg/100g）	铁（mg/100g）
测定值	21.8	55.4	1 570	1.5	6.17	1.7	9.0	1 910	33.6	39.8	16.32
参考值	21.4	82.2	1 100	2.4	3.40	0.7	1.8	1 324	26.1	41.6	2.10

4. 评价鉴定

该产品在额济纳旗范围内，在其独特的生长环境下，具有肉质鲜嫩，肌纤维致密，有弹性，煮沸后，肉汤透明澄清，无肉眼可见杂质的特性，内在品质蛋白质、亚麻酸/总脂肪酸、亚油酸/总脂肪酸、钙、铁、锌、天冬氨酸、亮氨酸、赖氨酸均高于参考值，脂肪、胆固醇、剪切力均优于参考值，综合评价其符合全国名特优新农产品名录收集登录基本条件和要求。

5. 环境优势

额济纳旗属于典型的荒漠和半荒漠地区，干旱少雨，风大沙多，植被稀疏，结构简单，生产力较低下，这种自然环境和气候条件非常适应骆驼的生存。额济纳旗骆驼产区为典型的荒漠草原，生长有骆驼喜采食的霸王、红砂、骆驼刺、梭梭、珍珠猪毛菜、小果白刺等植被，是阿拉善双峰驼的主要产地。额济纳旗特殊的自然环境和气候使骆驼成为额济纳旗的主要畜种之一，也成为构成额济纳旗畜牧业的重要组成部分。长期以来骆驼不仅是额济纳旗牧民的生产、生活资料，也是额济纳旗民族畜牧业的重要特征，在促进牧区经济发展，提高牧民生活水平的过程中发挥了重要作用。

6. 产品功效

功效同前述。

（四）阿拉善右旗驼肉

1. 产品介绍

阿拉善双峰驼2011年认证为国家地理标志农产品，目前先后注册了"漠北草原""牧釜"等商标，通过政策扶持，企业带动，加强骆驼产业研发体系建设，打造以骆驼文化为主题的乡村休闲旅游品牌，阿拉善右旗双峰驼肉产品，通过线上线下相结合的市场营销模式以及全国各大展会的推广受到了广大消费者的青睐，2014年被中国畜牧业协会授予"中国骆驼产业发展突出贡献奖"，"漠北草原·牧釜"酱烤大块驼肉2019年被中国旅游协会授予"中国旅游商品大赛银奖"。为阿拉善右旗驼产业发展奠定了基础，将进一步提升阿拉善右旗品牌知名度和市场竞争力，并为当地经济高质量发展再续新力。

2. 特征描述

阿拉善右旗驼肉无碎肉、无血污、无骨渣，其肉质鲜嫩，肉色鲜红，有光泽，脂肪呈乳白色；肌纤维致密，有弹性，指压后凹陷立即恢复；外表微干，切面湿润，不粘手；煮沸后，肉汤透明澄清，无肉眼可见杂质。

3. 营养指标（表158）

表158 阿拉善右旗驼肉独特营养成分

参数	蛋白质（%）	剪切力（N）	亮氨酸（mg/100g）	脂肪（%）	锌（mg/100g）	亚麻酸/总脂肪酸（%）	亚油酸/总脂肪酸（%）	天冬氨酸（mg/100g）	蒸煮损失（%）	胆固醇（mg/100g）	铁（mg/100g）
测定值	22.4	39.4	1 590	2.5	4.43	0.9	10.1	1 850	24.2	38.6	3.43
参考值	21.4	82.3	1 100	2.4	3.40	0.7	1.8	1 324	26.1	41.6	2.10

4. 评价鉴定

该产品在阿拉善右旗区域范围内，在其独特的生长环境下，具有肉质鲜嫩，肉色鲜红，肌纤维致密，有弹性的特性，内在品质蛋白质、亚麻酸/总脂肪酸、亚油酸/总脂肪酸、铁、锌、钙、天冬氨酸、亮氨酸、赖氨酸均高于参考值，胆固醇、剪切力、蒸煮损失均优于参考值，综合评价其符合全国名特优新农产品名录收集登录基本条件和要求。

5. 环境优势

阿拉善盟属半荒漠化地区，是阿拉善双峰驼生长的最佳区域，阿拉善盟 2012 年被中国畜牧业协会命名为中国驼乡，其中阿拉善右旗现阿拉善双峰驼存栏量为 2.9 万峰，是驼乡中的驼乡。阿拉善右旗位于内蒙古西部，龙首山与合黎山褶皱带北麓，地理坐标介于北纬 38°38′~42°02′，东经 99°44′~104°38′，全旗总面积 73 443 km²。地势南高北低，总趋势西高东低，平均海拔 1 200~1 400 m。土地总面积 10 768.94 万亩，其中耕地面积 3 万亩，林地面积 484.7 万亩，天然草场面积 6 346.7 万亩。地处内陆高原，属暖温带荒漠干旱区，为典型的干燥大陆性气候特征。热量丰富，日照充足，寒暑剧变，降水稀少，蒸发强烈，干燥多风，无霜期 155 d。境内野生植物有 436 种，分属 63 科，226 属，植被划分为 6 个植被型，14 个群系组，25 个群系。近年来，随着驼乳和驼肉等骆驼产业的不断发展，阿拉善右旗双峰驼的存栏量呈逐步增长趋势，同时也成为广大农牧民群众主要的经济来源之一。

6. 产品功效

功效同前述。

五、驴肉

托县驴肉

1. 产品介绍

当地以科技为依托，以创新为手段，运用现代新技术，加快引良步伐，创建优良肉驴养殖示范场。提升品质，因地制宜，合理利用资源，从驴的品种上下功夫，利用优质种公驴与本地母驴进行杂交，充分发挥公母驴的优势性能，生产出肉质好、耐粗饲、抵抗力强、食量小的二元杂交肉驴，适合当地养殖和推广，同时提升肉驴种群的整体品质。按照"预防为主、关口前移"的要求，积极推行绿色、健康的养殖方式。结合本地生态环境，充分利用本地饲草料资源，可大大降低养殖成本。通过开展"合作社+公司+农户"活动，发展种养结合的模式，通过订单形式与周边农户建立稳定的饲草料基地，发展生态养殖。诚信经营，打造品牌，实施名牌战略，保证产品质量，树立产品形象。健全销售组织，大力调整销售策略和营销模式，为周边大的供货单位直接配送。建立质量承诺制度，树立优质服务信誉。加强协作，与有关企业间建立横向协作关系。

2. 特征描述

托县驴肉肌肉为暗红色，有光泽；脂肪呈白色，肉质紧密，有坚实感，表面微干，不粘手；具有驴肉固有气味，无异味，煮沸后，肉汤澄清透明，具有驴肉固有的香味，无肉眼可见异物。

3. 营养指标（表159）

表159　托县驴肉独特营养成分

参数	蛋白质（%）	水分（%）	蛋氨酸（mg/100g）	脂肪（%）	锌（mg/100g）	总不饱和脂肪酸（%）	亚油酸/总脂肪酸（%）	谷氨酸（mg/100g）	硒（μg/100g）	胆固醇（mg/100g）	铁（mg/100g）	钙（mg/100g）
测定值	18.0	70.4	430	9.1	5.06	5.9	17.3	2 630	7.00	54.2	8.25	7.21
参考值	21.5	73.8	300	3.2	4.26	1.7	14.6	2 496	6.10	74.0	4.30	2.00

4. 评价鉴定

该产品在托克托县域范围内，在其独特的生长环境下，具有肉质紧密，有坚实感，表面微干，不粘手，无异味，煮沸后，肉汤澄清透明，具有驴肉固有香味的特性，内在品质总不饱和脂肪酸、亚油酸/总脂肪酸、钙、铁、锌、硒、蛋氨酸、谷氨酸均高于参考值，胆固醇优于参考值，脂肪高于参考值，肉质偏肥。综合评价其符合全国名特优新农产品名录收集登录基本条件和要求。

5. 环境优势

托克托县隶属于内蒙古自治区首府呼和浩特市，位于自治区中部、大青山南麓、黄河上中游分界处北岸的土默川平原上。属于中温带半干旱大陆季风气候，四季分明，其主要特征是干旱、多风、寒冷，日光充足。年平均气温在7.3℃左右，历年平均降水量为362mm。平均海拔1 132m。养殖区规划标准整齐，水、电和交通方便。自然条件适宜，资源丰富，养殖地具有得天独厚的土地资源和饲草资源，土壤肥沃，气候温和，具有充足的剩余农村劳动力，光、热、气、水、土等自然条件均适合肉驴生产，具备规模养殖的条件和优势，具备建立肉驴养殖基地的土地、人力资源等一切有利条件。近年来，托克托县紧紧抓住建设社会主义新农村的历史机遇，大力调整产业结构，积极发展食草家畜。托克托县也是重要的玉米种植区，其中玉米秸秆就是不可多得的好草料，这样就为实施驴产业化开发项目奠定了可靠的饲草料基础。同时毛驴是国家大力提倡发展的绿色保健肉食畜种，发展毛驴养殖业符合农业发展规划和建设新农村的战略目标。

6. 产品功效

从营养学和食品学的角度看，驴肉比牛肉、猪肉口感好、营养高。"天上龙肉，地上驴肉"，是人们对驴肉的最高褒扬。

第四章 禽产品类

一、鸡

(一) 扎兰屯鸡

1. 产品介绍

近年来，扎兰屯土鸡放养产业已成为扎兰屯市支柱产业和农民脱贫致富产业之一，全市养殖已达 300 万只以上，年出栏商品鸡肉 0.35 万 t，产品全国各地都有销售。钟氏生态土鸡养殖农民专业合作社，社址位于内蒙古扎兰屯市区南 28km，碾博公路旁成吉思汗镇古里金村，现有中心基地 1 处，分基地 4 处。社员 127 人，入股资金 87.5 万元，合作社目前带领养殖农民 127 家，采用集中连片分散放养、统一管理、统一模式、统一方法、统一标准，放养区 127 处。放养土鸡利用荒山、果林、草地 8 600 亩，鸡舍 86 座，建筑面积 21 000m²，就业人员 127 人，用工最多时 700 余人。"钟氏生态土鸡养殖农民专业合作社"，2014 年 5 月被评定为内蒙古"专业合作社"示范社（林业）；2014 年 11 月被认定为全国"专业合作社"示范社（林业）。2009 年注册使用"布特哈"牌商标；2018 年注册使用"古里金"和"钟氏灵秀"牌商标。钟氏生态土鸡 2018 年被确定为"扎兰屯小笨鸡国家地理标识产品"；钟氏生态土鸡养殖中心基地 2016 年 3 月被认定为"内蒙古自治区家庭农牧场"；2017 年 6 月被评为中国质量信用 AAA 级示范社。采用"合作社加农户"的方式模式对土鸡产业行业进行升级改造，即"统一养殖、统一技术、统一回收"，使养鸡专业合作社的社员们的收益有所保障，行业标准得到规范，产品质量得到统一。

2. 特征描述

表皮微黄，肉里白里透红，肌肉切面具有光泽、肉体表面微干，肌纤维致密有韧性。指压肉后凹陷立刻恢复，皮下稍有微黄色脂肪，有新鲜鸡肉的气味，无毛根和绒毛。

3. 营养指标 (表160)

表 160 扎兰屯鸡独特营养成分

参数	蛋白质（%）	赖氨酸（mg/100g）	锌（mg/100g）	脂肪（%）	铁（mg/100g）	总不饱和脂肪酸（%）	钙（mg/100g）	缬氨酸（mg/100g）	苏氨酸（mg/100g）
测定值	22.4	2 020	2.53	6.9	3.00	5.8	18.60	1 070	1 060
参考值	20.3	1 760	1.46	6.7	1.80	5.9	13.00	912	882

4. 评价鉴定

表皮微黄，肉色白里透红，肌肉切面具有光泽，肉体表面微干，肌纤维致密有韧性，指压肉后凹陷立刻恢复，皮下稍有微黄色脂肪，有新鲜鸡肉的气味，无毛根与绒毛；内在品质蛋白质、脂肪、钙、铁、锌、赖氨酸、缬氨酸、苏氨酸均高于参考值。综合评价符合全国名特优新农产品营养品质评价规范要求。

5. 环境优势

扎兰屯市地处呼伦贝尔市南端，背倚大兴安岭，面眺松嫩平原，是国家重点风景名胜区。境内森林面积118.71万 hm^2，覆盖率达70.04%，植被完整，生态环境良好。光照时间长，昼夜温差大，宜于林下家禽放养，扎兰屯鸡在良好的生态环境中和笨鸡放养相结合，传统养殖方式和现代科学管理相结合。以独特完整的养殖技术和放养模式为标准，利用扎兰屯市多山、多林地、多草原的优势，以树、草养鸡，鸡养树草的自然生态循环方式，百草丛生，鲜花茂盛；补植自然生长柴胡、防风、黄芪、桔梗……中草药107种。"钟氏生态土鸡"整个生长期180~500d都生在青山绿草间啄虫，鲜花树荫下觅食，喝着100m深的地下井水，在特设的沙滩洗浴场洗澡，穿梭在鲜花、绿草、树木下活动施肥，从而使树更壮、果更红、草更茂、花更艳、昆虫更多，鸡吃得更饱、更健康。初步形成山上有树、树下有草、草中有鸡、鸡旁有虫、鸡后有蛋。林、禽、虫、草相互依托，相互促进，循环往复，生生不息的生态链条。

6. 产品功效

鸡肉脂肪含量低，且所含的脂肪多为不饱和脂肪酸，可以降低或预防心血管疾病。鸡肉还含有对人体生长发育有重要作用的磷脂类。

（二）卓资山熏鸡

1. 产品介绍

目前，"卓资山熏鸡"产业已发展成为卓资县的支柱产业，同河南"道口熏鸡"、山东"德州扒鸡"齐名统称为中国的"三大名鸡"。为了推动产业持续快速发展，卓资县政府投资1.5亿元建成了熏鸡产业园区，占地面积3.7万 m^2，建筑面积5.1万 m^2，园区分为加工区、展示区和销售区3个功能区，加工区包括生产车间、冷藏冷冻库4座，库容量达1 200t；展示区包括熏鸡文化展示厅、熏鸡制作技术培训室、商务洽谈室等；销售区包括销售大厅、餐饮接待厅等，同时出台了相关优惠政策助推产业发展，在政府的鼓励下，目前熏鸡年产量300万只。同时，通过政府和龙头企业的不断推动和带动，"卓资山熏鸡"已成为内蒙古自治区非物质文化遗产，成功注册国家地理标志证明商标、获得"自治区著名商标"等一系列荣誉。下一步，我们将"中华老字号"作为申报的重点，同时，积极拓展营销模式，通过新型营销模式推动熏鸡产业发展。

2. 特征描述

卓资山熏鸡单个重量为1.5~2kg，表皮颜色为金黄色，有金属光泽，油性大；皮下肉色为白色，肌肉纤维明显，具有熏鸡特有的香味。

3. 营养指标（表161）

表 161　卓资山熏鸡独特营养成分

参数	蛋白质（%）	赖氨酸（mg/100g）	锌（mg/100g）	脂肪（%）	铁（mg/100g）	不饱和脂肪酸占总脂肪酸百分比（%）	缬氨酸（mg/100g）	天冬氨酸（mg/100g）
测定值	30.9	2 186	1.64	9.3	3.02	65.2	1 187	2 400
参考值	28.1	1 893	1.58	16.9	2.00	57.6	1 128	2 116

4. 评价鉴定

卓资山熏鸡单个重量为1.5~2kg，表皮颜色为金黄色，有金属光泽，油性大；皮下肉色为白色，肌肉纤维明显，具有熏鸡特有的的香味。内在品质脂肪优于参考值，蛋白质、铁、锌、赖氨酸、天冬氨酸、缬氨酸、不饱和脂肪酸占总脂肪酸之比均高于参考值。综合评价符合全国名特优新农产品营养品质评价规范要求。

5. 环境优势

卓资县总辖地面积3 119km²，境内多丘陵山地，少平川，俗称为"七山一水二分田"。这样的地域环境构造使得全县平均海拔达到1 750m，而且部分地区拥有天然的山泉水和自然草场，优质的水源和草场为当地的散养鸡养殖业提供了独特的养殖环境，全县1 000只以上的散养鸡场和养殖合作社已超过20多家，年出栏散养鸡40万羽，为优质熏鸡生产打下了坚实的基础。除此之外，全县大型养鸡场10多家，年出栏250万只，为当地熏鸡产业的发展奠定了良好的基础。

6. 产品功效

"卓资山熏鸡"是内蒙古乌兰察布市卓资县的传统名特禽美食，作为特产收入《辞海》"卓资"词条。素以个大色鲜、肉质肥嫩、色泽红润、味道鲜美，而享誉呼包鄂地区及北方晋冀各省。

二、鹅

（一）扎兰屯鹅

1. 产品介绍

鹅业是扎兰屯市畜牧业优势特色产业，近几年来，扎兰屯市把鹅业放在畜牧业发展的首要位置，随着鹅产业的不断壮大和产业升级，鹅深加工有鹅肉罐头、鹅肝肠、鹅肉干、烤鹅蛋、手撕鹅肉等系列产品以及铁锅炖鹅连锁店数十个，年加工量在3 000t左右。发展大鹅产业，建立特色优势畜禽养殖基地，健全产品标准化生产基地和产品质量追溯体系，提升特色鹅业品牌。

2. 特征描述

扎兰屯鹅整鹅净重约3.5kg，个头较大，颈较长，鹅皮较厚，鹅肉质红润，皮下脂肪层为黄色，鹅腿较长且粗壮，鹅肉轻压后回弹较快，肌肉弹性好；肉质无异味、无机械损伤、无血斑。

3. 营养指标（表 162）

表 162　扎兰屯鹅独特营养成分

参数	蛋白质（%）	水分（%）	赖氨酸（mg/100g）	脂肪（%）	锌（mg/100g）	不饱和脂肪酸（%）	苯丙氨酸（mg/100g）	铁（mg/100g）
测定值	18.4	64.8	1 990	15.0	2.23	11.2	938	5.28
参考值	17.9	61.4	1 420	19.9	1.36	13.3	711	3.80

4. 评价鉴定

扎兰屯鹅整鹅净重约 5kg，个头较大，颈较长，鹅皮较厚，鹅肉质红润，皮下脂肪层为黄色，鹅腿较长且粗壮，鹅肉轻压后回弹较快，肌肉弹性好；肉质无异味、无机械损伤、无血斑。内在品质蛋白质、水分、铁、锌、赖氨酸、苯丙氨酸均高于参考值。综合评价符合全国名特优新农产品营养品质评价规范要求。

5. 环境优势

扎兰屯鹅，养殖区域处于北纬 47°05′~48°36′，东经 120°28′~123°17′，森林覆盖率 70.04%，水资源总量约 25 亿 m³，年平均降水量 485~540mm，土壤有机质平均含量为 47.1g/kg，水质清新，属于中温带大陆性半湿润气候，四季分明，年平均气温 2.4℃，年均降水量 480.3mm，无霜期年均 123d。无大型工业污染源，属于一片天然绿色净土。温带大陆性气候，草场宽阔，生态环境优越，为扎兰屯优质农畜林产品提供了有利的资源条件。

6. 产品功效

随着人们生活水平的提高，肉类的消费已从简单的量提升到对质的追求，因此新兴绿色肉类制品的发掘与研究已成为当今时代主题之一，其中鹅肉以其营养物质丰富、高蛋白质、低脂肪、不饱和脂肪酸含量高、风味独特等特点越来越受到消费者的青睐，并且联合国粮农组织也将其列为 21 世纪重点发展的绿色食品之一。我国是世界第一养鹅大国，鹅肉产量占世界总产量的 90% 以上，具有巨大市场发展前景。近年来随着对鹅肉研究的深入，其营养价值受到大力推广。

（二）莫力达瓦旗大鹅

1. 产品介绍

莫力达瓦大鹅产自内蒙古呼伦贝尔市莫力达瓦达斡尔族自治旗，当地政府为推进产业升级，特为新建企业减免土地税，为企业购进先进设备投资，为企业扩大生产投资。同时，政府还投资 30 万元帮助企业建立了污水处理站。在储存上，政府出资帮助企业进行冷库扩容，最近又出资 70 万元帮助企业对屠宰车间进行改造和设备更新。目前企业正在进行品牌建设，准备打造属于自己的绿色品牌。

2. 特征描述

莫力达瓦大鹅单只重约 2.8kg，肉质红润，表皮呈乳白色，皮下脂肪层为黄色，其表皮湿润紧致，肌纤维致密有韧性，指压肉后凹陷立刻回弹，肌肉弹性好。

3. 营养指标（表 163）

表 163 莫力达瓦大鹅独特营养成分

参数	蛋白质（%）	硒（μg/100g）	赖氨酸（mg/100g）	脂肪（%）	锌（mg/100g）	多不饱和脂肪酸占总脂肪酸百分比（%）	天冬氨酸（mg/100g）	铁（mg/100g）	胆固醇（mg/100g）
测定值	21.9	18.20	1 770	4.0	5.97	17.0	1 910	10.22	58.9
参考值	17.9	17.68	1 420	19.9	1.36	16.5	1 520	3.80	74.0

4. 评价鉴定

该产品在莫力达瓦达斡尔族自治旗范围内，在其独特的生长环境下，具有单只鹅重约 2.8kg，肉质红润，表皮呈乳白色，皮下脂肪层为黄色，其表皮湿润紧致，肌纤维致密有韧性，指压肉后凹陷立刻回弹，肌肉弹性好的特性，内在品质蛋白质、多不饱和脂肪酸占总脂肪酸百分比、天冬氨酸、赖氨酸、亮氨酸、铁、锌、硒均高于参考值；胆固醇优于参考值。综合评价其符合全国名特优新农产品名录收集登录基本条件和要求。

5. 环境优势

莫力达瓦旗全旗地势西北高东南低。平均海拔 400m，有山丘、丘陵、平原三大地貌，为浅山区。境内有大小河流 56 条。年径流量 147.4 亿 m³，水资源丰富。莫力达瓦旗位于北纬 48°27′，东经 124°30′，区域的温带大陆性季风气候，无霜期平均 115d，平均气温 1.3℃。平均降水量在 400～500mm。天然牧草地面积 1 268km²，牧草地总面积 1 774km²。莫力达瓦旗温度适中，水丰草茂，微风习习，是大鹅生长的乐园。

6. 产品功效

功效同前述。

三、鸭

宁城草原鸭

1. 产品介绍

宁城县政府坚持用科学发展观统揽肉鸭产业发展，以出口创建为标准，以农民增收为目标，以市场需求为导向，实行区域化布局，标准化生产，产业化经营，努力在产业规模、品牌培育、市场开发、产品加工等方面实现新突破，把宁城县打造成全国最大的鸭肉产品出口现代农业示范区，全面提升宁城县现代农业发展新形象。

当地积极探索"政府引导、市场运作"多元化投资机制，广泛吸纳社会资本参与现代肉鸭产业发展建设。近年来，该县积极鼓励引导各类农业经营主体走品牌化发展之路，着力营造"重品牌、创品牌"的浓厚氛围。宁城草原鸭（即中畜草原白羽肉鸭）诞生以来，获得了中国地理标志产品，中国肉鸭影响力品牌等多项荣誉，入选中国农业科学院"2018 年十大科技进展"，并入选《2019 中国农业农村重大新技术、新产品和新装备》报告。

2. 特征描述

宁城草原鸭体型硕大丰满，挺拔美观。头较大，颈粗短。体躯椭圆，背宽平，胸部丰满，胸骨长而直。两翅较小而紧附于体躯。尾短而上翘，腿短粗。鸭肉胴体皮肤有光泽呈白色，无硬杆毛，无残留长绒毛，肌肉外表微微湿润，不粘手，有弹性，无异味，具有鲜鸭肉正常气味，无破皮、无异物、无淤血等异常色斑。

3. 营养指标（表 164）

表 164　宁城草原鸭独特营养成分

参数	蛋白质（%）	水分（%）	赖氨酸（mg/100g）	脂肪（%）	锌（mg/100g）	总不饱和脂肪酸（%）	天冬氨酸（mg/100g）	铁（mg/100g）	异亮氨酸（mg/100g）
测定值	18.6	76.6	1 332	9.1	1.87	7.9	1 444	5.54	674
参考值	15.5	63.9	1 289	19.7	1.33	12.9	1 372	2.20	673

4. 评价鉴定

宁城草原鸭皮肤有光泽呈白色，胴体无硬杆毛、无残留长绒毛，肌肉外表微微湿润，不粘手，有弹性；草原鸭无异味，具有鲜鸭肉正常气味；无破皮、无异物、无淤血等异常色斑。内在品质蛋白质、水分、铁、锌、赖氨酸、天冬氨酸、异亮氨酸均高于参考值。综合评价符合全国名特优新农产品营养品质评价规范要求。

5. 环境优势

宁城县位于内蒙古东南部、赤峰市南部，是辽中京故地，历史悠久，风光秀美，素有"千年古都、山水宁城"之称。地处北纬 41°17′~41°53′，东经 118°26′~119°25′，四季分明，年平均气温 6.6℃、降水量 451mm，森林覆盖率 45.6%，动植物资源丰富。辽河上源的老哈河、坤都伦河由西南流向东北贯穿全境。悠久的历史和优越的地理、气候环境，为培育草原鸭奠定了不可复制的优良基础。

6. 产品功效

鸭为餐桌上的上乘肴馔，也是人们进补的优良食品。鸭肉的营养价值与鸡肉相仿。但在中医看来，鸭子吃的食物多为水生物，故其肉性味甘、寒，入肺胃肾经，有滋补、养胃、补肾、除痨热骨蒸、消水肿、止热痢、止咳化痰等作用。凡体内有热的人适宜食鸭肉，体质虚弱，食欲不振，发热，大便干燥和水肿的人食之更为有益。

四、鸽子

红庆河布拉鸽

1. 产品介绍

红庆河布拉鸽养殖基地建设面积 3 000多 m²，大棚建设面积 800m²，2019 年注册"布拉鸽"商标。通过"党支部+村集体经济+农牧民"的产业发展模式，将农牧民、村集体经济与市场紧密联系在一起，发展壮大村集体经济。同时，基地结合"一村一品"主导产业培育，逐步发展鸽品深加工产业，形成特色定位，促进当地特色产业持续健康稳定发展，帮助贫困农户脱贫奔小康，助力于美丽乡村建设。

2. 特征描述

红庆河布拉鸽主要产于伊金霍洛旗红庆河镇八音布拉村，年生产规模为 3 万羽，其单只重约 750g，表皮微黄，肉质偏瘦，肌肉有韧性。

3. 营养指标（表 165）

表 165　红庆河布拉鸽独特营养成分

参数	蛋白质（%）	亚油酸/总脂肪酸（%）	赖氨酸（mg/100g）	脂肪（%）	锌（mg/100g）	多不饱和脂肪酸（%）	亮氨酸（mg/100g）	天冬氨酸（mg/100g）	铁（mg/100g）	胆固醇（mg/100g）
测定值	22.1	22.6	1 870	3.1	1.60	1.0	1 860	2 040	19.71	73.9
参考值	16.5	12.0	1 513	14.2	0.82	1.8	1 508	1 494	3.80	99.0

4. 评价鉴定

该产品在伊金霍洛旗范围内，在其独特的生长环境下，具有单只鸽重约 750g，表皮微黄，肉色白里透红，肌肉切面具有光泽，肉体表面微干，肌纤维致密有韧性的特性，内在品质蛋白质、亚油酸/总脂肪酸、天冬氨酸、赖氨酸、亮氨酸、铁、锌、硒均高于参考值，胆固醇优于参考值。综合评价其符合全国名特优新农产品名录收集登录基本条件和要求。

5. 环境优势

红庆河布拉鸽产地位于内蒙古鄂尔多斯市伊金霍洛旗红庆河镇，伊金霍洛旗区位优势明显，属呼、包、鄂"金三角"腹地，物华天宝、资源富集，人文资源独特，其中已探明煤炭储量 139 亿 t，有"地下煤海"之称，是国内重要煤田之一。交通发达，集铁路、公路、航空于一体，是鄂尔多斯及周边地区的重要立体交通枢纽。依托资源优势，伊金霍洛旗经济实现跨越式发展，创造了生产发展、生活改善、生态恢复的多赢局面，2019 年，北京举行的县域经济创新发展论坛发布的"县域经济 100 强（2019年）榜单"显示，伊金霍洛旗位列第 55 位。

6. 产品功效

鸽子肉是一种肉嫩味美、高蛋白质、低脂肪的珍禽肉类，因此，自古就有"一鸽胜九鸡"的赞誉。近年来，鸽子的市场需求逐年增大，为促进鸽子产业的迅速发展。传统医学认为，鸽子肉具有祛风解毒、滋肾益气、补血以及治恶疮疥癣、妇女血虚经闭、虚羸、消渴、久疟等功效。

五、禽蛋

（一）凉城鸡蛋

1. 产品介绍

凉城县政府不断加大对当地养鸡产业的扶持力度，出台相关扶持政策，目前全县散养鸡总数达到6万羽，鸡蛋产量达到800t。当地养殖企业凉城县辉军牧业生产的鸡蛋通过无公害农产品认证。在当地农牧部门的积极组织下，凉城鸡蛋多次参加各类展会，使消费者对凉城鸡蛋有了更深层次的了解，同时也得到了消费者的认可，知名度逐年提高，养殖数量和鸡蛋产量不断增加，带动了农牧业经济的发展，为当地脱贫致富做出贡献。

2. 特征描述

凉城鸡蛋蛋壳洁净、完整，呈规则卵圆形，表面无肉眼可见污物；蛋黄居中，轮廓较清晰，胚胎未发育；蛋白澄清透明、稠稀分明；蛋内容物中无血斑、肉斑等异物。

3. 营养指标（表166）

表166　凉城鸡蛋独特营养成分

参数	蛋白质（%）	蛋氨酸（mg/100g）	水分（%）	脂肪（%）	脯氨酸（mg/100g）	总不饱和脂肪酸（%）	铁（mg/100g）	锌（mg/100g）	胆固醇（mg/100g）
测定值	12.7	366	76.8	6.7	370	2.8	3.15	1.13	463.2
参考值	14.4	183	72.6	6.4	150	1.1	1.70	1.28	1 338.0

4. 评价鉴定

凉城鸡蛋蛋壳洁净、完整，呈规则卵圆形，表面无肉眼可见污物；蛋黄居中，轮廓较清晰，胚胎未发育；蛋白澄清透明、稀稠分明；蛋内容物中无血斑、肉斑等异物。内在品质脂肪、水分、铁、蛋氨酸、脯氨酸、总不饱和脂肪酸均高于参考值。综合评价符合全国名特优新农产品营养品质评价规范要求。

5. 环境优势

产地环境及区位优势：凉城县总辖地面积2 494km²，位于阴山南麓，古长城脚下，俗称为"七山一水二分滩"，境内多丘陵山地，地势较高，干燥平坦，水源较好，当地无化工企业，无化学污染，鸡饲养的饲料原料产地生态条件良好，远离污染源，并具有可持续生产能力的农业生产区域，具有绿色农产品质量标志的原料产地，这些自然条件为当地散鸡养殖户提供了独特的养殖环境。全县 500 只以上的散养鸡养殖合作社 20 多家，年出栏散养鸡 6 万羽，全县大型养鸡场 7 家，鸡存栏约为 45 万羽，为当地养鸡产业的发展奠定了基础。

6. 产品功效

鸡蛋含有丰富的蛋白质、脂肪、卵黄素、卵磷脂、维生素和微量元素等多种营养物质，几乎含有人体所需的全部营养物质，因此深受消费者青睐，是物美价廉的动物性产品。

（二）察右前旗鸡蛋

1. 产品介绍

近年来，察右前旗政府主导发展生态养殖、绿色种植、加工、销售、配送一体化的农牧业企业，以基地为依托，进行标准化生产管理，对所有蛋鸡养殖场，进行粪污处理设施装备全部纳入畜禽粪污资源化利用整旗推进项目，政府补贴项目总投资的 50%。加大规模化养殖，全旗蛋鸡养殖量达 50 多万羽，产蛋量达到 5 000 多 t。品牌创建方面：以政府为申报主体，注册了"前旗优鲜"农畜产品区域公用品牌，为当地农畜产品发展提供了良好的平台，同时鼓励养殖协会注册地理标志证明商标，认证地理标志农产品，引导鸡的养殖企业、合作社、大户申报"三品"，借助全国各类农产品博览会和展销会设立推介专柜等形式，扩大提升当地"鸡蛋"品牌影响力和知名度。

2. 特征描述

蛋壳洁净、完整，呈规则卵圆形，具有蛋壳固有的色泽，表面无肉眼可见污物；蛋黄凸起、完整、有韧性，蛋黄居中，轮廓清晰，胚胎未发育；蛋白澄清透明、稀稠分明；蛋内容物中无血斑、肉斑等异物。

3. 营养指标（表 167）

表 167　察右前旗鸡蛋独特营养成分

参数	蛋白质（%）	蛋氨酸（mg/100g）	硒（μg/100g）	脂肪（%）	组氨酸（mg/100g）	总不饱和脂肪酸（%）	铁（mg/100g）	锌（mg/100g）	胆固醇（mg/100g）
测定值	12.3	236	16.00	9.2	530	3.2	3.43	1.30	419.6
参考值	14.4	183	11.50	6.4	282	1.1	1.70	1.28	1 338.0

4. 评价鉴定

察右前旗鸡蛋蛋黄凸起、完整、有韧性，蛋黄居中，轮廓清晰，胚胎未发育；蛋白澄清透明、稀稠分明；蛋内容物中无血斑、肉斑等异物。内在品质脂肪、水分、铁、锌、硒、组氨酸、蛋氨酸、总不饱和脂肪酸均高于参考值。综合评价符合全国名特优新农产品营养品质评价规范要求。

5. 环境优势

察右前旗鸡养殖区域均选取生态环境良好、四面环山、空气清新的地区，拥有天然矿泉水和虫草，这些都富含人体所需要的微量元素，是鸡最好的食材。所以察右前旗鸡素有"吃着中草药，喝着山泉水"长大的美誉，因此产下的"鸡蛋"品质优良、营养丰富，备受消费者青睐。各区域内均有黑土地，富含硒元素等多种矿物质，以特有的生态优势为牵引，因地制宜，为生态养殖提供得天独厚的优势条件。养殖户充分利用当地良好的生态环境和地理优势，坚持轮作和间作的农业方式，采用现代科学养殖和传统原生态散养相结合，生产出更多绿色生态的察右前旗鸡蛋。察右前旗紧邻110国道、G6京藏高速、G7京新高速，各公路均为西部地区进京重要通道，处于环首都经济圈辐射带范围，地理位置优越，为当地"鸡蛋"的进京销售奠定了良好的区位优势。

6. 产品功效

功效同前述。

（三）伊金霍洛旗鸡蛋

1. 产品介绍

伊金霍洛旗鸡蛋蛋品质量较好，生产规模稳定，在当地已形成一定的品牌效应，部分产品已通过"三品一标"认证。伊金霍洛旗大力推进规模化高效生态养鸡产业，将传统养殖方法和现代养殖技术相结合，利用荒山、野坡、山地果林、林地等资源，实行舍饲养殖和散养相结合方式，通过良好的管理，使生态养鸡成为环境友好型产业。其次，成立生态养鸡专业合作社，通过合作社，统一品牌化销售，努力把分散生产经营模式逐渐转变为公司化专业合作社的产业化模式。

2. 特征描述

蛋壳光滑、干净，呈规则卵圆形，表面无肉眼可见污物；蛋白澄清透明、稀稠分明，蛋黄居中，轮廓清晰，胚胎未发育；蛋内无杂质、无血块、无其他异物。

3. 营养指标（表168）

表168 伊金霍洛旗鸡蛋独特营养成分

参数	蛋白质（%）	蛋氨酸（mg/100g）	硒（μg/100g）	脂肪（%）	脯氨酸（mg/100g）	总不饱和脂肪酸（%）	铁（mg/100g）	锌（mg/100g）	胆固醇（mg/100g）
测定值	12.6	270	13.00	8.6	273	3.5	3.24	1.64	404.3
参考值	14.4	183	11.50	6.4	150	1.1	1.70	1.28	1 338.0

4. 评价鉴定

蛋壳光滑、干净，呈规则卵圆形，表面无肉眼可见污物；蛋白澄清透明、稀稠分明，蛋黄居中，轮廓清晰，胚胎未发育；蛋内无杂质、无血块、无其他异物。内在品质脂肪、水分、铁、锌、硒、蛋氨酸、脯氨酸、总不饱和脂肪酸均高于参考值。综合评价符合全国名特优新农产品营养品质评价规范要求。

5. 环境优势

伊金霍洛旗地处鄂尔多斯高原东南部、毛乌素沙地东北边缘，东与准格尔旗相邻，西与乌审旗接壤，南与陕西省榆林市神木县交界，北与鄂尔多斯市府所在地康巴什新区隔河相连，是鄂尔多斯市城市核心区的重要组成部分，也是集铁路、公路、航空于一体的鄂尔多斯及周边地区的重要立体交通枢纽。伊金霍洛旗自然地理环境独具特色，平均海拔在 1 000~1 500m，年日照时间为 2 700~3 200h，年平均气温在 5.3~8.7℃，最冷月 1 月平均气温在-13~-10℃，最热月 7 月平均气温在 21~25℃，降水量平均在 300~400mm，属典型的温带大陆性气候，凉爽、干燥，适宜养鸡产业发展。

6. 产品功效

功效同前述。

（四）东胜鸡蛋

1. 产品介绍

鸡蛋具有营养价值全面、生产成本低、加工方便等特点，是人们食品结构中主要的蛋白质来源之一。随着经济的发展，生活条件的改善，人们在消费过程中，不仅注重蛋的营养，对蛋品的口感和风味等品质提出了更高的要求。为此，东胜区高度重视禽类养殖，现生产规模 4 万多头，预计年商品总量 630 万 t。品牌创建情况：申报企业 2016 年被评为"鄂尔多斯市农牧业产业化重点龙头企业"；2017 年评为东胜区基础农技体系示范户；2017 年 8 月"蒙瑞亚"品牌鸡蛋被指定为《联合国防治荒漠化公约》第十三次缔约方大会指定供货商。2017 年获得农业部农产品质量安全中心的无公害农产品认证。2018 年度评为"百企帮百村"优秀帮扶企业的荣誉称号；2018 年评为东胜区优秀民营企业家。

2. 特征描述

蛋壳洁净、完整，呈规则卵圆形，表面无肉眼可见污物；蛋黄居中，轮廓较清晰，胚胎未发育；蛋白澄清透明、稀稠分明；蛋内容物中无血斑、肉斑等异物。

3. 营养指标（表 169）

表 169　东胜鸡蛋独特营养成分

参数	蛋白质（%）	蛋氨酸（mg/100g）	硒（μg/100g）	脂肪（%）	组氨酸（mg/100g）	总不饱和脂肪酸（%）	铁（mg/100g）	脯氨酸（mg/100g）	胆固醇（mg/100g）
测定值	10.2	202	13.00	6.5	462	3.4	1.80	230	531.0
参考值	14.4	183	11.50	6.4	282	1.1	1.70	150	1 338.0

4. 评价鉴定

蛋壳清洁、完整，呈规则卵圆形，具有蛋壳固有的色泽，表面无肉眼可见污物。蛋白黏稠、透明，浓蛋白、稀蛋白清晰可辨。蛋黄居中，轮廓清晰，胚胎未发育。蛋内容物中无血斑、肉斑等异物。内在品质脂肪、水分、铁、硒、蛋氨酸、组氨酸、脯氨酸、总不饱和脂肪酸均高于参考值。综合评价符合全国名特优新农产品营养品质评价规范要求。

5. 环境优势

养殖区位于鄂尔多斯市东胜区乡镇，距离市区较近，干净的柏油马路直通市区，交通便利。基地地形地貌较为复杂，属典型的丘陵沟壑地貌，东部为丘陵沟壑山区，地质属硬质砂岩。西部为风沙地貌，属沙质土壤。地势由北向南倾斜，基地属于极端大陆性气候，冬长夏短，四季分明。多年平均气温6℃，降水量多年平均325.8～400.2mm，多集中在7—8月。全年多盛行东南风，其次为西北偏西风。地势较为平缓，属于风蚀坡梁高原地形。地下水资源较为丰富，水质较好，地下水类型为坡关高原碎屑岩类孔隙裂隙水和松散岩类孔隙水。项目区地下水资源充足，水位较高，水质好，矿化度低。由于地理分布、地貌和水文地质条件等因素的影响，分布有地带性土壤和隐域性土壤。养殖区地势高燥平坦，排水良好，有清洁水源，背风向阳，不受其他外界环境的污染。

6. 产品功效

功效同前述。

(五) 化德鸡蛋

1. 产品介绍

近年来，通过当地政府出台相关优惠政策的扶持，化德鸡的养殖和生产已逐步发展成为当地优势产品和主导产业之一，现有养殖基地3 000余亩，化德鸡蛋年产量700t，养殖规模和产品数量均居全国县级前列。化德县艳阳天农民专业合作社2015年6月加入国家安全农产品产业技术创新战略联盟；2016年3月加入中国富硒农业产业技术创业联盟；2016年被国家林业局评定为"服务精准扶贫国家林下经济及绿色特色产业示范基地"。近年来，合作社借助北京东城区结对帮扶机遇，与东城区20余家超市、社区、学校、企事业单位建立了产品直供关系。并在全县8个行政村，开展特禽试点养殖，覆盖贫困户200余户。带动贫困户增收100余万元。

2. 特征描述

化德鸡蛋表皮为白色，洁净鸡蛋呈规则卵圆形，具有表面无肉眼可见污物，蛋黄居中，轮廓较清晰，蛋白澄清透明、稀稠分明的特性。

3. 营养指标 (表170)

表170 化德鸡蛋独特营养成分

参数	蛋白质（%）	蛋氨酸（mg/100g）	硒（μg/100g）	脂肪（%）	赖氨酸（mg/100g）	总多不饱和脂肪酸（%）	铁（mg/100g）	缬氨酸（mg/100g）	胆固醇（mg/100g）
测定值	12.8	358	19.22	9.5	862	1.8	5.39	690	362.1
参考值	13.1	327	13.96	8.6	846	0.5	1.60	636	648.0

4. 评价鉴定

该产品在化德县范围内，在其独特的生产环境下，具有鸡蛋呈规则卵圆形，表面无肉眼可见污物，蛋黄居中，轮廓较清晰，蛋白澄清透明、稀稠分明的特性。内在品质脂肪、亚油酸/总脂肪酸、多不饱和脂肪酸、蛋氨酸、赖氨酸、缬氨酸、铁、锌、硒均高于参考值，其中硒含量高于参考值近 1.5 倍；胆固醇优于参考值。综合评价符合全国名特优新农产品营养品质评价规范要求。

5. 环境优势

化德县地处北纬 41°57′，东经 114°14′，位于高山冷凉气候资源区，属典型的半干旱大陆性气候，平均海拔 1 400m，有着得天独厚的气候资源优势。年均气温 3.2℃ 左右，雨热同期，降水集中，主要在 7 月、8 月、9 月。昼夜温差大，日照充足且时间长，平均可达 10h 左右。生产的农畜产品具有无污染、无公害、品质高等特点。特殊的气候条件为化德鸡的生长提供了绝佳条件。产地地处环渤海经济圈和呼包鄂"金三角"的结合部，东临京津，距首都北京 320km，西接呼和浩特、包头，距首府呼和浩特 300km；北通二连浩特、蒙古国、俄罗斯，距二连浩特陆路口岸 300km。特别是随着京包铁路第二复线的通车和张呼高铁、京新高速公路的开工建设，将该区的区位、交通优势更加突显，使化德鸡蛋的销售运输变得更加快捷便利。

6 产品功效

功效同前述。

（六）达拉特鸡蛋

1. 产品介绍

达拉特鸡蛋经过 20 多年的发展，达拉特旗现有十多万只的存栏，已能满足全旗人民的消费需求。养殖者从最初的粗放式养殖，到现在的规模化、标准化养殖，产品也有了包装，并且注册了自己的商标，发展了自己的品牌。现已有"真兴""恩格贝""青出于蓝"等品牌在当地叫得响，深得老百姓认可。在当前消费者开始追求产品质量、品质方向的指引下，养殖者也通过改变养殖方式，提高产品品质，作为未来几年的发展方向；并且逐步向电商方向发展，在包装、品质、市场方面下功夫。

2. 特征描述

达拉特鸡蛋为红色外皮，该鸡蛋呈规则卵圆形，具有表面无肉眼可见污物，蛋黄居中，轮廓较清晰，蛋白澄清透明、稀稠分明的特性。

3. 营养指标（表 171）

表 171 达拉特鸡蛋独特营养成分

参数	蛋白质（%）	蛋氨酸（mg/100g）	硒（μg/100g）	脂肪（%）	维生素 A（μg/100g）	总不饱和脂肪酸（%）	铁（mg/100g）	缬氨酸（mg/100g）	胆固醇（mg/100g）
测定值	11.9	395	14.30	8.1	156.8	5.1	2.77	715	602.4
参考值	13.1	183	13.96	8.6	255.0	2.4	1.60	636	648.0

4. 评价鉴定

该产品在达拉特旗范围内，在其独特的生长环境下，具有鸡蛋呈规则卵圆形，表面无肉眼可见污物，蛋黄居中，轮廓较清晰，蛋白澄清透明、稀稠分明的特性。内在品质亚油酸/总脂肪酸、总不饱和脂肪酸、蛋氨酸、谷氨酸、缬氨酸、铁、锌、硒均高于参考值；胆固醇优于参考值。综合评价符合全国名特优新农产品营养品质评价规范要求。

5. 环境优势

生产基地位于市库布齐沙漠东端，处于沙区与沿河平原的结合部，土质优良，水资源较为丰富，气候类型属于温带大陆性气候，发展农牧业生产条件得天独厚；年平均降水量为240~360mm，主要集中在7—8月。生产基地周边自然生态环境没有受到任何污染，地势高燥，四周居民居住量少，对养殖的扰动少，便于疫病防控，有利于养殖。生产基地位于旗政府所在地树林召镇周边，距包头市25km，南距市政府所在地东胜75km，东部相距呼和浩特市170km，交通十分便利，既有利于生产，又便于运输，而且距销费市场也不远，具有明显的区位优势。

6. 产品功效

功效同前述。

（七）卓资山鸡蛋

1. 产品介绍

近年来，卓资县政府不断加大对当地散养鸡的扶持力度，出台了相关扶持政策，并成立了散养鸡协会。目前，全县散养鸡总数已达到3万羽，鸡蛋产量已突破360t。品牌创建方面：在当地农牧部门的积极组织下，卓资山鸡蛋多次赴各地参加各类展会，使消费者对卓资山散养鸡有了更深层次的了解，同时也得到了消费者的认可，知名度逐年提高，养殖数量和鸡蛋产量不断增加，带动了农牧业经济的发展，为当地脱贫致富做出了贡献。下一步，卓资县将在保证散养鸡质量的前提下，逐步扩大散养鸡的规模，使当地出产更多的优质鸡蛋。

2. 特征描述

卓资山鸡蛋外皮为红色，蛋壳洁净、完整，呈规则卵圆形，表面无肉眼可见污物；蛋黄较居中，轮廓较清晰，胚胎未发育；蛋白澄清透明、稀稠分明；蛋内容物中无血斑、肉斑等异物。

3. 营养指标（表172）

表172　卓资山鸡蛋独特营养成分

参数	蛋白质（%）	蛋氨酸（mg/100g）	锌（mg/100g）	脂肪（%）	水分（%）	总不饱和脂肪酸（%）	铁（mg/100g）	缬氨酸（mg/100g）	胆固醇（mg/100g）
测定值	11.3	362	1.32	8.1	77.0	3.8	5.26	660	520.0
参考值	14.4	183	1.28	6.4	72.6	1.1	1.70	521	1 338.0

4. 评价鉴定

蛋壳洁净、完整，呈规则卵圆形，表面无肉眼可见污物；蛋黄较居中，轮廓较清晰，胚胎未发育；蛋白澄清透明、稀稠分明；蛋内容物中无血斑、肉斑等异物。内在品质脂肪、水分、铁、锌、蛋氨酸、缬氨酸、总不饱和脂肪酸均高于参考值。综合评价符合全国名特优新农产品营养品质评价规范要求。

5. 环境优势

卓资山散养鸡主要养殖区分布在自然环境良好的环山地区，采用天然放养的方式，将公鸡和母鸡混合放养，使得鸡有足够的活动空间，可以自行觅食，吃的是虫草，喝天然山泉水，这些都富含人体所需要的微量元素，是散养鸡最好的食材。所以，培育出散养鸡都是优质的散养鸡，独特的放养方法使当地的"鸡蛋"营养丰富，品质优良，非常受消费者欢迎。

6. 产品功效

功效同前述。

（八）商都鹅蛋

1. 产品介绍

鹅蛋产业是商都县近年来新引进并全力打造的高品质产业，全县蛋鹅养殖43万羽，在蛋鹅产业化建设过程中，坚持举绿色旗走品牌路，注重规模化、品牌化发展，集成推广先进的蛋鹅养殖技术。产品远销京、津、冀、鲁等城市，出口蒙古、俄罗斯等国家，商都鹅蛋年均销售量为0.258万t，年收入0.7亿元，鹅蛋逐步成为提高县域经济和增加农民收入的特色产业。商都县加快品牌建设和品牌宣传步伐，注册了"项天鹅""鹅精英""鹅中宝""蒙鹅春辉"等鹅蛋商标，商都鹅蛋多次参加电商展全面提升知名度。

2. 特征描述

商都鹅蛋外观颜色为白色，呈规则卵圆形，表面无肉眼可见污物，蛋黄居中，轮廓较清晰，胚胎未发育，每枚重量约143.7g，蛋白质澄清透明，稀稠分明。

3. 营养指标（表173）

表173　商都鹅蛋独特营养成分

参数	蛋白质（%）	亚油酸/总脂肪酸（%）	赖氨酸（mg/100g）	脂肪（%）	锌（mg/100g）	多不饱和脂肪酸（%）	维生素A（µg/100g）	缬氨酸（mg/100g）	铁（mg/100g）	胆固醇（mg/100g）
测定值	11.9	11.2	1 120	10.1	1.59	1.6	178.2	980	5.14	481.1
参考值	11.1	5.8	976	15.6	1.43	1.0	192.0	815	4.10	704.0

4. 评价鉴定

该产品在商都县范围内，在其独特的生长环境下，具有外观颜色为白色，呈规则卵圆形，蛋黄居中，轮廓较清晰，胚胎未发育，单枚重量约143.7g，蛋白澄清透明，稀稠分明的特性。内在品质蛋白质、多不饱和脂肪酸、亚油酸/总脂肪酸、赖氨酸、缬氨酸、天冬氨酸、铁、锌均高于参考值；胆固醇优于参考值。综合评价符合全国名特优新农产品营养品质评价规范要求。

5. 环境优势

商都县位于乌兰察布市东部，属于温带半干旱大陆性季风气候，商都具备降水量集中、日照时间长和光照充足，是形成优良品质鹅蛋的必备条件，独特的气候条件为商都鹅提供了绝佳条件。辖地面积4 353km²，全县10个乡镇，总人口34.2万人，商都地处环渤海经济圈和呼包鄂"金三角"的结合部，东临京津，距首都北京400km，西临呼和浩特、包头，距首府呼和浩特200km，北通二连浩特、蒙古国、俄罗斯，距二连浩特陆路口岸300km，特别是随着京包铁路第二复线、张呼高铁、京新高速公路的建设，将商都县的区位、交通优势凸显。

6. 产品功效

鹅蛋的个头较大些，味道吃起来有些油。鹅蛋中含有丰富的营养成分，如蛋白质、脂肪、矿物质和维生素等。鹅蛋中所含的蛋白质中，最多和最主要的是蛋白质中的卵白蛋白和卵黄中的卵黄磷蛋白，是完全蛋白质，易于人体消化和吸收。鹅蛋蛋黄中还有比较多的磷酸，其中一半是卵磷脂，这些成分对人脑及神经组织的发育有非常重要的作用。与鸡蛋相比，鹅蛋的蛋白质含量较低，脂肪含量却高于其他蛋类。

（九）达拉特鹌鹑蛋

1. 产品介绍

风水梁镇是一个移民镇，80%居民都是周边生态移民，劳动力充足，有利于养殖规模的扩大和产品质量的保障。鹌鹑养殖的场地和技术全部由合作社提供，生产的鹌鹑蛋由合作社根据市场行情全部收购，保障养殖者的合理收入每年不低于3万元。合作社目前养殖规模已达到50万只，是周边500km之内最大的鹌鹑养殖基地，已形成明显的规模效应；合作社计划在现有鲜鹌鹑蛋粗放式销售基础上，引进鹌鹑蛋加工生产线，将鹌鹑蛋进行加工、包装，以加工产品形式推向市场，提升产品的附加值，同时也进一步的提高产品抵御单一品种销售的市场风险。未来两年合作社准备再新建两个鹌鹑养殖基地，现建设地块已选好，建成后养殖数量达到100万只左右。产品以注册商标"大坝壕"为品牌，现已由商务部门引入电子商务平台，由专门的销售团队负责网络销售，并免费提供办公室和货物仓储场所。计划在未来2~3年将鹌鹑蛋的产、销量有一个大幅度的提升，稳定扩大市场，将"大坝壕"鹌鹑蛋品牌叫响。

2. 特征描述

形状近椭圆形，表面有褐色斑点或斑块，每个重量在12~13g，灯光透视时整个蛋呈黄色，无其他异常颜色，蛋液有固定的蛋腥味，无其他异味和霉块。

3. 营养指标（表174）

表174 达拉特鹌鹑蛋独特营养成分

参数	蛋白质（%）	水分（%）	硒（μg/100g）	脂肪（%）	铜（mg/100g）	钙（mg/100g）	铁（mg/100g）
测定值	12.7	72.9	11.50	10.1	2.42	67.28	13.17
参考值	13.1	70.6	25.48	8.2	1.27	59.00	3.80

4. 评价鉴定

形状近椭圆形，表面褐色斑点或斑块较多；重量为 12~13g，灯光透视时整个蛋呈黄色，无其他异常颜色，蛋液具有固定的蛋腥味，无异味。蛋壳清洁完整无裂纹，无霉斑，灯光透视时蛋内无黑点及异物；内在品质脂肪、水分、钙、铁、铜均优于参考值，硒含量为 11.5μg/100g。综合评价符合全国名特优新农产品营养品质评价规范要求。

5. 环境优势

生产地域风水梁地处内蒙古鄂尔多斯市库布齐沙漠东端，处于沙区与沿河平原的结合部，土质优良，沙区宜农宜牧，生产地域内有木哈尔河、哈什拉川和东柳沟河 3 条季节性河流，水资源较为丰富，气候类型属于温带大陆性气候，发展农牧业生产条件得天独厚；年平均降水量为 240~360mm，主要集中在 7—8 月。生产基地周边自然生态环境没有受到任何污染与地势高燥，四周居民居住量少，对鹌鹑养殖的扰动少，有利于疫病防控，有利于养殖。生产基地北距旗政府所在地树林召镇 35km，距包头市 70km，南距市政府所在地东胜 65km，东部相距呼和浩特市 140km，德敖公路、沿黄重载一级公路、鄂尔多斯沿黄河铁路等交通干线从周边穿过，交通十分便利，既有利于生产，又便于运输，而且距消费市场也不远，具有明显的区位优势。

6. 产品功效

鹌鹑蛋是一种很好的滋补品，在营养上有独特之处，有"卵中佳品""动物中的人参"之称。

第五章 菌类

一、香菇

（一）武川香菇

1. 产品介绍

武川县大力开展食用菌标准化种植基地建设，按照六大基地种植布局、专业化生产、规模化经营的要求，大力发展食用菌工厂化种植和规模经营，形成了一批规划布局合理、生产要素集聚、功能设施完备、研发能力较强、经营机制灵活、产业链条完整的现代食用菌生产加工基地。坚持以标准引领、推动食用菌产业发展，从产地环境、栽培设施、菌种采集、出菇采收、包装运输、市场销售等方面，研究制定了10多个系列技术操作规程，为食用菌标准化生产提供了更加符合实际的技术保障。按照生态原产地保护申请的要求，开展食用菌生态原产地产品保护示范区建设，增强武川县食用菌生态原产地保护产品国内竞争力，培育品牌竞争新优。

2. 特征描述

武川香菇菌盖稍扁平，表面呈深褐色，菌褶呈乳白色，厚度为 1.1~1.3cm，菌盖直径 4~5cm，开伞度小，菌柄长度较菌盖直径长；伴有鲜香菇特有的沁人香气，菌肉紧实，口感弹韧。

3. 营养指标（表175）

表 175　武川香菇独特营养成分

参数	蛋白质（%）	精氨酸（mg/100g）	谷氨酸（mg/100g）	镁（mg/100g）	锌（mg/100g）	苯丙氨酸（mg/100g）	赖氨酸（mg/100g）	天冬氨酸（mg/100g）	锰（mg/100g）	硒（μg/100g）
测定值	3.7	90	488	26.92	1.22	144	132	180	0.37	3.35
参考值	2.2	71	284	11.00	0.66	96	68	143	0.25	2.58

4. 评价鉴定

菌盖稍扁平，表面呈深褐色，菌褶呈乳白色，厚度 1.1~1.3cm，菌盖直径 4~5cm，开伞度小，菌柄长度较菌盖直径长；伴有鲜香菇特有的沁人香气，菌肉紧实，口感弹韧；内在品质蛋白质、谷氨酸、天冬氨酸、赖氨酸、精氨酸、钙、铁、锌、钾、镁、铜、钠、锰均高于参考值，硒含量高于参考值近1.3倍。综合评价符合全国名特优新农产品营养品质评价规范要求。

5.环境优势

武川县耗赖山乡大豆铺村位于内蒙古中部，阴山北麓，周边无任何生产企业，属农田种植范畴，因此环境良好无污染，这对食用菌种植提供了保障性条件，食用菌属真菌类植物，最容易受到污染。该地区气候类型属中温带大陆性季风气候，年平均气温3.0℃，昼夜温差大，平均气温-14.8℃，最热月为7月，平均气温18.8℃。历年平均为25.5℃。历年平均降水量为354.1mm左右。无霜期124d左右，月平均气温大于或等于0℃的年积温，积温可达到一定程度以此来刺激蘑菇生长。夏季高温多雨，冬季寒冷干燥，借此特殊季节，秋冬季节生产菌棒，夏秋出菇，正好和南方出菇高峰期相反，以此来填补市场需求。

6.产品功效

香菇富含多种营养物质，味道鲜美，不仅有很高的食用价值，还有很高的药用价值。香菇含有多种微量元素和常量元素，可以预防贫血，参与新陈代谢，促进骨骼发育，促进血液循环等；香菇中含有的粗纤维和大量维生素利于肠胃蠕动，促进消化，香菇可以吸附血液中多余的胆固醇，对治疗高血压有益，香菇现已被证明具有很强的抗肿瘤、抗病毒功效，还能防止心血管病、糖尿病，具有健脾胃、助消化、强身滋补、消热解毒、抗衰老等功效，对于糖尿病及其并发症，如坐骨神经痛、动脉硬化、视网膜炎，有一定的治疗作用。

（二）克旗香菇

1.产品介绍

近年来，在"精准扶贫"的带动下，克旗香菇成为克什克腾旗农业的支柱产品，带动近千农户实现脱贫，产业园以出产优质菇并逐渐做成内蒙古草原深处的有机品牌菇，通过3~5年的产品培养和市场营销，利用先进的冷藏、运输技术，实现内蒙古高品质有机菇走进国内的大中城市，同时远销欧美、日韩及东南亚地区。

2.特征描述

克旗香菇菌盖稍扁平，菇形规整，表面呈深褐色，菌褶呈乳白色；厚度1.5~2.0cm，菌盖直径5.3~6.5cm，开伞度小；菌柄与菌盖边缘有白色丝膜相连，伴有鲜香菇特有的沁人香气，菌肉紧实，口感弹韧；无虫蛀菇、残缺菇、畸形菇。

3.营养指标（表176）

表176　克旗香菇独特营养成分

参数	蛋白质（%）	水分（%）	脂肪（%）	锌（mg/100g）	膳食纤维（%）	赖氨酸（mg/100g）	缬氨酸（mg/100g）	铁（mg/100g）	硒（μg/100g）
测定值	2.9	86.0	1.2	1.50	9.2	124	118	3.39	3.70
参考值	2.2	91.7	0.3	0.66	3.4	68	95	0.30	2.58

4. 评价鉴定

克旗香菇菌盖稍扁平，菇形规整，表面呈深褐色，菌褶呈乳白色；厚度 1.5～2.0cm，菌盖直径 5.3～6.5cm，开伞度小；菌柄与菌盖边缘有白色丝膜相连，伴有鲜香菇特有的沁人香气，菌肉紧实，口感弹韧；无虫蛀菇、残缺菇、畸形菇。内在品质蛋白质、脂肪、铁、锌、硒、赖氨酸、缬氨酸、膳食纤维均高于参考值。综合评价符合全国名特优新农产品营养品质评价规范要求。

5. 环境优势

克什克腾旗地处内蒙古高原东端，平均海拔 1 000m 以上，常年多风少雨，属于半干旱性气候区域，早晚温差鲜明，特别适合出产优质香菇，香菇产地远离城市喧嚣，没有污染，为大青山保护区。水源用深井水，品质优良。水源上游以农牧业为主，无污染矿山或企业。产地年活动积温为 2 400℃，无霜期 120～125d，年降水量为 400mm 左右，年均气温为 3.8℃，年日照时间为 2 800h 左右。特殊的气候条件为克旗香菇的品质积累创造了最佳条件。

6. 产品功效

功效同前述。

（三）察右后旗香菇

1. 产品介绍

为了因地制宜发展当地种植业，以及提高农户有效收入，依托发达的公路系统。近年来，聘请市县级专家在土牧尔台镇利用温室和大棚培育种植技术，高效使用深层地下水，科学合理规划温室空间，培育出适合大量种植和生产的察右后旗香菇，菇形饱满，呈褐色伞状，含水量高，食用时味道鲜美。依托龙头企业带领，已建立起 200 个左右温室和大棚，逐步扩大生产规模，根据气候变换，调节种植温度和滴灌次数，科学生产，提高产量，增效增收，菌棒生产车间 200m²，还建造起 300m² 左右冷鲜库，专用于采收后的产品保鲜，然后用专门的运输车辆，全程低温保鲜运输，既能保持香菇水分又能最大程度留住营养含量，逐渐形成长效生产运输机制，逐步扩大生产规模，带动周边经济发展，带动广大农户积极生产，提高收益，坚决打赢脱贫攻坚战，振兴乡村发展。

2. 特征描述

察右后旗香菇菌盖稍扁平，菇形规整，表面呈深褐色，菌褶呈乳白色；厚度 1.8～2.2cm，菌盖直径 5.5～6.5cm，菌柄与菌盖边缘有白色丝膜相连，伴有鲜香菇特有的沁人香气，菌肉紧实，口感弹韧。

3. 营养指标（表 177）

表 177 察右后旗香菇独特营养成分

参数	蛋白质（%）	灰分（%）	锌（mg/100g）	膳食纤维（%）	多糖（%）	香菇素（mg/100g）	铁（mg/100g）	钙（mg/100g）
测定值	2.7	7.6	1.11	5.4	5.4	5.2	1.56	15.12
参考值	2.2	8.0	0.66	3.4	3.8	10.2	0.30	2.00

4. 评价鉴定

该产品在察右后旗范围内，在其独特的生长环境下，具有菌盖稍扁平，菇形规整，表面呈深褐色，菌褶呈乳白色，菌肉紧实，口感弹韧的特性，内在品质蛋白质、多糖、膳食纤维、钙、铁、锌均高于参考值，灰分优于参考值，满足标准要求，综合评价其符合全国名特优新农产品名录收集登录基本条件和要求。

5. 环境优势

察哈尔右翼后旗位于内蒙古中部阴山北麓，隶属于乌兰察布市后山地区，总地势为南高北低，地表起伏较大。属中温带半干旱大陆性季风气候，因受中纬度及季风气候影响，春季干旱多风，雨量集中于夏季 7—8 月，秋季早寒易冻，冬季漫长寒冷。年平均气温 3.4℃，年平均日照时数 2 986.2 h，年平均无霜期 70～102d，年平均降水量 327.8mm。总之日照充足，风多雨少，昼夜温差大。土壤以栗钙土为主，土层深厚，肥力中等的沙质土壤，占总土地面积 90% 以上。土牧尔台镇位于察哈尔右翼后旗最北端，多丘陵，总面积 560km^2，受纬度位置、季风气候和历史文化影响，可种植发展农产品种类较少，生长周期较短，经过多年培育研究，适宜种植马铃薯、香菇和葵花等。依托先进的农业生产技术，合理利用深层地下水，最大化利用温室和大棚生产技术，近些年，大量培育种植香菇和平菇等食用菌，现已建成 200 座左右温室大棚，最大化利用温室空间，全年可出产 0.75 万 t 香菇。

6. 产品功效

功效同前述。

（四）土默特左旗香菇

1. 产品介绍

土默特左旗香菇以中国农业大学食用菌研究所为技术支撑，菌种研发生产建基地于河北省承德市平泉县，种植技术人员以侯宝仓、张洪武等技术专家组成。先进的技术和高水平技术团队使香菇的产量和品质得到大幅度提升。2020 年，分别于内蒙古农业博览会和五彩土默特展销会上设立销售专柜，通过多家媒体的报道提升品牌知名度。目前，善岱蘑菇远销至湖北省，在内蒙古中西部具有一定的品牌影响力，深受消费者好评。

2. 特征描述

土默特左旗香菇菌盖稍扁平，菇形规整，表面呈深褐色，菌褶呈乳白色；厚度 1.5～2.0cm，菌盖直径 5.3～6.5cm；菌柄与菌盖边缘有白色丝膜相连，伴有鲜香菇特有的沁人香气，菌肉紧实，口感弹韧。

3. 营养指标（表 178）

表 178 土默特左旗香菇独特营养成分

参数	蛋白质（%）	灰分（%）	锌（mg/100g）	膳食纤维（%）	多糖（%）	香菇素（mg/100g）	铁（mg/100g）	钙（mg/100g）
测定值	4.0	6.2	0.94	2.6	0.7	15.6	1.22	2.09
参考值	2.2	8.0	0.66	3.4	3.8	10.2	0.30	2.00

4. 评价鉴定

该产品在土默特左旗区域范围内，在其独特的生长环境下，具有菌盖稍扁平，菇形规整，菌肉紧实，口感弹韧的特性，内在品质蛋白质、香菇素、钙、铁、锌均高于参考值，总灰分优于参考值，满足标准要求，综合评价其符合全国名特优新农产品名录收集登录基本条件和要求。

5. 环境优势

土默特左旗香菇产于呼和浩特土默特左旗善岱食用菌种植示范基地，该地处于大青山南麓，位于富饶的土默川平原上，用地 900 亩，育菌棚 40 个，出菇棚 120 个，菌棚面积 450 000m²。呼和浩特市发展食用菌产业有着得天独厚的优势条件，内蒙古中西部冷凉的气候为香菇的品质积累创造了最佳条件，土默川平原提供了良好的地理环境，外加上有便利的交通条件。另外，大力发展食用菌产业，对于调整优化当地农业产业结构，增加农民收入，保护自然资源环境具有重要的意义。

6. 产品功效

功效同前述。

（五）清水河花菇

1. 产品介绍

清水河花菇体形饱满、朵圆、肉厚、肉质鲜嫩、色泽鲜亮、香味浓郁、口感独特、营养丰富。含有 16 种以上人体必需的氨基酸，30 余种酶类和丰富的香菇多糖。2017 年 5 月，清水河县"反季节花菇栽培技术课题"荣获内蒙古科技创新创业大赛二等奖。2017 年 6 月在第十三届中国北京国际科技产业博览会上，清水河县花菇品质和反季节栽培技术受到国外专家的一致赞誉，特殊的地理人文环境使得清水河花菇具有不同于其他地区花菇的特定品质。为今后蒙晋陕三省交界区域花菇产业的发展奠定了坚实的基础。2019 年 12 月 26 日，由农业农村部国家绿色食品发展中心组织的 2019 年第四次农产品地理标志登记专家评审会在北京举办，清水河花菇顺利通过专家评审，成为地理标志产品。

2. 特征描述

清水河花菇菇形规整，顶面呈淡黑色，菇底呈淡黄色，菌盖表面花纹明显，龟裂深，菌肉紧实，口感弹韧。

3. 营养指标（表 179）

表 179　清水河花菇独特营养成分

参数	蛋白质（%）	锌（mg/100g）	膳食纤维（%）	多糖（%）	香菇素（mg/100g）	铁（mg/100g）	钙（mg/100g）
测定值	4.4	1.96	4.6	6.2	25.4	1.83	2.92
参考值	2.2	0.66	3.4	3.8	10.2	0.30	2.00

4. 评价鉴定

该产品在清水河县域范围内，在其独特的生长环境下，具有菇形规整，顶面呈淡黑色，菇底呈淡黄色，菌盖表面花纹明显，龟裂深，菌肉紧实，口感弹韧的特性，内在品质香菇素、蛋白质、膳食纤维、多糖、铁、锌、钙均高于参考值，综合评价其符合全国名特优新农产品名录收集登录基本条件和要求。

5. 环境优势

清水河县位于内蒙古高原和山陕黄土高原中间地带。境内丘陵区占 38.4%，土石山区占 24.8%，沙地与其他占 13.6%，冲积平原占 3.2%。构成了以低山丘陵为主体，低缓丘陵、丘陵沟壑、土石山和冲积平原并存的地貌类型，所有的山沟几乎沟沟有水。清水河县地处中温带，属半干旱典型的大陆性气候。由于地形复杂，境内地区气候变化差异明显。主要特点为冬长夏短，寒冷干燥，风多雨少，年平均气温 7.5℃，1 月平均气温 -11.5℃，极端最低气温 -29℃，7 月平均气温 22.5℃，极端最高气温 37.1℃。年日均气温 5℃ 以上的持续天数为 198d，日均气温 0℃ 以上的持续天数为 232d，全年平均日照 2 900h，无霜期平均为 135d 左右。

6. 产品功效

随着人民生活水平的不断提高，吃出健康成为新时尚，而花菇因其丰富的营养和极高的药用价值，具有防病、抗癌、延缓衰老等功效，加之花菇肉质细嫩、鲜美、爽口，逐渐成为餐桌上的"佳珍"，被誉为"植物皇后"，深受国内外消费者的追捧。

二、滑子菇

（一）武川滑子菇

1. 产品介绍

武川滑子菇产自呼和浩特市武川县耗赖山乡，为了大力发展该县食用菌标准化种植基地建设，当地政府按照六大基地种植布局、专业化生产、规模化经营的要求，大力发展食用菌工厂化种植和规模经营，形成了一批规划布局合理、生产要素集聚、功能设施完备、研发能力较强、经营机制灵活、产业链条完整的现代食用菌生产加工基地。当地政府坚持以标准引领、推动食用菌产业发展，从产地环境、栽培设施、菌种采集、出菇采收、包装运输、市场销售等方面，研究制定了 10 多个系列技术操作规程，为食用菌标准化生产提供了更加符合实际的技术保障。当地还按照生态原产地保护申请的要求，开展食用菌生态原产地产品保护示范区建设，增强武川县全县食用菌生态原产地保护产品国内竞争力，培育品牌竞争新优。

2. 特征描述

武川滑子菇菌盖为半圆形或伞形，菌杆为柱形，菇体多个丛生，菌柄长 6.0 ~ 7.0cm，菌盖直径 2.5 ~ 3.0cm；菌盖呈淡黄色至黄褐色，菌杆底色为白色，覆盖色为淡黄色；菌体表面附有较多黏液物质，手摸黏滑。

3. 营养指标（表 180）

表 180　武川滑子菇独特营养成分

参数	蛋白质（%）	锌（mg/100g）	膳食纤维（%）	多糖（%）	组氨酸（mg/100g）	磷（mg/100g）	苏氨酸（mg/100g）	甘氨酸（mg/100g）	水分（%）
测定值	1.6	0.66	1.7	4.1	227	60	91	70	93.0
参考值	2.7	0.92	1.6	3.8	36	94	73	87	92.4

4. 评价鉴定

该产品在武川县域范围内，在其独特的生长环境下，具有菌柄长约 6.0～7.0cm，菌盖直径 2.5～3.0cm，肉质鲜嫩，颜色鲜亮，菌体表面附有较多黏液物质，手摸黏滑的特性，内在品质多糖、组氨酸、苏氨酸、水分、膳食纤维均高于参考值，综合评价其符合全国名特优新农产品名录收集登录基本条件和要求。

5. 环境优势

武川县耗赖山乡大豆铺村位于内蒙古中部，阴山北麓，周边无任何生产企业，属农田种植范畴，因此环境良好无污染，这对食用菌种植提供了保障性条件，食用菌属真菌类植物，最容易受到污染。该地区气候类型属中温带大陆性季风气候，年平均气温 3.0℃，昼夜温差大，平均气温 −14.8℃，最热月为 7 月，平均气温 18.8℃。历年平均气温 25.5℃。历年平均降水量为 354.1mm 左右。无霜期 124d 左右。夏季高温多雨，冬季寒冷干燥，借此特殊季节，秋冬季节生产菌棒，夏秋出菇，正好和南方出菇高峰期相反，以此来填补市场需求。

6. 产品功效

滑子菇其菌盖表面黏滑，因而又得名"滑菇"。滑子菇富含膳食纤维、粗蛋白质和多种维生素和氨基酸。研究表明，滑子菇多糖具有免疫调节、抗氧化、抗辐射、防衰老、降脂保肝等重要的生理活性。

（二）鄂伦春滑子菇

1. 产品介绍

自 2018 年起，当地各乡镇和各包联单位在开展产业扶贫工作中，将建设食用菌基地作为一项重要举措。总计投入 4 000 余万元，采取"龙头企业＋基地＋贫困户"模式，为 74 个有贫困人口的行政村谋划集体经济项目，超前规划高效益产业，全年实现产业扶贫带动食用菌种植新增 1 500 万袋。下一步当地将继续大力发展食用菌产业，带动农民增收，产能增效。

2. 特征描述

鄂伦春滑子菇菌盖为伞形，菌杆为柱形，菌柄长 6.0～7.0cm，菌盖直径约 2.0cm；菌盖呈淡黄色，菌杆为白色，伴有滑子菇的香味。

3. 营养指标（表181）

表181 鄂伦春滑子菇独特营养成分

参数	蛋白质（%）	铁（mg/100g）	膳食纤维（%）	多糖（%）	天冬氨酸（mg/100g）	磷（mg/100g）	谷氨酸（mg/100g）	亮氨酸（mg/100g）	水分（%）
测定值	18.0	14.12	35.5	7.4	1 150	582	2 070	820	12.0
参考值	16.5	23.05	22.4	3.8	1 030	523	1 502	759	12.3

4. 评价鉴定

该产品在鄂伦春自治旗范围内，在其独特的生长环境下，具有菌柄长6.0~7.0cm，菌盖直径约2.0cm，菌盖呈淡黄色，菌杆为白色的特性，内在品质蛋白质、多糖、谷氨酸、亮氨酸、天冬氨酸、膳食纤维、磷均高于参考值，综合评价其符合全国名特优新农产品名录收集登录基本条件和要求。

5. 环境优势

鄂伦春自治旗位于呼伦贝尔市东北部，大兴安岭南麓，嫩江西岸，北纬48°50′~51°25′，东经121°55′~126°10′。北与黑龙江省呼玛县以伊勒呼里山为界，东与黑龙江省嫩江县隔江相望，南与莫力达瓦达斡尔族自治旗、阿荣旗接壤，西与根河市、牙克石市为邻。全旗总面积59 880km²。鄂伦春自治旗属于寒温带半湿润大陆性季风气候，四季变化显著。年均气温在-2.7~-0.8℃，自西向东递增。7月气温最高，平均为17.9~19.8℃，最高温度达37.5℃，无霜期平均95d。风速较小，年均风速1.8~2.9m/s。年降水量459.3~493.4mm。

6. 产品功效

功效同前述。

三、大球盖菇

武川大球盖菇

1. 产品介绍

当地的农业合作社大力开展食用菌标准化种植基地建设，按照六大基地种植布局、专业化生产、规模化经营的要求，大力发展食用菌工厂化种植和规模经营，形成了一批规划布局合理、生产要素集聚、功能设施完备、研发能力较强、经营机制灵活、产业链条完整的现代食用菌生产加工基地。坚持以标准引领、推动食用菌产业发展，从产地环境、栽培设施、菌种采集、出菇采收、包装运输、市场销售等方面，研究制定了10多个系列技术操作规程，为食用菌标准化生产提供了更加符合实际的技术保障。按照生态原产地保护申请的要求，开展食用菌生态原产地产品保护示范区建设，增强全县食用菌生态原产地保护产品国内竞争力，培育品牌竞争新优势。

2. 特征描述

武川大球盖菇菌盖直径 3.0～5.0cm，表面平滑，有纤维状或细纤维状鳞片，湿后稍有黏性，菌肉肥厚，呈白色；菌柄表面平滑，呈白色或淡黄褐色，菌柄粗壮，向基部渐粗，菌柄长 5.0～10.0cm，直径 2～3cm；口感鲜嫩、肉质富有弹性，自带菌类特有香味。

3. 营养指标（表182）

表182　武川大球盖菇独特营养成分

参数	蛋白质（%）	铁（mg/100g）	膳食纤维（%）	多糖（%）	天冬氨酸（%）	维生素C（mg/100g）	赖氨酸（%）	亮氨酸（%）	硒（μg/100g）
测定值	25.0	65.58	28.4	5.3	1.73	136.0	1.05	1.32	73.10
参考值	22.3	23.02	42.9	5.5	1.35	53.1	0.88	0.96	78.00

4. 评价鉴定

该产品在武川县域范围内，在其独特的生长环境下，具有菌肉肥厚，菌柄粗壮，菌盖表面平滑，自带菌类特有香味，口感鲜嫩、肉质富有弹性的特性，内在品质蛋白质、维生素C、天冬氨酸、亮氨酸、赖氨酸、铁、锌均高于参考值，综合评价其符合全国名特优新农产品名录收集登录基本条件和要求。

5. 环境优势

武川县上秃亥乡三间房村位于内蒙古中部，阴山北麓，周边无任何生产企业，属农田种植范畴，因此环境良好无污染，这对食用菌种植提供了保障性条件，食用菌属真菌类植物，最容易受到污染。该地区气候类型属中温带大陆性季风气候，年平均气温3.0℃，昼夜温差大，平均气温-14.8℃，最热月为7月，平均气温18.8℃。历年平均气温为25.5℃。历年平均降水量为354.1mm左右。无霜期124d左右。夏季高温多雨，冬季寒冷干燥，借此特殊季节，秋冬季节生产菌棒，夏秋出菇，正好和南方出菇高峰期相反，以此来填补市场需求。

6. 产品功效

大球盖菇又名皱环球盖菇、皱球盖菇、酒红球盖菇，是国际菇类交易市场上的十大菇类之一，也是联合国粮农组织向发展中国家推荐栽培的覃菌之一。大球盖菇营养丰富，还含有多糖、酚类、黄酮等功能成分，其蛋白质的含量较一般的食用菌高，一般为25%左右，高的达 30%～35%。

四、木耳

（一）鄂伦春黑木耳

1. 产品介绍

2013 年呼伦贝尔市农牧业局注册了呼伦贝尔黑木耳商标，此商标为公共商标，全市黑木耳生产企业和合作社均可使用。鄂伦春自治旗有黑木耳商标兴安猎神牌、诺敏山牌、蔺牌和绿天缘4个品牌，企业获得了黑木耳绿色食品认证，其中克一河诺敏绿业获得黑木耳有机食品认证，并于2015年获得农业部"名特优新"农产品称号。2016年农业部批复鄂伦春黑木耳地理标志。2017年鄂伦春自治旗成立食用菌行业协会，负责食用菌新品种、新技术的研发与推广，培训菌农。2018年鄂伦春自治旗食用菌栽培量达到5 000万袋，已成为呼伦贝尔市第一大旗，鄂伦春黑木耳成为鄂伦春自治旗一大品牌。2018年，鄂伦春自治旗各乡镇和各包联单位在开展产业扶贫工作中，将建设食用菌基地作为一项重要举措。总计投入4 000余万元，采取"龙头企业+基地+贫困户"模式，为74个有贫困人口的行政村谋划集体经济项目，超前规划高效益产业，全年实现产业扶贫带动食用菌种植新增1 500万袋。

2. 特征描述

鄂伦春黑木耳耳片有光亮感，有弹性，无异味，无虫害痕迹，无肉眼可见的霉菌侵染或腐烂之处。

3. 营养指标（表183）

表183　鄂伦春黑木耳独特营养成分

参数	蛋白质（%）	粗纤维（%）	膳食纤维（%）	钾（mg/100g）	多糖（%）	镁（mg/100g）
测定值	14.3	13.8	30.5	1 193.33	4.7	180.49
参考值	12.1	6.8	29.9	757.00	4.3	152.00

4. 评价鉴定

鄂伦春木耳耳片有光亮感，有弹性，无异味，无虫害痕迹、无肉眼可见的霉菌侵染或腐烂之处；内在品质蛋白质、粗纤维、钾、镁、膳食纤维均高于参考值，多糖高于同类产品平均值。综合评价符合全国名特优新农产品营养品质评价规范要求。

5. 环境优势

环境优势同前述。

6. 产品功效

黑木耳子实体胶质含量较高，质地柔软平滑，味道鲜美。中医学认为，黑木耳具有润肺止咳、滋肾养胃、润燥、补气养血等作用，黑木耳富含蛋白质、矿物质、多糖、维生素、膳食纤维和氨基酸等物质，是我国珍贵的药食兼用真菌。

（二）扎兰屯黑木耳

1. 产品介绍

扎兰屯市把培育黑木耳产业作为加快产业结构调整，促进农民增收，构建绿色农畜林产品加工体系建设的重要举措，通过抓龙头拓市场，扶持培育了长征、森宝、森通、蒙森等黑木耳生产加工龙头企业，研发出黑木耳饮料、黑木耳粉、黑木耳月饼等10余种产品，使黑木耳产品附加值增加了5倍以上。黑朵朵、一把木耳、森通、蒙森、傲林山珍等产品通过绿色、有机食品认证，"黑朵朵"品牌黑木耳 2015 年获第十三届中国国际农产品交易会参展产品金奖，2016 年入选内蒙古自治区《2015 年度全国名优特新农产品目录》，2017 年被认定为有机黑木耳；森通品牌黑木耳获得"呼伦贝尔黑木耳"地理标志使用权，建立了农产品可追溯体系，生产环节严格按着有机食品标准 GB/T 19630 执行，连续 5 年获得内蒙古绿色食品交易会优秀产品奖，2018 年第十六届国际农产品交易会唯一金奖，第十二届有机食品博览会优秀产品奖。借助电子商务平台，森通、森宝、张大妈等企业及合作社实现在天猫、苏宁易购、淘宝等网上销售黑木耳，产品销往北京、上海、天津、山东、黑龙江等地区，初步形成了线上、线下的立体销售网络。2016 年以来，扎兰屯市采取先建后补的模式助力脱贫攻坚，共组织 1 200 余户贫困户栽培黑木耳和到黑木耳合作社务工，黑木耳栽培量达 1 500 万袋，带动菌农户均增收 12 037 元，带动 1 200 余户、2 900 余人实现脱贫，被确定为呼伦贝尔黑木耳产业核心区。从 2010 农产品地理标年开始，"扎兰屯黑木耳"连续多年进入浙江大学 CARD 中国农业品牌研究中心举办的全国农产品区域公用品牌行列；先后入选《2015 年度全国名特优新农产品目录》；2017 年 6 月 3 日，"扎兰屯黑木耳"进入"中欧 100+100"全面地理标志产品首次互认互保目录，并在欧盟网站公示，已与欧盟几个国家达成销售意向，产品走向国际市场。2016 年，农业部以"张大妈与一把木耳"为题作为"双创"100 个典型案例在全国推广；央视十二套以"生长"为题对扎兰屯市木耳哥刘振义做了专题报道；2017 年 6 月 24 日，"扎兰屯黑木耳"获得"2017 最受消费者喜爱的中国农产品区域公用品牌"称号。对扎兰屯黑木耳产品质量升级、品牌价值提升、产品附加值提高和农民增收、农业增效起到了积极的推动作用。

2. 特征描述

扎兰屯黑木耳，黑中透明、形如人耳、耳朵硕大、耳肉肥厚，耳片正面黑褐色，背面暗灰色，耳片完整均匀，耳瓣自然卷曲，正背面分明，木耳无异味，无肉眼可见杂质，无拳耳、无薄耳，无流失耳、无虫蛀耳、无霉烂耳；耳片厚度约 1.5mm。

3. 营养指标（表 184）

表 184　扎兰屯黑木耳独特营养成分

参数	蛋白质（%）	粗纤维（%）	膳食纤维（%）	钙（mg/100g）	多糖（%）	硒（μg/100g）
测定值	14.3	8.7	31.7	292.90	6.7	4.30
参考值	12.1	6.8	29.9	247.00	4.3	3.72

4. 评价鉴定

耳片正面黑褐色，背面暗灰色，无异味，无肉眼可见杂质；无流失耳，虫蛀耳，霉烂耳；内在品质多糖高于同类产品参考值，蛋白质、粗纤维、钙、硒、膳食纤维均高于参考值。综合评价符合全国名特优新农产品营养品质评价规范要求。

5. 环境优势

扎兰屯市森林覆盖率 70.04%，水资源总量约 25 亿 m³，年平均降水量 485～

540mm，土壤有机质平均含量为47.1g/kg，水质清新，属于中温带大陆性半湿润气候，四季分明，年平均气温2.4℃，年均降水量480.3mm，无霜期年均123d。扎兰屯黑木耳生长在大兴安岭东麓的扎兰屯境内，域内生态良好、空气清新、水质纯净、土壤肥沃。扎兰屯黑木耳采用多年生长的柞木段或柞木锯末，森林活立木蓄积量达到6.6亿m³，拥有柞、桦混交林180万hm²，活立桦木蓄积量达到0.4亿m³，活立柞木蓄积量达到0.23亿m³。高含氧量、高负离子浓度及高用人工栽培方法进行生产，生长出的黑木耳黑中透明、形如人耳、耳朵硕大、耳肉肥厚、口感清脆、体态宛如莲花。作为"呼伦贝尔黑木耳"主产地——扎兰屯地区蕴含丰富的水资源，且水里包含各种有益于人体的矿质元素及其他微量元素，是优质的天然矿泉水。呼伦贝尔气候夏季温凉湿润，严冬积雪期长。年降水量450~500mm，平均气温在0℃以下，这种冷热交替的气候条件和适宜的空气湿度，非常适合优质黑木耳生产。

6. 产品功效

功效同前述。

(三) 阿尔山黑木耳

1. 产品介绍

阿尔山地处大兴安岭山脉中段，森林资源丰富，为黑木耳产业发展提供了充足的物质条件。同时，广大林区群众多年来积累了丰富的种植经验，黑木耳种植产业已成为农民、林场工人增收的主导产业，基础条件非常牢固。近年来阿尔山市积极与行政区内几大林业局协调，促进林业经济转型，为林业下岗职工找出路，在农林业和农村林区经济从改革、发展、稳定的大局出发，利用旅游等产业加速带动传统农业向现代农业转变，积极推进农业产业化经营，实施"打生态牌，走特色路"发展战略，做大以食用菌研发、生产、销售为主导的特色产业，建立生态养殖产业链，优化产业结构，打造纯木腐菌，无污染绿色菌品牌。阿尔山黑木耳是地理标志认证产品，获得"内蒙古自治区名牌产品"和"消费者协会推荐产品"等殊荣，现已成为代表阿尔山地区特色农产品的名片。

2. 特征描述

阿尔山黑木耳耳片较大，长4.5~5.5cm，耳瓣自然卷曲，正背面分明，耳片正面黑褐色，有光亮感，背面暗灰色；握之耳片不碎，有弹性；干燥后急剧收缩成角质，且硬而脆，朵大肉厚，膨胀性大，肉质坚韧。

3. 营养指标（表185）

表185 阿尔山黑木耳独特营养成分

参数	蛋白质（%）	灰分（%）	膳食纤维（%）	钙（mg/100g）	多糖（%）	硒（μg/100g）	水分（%）	α-维生素E（mg/100g）	脂肪（%）
测定值	10.4	4.8	61.3	562.00	11.6	4.30	11.2	1.28	0.9
参考值	7.0	6.0	29.9	247.00	6.8	3.70	12.0	3.65	0.4

4. 评价鉴定

该产品在阿尔山市范围内，在其独特的生长环境下，具有耳瓣自然卷曲，正背面分明，耳片正面黑褐色，有光亮感，背面暗灰色，握之耳片不碎，有弹性的特性，内在品质多糖、膳食纤维、钙、锌、硒均高于参考值；蛋白质、水分、灰分、脂肪均优于参考值，满足标准要求。综合评价其符合全国名特优新农产品名录收集登记基本条件和要求。

5. 环境优势

阿尔山地处高纬度、高海拔地区，森林资源丰富，空气清新、水源纯净、气候温凉，昼夜温差大，日照时间长，有效积温利用率高，生态环境非常适宜黑木耳生长。水资源丰富，日涌水量2 000余t，山上覆盖着茂密的森林，培养基全部用阿尔山大兴安岭上天然、绿色、无污染的桦木、柞木木屑，土壤类型主要为灰色森林土、棕色针叶林土、暗棕壤、黑钙土草甸土等，有机质含量7%～13%，是自然肥力较高的土壤，木耳生产完全按照多年的自然生长（半野生）习性，保持原始、天然、独有的特性。

6. 产品功效

功效同前述。

五、羊肚菌

武川羊肚菌

1. 产品介绍

武川羊肚菌产自呼和浩特市武川县耗赖山乡耗赖山村，该县以强化创新驱动，加快技术改造为突破口，产业经济规模不断壮大。在县委、县政府的大力帮助下，全县目前的产业设备大部分得到解决。另外，当地政府为企业联合中国农业科学院、海南省农业科学院共同研发出了5个新型深加工产品，为农业转型升级提供了重要支撑。加快发展新一代深加工产品，以攻克关键技术、提高核心竞争力、膨胀产业规模为主攻方向，为该县产业发展，做大做强羊肚菌深加工的目标奠定坚实基础。

2. 特征描述

菇形饱满完整，呈羊肚菌特有形态，具不规则皱纹；菌柄基部剪切平整无破损无虫蛀，菌盖近椭圆形，子囊果实呈浅茶色至深褐色，长度3～12cm，菌柄呈白色至浅黄色；菌肉紧实，口感弹韧，具有羊肚菌特有香味。

3. 营养指标（表186）

表186　武川羊肚菌独特营养成分

参数	蛋白质（%）	脂肪（%）	钙（mg/100g）	多糖（%）	钾（mg/100g）	蛋氨酸（%）	天冬氨酸（%）	谷氨酸（%）
测定值	34.3	19.7	277.00	6.9	2 559	0.52	2.84	4.69
参考值	26.9	7.1	87.00	5.7	1 726	0.05	2.29	2.76

4. 评价鉴定

菇形饱满完整，硬实不发软，菌柄基部剪切平整无破损无虫蛀，菌肉紧实，口感弹韧，具有羊肚菌特有的香味；内在品质蛋白质、脂肪、钙、钾、天冬氨酸、谷氨酸、蛋氨酸、多糖均高于参考值。综合评价该产品在武川县域范围内在其独特的生产环境下，具有菇形饱满平整菌肉紧实，高蛋白质、脂肪、钙、钾、多糖，高天冬氨酸、谷氨酸、蛋氨酸等特征，符合全国名特优新农产品名录收集登录基本条件和要求。

5. 环境优势

武川周边地势平坦，水源充足、土壤肥沃、酥松透气、无污染源、排灌方便，最适宜优质羊肚菌生长。由于羊肚菌属于低温状态下生长菌种，故北方高寒地区是唯一可以一年种俩茬的地带。即：每年3月种植，6—7月出菇，8月种植，10—11月出菇（温室大棚），且因昼夜温差大，生产出的菇不仅品质非常高，而且药用价值非常大。所以备受国内外客商的赞誉。

6. 产品功效

羊肚菌作为食用菌行业中的明星物种，具有极高的食、药用价值，深受消费者青睐。

第六章　中药材及药食同源类

一、黄芪

(一) 明安黄芪

1. 产品介绍

明安黄芪仿野生种植产业纳入巴彦淖尔市农牧业绿色发展中长期规划 (2018—2025年)，依托天衡制药，实行标准化、区域化保护生产，实现全产业链协同发展。将现有企业使用的 "蒙道芪" "塞北芪" "玉衡黄芪" 等注册商标整合，使用 "明安黄芪" 公用品牌，积极申报 "明安黄芪" 农产品地理标志保护。授权 "明安黄芪" 使用 "天赋河套" 区域品牌，共同打造知名品牌。明安黄芪皮黄肉白绵性好，临床效果显著，畅销广州、河北、安徽、成都等省市，一直受到省外药材公司的青睐。北京同仁堂药材有限责任公司与明安黄芪生产合作社签订常年供货合同。内蒙古天衡制药有限公司、内蒙古纽斯达枸杞有限公司取得了黄芪有机认证，产品远销美国、韩国、日本与东南亚国家。

2. 特征描述

①茎、叶和果实。种植 2~3 年的蒙古黄芪，地上部分矮化程度高，茎直立，多分枝，高 30cm 左右，茎上被疏松白色短茸毛。奇数羽状复叶，互生；叶柄基部有披针形托叶，长 6mm 左右；小叶 25~37 片，小叶宽卵圆形，长 4~9mm，先端稍钝，有短尖，基部楔形，全缘，两面有白色长绒毛。总状花序腋生，有花 10~25 朵，苞片线状披针形；花冠黄色蝶形，雄蕊 10 个；二体，子房有柄。荚果半卵圆形，果皮膜质，膨胀，光滑无毛。②根。主根较直、偏短，圆柱状，末端为爪形。根体紧致，水润后较柔软。直径多在 0.5~1.2cm，主根长 20~40cm，外皮土黄色，断面韧皮部白玉色，肉质紧致，木质部淡黄色，具有清晰的 "菊花心" 和 "金井玉栏"。③产品颜色、味道。明安黄芪根色微黄或褐，皮黄肉白，药材粉性大，豆腥气足，口尝微甜。

3. 营养指标 (表187)

表187　明安黄芪独特营养成分

参数	灰分 (%)	铜 (mg/100g)	黄芪甲苷 (%)	多糖 (%)	毛蕊异黄酮葡萄糖苷 (%)	黄芪浸出物 (%)
测定值	3.5	0.42	0.05	3.6	0.06	19.0
参考值	5.0	2.00	0.04	3.0	0.02	17.0

4. 评价鉴定

明安黄芪根呈圆柱形，表面呈淡黄色，有不整齐的纵皱纹或纵沟，表面粗糙，有碎根须；该黄芪直径 0.5~0.8cm，黄芪样品干燥，质硬而韧，无老皮、虫蛀和霉变；断面外层为白色，中部为淡黄色，有放射状纹理，有粉性，味甘，有生豆气。内在品质多糖、黄芪甲苷、黄芪浸出物、毛蕊异黄酮葡萄糖苷均高于参考值；铜、总灰分优于参考值。综合评价符合全国名特优新农产品营养品质评价规范要求。

5. 环境优势

①地质地貌优势。明安、大余太、小余太川，川内大梁大洼波状起伏，海拔1 193~1 800m，高差607m。复杂的地质条件，自古就蕴含着大规模蒙古黄芪野生群落。②气候优势。黄芪属性喜寒冷，明安川属半干旱大陆性气候区，气候凉爽，昼夜温差大，日照时间长。年平均气温 3.5~5℃，≥10℃ 的积温 2 300~2 700℃，无霜期为95~115d，年日照时数3 202.5h。年平均降水量在240~280mm，特殊的气候环境，形成明安黄芪特有的形态和品质。③土壤优势。川地为黄河冲积平原，土壤以沙壤土和栗钙土为主，土层深厚、疏松、孔隙度大、通气性好，有利于根的伸长和加粗。非常适合黄芪的生长，所产黄芪根粗直、分枝少，色正、味甘、质密、糖分多、粉性足、质量优。④地下水优势。地下水含有丰富的微量元素与矿物质，适合黄芪次生代谢产物的积累，产出的黄芪药效优于其他产区。

6. 产品功效

黄芪为豆科蒙古黄芪或膜荚黄芪的干燥根，具有益气、固表、托毒生肌、利水退肿的功效，为历代医家最常用的中药之一。黄芪之所以能够发挥药效与其所含的化学成分是密不可分的。在以往的研究中，人们对其所含的黄芪甲苷等三萜苷类化学成分研究较多。近年的研究表明黄芪所含的黄酮类成分也具有较强的生物活性。

（二）科尔沁黄芪

1. 产品介绍

当地政府高度重视黄芪产业发展，科尔沁区配合合作社在现有的初加工基础上，建设配套深加工项目，计划推进黄芪破壁超微粉、口服液（黄芪多糖、黄芪甲苷、毛蕊异黄酮）提取等项目。现在该项目正在建设中，这个项目的成功实施填补了当地的技术空缺，为科尔沁黄芪的深加工提供了技术支撑，也为当地的黄芪发展提供了更大的舞台。

2. 特征描述

科尔沁黄芪根呈圆柱形，表面呈淡棕黄色，有不整齐的纵皱纹或纵沟；该黄芪直径0.8~1.0cm，黄芪样品干燥，质硬而韧，无根须、老皮、虫蛀和霉变；断面外层为白色，中部为淡黄色，有放射状纹理，有粉性，味甘，有生豆气。

3. 营养指标（表 188）

表 188　科尔沁黄芪独特营养成分

参数	灰分（%）	铜（mg/100g）	黄芪甲苷（%）	多糖（%）	毛蕊异黄酮葡萄糖苷（%）	黄芪浸出物（%）
测定值	3.1	0.29	0.06	3.3	0.06	19.2
参考值	5.0	2.00	0.04	3.0	0.02	17.0

4. 评价鉴定

科尔沁区黄芪根呈圆柱形，表面呈淡棕黄色，有不整齐的纵皱纹或纵沟；黄芪样品干燥，质硬而韧，无根须、老皮、虫蛀和霉变；断面外层为白色，中部为淡黄色，有放射状纹理，有粉性，味甘，有生豆气；内在品质多糖、黄芪甲苷、黄芪浸出物、毛蕊异黄酮葡萄糖苷均高于参考值；铜、总灰分优于参考值。综合评价符合全国名特优新农产品营养品质评价规范要求。

5. 环境优势

科尔沁区地区土地肥沃富含腐殖质、透水性强，地处温带大陆性气候适合黄芪生长。有良好的种植基础，科尔沁区地处东北地区交通枢纽，公路四通八达便于黄芪的销售及运输。

6. 产品功效

功效同前述。

（三）固阳黄芪

1. 产品介绍

当地政府高度重视固阳黄芪产业的发展，近年来，固阳县大力推行标准化种植，建立黄芪药源 GAP 示范基地，并制定出台了"黄芪育苗田、商品田、繁种田三田规范化栽培标准"。2017 年，固阳县政府制定出台了《固阳县 2017—2019 年扶贫奖补实施方案》，其中专门设定了针对黄芪产业的奖补政策，将"精准扶贫"与黄芪产业相挂钩，深入推进黄芪产业发展，现已成为固阳县的支柱产业和重要的出口产品，先后出口中国香港、中国台湾、日本、美国、韩国、新加坡、马来西亚等地区和国家，备受消费者青睐。下一步，固阳县将"固阳黄芪"农产品地理标志标识和文字，授权有关企业、合作社规范使用，进一步规范固阳县生产和加工企业，提升它们的生产质量和产品品质，扩大"固阳黄芪"的品牌效应，将固阳县黄芪产业做大做强。通过品牌创建、产业带动，更好的助力于全县扶贫攻坚工作，让固阳黄芪成为黄芪市场上的一个高端品牌的代表。

2. 特征描述

固阳黄芪根呈圆柱形，表面呈淡黄色，有不整齐的纵皱纹或纵沟，表面粗糙，有碎根须；直径 0.5~0.8cm，长度 15~20cm 整体纤细修长；样品干燥，质硬而韧，无老皮、虫蛀和霉变；断面外层为白色，中部为淡黄色，有放射状纹理，有粉性，入口微甘，有生豆气。

3. 营养指标（表189）

表189 固阳黄芪独特营养成分

参数	灰分（%）	铜（mg/100g）	黄芪甲苷（%）	多糖（%）	毛蕊异黄酮葡萄糖苷（%）	黄芪浸出物（%）	水分（%）
测定值	4.7	0.12	0.10	10.3	0.023	22.0	9.8
参考值	5.0	2.00	0.04	3.0	0.020	17.0	10.0

4. 评价鉴定

该产品在固阳县域范围内，在其独特的生长环境下，具有样品干燥，质硬而韧，有放射状纹理，有粉性，入口微甘，有生豆气的特性。内在品质毛蕊异黄酮葡萄糖苷、黄芪甲苷、黄芪浸出物、总灰分、水分、铜均满足药典要求，多糖含量优于参考值。综合评价其符合全国名特优新农产品名录收集登录基本条件和要求。

5. 环境优势

固阳县地处北纬40°02′~42°40′，东经109°40′~110°41′。地形优势：地处高原、高纬度地区；地势以丘陵地形地貌为主，地势南北高，中间低。气候优势：受季风影响，固阳地区春季干旱多风，夏季短而雨量集中，雨热同期，秋季早晚温差大，冬季漫长而寒冷。光照强，太阳年总辐射量为604.33kJ/cm^2，满足黄芪生长要求。有效积温高，有利于黄芪的生长及有效成分的集聚。生态优势：基本无工业污染，种植基地大环境好。经相关部门检测种植环境满足有机产品种植要求。

6. 产品功效

功效同前述。

二、甘草

（一）奈曼甘草

1. 产品介绍

奈曼旗是蒙药鼻祖占布拉道尔吉的故乡，是蒙医药文化的发源地，具有深厚的蒙中医药文化底蕴。奈曼旗蒙中药材种植历史悠久，奈曼甘草更是当地的道地药材，是以乌拉尔甘草为主，在20世纪90年代以前，奈曼甘草野生资源丰富，遍布全旗各个乡镇，随着人们的过度采挖，以及耕种区域的扩大，野生甘草逐渐减少，到90年代初，陆续开始人工种植。2015年，在奈曼旗政府大力支持下将蒙中药材作为主导发展产业，并相继出台了系列奖补政策，决心将蒙中药材产业做大做强。甘草的种植面积也逐渐增加，到2017年，全旗甘草种植面积发展到1.5万亩，建立了千亩核心示范区，到2020

年发展到 2 万亩。并且和河北省安国市结成友好旗县，又通过招商引资，招进了蒙济堂药业、达仁康药业等药品加工企业，为打造内蒙古最大的蒙中药材生产、加工、集散基地打下了良好基础。

2. 特征描述

奈曼甘草形状为圆柱状，直径 0.6~1.5cm，单枝条较顺直；外皮较松、呈红棕色，表面褶皱粗糙；断面为黄白色、坚韧、纤维较多，有粉性，形成层环明显，为射线放射状，中间有髓，味甜而特殊。

3. 营养指标（表 190）

表 190　奈曼甘草独特营养成分　　　　　　　　　　（单位：%）

参数	灰分	甘草苷	甘草酸	水分
测定值	5.6	1.5	2.8	5.5
参考值	7.0	0.5	2.0	12.0

4. 评价鉴定

该产品在奈曼区域范围内，在其独特的生长环境下，具有单枝条较顺直；外皮较松、呈红棕色，表面褶皱粗糙；断面为黄白色、坚韧、纤维较多，有粉性的特性。内在品质水分、总灰分、甘草苷、甘草酸符合参照范围，满足药典要求。综合评价其符合全国名特优新农产品名录收集登录基本条件和要求。

5. 环境优势

奈曼旗属于北温带大陆性干旱半干旱季风气候，四季分明、雨热同步，阳光充足，昼夜温差大，年平均降水量 366mm，年平均气温 6.0~6.5℃，≥10℃ 年有效积温 3 122~3 151℃，无霜期 146~161d。这种气候极有利于奈曼甘草有效成分的积累。奈曼甘草富含甘草苷与甘草酸，为蒙中医药饮片入药佳品，受到全国各大药材市场及医药机构的认可。奈曼旗甘草主要生长在干旱、半干旱的沙土、沙漠边缘和黄土丘陵地带，在灌区的田野和河滩地里也易于繁殖，适应性强，抗逆性强，喜光照充足、降水量较少、夏季酷热、冬季严寒、昼夜温差大的生态环境，具有喜光、耐旱、耐热、耐盐碱和耐寒的特性。适宜在土层深厚、土质疏松、排水良好的沙质土壤中生长。

6. 产品功效

甘草始载于《神农本草经》，谓"甘草得中和之性，有调补之功，故毒药得之解其毒，刚药得之和其性，表药得之助其外，下药得之缓其速。随气药入气，随血药 入血，无往不可，故称国老"，可以作为一种免疫调节抗病毒中药。

（二）碜口甘草

1. 产品介绍

碜口甘草从种植到种子资源选育经多年的培育直至培育出纯种的碜口甘草，生产规模达到 440.9hm²，开发多个甘草相关产品，产值达到 3 627万元，成为碜口县的经济产业支柱之一。碜口甘草形成"中药材产业发展+精准扶贫合作"模式，以"企业+种植大户（包括合作社、家庭农场）+农牧户"的方式建立利益联结机制，独创以优质种子种苗供应；磴口甘草采用有机肥集中采购；机械化种植采收；田间管理技术培训指导；病虫害防治，为优质甘草的生长和有效成分的积累创造了良好的基础。磴口甘草支持七位一体的保姆式全程种植大数据追溯服务体系。通过信息化服务网和共享平台进行线上远程技术指导，实现"沙漠增绿、资源增值、农牧民增收"。

2. 特征描述

磴口甘草形状为圆柱状，外皮呈深褐色，表面褶皱粗糙，断面为黄色；直径0.8~1.5cm，上粗下细，单枝条较顺直、坚韧、有粉性，形成层环明显，为射线放射状，中间有髓，味甜。

3. 营养指标（表191）

表191　磴口甘草独特营养成分　　　　　　　　　　（单位：%）

参数	灰分	甘草苷	甘草酸	水分
测定值	3.8	1.6	2.6	6.1
参考值	7.0	0.5	2.0	12.0

4. 评价鉴定

该产品在磴口县范围内，在其独特的生长环境下，具有直径0.8~1.5cm，表面褶皱粗糙，断面为黄色，单枝条较顺直坚韧，有粉性的特性。内在品质水分、灰分、甘草苷、甘草酸符合参照范围，满足药典要求。综合评价其符合全国名特优新农产品名录收集登录基本条件和要求。

5. 环境优势

磴口县位于巴彦淖尔市西南部，地理坐标为北纬40°09′~40°57′，东经106°09′~107°10′。年平均气温为7.6℃，极端最高气温38.2℃，极端最低气温-34.2℃，植物生长期的积温约为3 100℃，生长期昼夜温差14.5℃，无霜期136d。年平均降水量144.5mm，年均蒸发量2 397.6mm，年平均日照时数3 210 h，年平均总辐射642.91kJ/cm^2，磴口县还拥有特殊的区位优势，磴口县地处乌兰布和沙漠东缘，是国家西部大开发的重点区域，可开发利用沙地面积426.9万亩，占全县总土地面积68.3%，黄河过境52km，地下水丰富，光照充足。乌兰布和沙区全年日照达3 300h以上，即"有阳光"；降水量130mm左右，即"少雨"；磴口县属典型的半干旱沙漠气候。磴口县的优势在于"有沙、有水、有阳光、少雨干旱"，为发展有机蒙中药材产业提供了得天独厚的条件。

6. 产品功效

功效同前述。

三、苁蓉

磴口肉苁蓉

1. 产品介绍

磴口肉苁蓉产业是全县支柱产业，有"王爷地""游牧一族"等30多家企业。人工种植梭梭林50万亩，接种肉苁蓉6万亩，投资3 000万元建成年处理6 000t鲜苁蓉深加工工厂。推进措施：磴口肉苁蓉坚持"政府+联盟+企业+基地+农户"推广工作模式，形成"专家+技术骨干+科技特派员+示范户+农户"多层次技术服务模式，通过信息化服务网和共享平台进行线上远程技术指导，实现"沙漠增绿、资源增值、农牧民增收"。品牌创建：人工接种肉苁蓉达到32万亩，开发肉苁蓉相关产品28个，年产值累计34亿元。推出苁蓉酒系列20多个品种，50多种苁蓉茶、苁蓉粉、苁蓉切片、泡酒料、养颜汤、礼品肉苁蓉等，产业产值2.6亿元。

2. 特征描述

磴口肉苁蓉个体较大，长度为30cm左右，每根重量230~350g，呈扁圆柱形，稍弯曲，表面为棕褐色，上面有覆瓦状排列的肉质鳞叶，质硬而微有柔性，不易折断；断面为棕褐色，有淡棕色点状维管束，排列成波状环纹；味道微甜并带有苦味。

3. 营养指标（表192）

表192　磴口肉苁蓉独特营养成分　　　　　　　　　　　　（单位:%）

参数	灰分	松果菊苷	毛蕊花糖苷	水分	醇溶性浸出物
测定值	4.4	1.50	0.96	8.2	61.1
参考值	8.0	1.48	0.55	10.0	35.0

4. 评价鉴定

该产品在磴口县域范围内，在其独特的生长环境下，具有个体较大，质硬而微有柔性，不易折断，味道微甜并带有苦味的特性，内在品质灰分、水分均低于参考值，满足药典要求，松果菊苷、毛蕊花糖苷、醇溶性浸出物均高于参考值，满足药典要求。综合评价其符合全国名特优新农产品名录收集登录基本条件和要求。

5. 环境优势

环境优势同前述。特殊的气候环境形成了有利于肉苁蓉寄主梭梭生长的沙漠环境。区位优势：磴口县乌兰布和沙漠近距黄河，黄河穿境而过52km，沙区渠系延伸至沙漠腹地，黄河水年侧渗补充达4.9亿 m^3，地下水埋深仅为2~4m。乌兰布和沙漠土壤呈中性或偏碱性的沙土或沙壤土，沙层厚度适中，光照充足，是最适合肉苁蓉发展的优势区域。

6. 产品功效

肉苁蓉始载于《神农本草经》，其性味甘、咸、温，无毒，有"沙漠人参"的美誉。古代医籍对其作用有所记载，如《本经》提及："主五劳七伤补中；除茎中寒热痛，养五脏，强阴，益精气，多子；妇人癥瘕"。《本草备要》提出："补命门相火，滋润五脏，益髓筋，治五劳七伤，绝阳不兴，绝阴不产，腰膝冷痛，崩带遗精"。

四、枸杞

（一）化德黑枸杞

1. 产品介绍

近年来，通过当地政府出台相关优惠政策的扶持，黑枸杞的种植和生产已逐步发展成为当地优势产品和主导产业之一，年均种植总面积稳定在 700hm² 左右，产量约 1 000t，种植面积和产量均居全国县级市县前列。2020 年，实现建设 1 000hm² 的高产优质黑枸杞种植基地，预计产出 1 500t 优质黑枸杞。品牌创建情况：成立了黑枸杞协会，助推黑枸杞产业实现规模化、标准化、集约化发展。在林业多元化发展方面，将黑枸杞经济林产业与林下药材种植、旅游产业发展相结合，形成了多元发展的产业链。在下游产业方面，与宁夏熊牛酒业合作，共同开发了黑枸杞酒，延长了下游产业链。完成注册"奇杞""梅芳杞缘"黑枸杞及黑枸杞酒商标，正在注册"化德黑枸杞地理标志"，完成黑枸杞无公害认证 2 000亩，正在协调农业农村部制定出台黑枸杞产业标准，为化德黑枸杞发展奠定了坚实基础。

2. 特征描述

果实呈球形，具不规则皱纹，顶端有花柱痕，有时顶端稍凹陷，整体颜色呈纯黑色，富有光泽，其果肉柔软汁多，呈浆果状，质地柔润，味甘甜，口感柔软不粘牙，风味独特。

3. 营养指标（表 193）

表 193　化德黑枸杞独特营养成分

参数	蛋白质（%）	维生素 C（mg/100g）	钙（mg/100g）	镁（mg/100g）	锰（mg/100g）	铁（mg/100g）	硒（μg/100g）
测定值	11.6	242.0	183.06	166.30	166.30	24.80	4.50
参考值	14.7	13.2	13.60	20.50	20.50	12.80	2.34

4. 评价鉴定

果实呈球形，具不规则皱纹，顶端有花柱痕，有时顶端稍凹陷，整体颜色呈纯黑色，富有光泽，其果肉柔软汁多，呈浆果状，质地柔润，味甘甜，口感柔软不粘牙，风味独特；内在品质维生素 C、钙、铁、镁、锰、硒均优于参考值，特别是硒含量高于参考值近两倍。综合评价符合全国名特优新农产品营养品质评价规范要求。

5. 环境优势

化德县位于高山冷凉气候资源区，属典型的半干旱大陆性气候，平均海拔 1 400m，有着得天独厚的气候资源优势。年均气温 3.2℃ 左右，雨热同期，降水集中，主要在 7—9 月。昼夜温差大，日照充足且时长，平均可达 10h 左右，农作物光合作用旺盛。生产的农畜产品具有无污染、无公害、品质高等特点。化德黑枸杞主产区为退耕还林地，综合污染指数<0.7，属于洁净等级，土壤肥力等级综合评定为 Ⅰ 级，独特的自然资源优势和良好的土壤理化条件，为当地生产优质黑枸杞提供了最佳的自然环境。产地地处环渤海经济圈和呼包鄂"金三角"的结合部，东临京津，距首都北京 320km，西接呼和浩特、包头，距首府呼和浩特 300km；北通二连浩特、蒙古国、俄罗斯，距二连浩特陆路口岸 300km。特别是随着京包铁路第二复线的通车和张呼高铁、京新高速公路的开工建设，将该区的区位、交通优势更加凸显，使化德黑枸杞的销售运输变得更加快捷便利。

6. 产品功效

《本草纲目》记载枸杞子"久服坚筋骨，轻身不老，耐寒暑。补精气不足，养颜，肌肤变白，明目安神，令人长寿"，功效为补肾、明目、润肺，主要用于肺热咳嗽、烦热消渴、阴虚发热、有汗骨蒸等症，疗效确切，故素有"红宝"之称。现代药理研究表明，枸杞子具有抗氧化、抗肿瘤、保肝、神经保护、保护视力、调节血糖血脂等作用。枸杞子中化学成分丰富，主要包括多糖、类胡萝卜素、黄酮多酚、生物碱等。

（二）阿拉善左旗枸杞

1. 产品介绍

紧紧依靠企业已有品牌，大力推广绿色枸杞种植技术，达到统一标准种植、统一标准加工、统一销售指导价，促进精深加工、拓宽电子商务，着力打造集研发、种植、加工、销售、文化、市场的开拓，加强品牌建设、推广、宣传力度，广泛利用各级政府举办的名特品推介会、展销会、行业协会，各种媒体大力宣传阿拉善左旗枸杞果品，使阿拉善左旗枸杞的品牌影响力逐步得到广大消费者的认可。

2. 特征描述

阿拉善左旗枸杞果实呈类纺锤形，略扁稍皱缩，整体颜色呈紫红色；其颗粒饱满均匀，整齐度好，百粒重约 22.2g；其质地柔润，味道甘甜，具有枸杞应有的气味和滋味。

3. 营养指标（表 194）

表 194　阿拉善左旗枸杞独特营养成分

参数	蛋白质（%）	维生素 C（mg/100g）	脂肪（%）	灰分（%）	多糖（%）	锌（mg/100g）	硒（μg/100g）	总糖（%）
测定值	15.9	113.5	1.4	4.2	3.5	2.05	4.90	41.5
参考值	10.0	13.2	5.0	6.0	3.0	1.70	2.34	39.8

4. 评价鉴定

该产品在阿拉善左旗区域范围内，在其独特的生产环境下，具有颗粒饱满均匀，整齐度好，百粒重约 22.2g，其质地柔润，味道甘甜，具有枸杞应有的气味和滋味的特性，内在品质维生素 C、锌、硒均高于参考值，总糖、多糖、蛋白质、脂肪、水分、灰分均优于参考值，满足标准范围要求。综合评价其符合全国名特优新农产品名录收集登录基本条件和要求。

5. 环境优势

生产基地主要位于内蒙古阿拉善盟阿拉善左旗嘉尔嘎勒赛汉镇，该地区日照充足，年平均日照时数为2 518h，光热资源丰富，昼夜温差大，利于枸杞糖分积累。地势平坦，地下水位较高，水源充足；耕地盐碱化程度高，适应枸杞生长发育；气候干燥、多风少雨，土壤有机质含量高，各种病虫害发生较少。生产基地远离工矿区和公路铁路干线，主导风向 80km 内无工矿污染源，环境质量良好，适宜发展高品质枸杞。

6. 产品功效

功效同前述。

（三）额济纳黑枸杞

1. 产品介绍

当地政府提出"主打绿色牌"、以特色沙生植物产业化统揽"三牧"工作全局、打造国家重要沙产业示范基地的战略思路，提出黑果枸杞"百万亩"林沙产业基地的建设目标，并积极推进落实。结合扶贫攻坚、农牧业产业结构调整，通过大力扶持涉林企业及农牧民发展黑果枸杞精品林果业，实现绿色惠民。额济纳旗出台了《额济纳旗营造人工林优惠办法》《额济纳旗鼓励扶持沙产业发展暂行办法》。鼓励支持农牧民依托企业和基地发展红果枸杞、黑果枸杞种植等相关产业，并逐步培育具有地域优势的特色产品和品牌，促进经济林的持续发展，推动黑果枸杞产业发展，加大野生黑果枸杞资源的保护力度，积极开展保护性开发，做好黑果枸杞良种选育推广和人工种植黑果枸杞工作。经过几年的实践，当地农业主管部门和企业总结出了黑果枸杞和梭梭肉苁蓉套种技术。

2. 特征描述

额济纳黑枸杞色紫黑，颗粒饱满均匀，整齐度好，百粒重约 7.0g；果肉质地柔软，味道甘甜，具有枸杞特有的气味和滋味的特性。

3. 营养指标（表 195）

表 195　额济纳黑枸杞独特营养成分

参数	蛋白质（%）	维生素 C（mg/100g）	脂肪（%）	灰分（%）	多糖（%）	锌（mg/100g）	硒（μg/100g）	总糖（%）	水分（%）
测定值	11.2	88.8	5.0	4.7	10.3	2.46	2.80	56.3	12.8
参考值	10.0	13.2	5.0	6.0	3.0	1.70	2.34	39.8	13.0

4. 评价鉴定

该产品在额济纳旗范围内，在其独特的生长环境下，具有颗粒饱满均匀，整齐度好，百粒重约 7.0g，质地柔软，味道甘甜，具有枸杞应有的气味和滋味的特性，内在品质维生素 C、锌、硒均高于参考值，总糖、多糖、蛋白质、脂肪、水分、灰分均优于参考值，满足标准范围要求，综合评价其符合全国名特优新农产品名录收集登录基本条件和要求。

5. 环境优势

额济纳旗地处欧亚腹地，日照充足，昼夜温差大，有效积温高，无霜期较长，额济纳沿河有黑河水滋润，形成了特殊的植被和植物资源。额济纳旗野生黑果枸杞和种植区远离工业污染和人类干扰，大气、土壤、地下水、地表水清洁，是有机和绿色黑果枸杞发展有利地区。特别是这里的土壤本底中含铅量极低，种植出的黑果枸杞含铅量远远低于国家标准。额济纳旗现有野生黑枸杞 100 万亩，主要分布于额济纳河两岸，年产量为 50t 左右。额济纳旗黑枸杞品质好，产量（野生）高，在国内野生黑果枸杞市场上占据重要地位。

6. 产品功效

功效同前述。

（四）磴口黑枸杞

1. 产品介绍

磴口黑枸杞种植面积达到 112hm²，产业价值 655.2 万元，成为了磴口县的产业支柱之一。磴口黑枸杞母本来源于乌兰布和沙漠的野生黑枸杞，经多年的人工驯化后进行育苗与栽培，打造纯野生基因、纯绿色的原生态黑枸杞基地，与黑枸杞培育者合作，在基地进行育苗、种植、驯化，提供口感好、视觉效果佳、品质优良的黑枸杞。磴口黑枸杞通过"公司+农业合作社+农户"方式，带动周边农民垦荒治沙发展黑枸杞产业，促进相关产业的发展和农业的可持续发展，同时通过"产、学、研"相结合的方式，加强与市农科院、科技局、治沙局、林业局等科研机构及产业界资深专家合作，共同搭建科技平台。结合国家保护生态环境的政策，能够有效遏止荒漠化土地继续蔓延的势头，培植生态经济灌木林，具有技术支持保障、技术优势和产业化经营的规模优势，实现资源共享。磴口黑枸杞目前利用原有的销售网络，初步启动内蒙古、北京、湖北、江苏等市场；同步启动国内著名餐饮业的合作，开发黑枸杞鲜果进入餐桌；并且和顺丰冷链运输进行合作，解决全国及 156 个地区及国家的运输问题，保证安全、快速、新鲜的客户体验。

2. 特征描述

磴口黑枸杞果实呈球形，具不规则皱纹，略扁稍皱缩，顶端有花柱痕，整体颜色呈紫黑色；其颗粒饱满均匀，整齐度好，百粒重约 7.6g；味道甘甜，不粘牙，风味独特，具有枸杞应有的气味和滋味。

3. 营养指标（表196）

表196 磴口黑枸杞独特营养成分

参数	蛋白质（%）	维生素C（mg/100g）	脂肪（%）	灰分（%）	多糖（%）	锌（mg/100g）	硒（μg/100g）	总糖（%）	水分（%）
测定值	14.8	148.0	5.0	5.9	3.1	1.89	4.75	40.9	12.7
参考值	10.0	13.2	5.0	6.0	3.0	1.70	2.34	39.8	13.0

4. 评价鉴定

该产品在磴口县区域范围内，在其独特的生长环境下，具有颗粒饱满均匀，整齐度好，百粒重约7.6g，味道甘甜，不粘牙，风味独特的特性，内在品质维生素C、锌、硒均高于参考值，总糖、多糖、蛋白质、脂肪、水分、灰分均优于参考值，满足标准范围要求，综合评价其符合全国名特优新农产品名录收集登录基本条件和要求。

5. 环境优势

磴口县位于巴彦淖尔市西南部，地理坐标为北纬40°09′～40°57′，东经106°09′～107°10′。年平均气温为7.6℃，极端最高气温38.2℃，极端最低气温−34.2℃，植物生长期的积温约为3 100℃，生长期昼夜温差14.5℃，无霜期136d。年平均降水量144.5mm，年均蒸发量2 397.6mm，年平均日照时数3 210 h，年平均总辐射642.91kJ/cm²，特殊的地理及气候环境形成了有利于黑枸杞的生长环境。区位优势：巴彦淖尔市磴口县巴彦套海农场地处乌兰布和沙漠的东北腹地，河套地区最西端。黄河穿境而过52km，沙区渠系延伸至沙漠腹地。乌兰布和沙漠土壤呈偏碱性的沙土或沙壤土，沙层厚度适中，光照充足，是最适合黑枸杞发展的优势区域。

6. 产品功效

功效同前述。

五、灵芝

根河灵芝

1. 产品介绍

根河市灵芝产业拥有多年发展经验，现已经培育出多种适应高寒林区种植的食用菌品种，通过小拱棚种植、大棚种植、林间种植等试验选育出适应高寒林区灵芝种植地理栽培技术。2020年起依托现有技术成果和各项资源建立中国冷极灵芝基地敖鲁古雅园。该项目以建设灵芝菌种繁育、加工、交易、科研、培训、种植、旅游为一体的综合产业园区为定位。灵芝基地运营模式围绕"农旅双链"来设计，以旅游开发吸引人气为起点，借助于每年敖鲁古雅乡几十万游客量的无形品牌宣传效应，倾力打造成功的高寒林区灵芝品牌，努力使旅游地变成冷极灵芝产地，从而实现旅游、现代农业两种产业互相促进和共同发展的联动效应，推动林下经济产业化、规模化、市场化发展。

2. 特征描述

该产品具有外形呈伞状，菌盖为肾形，外观为半圆形或近圆形，褐色有光泽，坚硬，菌肉白色至淡棕色，菌柄圆柱形，气微香，味苦涩的特性。

3. 营养指标（表197）

表197　根河灵芝独特营养成分　　（单位:%）

参数	浸出物	灰分	多糖	三萜及甾醇（以干燥品计）	水分
测定值	12.8	2.3	1.0	1.26	7.8
参考值	3.0	3.2	0.9	0.50	17.0

4. 评价鉴定

该产品在根河市范围内，在其独特的生长环境下，具有外形呈伞状，菌盖为肾形，外观为半圆形或近圆形，褐色有光泽，坚硬，菌肉白色至淡棕色，菌柄圆柱形，气微香，味苦涩的特性，内在品质灰分、水分均低于参考值，满足药典要求，多糖、三萜+甾醇、浸出物均高于参考值，满足药典要求。综合评价其符合全国名特优新农产品名录收集登录基本条件和要求。

5. 环境优势

根河市位于大兴安岭北段西坡，是中国纬度最高的城市之一，气候属于寒温带湿润型森林气候，森林覆盖率高达92%以上，并具有大陆性季风气候的某些特征。特点是寒冷湿润，冬长夏短，年平均气温-5.3℃，极端低温-58℃，无霜期平均为90d，年封冻期长达210d以上。自然生态环境优越、土质肥沃、资源禀赋、区位独特。全市没有重工业企业运行，不论是空气、土壤、水源的质量均属于全国领先的水平。

6. 产品功效

灵芝民间称灵芝草，是一种名贵的中药材，性温，气味苦平无毒。常服用灵芝有滋补强身、扶正固体、延年益寿等功效。现代药理学表明灵芝能产生免疫调节作用，能诱导细胞因子的产生，具有抗肿瘤、抗炎症、抗病虫侵入、抗氧化、抗糖尿病的能力，结合临床实验的证明，发现灵芝对各种疾病有显著的预防和治疗效果。

六、紫苑

鄂伦春紫苑

1. 产品介绍

紫苑又名返魂草、青苑、紫倩、小辫，分布在中国东北、西北、华北地区，能治疗痰多，气喘，咯痰不爽，劳嗽咳血等多种疾病，具有很高的药用价值。近年来为助力产业升级，鄂伦春自治旗农牧业局组织专家团队采集野生紫苑种子进行人工育苗，选育优良品种，提高紫苑品质；成立中草药服务技术团队，不定期培训紫苑种植户，选出紫苑种植示范户给予补助，同时，旗农牧水利科技局组织紫苑种植大户成立鄂伦春自治旗中草药种植协会，为了更好地推进紫苑产业，2017年开始每年都举办中草药种植技术交流会，组织专家团队编制返魂草育苗及种植技术手册，发放给每一个种植户，便于产业快速发展。紫苑主治肺内感染，慢性支气管炎，喘息性支气管炎，急性呼吸道感染等，由于呼吸道疾病逐年增加，紫苑制药需求量逐年增加，需求量会逐渐增大。

2. 特征描述

鄂伦春紫苑为干燥整株植物，植株高80~130cm，其表面有浅沟，上部有分枝，疏生短毛，下部无毛；质稍硬，气味微香，味微苦。

3. 营养指标（表198）

表198　鄂伦春紫苑独特营养成分　　　　　　　　　　　　（单位：%）

参数	酸不溶性灰分	灰分	紫苑酮	水分
测定值	0.6	6.6	0.36	6.2
参考值	8.0	15.0	0.15	15.0

4. 评价鉴定

该产品在鄂伦春自治旗范围内，在其独特的生长环境下，具有植株高80~130cm，表面有浅沟，上部有分枝，质稍硬，气味微香，味微苦的特性，内在品质灰分、水分、酸不溶性灰分、紫苑酮均符合参照范围，满足药典要求。综合评价其符合全国名特优新农产品名录收集登录基本条件和要求。

5. 环境优势

鄂伦春自治旗位于呼伦贝尔市东北部，大兴安岭南麓，嫩江西岸，北纬48°50′~51°25′，东经121°55′~126°10′。北与黑龙江省呼玛县以伊勒呼里山为界，东与黑龙江省嫩江县隔江相望，南与莫力达瓦达斡尔族自治旗、阿荣旗接壤，西与根河市、牙克石市为邻。全旗总面积59 880km²。鄂伦春自治旗属于寒温带半湿润大陆性季风气候，四季变化显著。年均气温在−2.7~−0.8℃，自西向东递增。7月气温最高，平均为17.9~19.8℃，最高温度达37.5℃，无霜期平均95d。风速较小，年均风速1.8~2.9m/s。年降水量459.3~493.4mm。鄂伦春自治旗没有大型的工业和加工企业，土壤、大气和水资源都没有受到污染，为种植中草药提供了先决条件。

6. 产品功效

紫苑喜阴湿环境生长，在我国河北、内蒙古、东北等地区的山顶、低山草地或沼泽地有大量分布。紫苑的药用价值有润肺下气、消痰止咳、抗氧化、止痛、以及调节免疫力。

七、螺旋藻

鄂托克旗螺旋藻

1. 产品介绍

鄂托克旗螺旋藻产于乌兰镇螺旋藻产业园区；藻蓝蛋白产品具有广泛的市场前景及

应用，基于国内及国际市场并没有相应的国家标准和行业标准，对产品品质的界定相对模糊，鄂托克旗自行制定标准后将对产品质量进行标准化监控，有利于更好地开拓国内国际市场。作为螺旋藻的提取物，藻蓝蛋白在生产过程所产生的废料"螺旋藻渣"已被德国 CERES 有机认证机构认证为有机肥料，鄂托克旗目前计划引进无土栽培技术，对生产过程中产生的有机肥料（螺旋藻渣）进行有效的再次利用，不仅增加了藻蓝蛋白产品的附加值，形成完整的产业链，更加优化了螺旋藻产业的结构。

2. 特征描述

鄂托克旗螺旋藻是一类低等植物，属于蓝藻门，颤藻科。生长于水体中，呈蓝绿色或墨绿色，在显微镜下可见其形态为螺旋丝状，故而得名，成品是略带海藻鲜味的墨绿色均匀粉末。

3. 营养指标（表 199）

表 199 鄂托克旗螺旋藻独特营养成分

参数	蛋白质（%）	脂肪（%）	钙（mg/100g）	多糖（%）	天冬氨酸（mg/100g）	谷氨酸（mg/100g）	亮氨酸（mg/100g）
测定值	72.4	0.5	86.70	2.8	5 873	8 653	5 366
参考值	64.7	3.1	137.00	2.5~2.7	5 448	6 118	4 850

4. 评价鉴定

鄂托克旗螺旋藻深蓝绿色粉末，粉末颗粒均匀，自带海藻类特有的鲜味、无异味，显微镜镜检无异物。内在品质蛋白质、天冬氨酸、谷氨酸、亮氨酸、多糖均高于参考值。综合评价符合全国名特优新农产品营养品质评价规范要求。

5. 环境优势

鄂托克旗日照时间长、积温高、昼夜温差大，符合螺旋藻生长对高温、强光照的要求，具备生产优质、高产螺旋藻的条件，比全国平均单产高出 20%。螺旋藻生长环境需要高碱性环境，其人工养殖的主要原料为 $NaHCO_3$（小苏打），当地是我国天然碱主要产地，原材料供应充足。当地以轻工业为主，地下水质好，无污染，其生产的螺旋藻粉，经国家权威部门检验，产品质量完全符合国家标准，不仅重金属指标在国内同行业中最低，而且蛋白质含量高达 70%，属国内最高，完全符合欧盟规定的出口食品标准。

6. 产品功效

螺旋藻是一种原核低等水生植物，属于蓝藻纲，颤藻科。其含有生物学活性物质，具有抗氧化、抗病毒、降血脂、抗疲劳的功效，有很高的营养价值和药用价值。螺旋藻蛋白基本上是水溶性蛋白，易于人体消化吸收；人体可以吸收螺旋藻多糖中的动物淀粉性多糖，并且将其储存在肝脏和肌肉组织中，当人体需要糖原进行新陈代谢时，被储存的螺旋藻多糖就会被调出使用，可以促进血液循环、提高机体免疫力、降低血糖。

第七章 蔬菜类

一、番茄

（一）杭锦后旗番茄

1. 产品介绍

杭锦后旗番茄产于内蒙古巴彦淖尔市杭锦后旗 9 镇 1 农场 107 个行政村。涉农部门也围绕基地建设，通过科技培训、绿色食品标准化科技园区建设等措施，推广了番茄温室育苗移栽、开沟起垄上架等新技术。建成番茄高效标准化示范园区 8 个，建设面积 267hm^2，辐射带动面积 4 000hm^2。全旗番茄种植面积达到 3 333hm^2。抓住世界 500 强中粮集团来巴彦淖尔市投资发展的大好机遇，全面整合河套平原番茄产业奠定基础，使杭锦后旗在番茄产业化建设中实现更大发展。为农产品地理标志产品。

2. 特征描述

杭锦后旗番茄单果重约 25g，果实大小均匀，果型为长椭圆形，果型圆润无筋棱，表皮色泽均匀、光洁；果色为红色，果面无茸毛，果顶形状圆平，果肩形状微凹，果肉颜色为红色，胎座胶状物质颜色为红色；果腔充实，果实坚实，果肉肉质口感沙，风味甜，有清香味。

3. 营养指标（表 200）

表 200 杭锦后旗番茄独特营养成分

参数	番茄红素（mg/100g）	维生素 C（mg/100g）	可溶性固形物（%）	可溶性糖（%）	硒（μg/100g）	锌（mg/100g）	总酸（%）	水分（%）
测定值	82.0	29.0	5.5	3.5	0.33	0.58	0.25	94.4
参考值	48.0	14.0	4.9	2.7	0.20	0.20	0.48	95.2

4. 评价鉴定

该产品在杭锦后旗范围内，在其独特的生长环境下，具有果实大小均匀，果腔充实，表皮色泽均匀光洁，果肉肉质口感沙，风味甜，有清香味的特性，内在品质番茄红素、维生素 C、可溶性固形物、可溶性糖、锌、硒均高于参考值，总酸优于参考值，综合评价其符合全国名特优新农产品名录收集登录基本条件和要求。

5. 环境优势

杭锦后旗位于内蒙古巴彦淖尔市，南临黄河，北靠阴山，南北长约 87km，东西宽约 52km，总面积 1 790km²。地处河套平原腹地，地势平坦，110 国道、京藏高速全境通过。土地耕作为灌淤层，耕作性好，含钾量高，对糖分的积累非常有利。杭锦后旗水源充沛，灌溉便利，黄河在全旗境内长 17km，过境年流量 226 亿 m³，是全国八大自流灌溉农区之一。气候具有光能丰富，日照充足，昼夜温差大，降水量少而集中的特点，独特的自然条件使杭锦后旗番茄红色素含量高、可溶性固形物含量高、霉菌少。2019年，杭锦后旗被农业农村部正式命名为国家农产品质量安全县。

6. 产品功效

番茄又名西红柿，是管状花目、茄科、番茄属的一种一年生或多年生草本植物。既是蔬菜同时具备水果属性。杭锦后旗番茄含有丰富的维生素及多种矿物质元素，能够促进唾液的分泌，清凉解暑，生津止渴，促进食物的消化，增进食欲，起到开胃消食的功效；含有番茄红素，可以清除体内的自由基，增强机体免疫力，从而有效的抑制致癌物及肿瘤的产生，还可以预防冠心病及动脉硬化的发病；含有丰富的维生素 C，可以起到淡斑、去皱纹、美白肌肤，延缓衰老的功效；还含有西红柿碱，可以抑制真菌，有明显的消炎作用。

（二）松山番茄

1. 产品介绍

松山番茄种植于内蒙古赤峰市大庙镇公主岭村、初头朗镇三把火村、夏家店乡、王府镇。松山区番茄种植面积大，年种植面积达到 8 万亩左右，总产量约 8 亿 kg，产品口碑好，外地客商争相购买，成为华北地区硬果番茄面积最大的种植基地。常销往长三角和珠三角地区，并出口到韩国、日本等国家。近年来番茄价格连年上涨，成为松山区农民增收的一条主要途径。松山区多个企业获得了番茄的绿色认证，番茄种植基地也在不断扩大，通过发展番茄生产标准化、产品优质化、营销品牌化，全面打造精品番茄，提高产品竞争力，开创高端市场，提升番茄产业绿色高质发展水平。

2. 特征描述

松山番茄果型为扁圆，果型圆润无筋棱，表皮色泽均匀、光洁；果色为红色，果面无茸毛，果顶形状圆平，果肩形状微凹，果实横切面为圆形，果肉颜色为红色，胎座胶状物质颜色为红色；果腔充实，果实坚实，果肉肉质口感沙，风味甜，有清香味；无损伤、无裂口、无疤痕。

3. 营养指标（表 201）

表 201　松山番茄独特营养成分

参数	番茄红素（mg/100g）	维生素 C（mg/100g）	可溶性固形物（%）	可溶性糖（g/100g）	硒（μg/100g）	锌（mg/100g）	水分（%）	总酸（%）
测定值	83.6	26.4	9.0	5.6	2.20	1.11	91.2	0.49
参考值	48.0	14.0	4.9	2.7	0.20	0.20	95.2	0.48

4. 评价鉴定

该产品在松山区域范围内，在其独特的生长环境下，具有果腔充实，果实坚实，果肉肉质口感沙，风味甜，有清香味的特性，内在品质番茄红素、维生素 C、可溶性固形物、可溶性糖、锌、硒均高于参考值，其维生素 C 含量高于参考值近两倍，综合评价其符合全国名特优新农产品名录收集登录基本条件和要求。

5. 环境优势

松山区位于内蒙古东部，赤峰市南部，属北温带半干旱大陆性季风气候区，年均降水量 400mm 左右，无霜期 120~135d。主要气候特点是四季分明，春季干旱多风，蒸发量大，气温回升快；夏季雨热同期，降水集中，秋季短促，气温下降快，初霜降临早；冬季漫长而寒冷，日照充足。松山区水资源丰富、纬度高、太阳辐射强烈、日照丰富、水热同期、积温有效性高，自然资源条件非常有利于番茄的生长，而且该地区有一定的昼夜温差，有利于番茄干物质积累。

6. 产品功效

松山番茄，果色火红，果顶形状为扁圆球形，脐小，肉厚，味道沙甜，汁多爽口，风味佳，生食、熟食皆可，还可加工成番茄酱、番茄汁味酸甜适度，品质较佳。番茄是维生素 C 的天然食物来源，每天食用，可以增强血管柔韧性，制止牙龈出血，增强抗癌能力，对高血压、心脏病患者非常有益。同时，番茄中还含有一种特殊成分——番茄红素，而番茄红素具有止渴生津、健胃消食的作用，可防治胃热口苦、发热烦渴、中暑等症，是益气生津、健脾和胃的佳品。

（三）玉泉番茄

1. 产品介绍

玉泉番茄种植于呼和浩特市玉泉区小黑河镇东甲兰村、乌兰巴图村。年生产规模为 36.94hm²，年商品量 0.831 15 万 t。玉泉番茄种植按照高标准农田生产模式标准，建设高效节能日光温室，设施农业主要推广绿色产品，采用基质栽培（椰糠无土栽培）技术，同时实施水肥一体化技术、测土配方施肥；先进温室环境调控的技术和设备，二氧化碳施肥技术、光照补充技术；病虫害综合防治技术，包括有生物防控、物理防控等。各项技术的综合配套实施能有效提升蔬菜种植水平，现代农业示范园主要种植番茄，采用新种植技术不用倒茬，真正实现增产、增收。

2. 特征描述

果型为扁圆，果色为红色，果面无茸毛，果顶形状圆平，果肩形状微凹，果实横切面为圆形，果肉颜色为红色，胎座胶状物质颜色为红色，心室数为 8 个，肉质口较沙，风味酸甜，有清香味，品质极佳。

3. 营养指标（表202）

表202　玉泉番茄独特营养成分

参数	维生素C（mg/100g）	可溶性糖（%）	铁（mg/100g）	锌（mg/100g）	天冬氨酸（mg/100g）	赖氨酸（mg/100g）	亮氨酸（mg/100g）	可溶性固形物（%）	番茄红素（mg/100g）
测定值	27.6	3.7	2.75	4.37	94	26	22	5.6	116.0
参考值	14.0	2.7	0.20	0.12	84	23	20	4.9	21.3

4. 评价鉴定

玉泉番茄果型为扁圆形，果色为红色，果皮光滑；番茄无损伤、无裂口、无疤痕；果实横切面为圆形，果肉颜色为红色，胎座胶状物质颜色为红色，肉质口感较沙，风味较甜，有清香味；内在品质维生素C、可溶性糖、天冬氨酸、赖氨酸、亮氨酸、铁、锌、可溶性固形物、番茄红素均高于参考值。综合评价符合全国名特优新农产品营养品质评价规范要求。

5. 环境优势

玉泉区属于温带大陆性气候，四季分明，日照充足，属半干旱大陆季风气候，昼夜温差大，有丰富的土地资源和水资源。土壤的丰富和光照的有利条件使玉泉番茄的口感香甜，营养丰富。玉泉番茄生产可以带动解决周边富余劳动力的就业问题。结合本地地域和资源优势，大力发展蔬菜种植业，所生产的农产品无污染、营养价值高、香甜可口，得到消费者的青睐。

6. 产品功效

①可以健胃消食，润肠通便，番茄富含苹果酸、柠檬酸等有机酸，能促使胃液分泌，促进对脂肪及蛋白质的消化。增加胃酸浓度，调整胃肠功能，有助胃肠疾病的康复。所含果酸及纤维素，有助消化、润肠通便作用，可防治便秘。②清热解毒，番茄具有清热生津、养阴凉血的功效，对发热烦渴、口干舌燥、牙龈出血、胃热口苦、虚火上升有较好治疗效果。③降脂降压，利尿排钠，番茄还可以降低胆固醇，预防动脉硬化及冠心病。其中大量的钾及碱性矿物质，能促进血中钠盐的排出，有降压、利尿、消肿作用，对高血压、肾脏病有良好的辅助治疗作用。

（四）托县番茄

1. 产品介绍

托县番茄产于呼和浩特市托克托县河口管委会东营子村、新营子镇豆腐夭村、双河镇。年生产规模达80hm²，年商品量为0.72万t。收获时间为每年4—6月。托克托县结合本地地域和资源优势，大力发展蔬菜种植业，所生产的农产品无污染、营养价值高、香甜可口，得到消费者的青睐。特别是"云中绿"商标的注册成为远近闻名的知名品牌。

2. 特征描述

果型为扁圆形，果色为红色，果面无茸毛，果顶形状圆平，果肩形状微凹，果实横切面为圆形,果肉颜色为红色,胎座胶状物质颜色为红色,心室数为 8 个,肉质口感较沙,风味酸甜,有清香味,品质极佳。

3. 营养指标(表 203)

表 203　托县番茄独特营养成分

参数	维生素 C (mg/100g)	蛋白质 (g/100g)	可溶性糖 (%)	缬氨酸 (mg/100g)	赖氨酸 (mg/100g)	铁 (mg/100g)	锌 (mg/100g)	可溶性 固形物 (%)
测定值	24.4	0.6	1.7	15	24	7.14	0.41	5.6
参考值	14.0	0.9	2.7	15	23	0.20	0.12	4.9

4. 评价鉴定

托县番茄果型为扁圆形,果色为红色,肉质口感沙,风味甜,有清香味;内在品质维生素 C、缬氨酸、赖氨酸、铁、锌、可溶性固形物均高于参考值。综合评价符合全国名特优新农产品营养品质评价规范要求。

5. 环境优势

托克托县属于温带大陆性气候,四季分明,日照充足,年均气温 7.3℃,年均降水量 362mm,属半干旱大陆季风气候。昼夜温差大。托克托县地处黄河岸边,有丰富的土地资源和水资源。依附神泉旅游带进行休闲采摘,土壤的丰富和光照的有利条件使托县番茄的口感香甜,营养丰富。从而可以带动周边富余劳动力的就业。

6. 产品功效

番茄为被子植物门、双子叶植物纲、菊亚纲、茄目、茄科的一属。一年生或多年生草本、或为亚灌木,茎直立或平卧。番茄除了可做番茄酱、番茄汁、番茄脯之外,还可以深加工为番茄皮籽酱、番茄丁、番茄粉、去皮整番茄以及番茄籽。

(五) 五原黄柿子

1. 产品介绍

随着当地设施农业的快速发展,温室黄柿子种植规模不断扩大,而且产品质量好,种植效益高,成为增加菜农收入的新兴产业。目前,当地反季节黄柿子种植以温室生产为主,塑料大棚种植为辅,产品上市时间基本实现了周年供应,经济效益和社会效益十分显著。温室栽培平均亩收入 4 万~6 万元,最高可达 8 万元,大棚栽培平均亩效益达1.5 万元。近年来,通过采取提高棚室质量、示范推广先进栽培管理技术等措施,种植效益稳步增加,菜农种植积极性空前高涨,种植面积现已达 6 000 余亩,产品的知名度和影响力不断扩大,黄柿子已成为五原县特色农产品。2014 年,五原黄柿子已申请登记为农产品地理标志产品。

2. 特征描述

果型为扁圆形,果色为红色,果面无茸毛,果顶形状圆平,果肩形状微凹,果实横切面为圆形，果肉颜色为红色，胎座胶状物质颜色为红色，心室数为 8 个，肉质口感较沙，风味酸甜，有清香味，品质极佳。

3. 营养指标（表 204）

表 204　五原黄柿子独特营养成分

参数	维生素 C（mg/100g）	蛋白质（%）	可溶性糖（%）	赖氨酸（mg/100g）	番茄红素（mg/100g）	铁（mg/100g）	锌（mg/100g）	可溶性固形物（%）	酪氨酸（mg/100g）
测定值	24.7	1.0	3.0	26	0.4	0.51	0.26	6.2	14
参考值	14.0	0.9	2.7	23	21.3	0.20	0.12	4.9	14

4. 评价鉴定

五原黄柿子果实为圆形，果皮光滑，果皮果肉为纯黄色，果色鲜亮，果肉较厚；果顶形状圆平，果肩形状微凹，无筋棱；果汁丰富，口感酸甜，肉质沙绵，番茄味浓郁。内在品质酪氨酸等于参考值，蛋白质、维生素 C、可溶性糖、可溶性固形物、赖氨酸、铁、锌均高于参考值。综合评价符合全国名特优新农产品营养品质评价规范要求。

5. 环境优势

五原县位于内蒙古巴彦淖尔市，南邻黄河，北靠阴山，东西长约 62.5km，南北宽约 40km，地处河套平原腹地，地势平坦，110 国道、京藏高速和包兰铁路全境通过。土地耕作层为灌淤层，耕作性好，含钾量高，对糖和淀粉的积累非常有利。五原县水源充沛，灌溉便利，全县有五大干渠，9 条分干渠，135 条农渠，密如蛛网的毛渠灌溉着全县土地，每年引黄河水量 10 亿~11.6 亿 m^3；气候具有光能丰富、日照充足、昼夜温差大、降水量少而集中的特点，利于糖分的积累。

6. 产品功效

产品功效同前。

（六）察右前旗樱桃番茄

1. 产品介绍

察右前旗樱桃番茄种植于乌兰察布市察右前旗巴音镇陈三村、大哈拉村、田家梁村。近年来，随着市场对高品质番茄的需求量的日益增加，察右前旗政府加大番茄种植的扶持力度以及政策优惠。尤其是加大了对樱桃番茄的关注和帮扶力度。2019 年种植基地已建成高质量种植大棚 750 座，实种面积占地 900 亩，2020 年逐步扩大规模建成高质量大棚 870 余座，占地约 3 480 亩。

2. 特征描述

察右前旗樱桃番茄直径 3~4cm，果型圆润，果色为红色，色泽均匀，表皮光洁；果萼鲜绿无损伤，果实横切面为圆形，果肉颜色为红色，果实坚实，富有弹性；汁水丰满，风味酸甜，有清香味；无损伤、无裂口、无疤痕。

3. 营养指标（表205）

表205 察右前旗樱桃番茄独特营养成分

参数	维生素C（mg/100g）	铁（mg/100g）	锌（mg/100g）	硒（μg/100g）	可溶性糖（g/100g）	可溶性固形物（%）	天冬氨酸（%）	谷氨酸（%）	赖氨酸（%）	番茄红素（mg/100g）
测定值	51.0	2.17	0.27	0.74	6.2	9.7	0.12	0.46	0.03	105.0
参考值	33.0	0.30	0.20	0.20	3.2	8.6	0.10	0.28	0.03	82.6

4. 评价鉴定

察右前旗樱桃番茄直径3~4cm，果型圆润，果色为红色，色泽均匀，表皮光洁；果萼鲜绿无损伤，果实横切面为圆形，果肉颜色为红色，果实坚实，富有弹性；汁水丰满，风味酸甜，有清香味；无损伤、无裂口、无疤痕。内在品质维生素C、铁、锌、硒、可溶性糖、可溶性固形物、天冬氨酸、谷氨酸、赖氨酸、番茄红素均高于参考值。综合评价符合全国名特优新农产品营养品质评价规范要求。

5. 环境优势

樱桃番茄核心产区位于察右前旗黄旗海北岸巴音塔拉镇，此处主要为沙质土壤，肥沃且偏碱性，富含丰富的钙、硼、铁等多种微量元素，地下水EC值较高为卤水，以上自然环境优势为樱桃番茄糖度的提升和着色起到至关重要的作用。并且该产区临近霸王河，地下水资源丰富，为樱桃番茄的生产灌溉提供了便利条件。樱桃番茄核心产区位于1 300m高海拔地段，这里属于典型的温带大陆性季风气候，四季分明，气候冷凉，昼夜温差大，年均气温5℃左右，光照充足且时间长，平均可达10h左右，光合作用旺盛，雨热同期，降水多集中在每年7—9月，是全国夏季生产樱桃番茄的最佳产地，这样的自然环境极大地弥补了其他地区夏季高温番茄口感不佳的劣势，保证了樱桃番茄的全年不间断供应。樱桃番茄核心产区区位优势明显，地处环渤海经济圈和呼包鄂"金三角"的结合部，东临京津，距首都北京320km，南连晋、冀，距煤都大同100km；西接呼和浩特、包头，距首府呼和浩特130km；北通二连浩特、蒙古国、俄罗斯，距二连浩特陆路口岸300km。特别是随着京包铁路第二复线的通车和张呼高铁、京新高速公路的开工建设，该区的区位、交通优势更加突显，樱桃番茄的销售运输变得更加快捷便利。

6. 产品功效

樱桃番茄因其单穗结果类似于葡萄，又称为葡萄番茄、珍珠番茄、小洋柿子、小番茄、迷你番茄等，是茄科草本植物，原产于热带，在温带常作一年生蔬菜栽培，是番茄半栽培亚种中一个变种。樱桃番茄果小，外观似樱桃，品质好，糖度和维生素C远远高于普通番茄，故深受国内外消费者喜爱，同时也可作为一种特殊的观果花卉，走进消费者庭院、阳台。

(七) 红山圣女果

1. 产品介绍

当地连续多年出台奖补办法，鼓励圣女果产业发展，促进圣女果产业规模化、标准化、智能化发展。当地投入技术力量，助力圣女果产业发展。区镇技术人员综合地理、水文、交通等各方面因素，认真选址，详细规划，打造高标准设施农业园区，生产优质高效的圣女果，从温室管理、苗木管理、栽培管理等方面对种植户进行培训；当地引进圣女果新品种 20 余个进行试验，推广品种 10 余个。目前，红山圣女果于 2019 年申请绿色认证，第三方对圣女果生产环境水质、土质、果品进行化验，均达到绿色标准。

2. 特征描述

红山圣女果直径 3~4cm，果型圆润，果色为红色，果面无茸毛，果实横切面为圆形，果肉颜色为红色，胎座胶状物质颜色为红色，果实坚实，富有弹性，肉质甜微酸，汁多，有清香味。

3. 营养指标（表 206）

表 206　红山圣女果独特营养成分

参数	维生素 C（mg/100g）	锌（mg/100g）	硒（μg/100g）	可溶性糖（g/100g）	可溶性固形物（%）	水分（%）	总酸（%）	番茄红素（mg/100g）
测定值	37.8	0.73	1.80	5.8	7.8	92.2	0.45	0.8
参考值	14.0	0.20	0.20	2.7	7.2	92.5	0.48	2.7

4. 评价鉴定

该产品在赤峰市红山区范围内，在其独特的生长环境下，具有果型圆润，果色为红色，果肉颜色为红色，果实坚实，富有弹性，肉质甜而微酸的特性，内在品质维生素 C、可溶性固形物、可溶性糖、硒、锌均高于参考值，总酸优于参考值，综合评价其符合全国名特优新农产品名录收集登录基本条件和要求。

5. 环境优势

红山区位于内蒙古东部，赤峰市南部，属内蒙古高原向松辽平原过渡地带，为半平川半丘陵区。全年平均气温在 7.3~9.0℃，初霜期多出现在 10 月 1 日，终霜期多结束在 5 月 2 日，无霜期天数平均为 153d，最短 134d，最长 173d。年平均日照时数为 2 821.5h，年积温为 3 000℃，能满足喜温作物对热量条件的要求。土壤以半沙壤为主，有机质含量 2.79%~4.17%，pH 值 7~7.8。水资源丰富，有锡泊河、阴河、昭苏河、英金河 4 条河流流经我区，水层深，水质好。另外，红山区地处内蒙古东南部，比邻东北、华北两大经济区。是赤峰市的中心城区，是全市的工业中心、商贸中心和文化教育中心，有着独特的区位优势。红山区的商贸市场繁荣活跃，市场建设体系完备，整个市场辐射半径超过 500km，既是连接东北、华北和内蒙古东西部的流通枢纽，也是面向全国和内蒙古腹地的商品集散地。

6. 产品功效

功效同前述。

二、辣椒

（一）佘太红辣椒

1. 产品介绍

佘太红辣椒产于内蒙古巴彦淖尔市乌拉特前旗大佘太镇红明村、马卜子村、三份子村、额尔登布拉格苏木乌梁素海。年生产规模 2.2275 万 t，种植面积达到 540hm²。"佘太红辣椒"被乌拉特前旗政府纳入"一带两圈、城田一体"的产业发展空间布局，由当地龙头企业牵头，打造绿色高端辣椒示范园，以"订单农业+龙头企业+产业协会+合作社+基地+农户"的产业运营模式发展辣椒种植，大佘太镇政府、村支部、种植大户牵头外出实地考察，联系厂商，签下 7 000 亩的红辣椒订单，每亩纯收益 2 500~3 000 元。适时召开了"国家特色蔬菜产业技术体系西北片区辣椒产业交流协作招商会"，来自全国各地知名辣椒体系专家学者共同探讨了乌拉特前旗辣椒产业高质量发展途径。旗镇两级政府联合打造"佘太红"系列产品，将"佘太红辣椒"纳入乌拉特前旗五彩农业发展"红色产业圈"，打造绿色有机生产条件，利用智慧农业、电商农业等科技手段，线上线下同时售卖。

2. 特征描述

佘太红辣椒外观颜色为深红色，外形纤细修长；个头较均匀，长 13~15cm；肉色亦为红色，内部有白色辣椒籽，自带鲜辣椒特有的辛辣味，口感较辣。

3. 营养指标（表 207）

表 207　佘太红辣椒独特营养成分

参数	维生素C（mg/100g）	可溶性固形物（%）	蛋白质（g/100g）	辣椒素（%）	可溶性糖（g/100g）	铁（mg/100g）	锌（mg/100g）	硒（μg/100g）	可滴定酸（%）	粗纤维（%）	水分（%）
测定值	224.0	11.8	1.8	0.01	7.0	6.26	1.17	2.88	0.50	4.7	83.80
参考值	86.0	9.7	1.0	0.01	1.7	0.60	0.33	0.96	0.37	7.9	76.4

4. 评价鉴定

该产品在乌拉特前旗范围内，在其独特的生长环境下，具有外观颜色为深红色，外形纤细修长，个头较均匀，长 13~15cm，肉色亦为红色的特性，内在品质维生素C、可溶性固形物、可滴定酸、可溶性糖、蛋白质、铁、锌、硒均高于参考值，综合评价其符合全国名特优新农产品名录收集登录基本条件和要求。

5. 环境优势

乌拉特前旗地处内蒙古巴彦淖尔市，河套平原东端，东邻包头，西接五原，南至黄河，北与乌拉特中旗接壤，地势平坦，京藏高速、110 国道、包兰铁路穿境而过。全旗有三大干渠，直口渠道 446 条，支渠 19 条，毛渠 427 条，密如蛛网的渠道灌溉着全旗土地，净灌溉面积 56.02 万亩，气候具有光能丰富、日照充足、昼夜温差大、全年日照时数 3 210.8~3 305.8h，属典型的温带大陆气候，空气清新无污染。大佘太镇位于阴山脚下红山口处，土壤为有机质含量极高的"红土"，含铁量高，保水和保肥强，适耕范围宽泛，极易耕种。经当地农业技术推广中心检测，大佘太镇红辣椒种植基地土壤全部为一等地。

6. 产品功效

辣椒，又叫番椒、海椒、辣子、辣角、秦椒等，是一种茄科辣椒属植物。辣椒属为一年生或有限多年生草本植物。辣椒的果实因果皮含有辣椒素而有辣味。能增进食欲，能加速促进脂肪的新陈代谢，防止体内脂肪积存，有利于降脂减肥、降血糖、增强体力、御寒防病、保持身材苗条作用，保护关节健康。

（二）临河红辣椒

1. 产品介绍

临河红辣椒种植于内蒙古巴彦淖尔市临河区八一乡、干召庙、白脑包、临河农场、新华镇。借助"天赋河套"区域公用品牌影响力，推进发展产业化，通过"政府+基地+协会+农户"的土地流转和农民自种模式，以标准化生产技术为主，深入开展控肥增效、控药减害、控水降耗、控膜提效"四控"行动实现临河区千亩红椒科技示范园区示范面积 133.3hm²，辐射带动面积 1 333.3hm²，是"六大产业"特色单品示范园区。全力打造生产标准、管理规范、特色鲜明的绿色蔬菜标准化生产基地。临河红辣椒与贵阳南明老干妈等大型企业常年签订订单并在临河区建立红辣椒种植基地和鲜椒初加工建设项目。2020 年安排试验示范辣椒品种 81 个。

2. 特征描述

该产品具有外观颜色为深红色，外形纤细修长，个头较均匀，长 12~14cm，肉色亦为红色的特性。

3. 营养指标（表 208）

表 208　临河红辣椒独特营养成分

参数	维生素 C（mg/100g）	可滴定酸（%）	可溶性固形物（%）	辣椒素（%）	可溶性糖（%）	蛋白质（g/100g）	铁（mg/100g）	锌（mg/100g）	硒（μg/100g）	水分（%）
测定值	165.0	0.45	12.6	0.00	3.6	2.0	3.13	1.41	1.94	83.6
参考值	86.0	0.37	9.7	0.01	1.7	1.0	0.60	0.33	0.96	76.4

4. 评价鉴定

产品在临河区范围内，在其独特的生长环境下，具有外观颜色为深红色，外形纤细修长，个头较均匀，长 12~14cm，肉色亦为红色的特性，内在品质维生素 C、可溶性固形物、可滴定酸、可溶性糖、蛋白质、铁、锌、硒均高于参考值，综合评价其符合全国名特优新农产品名录收集登录基本条件和要求。

5. 环境优势

临河深处内陆，属于中温带半干旱大陆性气候，云雾少降水量少、气候干燥，年降水量138.8mm，平均气温6.8℃，昼夜温差大，日照时间长，年日照时间为3 389.3h，是我国日照时数最多的地区之一。光、热、水同期，无霜期为153d左右，适宜于农作物和牧草生长。区位优势：灌区的主要耕作土壤是灌淤土，其表土层为壤质灌淤层，土壤肥沃，耕地性良好，pH值在7.5～8.0，有机质含量高，微量元素丰富，含有丰富的有机质，具有良好团粒结构，上层土宜保苗，下层土宜营养供给，适宜向日葵的生长发育。水源充沛，灌溉便利，黄河流经河套平原345km，年径流总量315亿m^3。自流引水灌溉，水质良好，矿物质含量丰富，无工业污染，为优质红辣椒生产创造了得天独厚的自然条件。

6. 产品功效

功效同前述。

（三）托县辣椒

1. 产品介绍

托县辣椒种植于托克托县双河镇大羊场村、河口管委会皮条沟村、河口村、格图营村、东营村等。随着近年来科技的进步，产业化的融合，托县辣椒进行了深加工。品种类型很丰富。形成整椒出售、用原始的石磨做成辣椒面儿、以辣椒为主料，蘑菇及肉为辅料，做成各种辣椒酱等产品。从生产上采用新式的、科学的集约化生产，在育苗、栽种的时候，改成大小垄，水肥一体化，通风透光。每六行种两行玉米。使用该种方式进行防病防虫。在种植方式生产流水线上严格地按照国家标准进行生产。引进了辣椒的烘干设备、辣椒的水洗设备、辣椒的消毒设备和辣椒的灌装设备。通过县长及网红代言线上线下同步销售，实现托县辣椒风靡全国，香飘万里。

2. 特征描述

托县辣椒外观颜色为暗红色，果实部分长6～8cm，横径2.5～3.2cm，单果质量3g左右；其个体较均匀，外观基本一致，外形为短锥形，有褶皱，果梗、萼片，果实呈该品种固有颜色，散发自身特有的辛辣味。

3. 营养指标（表209）

表209　托县辣椒独特营养成分

参数	维生素C（mg/100g）	辣椒素（%）	可溶性糖（g/100g）	总酸（%）	硒（μg/100g）	干物质（%）	蛋白质（g/100g）	锌（mg/100g）
测定值	167.8	0.04	2.1	1.43	2.00	87.4	14.0	0.97
参考值	144.0	0.01	1.7	1.34	1.70	85.4	15.0	1.01

4. 评价鉴定

该产品在托克托县域范围内，在其独特的生长环境下，具有果实部分长6～8cm，横径 2.5~3.2cm，单果质量 3g 左右，其个体较均匀，散发自身特有的辛辣味的特性，内在品质维生素 C、总酸、辣椒素、可溶性糖、硒、干物质均高于参考值，综合评价其符合全国名特优新农产品名录收集登录基本条件和要求。

5. 环境优势

托县辣椒原产于黄河上中游分界处北岸的土默川平原上，县境东南部为蛮汉山系的边缘，其地貌东南高、南北低，由丘陵地带逐步过渡到宽广的平原地形，全县平均海拔高度为 1 000m，年平均气温 7.1℃，年平均风速 2.3m/s，年平均降水量为 357mm，年平均无霜期为 126d，10℃以上积温 3 004.5℃，属典型的中温带大陆性季风气候。昼夜温差大、雨热同季是当地的气候优势，在辣椒生长期的早春时节，这里地温较平地高出 2~3℃，日照充足，形成"小气候"，在这样的环境条件下生产的辣椒具有感病轻、无污染、富含蛋白质、膳食纤维、多种维生素和矿质元素等特点，只有达到这样的地域环境条件，才可生产出独具特色的"托县红辣椒"农产品。因此深受北方人的青睐，在呼、包、鄂及京、津、唐等地享有美誉。

6. 产品功效

功效同前述。

（四）鄂托克前旗辣椒

1. 产品介绍

鄂托克前旗辣椒种植于鄂托克前旗城川镇、敖勒召其镇、昂素镇。近年来，鄂托克前旗积极推广工厂化育苗，提高种苗质量和整齐度，减少移植后的缓苗时间，政府投入大量资金扶持农牧民建设拱棚，使辣椒上市时间较以前提前两个月左右。作为鄂托克前旗的一大农牧业支柱产业，政府积极引导农牧民和辣椒经纪人组成辣椒种植合作社或协会，提高辣椒种植经营的组织性和规范性，目前已成立十多个辣椒种植合作社。

2. 特征描述

鄂托克前旗尖辣椒外观颜色为暗红色，外形似螺旋状，整体纤细修长；个头较均匀，在 20~25cm；肉色亦为红色，内部有白色辣椒籽，自带鲜辣椒特有的辛辣味，口感较辣，微带甜味；无冷害、冻害、灼伤及机械损伤、无腐烂。

3. 营养指标（表210）

表210 鄂托克前旗辣椒独特营养成分

参数	水分（%）	维生素 C（mg/100g）	可溶性糖（%）	铁（mg/100g）	锌（mg/100g）	蛋白质（g/100g）	辣椒素（%）
测定值	88.4	302.0	4.5	1.58	0.35	1.5	0.02
参考值	93.4	59.0	3.2~5.0	0.30	0.21	0.8	0.01

4. 评价鉴定

鄂托克前旗尖辣椒外观颜色为暗红色，外形似螺旋状，整体纤细修长；个头较均匀，在 20~25cm；肉色亦为红色，自带鲜辣椒特有的辛辣味，口感较辣，微带甜味；

无冷害、冻害、灼伤及机械损伤、无腐烂。内在品质可溶性糖高于同类产品平均值,维生素C、蛋白质、铁、锌、辣椒素均高于参考值。综合评价符合全国名特优新农产品营养品质评价规范要求。

5. 环境优势

鄂托克前旗光热资源丰富,日照充足,无霜期125~135d,昼夜温差较大,非常有利于作物营养物质的积累。并且自然环境优越,无污染,土壤透气性好,空气湿度小,农作物病害较少。鄂托克前旗位于蒙宁陕交界处,盐鄂高速纵贯南北并连通青银高速、包茂高速、荣乌高速,交通十分便利。

6. 产品功效

功效同前述。

(五)开鲁红干椒

1. 产品介绍

开鲁县曾经举办4届"开鲁红干椒文化节",广招天下客商,把"开鲁——中国红干椒之都"之美誉推向了空前,开鲁红干椒开始作为一个统一的品牌与世人见面。2000年,包括红干椒在内共30个品种被内蒙古评为无公害产品。2002年被中国绿色食品发展中心认定为绿色食品。2007年开鲁红干椒经专家评定后获内蒙古自治区优质产品称号,并注册获国家专利。2010年国家质检总局批准为开鲁红干椒实施地理标志保护产品。2014年红干椒标准化龙头企业将20万亩红干椒认证为绿色食品,2017年创建20万亩红干椒基地为全国绿色食品原料标准化生产基地。2018年12月开鲁红干椒通过第五次农产品地理标志登记专家评审会评审。

2. 特征描述

开鲁红干椒成熟果表面呈鲜红色,象牙状,表面有光滑,光泽度好,果肩微凹近平,果顶西尖,宿存花萼平展,体形较大,果型为长锥形,形状均一,散发自身特有的辛辣味。

3. 营养指标(表211)

表211 开鲁红干椒独特营养成分

参数	钙 (mg/100g)	维生素C (mg/100g)	铁 (mg/100g)	硒 (μg/100g)	蛋白质 (g/100g)	辣椒素 (%)
测定值	55.53	87.2	10.12	1.64	11.5	0.01
参考值	12.00	49.2~97.5	6.00	0.31	15.0	0.02

4. 评价鉴定

开鲁红干椒表面呈鲜红色,表面有光泽,该红干椒体形较大,椒体体形均匀,椒体散发自身特有的辛辣味;内在品质维生素C高于同类产品参考值,钙、铁、硒均高于参考值,特别是硒含量高于参考值5倍多。综合评价符合全国名特优新农产品营养品质评价规范要求。

5. 环境优势

开鲁县土地资源丰富，县内地势平坦土壤肥沃，土质以黑白相间五花土为主，有机质含量适中，光照资源充足，年平均日照时数 3 100h 左右，年降水量在 340mm 左右，虽然降水少，但 88.6% 都集中在作物生长的 5—9 月，属雨热同季，条件极适宜红干椒的生长。是中国最大的红干椒生产基地，享有"中国红干椒之都"之美誉。

6. 产品功效

功效同前述。

三、南瓜

（一）商都贝贝南瓜

1. 产品介绍

商都贝贝南瓜产于乌兰察布市商都县小海子镇、七台镇、屯垦队镇。贝贝南瓜产业是商都县的主导特色产业，全县贝贝南瓜种植面积达到 340hm²，在贝贝南瓜产业化建设过程中，坚持举绿色旗走特色品牌路，注重规模化、品牌化发展，集成推广先进的农业栽培技术。产品远销京、津、冀、鲁等省市，出口日本、韩国、蒙古国、俄罗斯等国家，商都贝贝南瓜年均销售量为 6.9 万 t，年收入 0.81 亿元，贝贝南瓜成为提高县域经济和增加农民收入的特色产业。商都县注重"三品一标"认证，加快品牌建设、特色发展和品牌宣传步伐，南瓜逐年增加绿色、有机、无公害面积，注册了"鑫漩"等商标，商都贝贝南瓜多次参加农交会、绿色食品博览会，全面提升了知名度。

2. 特征描述

商都贝贝南瓜果型为扁圆形，果面较粗糙，果皮色为墨绿色，其色泽较均匀一致；单瓜重 400~500g；果肉颜色为橙黄色，果肉厚，其肉质细腻味甜。

3. 营养指标（表 212）

表 212　商都贝贝南瓜独特营养成分

参数	维生素C（mg/100g）	蛋白质（g/100g）	可溶性固形物（%）	可溶性糖（%）	粗纤维（g/100g）	锌（mg/100g）	硒（μg/100g）	总酸（%）	水分（%）
测定值	48.1	3.3	8.2	7.7	2.1	1.50	0.99	0.28	67.9
参考值	8.0	0.7	6.9	3.5	0.8	0.14	0.40	0.10	93.5

4. 评价鉴定

该产品在商都县范围内，在其独特的生长环境下，具有果色为墨绿色，其色泽较均匀一致，单瓜重 400~500g，果肉颜色为橙黄色，果肉厚，其肉质细腻味甜的特性，内在品质蛋白质、维生素C、可溶性固形物、可溶性糖、总酸、锌、硒均高于参考值，粗纤维高于参考值，是较好的粗粮食品，综合评价其符合全国名特优新农产品名录收集登录基本条件和要求。

5. 环境优势

商都县辖地面积4 353km²，全县10个乡镇，总人口34.2万人，耕地总面积235.5万亩，土壤类型以栗钙土为主，位于乌兰察布市东部，地处北纬40°，属于温带半干旱大陆性季风气候，日照时间长，光照充足，昼夜温差大，蒸发量大，气候干燥，年平均气温3.1℃，年均降水量300mL左右。冬季寒冷夏季凉爽的气候特点和昼夜温差适合生产高产优质的贝贝南瓜。独特的地理环境和自然气候造就了贝贝南瓜独特的品质，商都地处环渤海经济圈和呼包鄂"金三角"的结合部，东临京津，距首都北京400km，西临呼和浩特、包头，距首府呼和浩特200km，北通二连浩特、蒙古国、俄罗斯，距二连浩特陆路口岸300km，特别是随着京包铁路第二复线、张呼高铁、京新高速公路的建设，将本县的区位、交通优势凸显，使商都贝贝南瓜的销售运输快捷便利。

6. 产品功效

南瓜，名番瓜、金瓜、麦瓜、倭瓜，葫芦科南瓜属的一个种，一年生蔓生草本植物，南瓜的果实作佳肴，亦可代粮食。南瓜为药食同源植物，性温，味甘。可加工成系列食品如南瓜粉、南瓜酱、南瓜干等。南瓜粉的下脚料可做南瓜糕点，或加入面粉制成南瓜面、南瓜酱，亦可做南瓜粥。南瓜有补中、补肝气、益心气、益肺气、益精气的作用，凡久病气虚、脾胃虚弱、气短倦怠、食少腹胀、水肿尿少者宜用。

（二）土默特左旗贝贝南瓜

1. 产品介绍

土默特左旗贝贝南瓜种植于内蒙古呼和浩特市土默特左旗沙尔营乡新圪太村。收获时间为8—9月，年生产量0.08万t，种植面积66hm²。近年来，在旗委、政府倡导下，创立"一村一品"特色产业的基础上，新圪太村结合自身优势，大力打造"土默特左旗贝贝南瓜"，在包头农民职业经理人多年的培训和技术指导下，土默特左旗贝贝南瓜种植技术日渐成熟。经过多年的积累，土默特左旗贝贝南瓜远近闻名，远销山东、西安、北京、南京、长春等地，得到广大消费者的认可。同时，为了打开市场，土默特左旗设立了各个省市的代办，严控市场流入，层层把关品质和销售，使得贝贝南瓜销量大增。

2. 特征描述

土默特左旗贝贝南瓜果型为棒槌形，果面较粗糙，果色为绿色，其色泽均匀一致；单瓜重400~600g；果肉颜色为橙黄色，果肉厚，其肉质细腻味甜。

3. 营养指标（表213）

表213　土默特左旗贝贝南瓜独特营养成分

参数	蛋白质（%）	维生素C（mg/100g）	可溶性固形物（%）	可溶性糖（%）	锌（mg/100g）	硒（μg/100g）	铁（mg/100g）	粗纤维（%）	总酸（%）	水分（%）
测定值	2.7	52.2	7.2	4.1	0.31	0.51	2.09	1.2	0.10	71.7
参考值	0.7	8.0	6.9	3.5	0.14	0.46	0.40	0.8	0.10	93.5

4. 评价鉴定

该产品在土默特左旗范围内，在其独特的生长环境下，具有果色为绿色，其色泽较均匀一致，单瓜重 400~600g，果肉颜色为黄色，果肉厚，其肉质细腻味甜的特性，内在品质蛋白质、维生素 C、可溶性固形物、可溶性糖、铁、锌、硒均高于参考值，粗纤维高于参考值，是较好的粗粮食品，综合评价其符合全国名特优新农产品名录收集登录基本条件和要求。

5. 环境优势

土默特左旗贝贝南瓜产自内蒙古土默特左旗沙尔营乡，该地地处阴山山脉，大青山南麓富饶的土默川平原，属温带半干旱大陆性季风气候，全年四季分明、昼夜温差较大，特别适合种植南瓜，昼夜温差较大有利于糖分的积累；该地区雨热同期，土壤肥沃，无霜期为 133d，≥10℃的平均天数为 157d，积温 2 917℃，平均降水量为 379mm，年日照时数为 2 952h，海拔 1 000m，适宜的气候、地理条件为"土默特左旗贝贝南瓜"的品质创造了先决条件，也造就了土默特左旗贝贝南瓜高蛋白质及维生素、富硒和氨基酸等特点。

6. 产品功效

南瓜中的南瓜蛋白及多糖等具有极高的营养价值，作为食疗保健和防病功效的绿色食品越来越受到人们的青睐。另外南瓜中丰富的膳食纤维可以减少胆结石的发生，南瓜叶可以治疗痢疾、创伤，南瓜花可以清热减痛，南瓜藤可清肺通络。

(三) 达拉特南瓜

1. 产品介绍

达拉特南瓜种植于恩格贝镇、昭君镇、树林召镇、白泥井镇。与达拉特旗良好的生态环境相适应，该地生产出了品质优良的南瓜。在达拉特旗境内现有种植面积稳定在5 000亩以上，因其良好的品质受到全国消费者的喜爱。较高的产量和价格，也为种植户带来了丰厚收入。现在已发展出了"上禾优贝""郑守坝"等几个品牌，"上禾优贝"更是行销全国，受到南方顾客喜爱。

2. 特征描述

达拉特南瓜果型为扁圆形，瓜面较粗糙，瓜色为墨绿色，其色泽较均匀一致；单瓜重250~350g；瓜肉颜色为橘黄色，瓜肉厚，其肉质细腻味甜。

3. 营养指标（表214）

表214　达拉特南瓜独特营养成分

参数	维生素C (mg/ 100g)	可溶性糖 (%)	可溶性固形物 (%)	蛋白质 (g/ 100g)	铁 (mg/ 100g)	锌 (mg/ 100g)	硒 (μg/ 100g)	粗纤维 (%)	水分 (%)	总酸 (%)
测定值	42.5	6.2	10.1	2.4	4.63	0.64	0.49	1.1	73.2	0.06
参考值	8.0	3.5	6.9	0.7	0.40	0.14	0.46	0.8	93.5	0.10

4. 评价鉴定

该产品在达拉特旗区域范围内，在其独特的生长环境下，具有瓜色为墨绿色，其色泽较均匀一致，单瓜重250~350g，瓜肉颜色为橘黄色，瓜肉厚，肉质细腻味甜的特性，内在品质蛋白质、维生素C、可溶性固形物、铁、锌、硒、可溶性糖均高于参考值，粗纤维高于参考值，是较好的粗粮食品。综合评价其符合全国名特优新农产品名录收集登录基本条件和要求。

5. 环境优势

达拉特南瓜产于达拉特旗的恩格贝镇、昭君镇、树林召镇、王爱召镇几个镇，处在鄂尔多斯高原北部，库布齐沙漠边缘，黄河南岸，属于半沙漠地区的沙性土壤，全年日照3 125h，降水量260~360mm，地下水位15~20m，水质甘甜，并富含微量矿物质元素，周围30km没有任何污染源，环境优良。该地四季分明，昼夜温差大，非常有利于南瓜中的糖分积累，生产的南瓜个体整齐、肉质结实，肉甜、商品性优良。达拉特旗是国家"一带一路"和"呼包银榆"经济圈的重要节点，210国道、包茂高速、沿黄高速和包神铁路、包西铁路、沿河铁路等交通主干道贯穿全境，形成"三横五纵"公路交通网和"一横二纵"铁路交通网，是资源与区位组合最佳区域。

6. 产品功效

南瓜属葫芦科，性温味甘，无毒。主要可食部分含水量低，干物质含量高，非还原糖和淀粉含量高，南瓜果肉可以促进分泌，减低血糖水平，对防治糖尿病有一定效果。国内外市场面世的产品主要是南瓜粉、南瓜脯、南瓜酱、南瓜罐头、南瓜饮料等，其中以南瓜粉为最多。

四、芹菜

商都芹菜

1. 产品介绍

商都芹菜种植于乌兰察布市商都县七台镇、小海子镇、十八顷镇、大黑沙土镇、屯垦队镇。收获时间为7—10月。芹菜产业是商都县的主导产业，全县芹菜种植面积达到3 333hm²，在芹菜产业化建设过程中，坚持举绿色旗帜走品牌路，注重规模化、品牌化发展，集成推广先进的农业栽培技术。产品远销京、津、冀、鲁等省市，出口日本、韩国、蒙古国、俄罗斯等国家，商都芹菜年均销售量为31万t，年收入5亿元，芹菜成为提高县域经济和增加农民收入的支柱产业。商都县注重"三品一标"认证，加快品牌建设和品牌宣传步伐，2015年商都西芹成功申报了地理标志农产品，绿色、有机、无公害芹菜面积逐年增加，注册了"水漩绿韵""鑫漩"等芹菜商标，商都芹菜多次参加农交会，绿色食品博览会，全面提升了知名度。

2. 特征描述

商都芹菜呈深绿色，最长叶柄长55cm，外观清洁整齐，鲜嫩无糠心，无分蘗，无褐茎；植株挺拔，有光泽，组织充实，易折断。

3. 营养指标（表215）

表215 商都芹菜独特营养成分

参数	胡萝卜素（μg/100g）	维生素C（mg/100g）	可溶性糖（%）	粗纤维（%）	铁（mg/100g）	锌（mg/100g）	蛋白质（g/100g）	硒（μg/100g）	水分（%）
测定值	362	16.5	3.1	1.9	2.37	0.96	0.44	0.09	88.2
参考值	340	8.0	1.1	0.7	1.20	0.24	1.20	0.57	93.1

4. 评价鉴定

该产品在商都县范围内，在其独特的生长环境下，具有最长叶柄长55cm，外观清洁整齐，鲜嫩无糠心，无分蘖，无褐茎，植株挺拔，有光泽，组织充实的特性，内在品质胡萝卜素、维生素C、可溶性糖、粗纤维、铁、锌均高于参考值，综合评价其符合全国名特优新农产品名录收集登录基本条件和要求。

5. 环境优势

商都县位于乌兰察布市东部，地处北纬40°，属于温带半干旱大陆性季风气候，日照时间长，光照充足，昼夜温差大，蒸发量大，气候干燥，年平均气温3.1℃，年均降水量300mL左右，辖地面积4 353km²，全县10个乡镇，总人口34.2万人，耕地总面积235.5万亩，土壤类型以栗钙土为主。冬季寒冷夏季凉爽的气候特点适合生产高产优质的冷凉蔬菜，独特的地理环境和自然气候造就了商都芹菜独特的品质，商都地处环渤海经济圈和呼包鄂"金三角"的结合部，东临京津，距首都北京400km，西临呼和浩特、包头，距首府呼和浩特200km，北通二连浩特、蒙古国、俄罗斯，距二连浩特陆路口岸300km，特别是随着京包铁路第二复线、张呼高铁、京新高速公路的建设，将本县的区位、交通优势凸显。

6. 产品功效

芹菜，别名芹、旱芹、药芹、野完荽等，芹菜为伞形花科芹菜属两年生草本植物。芹菜含有挥发性芳香油，能促进食欲同时具有降血压、镇静、健胃、利尿、润肺等功效，同时芹菜富含膳食纤维，进过消化产生一种抗氧化剂，可以抑制肠道微生物生长，加速肠道蠕动，可以起到润肠通便功效。芹菜中富含铁，经常食用可以起到补铁的作用。

五、白菜

（一）扎兰屯白菜

1. 产品介绍

扎兰屯白菜种植于扎兰屯市达斡尔乡满都村、扎兰屯市高台子近郊村。收获期为7—10月，年种植面积20 000hm²，生产量为10万t。扎兰屯市位于大兴安岭南麓，属于大北方，北方白菜的价值很高。它含有丰富的矿物质和维生素，而且还具有良好的防寒和抗疲劳作用，种植大白菜的市场销售价格虽然不算高。但栽培成本低、产量高，扎兰屯白菜除了鲜食，还可以加工为腌制酸菜、辣白菜、泡菜等系列产品，白菜最大的优点是耐储，到了冬天，餐桌上基本上以白菜为主，扎兰屯市成立了绿色蔬菜种植协会组织，通过协会组织会员引进新技术、新品种、带动会员"走出去，引进来"，在扎兰屯市满都红、喜润等企业带动下，推动扎兰市白菜种植面积连年迅增，加工成白菜系列产品远销齐齐哈尔、哈尔滨、大连、上海、河北等地。

2. 特征描述

扎兰屯白菜，外叶浓绿、内叶鲜黄，口感鲜爽，营养价值高，单体平均重约2.5kg。其外观新鲜，外叶形状为卵圆形、颜色为绿色，叶柄为白色；白菜色泽正常，结球结实，整修良好，无黄叶；无老帮、焦边、胀裂、侧芽萌发。

3. 营养指标（表216）

表216 扎兰屯白菜独特营养成分

参数	可溶性糖（%）	粗纤维（g/100g）	硒（μg/100g）	铁（mg/100g）	锌（mg/100g）	维生素C（mg/100g）	蛋白质（g/100g）	干物质（g/100g）
测定值	1.8	0.52	0.62	1.44	0.66	21.5	1.3	4.1
参考值	1.7	0.73	0.57	0.80	0.46	37.5	1.6	5.6

4. 评价鉴定

该产品在扎兰屯市区域范围内，在其独特的生长环境下，具有外叶浓绿，内叶鲜黄，口感鲜嫩，结球结实，单体重约2.5kg，整修良好的特性，内在品质可溶性糖、铁、锌、硒均高于参考值，粗纤维优于参考值，综合评价其符合全国名特优新农产品名录收集登录基本条件和要求。

5. 环境优势

扎兰屯市地处呼伦贝尔市南端，背倚大兴安岭，面眺松嫩平原，是国家重点风景名胜区。境内森林面积118.71万 hm²，森林覆盖率达70.04%，植被完整，生态环境良好。属于中温带大陆性季风气候，雨热同季，雨量充沛且集中在7—8月，土壤肥沃，有机质含量高，光照充足，环境优良，该地区气候冷凉，病害轻，农药施用量极少；是一块没有污染的"绿色净土"，是种植白菜的理想之地。

6. 产品功效

白菜，又称"结球白菜""包心白菜""黄芽白""胶菜"。十字花科芸薹属。白菜有"菜中之王"之称，冬天天气干燥，多吃白菜，可以起到很好的滋阴润燥、护肤养颜的作用。大白菜含维生素丰富，常吃大白菜可以起到抗氧化、抗衰老作用。大白菜中还含有丰富的钙、锌、硒等矿物质。其膳食纤维也很丰富，常吃能起到润肠通便、促进排毒的作用，对预防肠癌有良好作用。

（二）化德大白菜

1. 产品介绍

化德大白菜种植于化德县朝阳镇赛不冷村，收获时间为8—10月。大白菜产业是化德县的主导产业，全县大白菜种植面积达到7.5万亩。在大白菜产业化建设过程中，坚持举绿色旗、走品牌路，注重规模化、品牌化发展。集成推广农业先进栽培技术。为了促进销售建设恒温库12座，预冷库6座，建设综合性输出型蔬菜交易市场2处，解决了产品销售不畅和菜价不稳的问题。同时在蔬菜交易市场建设了信息交易平台和农产品质量安全检测室，购置了仪器设备，高质量发展、产业化配套日益完善。产品远销京、津、浙、鲁、皖等省市，出口日本、韩国等国家。大白菜年均销售量为2.88亿kg，年销售收入6 560万元。大白菜已经成为提高县域经济和增加农民收入的支柱产业。化德县注重"三品一标"认证，加快品牌建设和品牌宣传步伐，2015年"化德大白菜"成功申报了地理标志农产品，绿色、无公害大白菜面积逐年增多。注册了"蒙瑞祥"等大白菜商标。2017年化德县民乐村因种植大白菜效益好被农业部评为全国"一村一品"示范村镇。通过产品认证和品牌创建全面提升了化德县大白菜的知名度。2019年9月17日参加在北京举办的"一县一品"对接会，县人民政府与中国老区建设促进会、中国优质农产品开发服务协会、中国品牌建设促进会签订《"一县一品"品牌扶贫行动合作协议书》。化德县大白菜多次参加农交会、绿色食品博览会，全面提升了化德大白菜的知名度。

2. 特征描述

化德大白菜外观新鲜、清洁，外叶形状为宽倒卵圆形、颜色为绿色，叶柄为白色；白菜色泽正常，结球结实，整修良好；无黄叶、破叶、烧心、冻害和腐烂，无老帮、焦边、胀裂、侧芽萌发及机械损伤。

3. 营养指标（表217）

表217　化德大白菜独特营养成分

参数	维生素C（mg/100g）	蛋白质（g/100g）	粗纤维（%）	可溶性糖（%）	钾（mg/100g）	类胡萝卜素（mg/100g）
测定值	24.5	0.9	9.9	2.0	196	0.64
参考值	37.5	1.6	7.0	1.7.0	134	0.38~0.71

4. 评价鉴定

化德大白菜外观新鲜、清洁，外叶形状为宽倒卵圆形、颜色为绿色，叶柄为白色；白菜色泽正常，结球结实，整修良好；无黄叶、破叶、烧心、冻害和腐烂，无老帮、焦边、胀裂、侧芽萌发及机械损伤。内在品质类胡萝卜素高于同类产品参考值，粗纤维、可溶性糖、钾均高于参考值。综合评价符合全国名特优新农产品营养品质评价规范要求。

5. 环境优势

化德县地处北纬41°，北与锡林郭勒盟镶黄旗接壤，西、西南与商都县相连，东与正镶白旗毗邻，属于温带半干旱大陆性季风气候，日照时间长，光能充足，寒暑剧变，昼夜温差大，风沙日数多，蒸发量大，气候干燥，降水量少，年平均气温2.5℃，年平均降水量329.9mm，年均日照时长3 078.7h，土壤为栗钙土。冬季寒冷，夏季凉爽的气候特点，适合生产高产优质的大白菜等冷凉蔬菜。独特的地理环境和自然气候造就了化德大白菜独特的品质。产地处环渤海经济圈和呼包鄂"金三角"的结合部，东临京津，距首都北京320km，西接呼和浩特、包头，距首府呼和浩特300km；北通二连浩特、蒙古国、俄罗斯，距二连浩特陆路口岸300km。特别是随着京包铁路第二复线的通车和张呼高铁、京新高速公路的开工建设，将该区的区位、交通优势更加凸显，使化德大白菜的销售运输变得更加快捷便利。

6. 产品功效

白菜微寒味甘，具有养胃生津、除烦解渴、利尿通便、清热解毒等功能，是补充营养、净化血液、疏通肠胃、预防疾病、促进新陈代谢的佳蔬，适合大众食用。大白菜含水量丰富，同时富含蛋白质、脂肪、多种维生素及矿物质，常食有助于增强机体免疫功能。

六、马铃薯

（一）武川马铃薯

1. 产品介绍

武川马铃薯种植于呼和浩特市武川全县的8个乡镇，9月采收。武川县地处内蒙古中部，是首府呼和浩特的北大门，素有"马铃薯之乡"的美称。因纬度较高、气候凉爽、日照充足，土壤疏松且富含有各种矿物质，故而非常适合种植马铃薯，所产马铃薯最佳，为薯中极品。近几年在市场经济的发展及县委、县政府提出的"薯业立县"方针政策等有利条件下，武川县结合县域地理及生态优势，大力调整种植业结构，以发展马铃薯种植优势抓手促进了农民致富，当前马铃薯已成为武川县农民经济收入的主要农作物。武川县马铃薯已通过国家工商行政管理局产地证明，且被青岛农产品鉴定中心确定为优质产品，基地设施建设达到欧洲水平，2007年武川土豆马铃薯申报了北京奥运会餐饮备选产品。同年申报国家认证绿色食品马铃薯获得了证书，在2017年申请地理标志"武川土豆"并领取了证书。

2. 特征描述

武川马铃薯个头均匀，单薯质量约150g，外皮颜色为黄色，外观新鲜，成熟度好，薯形好；该马铃薯芽眼数量较少，芽眼较浅；该马铃薯表皮无破损、无机械损伤；外部表皮无变绿、无二次生长、无畸形、无病斑和腐烂；内部无空心，无黑色心腐、无薯肉变色。

3. 营养指标（表218）

表218 武川马铃薯独特营养成分

参数	维生素C（mg/100g）	粗脂肪（%）	硒（μg/100g）	粗纤维（g/100g）	铁（mg/100g）	锌（mg/100g）	水分（%）	淀粉（%）	蛋白质（g/100g）	还原糖（%）
测定值	16.4	0.2	1.00	0.44	7.18	0.77	80.70	13.2	2.0	0.06
参考值	14.0	0.2	0.47	0.60	0.40	0.30	78.60	14.5	2.6	0.38

4. 评价鉴定

该产品在武川县域范围内，在其独特的生长环境下，具有外观新鲜，成熟度好，薯形好；该马铃薯芽眼数量较少，芽眼较浅的特性，内在品质维生素C、铁、锌、硒均高于参考值，粗脂肪等于参考值，粗纤维优于参考值，综合评价其符合全国名特优新农产品名录收集登录基本条件和要求。

5. 环境优势

武川全境在北纬 40°47′~41°23′、东经 110°31′~111°53′、海拔为 1 600~2 000m。属于中温带大陆性气候，中外专家指出，武川县正处于马铃薯生长的黄金地带。武川土质疏松、通气性强、土壤空隙度 49.8%，耕层 30cm 左右，土壤无渗漏问题。白天最适温度为 15~20℃、适于植株茎叶生长和开花的气温为 16~22℃、夜间最适于块茎形成的气温为 10~13℃，土温为 16~18℃，高于 20℃ 时则生长缓慢。年降水量在 350~500mm，且降水集中在现蕾–开花结果期。年平均风速 3m/s，不利于蚜虫传播的条件。多施有机肥，轮作倒茬，适量施用化肥。采用原种（脱毒种薯）并严格按要求进行切刀消毒进行切种。

6. 产品功效

马铃薯属茄科，一年生草本植物，块茎可供食用，仅次于小麦、稻谷和玉米。马铃薯又名山药蛋、洋芋、洋山芋、洋芋头、香山芋、洋番芋、山洋芋、阳芋、地蛋、土豆等。马铃薯既可以作为粮食、又可以当作蔬菜，产量高，营养丰富，具有较好的保健功能，对环境的适应性较强。马铃薯块茎含有大量的淀粉，能为人体提供丰富的热量，且富含蛋白质、氨基酸及多种维生素、矿物质，尤其是其维生素含量是所有粮食作物中最全的。马铃薯有多种食用方法，既可烹、炸、煎、炒，又可炖、烧、煮、扒，烹调出多种美味菜肴。马铃薯制成的淀粉是许多即食食品的原材料。

（二）牙克石马铃薯

1. 产品介绍

牙克石马铃薯产于呼伦贝尔市牙克石石莫拐农场，免渡河农场，牧原镇暖泉村，牙克石国有农场，收货时间为 9 月。"牙克石马铃薯"地理标志公共标识于 2020 年 4 月 30 日已获得农业农村部颁发地理标志登记证书并批准使用，多家企业已经签署使用协议。牙克石市得天独厚的地力条件优势，特别适合马铃薯的生长，牙克石市在马铃薯种植上总结一套马铃薯模式化栽培技术，测土配方施肥、病虫草害综合防治等实用新技术得到快速推广应用，喷灌圈栽培以及脱毒薯组培、微型薯生产等已小有规模，并与国内科研院所及比利时专家、国内知名马铃薯专家合作，企业的科学管理和生产技术的不断创新，提高了本地区马铃薯的平均产量、增加了农民收入，而且还丰富了本区域的主栽品种，促进了种植面积的增加，从而增加了就业岗位，对加快农业产业结构调整、构建和谐社会和促进当地社会经济发展具有重要的意义。

2. 特征描述

牙克石马铃薯个头均匀，单薯质量约 160g，外皮颜色为黄色，外观新鲜，成熟度好，薯形好；该马铃薯芽眼数量较少，芽眼较浅而便于削皮；该马铃薯表皮无破损、无机械损伤；外部表皮无变绿、无二次生长、无畸形、无病斑和腐烂；内部无空心，无黑色心腐、无薯肉变色。

3. 营养指标（表219）

表 219　牙克石马铃薯独特营养成分

参数	硒（μg/100g）	锌（mg/100g）	维生素C（mg/100g）	淀粉（g/100g）	铁（mg/100g）	粗纤维（%）	水分（%）	蛋白质（g/100g）	脂肪（%）	还原糖（%）
测定值	0.70	6.04	11.5	11.2	13.14	0.48	81.3	1.6	0.10	0.10
参考值	0.47	3.00	14.0	14.5	4.00	0.60	78.6	2.6	0.20	0.38

4. 评价鉴定

该产品在牙克石市区域范围内，在其独特的生长环境下，具有外观新鲜，成熟度好，薯形好，芽眼数量较少，芽眼较浅而便于削皮的特性，内在品质铁、锌、硒均高于参考值，粗纤维优于参考值，综合评价其符合全国名特优新农产品名录收集登记基本条件和要求。

5. 环境优势

牙克石马铃薯种薯产地位于牙克石市，该地区地处北纬 47°39′~50°53′，高纬度、高海拔，气候温凉湿润，日照充足，雨热同季，昼夜温差大，加之土壤多属有色森林土、黑钙土、草甸土，通气透水，保水肥，保墒性好，是马铃薯最佳生产区域，该地区产业基础好，是第一批国家马铃薯区域性良种繁育基地。

6. 产品功效

马铃薯是茄科茄属多年生草本作物，可一年一季或一年两季栽培。马铃薯富含大量碳水化合物，能供给人体热能。马铃薯的皮富含绿原酸和硫辛酸，绿原酸有抗氧化的功效，硫辛酸可淡斑、防止皮肤老化。马铃薯所含淀粉、蛋白质、维生素 C 极为丰富，而其所含的营养成分中淀粉含量居第一位。

（三）察右后旗红马铃薯

1. 产品介绍

察右后旗红马铃薯产于乌兰察布市察哈尔右翼后旗乌兰哈达苏木前进村。察右后旗现阶段已形成了"三区两带"马铃薯规模种植格局;创建了20万亩马铃薯绿色原料生产基地;建成了总储量达19万t马铃薯贮藏区;打造了当地3个大型温网室繁育基地;注册了"草原下坡地""乌兰土宝""后旗红"等马铃薯商标;三家企业和合作社认证了绿色食品马铃薯;引进了年加工10万t马铃薯加工企业,已成为"中国薯都"乌兰察布马铃薯产业核心种植区和全国重要的马铃薯商品薯和种薯繁育基地。马铃薯种植面积每年稳定在33万亩左右,年产鲜薯66万t左右,占到了粮食作物总产量的70%以上。农民种植业纯收入的50%来自马铃薯产业,该产业已真正成为察右后旗农业生产的主导产业,也使得察右后旗逐渐成为自治区马铃薯主产区之一。

2. 特征描述

察右后旗红马铃薯个头较大,单薯质量270~350g,外皮颜色为红色,外观新鲜,成熟度好,薯形好;该马铃薯芽眼数量较少,芽眼浅而便于削皮;该马铃薯表皮无破损、无机械损伤;外部表皮无变绿、无二次生长、无畸形、无病斑和腐烂,内部无空心,无黑色心腐,无薯肉变色。

3. 营养指标(表220)

表220 察右后旗红马铃薯独特营养成分

参数	蛋白质 (g/100g)	维生素C (mg/100g)	粗纤维 (g/100g)	淀粉 (%)	还原糖 (%)	钙 (mg/100g)	铁 (mg/100g)
测定值	2.0	33.6	2.3	36.4	0.08	9.42	1.22
参考值	2.6	14.0	0.6~0.8	9.0~20.0	0.40	7.00	0.40

4. 评价鉴定

察右后旗红马铃薯个头较大,单薯质量270~350g,外皮颜色为红色,外观新鲜,成熟度好,薯形好;芽眼数量较少,芽眼浅而便于削皮;表皮无破损、无机械损伤;外部表皮无变绿、无二次生长、无畸形、无病斑和腐烂;内部无空心,无黑色心腐、无薯肉变色。内在品质维生素C、粗纤维、淀粉、钙、铁均高于参考值。综合评价符合全国名特优新农产品营养品质评价规范要求。

5. 环境优势

察哈尔右翼后旗位于内蒙古中部阴山北麓,隶属于乌兰察布市后山地区,地理坐标为北纬40°03′~41°59′,东经112°42′~113°30′。总面积3 910km²,总地势为南高北低,地表起伏较大,海拔为1 345.0~2 053.3m。属中温带半干旱大陆性季风气候,因受中纬度及季风气候影响,春季干旱多风,雨量集中于夏季7—8月,秋季早寒易冻,冬季漫长寒冷。年平均气温3.4℃,年平均日照数2 986.2h,年平均无霜期70~102d,年平均降水量327.8mm。总之日照充足,风多雨少,昼夜温差大。土壤以栗钙土为主,土层深厚,肥力中等的沙质土壤,约占总土地面积90%以上。马铃薯为性喜冷凉,爱低温的作物,其地下薯块形成和生长需要疏松透气、凉爽湿润的土壤环境。因此结合天气和环境等制约因素,充分利用地理和气候优势等条件,由旗委和政府主导,多年来大力发展马铃薯种植业,使其成为主要栽培作物之一,更成为增加农牧民收入的优势特色主导产业。

6. 产品功效

红色马铃薯富含类黄酮化合物花青素等营养成分，不仅是一种特色作物，还是提取天然色素的重要原料。花青素具有很强的自由基清除能力和抗氧化功能，在人体保健、药用、食品和化妆品添加剂等方面具有极高的利用价值。红色马铃薯的抗氧化能力是白色马铃薯的数倍。

七、山药

乌拉特后旗铁棍山药

1. 产品介绍

乌拉特后旗铁棍山药产于乌拉特后旗管辖内的巴音镇团结村、东升村；呼和镇大树湾村、西补隆；乌海苏木富山村、福海村。种植面积达 50hm²，年商品量 35t。采取"控肥、控水、控膜、控药"的四控和精准水溶肥滴灌措施、松土深耕和专项种植技术，种植具有功能性的富硒有机山药。为保证山药的全年销售，将在产业园附近建设一定规模的保鲜库等配套设施，用来反季销售和常年持续销售，达到稳定山药销售价格的目的。积极加入巴彦淖尔市"天赋河套"区域品牌建设和借助"盒马鲜生"的产业平台，来扩大销售和知名度。在运行规范后，计划逐步延长产业链，研发有药用和食用价值的初加工有机产品，如山药粉、山药片和山药饮料等。乌拉特后旗铁棍山药已注册"梦康宝"等知名商标。利用新闻媒体做宣传广告，采取在电商品台做直播带货销售新模式，加速融合线上线下销售。

2. 特征描述

乌拉特后旗铁棍山药块茎外观新鲜，个体间长短、粗细较均匀，块茎肉质肥厚，直径 3~4cm，其外皮为土黄色，色泽均匀；根毛细且少，表面光滑，质地坚实，断面色白、粉性足；山药无破损、无机械损伤、无病斑、无腐烂。

3. 营养指标（表 221）

表 221 乌拉特后旗铁棍山药独特营养成分

参数	维生素C（mg/100g）	硒（μg/100g）	铁（mg/100g）	锌（mg/100g）	可溶性糖（%）	总酸（%）	可溶性固形物（%）	水分（%）	淀粉（%）	蛋白质（g/100g）
测定值	22.2	3.00	0.68	0.31	2.0	0.21	17.0	77.4	13.2	1.7
参考值	5.0	0.55	0.30	0.27	1.9	0.40	15.8	84.8	18.7	1.9

4. 评价鉴定

该产品在乌拉特后旗区域范围内，在其独特的生长环境下，具有外观新鲜，个体间长短、粗细较均匀，表面光滑，质地坚实，断面色白、粉性足的特性，内在品质维生素 C、可溶性固形物、可溶性糖、铁、锌、硒均高于参考值，总酸优于参考值，其维生素 C 含量高于参考值 4 倍多，综合评价其符合全国名特优新农产品名录收集登录基本条件和要求。

5. 环境优势

乌拉特后旗铁棍山药产区四季分明，夏季温暖但昼夜温差 12~15℃，年均气温 4.6℃，降水量小，风多湿度小，光能丰富，日照充足，日照时数 3 200h。地下水量丰富，且富含多种矿物质成分，属于优质灌溉水。因阴山岩溶地貌渗透，土地肥沃、土质独特，土壤中有机质含量 12~15g/kg，且富含大量的微量元素和矿物质。区位优势：地处世界公认的北纬 41°黄金带，北依阴山，南临黄河，形成独特的"富土地"地势，南北宽 30km，东西长 80km。山药产业园区北有国道 335，南有 G7 和临策铁路东西穿过，青山火车站距离产业园在 10km 内，312 省道南北横贯，交通便利通达，运输成本低。

6. 产品功效

山药即薯蓣，别名怀山药、淮山药、土薯、山薯、山芋、玉延。多年生草本植物，茎蔓生，铁棍山药上有像铁锈一样的痕迹。铁棍山药是山药的一个优良品种，表皮颜色微深，可见特有的红色"锈斑"，故而得名，为药食兼用的良药佳肴，特点甘、绵、香、甜。铁棍山药粉性足，质腻，体质坚重，富含蛋白质、维生素和氨基酸、矿物质等多种微量元素。既能补脾肺肾之气，又能滋养脾肺肾之阴，具有很高的营养和药用价值，适合炒菜食用，一般的吃法是煮粥或者是蒸熟了去皮，弄成山药泥和面团在一起捏成丸子、炒菜吃等。

八、胡萝卜

(一) 库伦胡萝卜

1. 产品介绍

库伦胡萝卜种植于通辽市库伦镇马家洼子村、白庙子村、东皂户沁嘎查、安家窑村。"库伦胡萝卜"以其完美的外形，优良的品质，现在已经成为库伦旗主要输出蔬菜产品。旗委政府通过招商引资，引进内蒙古绿洲食品有限公司等蔬菜种植企业，种植的胡萝卜、甘蓝、大葱、辣椒、西葫芦等系列蔬菜产品，填补了库伦旗蔬菜无输出的历史，产品鲜品除对外销售到全国各地外。通过政策支持、项目资金扶持等方式，进一步做大做强库伦菜篮子产业。几年以来，库伦胡萝卜等蔬菜从无到有、从有到强，通过"公司+合作社+农户"等联动方式，并带动 500 多户建档立卡贫困户，脱贫致富，也全面促进了库伦旗蔬菜产业的发展。通过品牌提升，全旗都按照标准化种植，胡萝卜、甘蓝等 10 多个产品获得了绿色认证。为进一步提升库伦旗蔬菜产业发展提供了有力保障。

2. 特征描述

库伦胡萝卜呈长筒状，单根重 275~290g，长 21~27cm，外观颜色为橙色，顶部无绿色或紫色，表皮完整光滑，新鲜不萎蔫；其肉质脆嫩无裂缝，无歧根、根毛及裂根，无机械损伤。

3. 营养指标（表222）

表222　库伦胡萝卜独特营养成分

参数	β-胡萝卜素（μg/100g）	维生素C（mg/100g）	可溶性糖（%）	硒（μg/100g）	锌（mg/100g）	水分（%）	蛋白质（g/100g）	总酸（%）
测定值	7 404	10.1	2.1	0.80	0.61	88.8	0.8	0.05
参考值	4 130	9.0	0.03	0.60	0.22	89.2	1.0	0.38

4. 评价鉴定

该产品在库伦旗范围内，在其独特的生长环境下，具有单根重275~290g，长21~27cm，外观颜色为橙色，表皮完整光滑，新鲜不萎蔫，肉质脆嫩无裂缝的特性，内在品质可溶性糖、β-胡萝卜素、维生素C、锌、硒均高于参考值，总酸优于参考值。综合评价其符合全国名特优新农产品名录收集登录基本条件和要求。

5. 环境优势

库伦旗位于内蒙古东部、通辽市西南约140km处，与辽宁省阜蒙县、彰武县接壤，地处东经121°09′~122°21′，北纬42°21′~43°14′。库伦旗地处燕山北部山地向科尔沁沙地过渡地段。燕山山脉自旗境西南部延入，在中部与广袤的科尔沁沙地相接，构成旗境内南部浅山连亘，中部丘陵起伏，北部沙丘绵绵的地貌。整体地势呈西南高，东北低，海拔最高点为626.5m，最低点为190m。境内土石浅山面积150万亩，占总面积的21.2%，黄土丘陵沟壑120万亩，占总面积的17%，沙化漫岗89.75万亩，占总土地面积的12.7%。沙沼坨甸330万亩，占总面积的46.7%。全旗土壤有9个土类，42个土属，114个土种，多数为粟褐土、草甸土和风沙土，土壤pH值在7.5~8.5，年有效积温在3 007.6~3 470.3℃，无霜期158~187d，年降水量在292~597mm，多集中于6—8月。

6. 产品功效

胡萝卜是伞形科、胡萝卜属野胡萝卜的变种，一年生或二年生草本植物。胡萝卜中富含大量的β-胡萝卜素、抗坏血酸和维生素E等，被称作维生素食物。除维生素外，植物营养素，如类胡萝卜素、酚酸类物质等抗氧剂，在抗冠心病、癌症等方面具有重要意义。胡萝卜产品开发的巨大潜力在于加工、提取胡萝卜汁及胡萝卜素，目前开发有胡萝卜汁饮品，胡萝卜米粉、胡萝卜酸奶等。

（二）察右中旗红胡萝卜

1. 产品介绍

察右中旗红胡萝卜种植于乌兰察布市察哈尔右翼中旗乌素图镇三排地村。察右中旗的红胡萝卜，因为颜色缘故，常被当地人习惯性地成为"红萝卜"，且这种俗称一直沿用至今。为了加快察右中旗红胡萝卜产业发展进程和满足市场需求，政府加大对红胡萝卜种植的扶持力度和优惠政策。察右中旗红萝卜唯一拥有国家级绿色产品证书和地理标志证明商标两个国家级证书，是货真价实的名优产品。2000年察右中旗红萝卜注册了"草原参"商标。2004年内蒙古自治区农业厅认定察右中旗红萝卜基地为无公害蔬菜生产基地。2007年乌素图三排地村红萝卜基地获得南京国环有机食品中心认证。2013年察右中旗红萝卜在国家质检总局注册了"察右中旗红萝卜"国家地理标志。2016年察哈尔右翼中旗认真开展以红萝卜为主的蔬菜标准创建园工作，为全面打造面向首都的乌兰察布市"红萝卜之乡"而努力。

2. 特征描述

察右中旗红胡萝卜呈长筒状，单根重量约210g，外观颜色为橙色，顶部无绿色或紫色，表皮完整光滑，新鲜不萎蔫；其肉质脆嫩无裂缝，无歧根、根毛及裂根，无机械损伤。

3. 营养指标（表223）

表223   察右中旗红胡萝卜独特营养成分

参数	β-胡萝卜素（μg/100g）	可溶性糖（%）	锌（mg/100g）	硒（μg/100g）	总酸（%）	维生素C（mg/100g）	水分（%）	蛋白质（g/100g）
测定值	7 690	1.30	1.20	0.83	0.34	8.4	89.6	0.5
参考值	4 130	0.03	0.22	0.60	0.38	9.0	89.2	1.0

4. 评价鉴定

该产品在察右中旗范围内，在其独特的生长环境下，具有单根重量约210g，外观颜色为橙色，表皮完整光滑，新鲜不萎蔫，肉质脆嫩无裂缝的特性，内在品质可溶性糖、β-胡萝卜素、锌、硒均高于参考值，总酸优于参考值。综合评价其符合全国名特优新农产品名录收集登录基本条件和要求。

5. 环境优势

地处阴山支脉辉腾锡勒北麓的察右中旗，全旗土地总面积4 190.2km²，其中耕地8.79万hm²，境内地势西高东低，主要由山地、丘陵组成，平均海拔1 700m左右。红胡萝卜的主要种植区域地形平坦，日照充足，昼夜温差大；雨热同季，6—9月降水量占年降水量的78%，正值红胡萝卜肉质根膨大期，生长发育需水期与降水期相吻合，满足红胡萝卜生长的水分需求；土壤属栗钙土，轻沙壤土种，非常适宜红胡萝卜的种植。由于特殊的地质构造和特有的气候条件，所产的红胡萝卜外形美观，色质鲜嫩，营养价值极其丰富。产品除畅销内蒙古、天津、大连、广东、福建、山东、湖南、黑龙江等国内省区市以外，还远销日本、韩国、欧洲等国家和地区。

6. 产品功效

胡萝卜素是维生素A的主要来源，而维生素A可以促进生长，防止细菌感染，以及具有保护表皮组织，保护呼吸道、消化道、泌尿系统等上皮细胞组织的功能与作用；胡萝卜含有一种檞皮素，常吃可增加冠状动脉血流量，促进肾上腺素合成，有降压、消炎之功效。胡萝卜种子含油量高，可驱蛔虫，治长久不愈的痢疾。胡萝卜叶子可防治水痘与急性黄疸肝炎。长期饮用胡萝卜汁可预防夜盲症、干眼病，使皮肤丰润、皱褶展平、斑点消除及头发健美。

九、蒜

东河海岱蒜

1. 产品介绍

东河海岱蒜种植于包头市东河区沙尔沁镇海岱村。收货期为 6 月至 7 月中旬,年商品量为 0.063 万 t。为了让农产品插上品牌之翼,东河区不断加强现有农产品品牌的推介力度,积极组织参与内蒙古自治区、包头市各级博览会,不断提高农产品市场美誉度,让好品牌家喻户晓,带动区域产业经济腾飞。东河区为进一步加大品牌建设力度,注册了"海岱"商标,通过了无公害农产品和国家地理标志认证,积极组织海岱蒜名特优新农产品申报,让海岱蒜等特色农产品进驻京东扶贫馆和全市绿色农畜产品直销店,进一步提高知名度和影响力,助力东河区农产品产业发展。

2. 特征描述

东河海岱蒜蒜皮为紫色,形状规则,坚实饱满,蒜头外皮完整;蒜头横径 5~6cm,单头重约 49.66g;去皮后呈白色蒜瓣,蒜瓣肥厚,味道辛辣,无异味、无发芽蒜。

3. 营养指标(表 224)

表 224　东河海岱蒜独特营养成分

参数	大蒜素 (mg/100g)	维生素 C (mg/100g)	可溶性糖 (%)	干物质 (%)	蛋白质 (g/100g)	总酸 (g/kg)	铁 (mg/100g)	锌 (mg/100g)	硒 (μg/100g)
测定值	361	14.2	28.3	36.3	6.8	2.43	2.59	1.83	1.19
参考值	27	7.0	24.2	36.2	5.2	1.05	1.30	0.64	5.54

4. 评价鉴定

该产品在包头市东河区范围内,在其独特的生长环境下,具有坚实饱满,蒜头外皮完整,去皮后呈白色蒜瓣,蒜瓣肥厚,味道辛辣的特性,内在品质大蒜素、维生素 C、干物质、可溶性糖、蛋白质、总酸、铁、锌均高于参考值。综合评价其符合全国名特优新农产品名录收集登录基本条件和要求。

5. 环境优势

海岱蒜产自北纬 40°包头市蔬菜生产核心区沙尔沁镇中部——海岱村(原为沙尔沁乡政府所在地)。沙尔沁蔬菜生产核心区北依大青山,南邻黄河畔,黄河一级支流五当沟(沟长 58km,流域面积 886km²)从沙尔沁镇中心地域穿过,为山前洪冲积扇平原,土壤为沙质黏土,土壤肥沃,地下赋存优质天然矿泉水。核心区因大青山主峰莲花山屹立于北部,遮挡缓解北部寒流的侵袭,形成独特的蔬菜生产小气候,加之光照时间长,昼夜温差大,植株汇集养分多,生产出的蔬菜具有独特的地域风味。海岱村正是位于这个区域的中心,独特的区位优势造就了海岱蒜具有香辣绵长、蒜瓣洁白晶莹、营养丰富的独特风味和品质,且具有保健功效。

6. 产品功效

大蒜也称胡蒜、大蒜头、独蒜等，属百合科葱属植物，食用与药用部位主要为鳞茎，有辛辣味，为药食同源性植物。大蒜具有提高食欲、刺激胃酸分泌、促进胃肠道蠕动功能，大蒜中含有大蒜素以及丰富的矿物质和维生素，具有一定的营养价值，在烹调过程中可增加食物的风味，提高食欲的同时大蒜素可刺激胃酸分泌以及胃肠道蠕动，具有增加食欲的作用。大蒜中含有丰富的维生素和矿物质、多种氨基酸、30余种含硫成分。其中，使大蒜产生辛辣味的蒜素是具有广泛药效的重要成分，可增加机体抗菌和抗病毒能力，还可扩张血管，改善血液循环等效果。大蒜深加工产品有蒜米、大蒜片、大蒜粉、大蒜油、大蒜素等。

十、葱

(一) 阿拉善左旗沙葱

1. 产品介绍

阿拉善左旗沙葱种植于内蒙古阿拉善盟阿拉善左旗巴彦浩特镇红石头嘎查、巴彦霍德嘎查、阿拉善左旗腾格里镇特莫乌拉嘎查。野生沙葱在阿拉善左旗集中分布面积约20余万亩，温棚沙葱种植400余座，露地种植200余亩。随着市场经济发展和人们膳食结构的改善，无污染保健食品沙葱越来越受到广大消费者的青睐。沙葱人工驯化技术成熟并大面积推广后，沙葱销售量随着认知度的扩大而增加，现有企业、合作社将沙葱加工成水饺、腌菜、泡菜等产品，通过线上线下远销全国各地。阿拉善沙葱2017年获得国家农产品地理标志登记证书，现生产加工企业均申请使用沙葱农产品地理标志，不断提升沙葱产业品牌建设。

2. 特征描述

阿拉善左旗沙葱又名蒙古葱，属百合科多年生草本植物，植株生长呈直立簇状，叶片呈细长圆柱状，叶色浓绿，叶表覆一层灰白色薄膜，粗1.2～2.0mm，长18～20cm，开紫色小花。沙葱属长日照，强光照植物，常生于海拔较高沙壤戈壁中，因其喜生于沙地且形似幼葱，性温味辣，故称沙葱。阿拉善左旗沙葱鳞茎呈半圆柱状至圆柱状，粗1.2～2.0mm，长18～20cm，其外表清洁、整齐、直立，口感质嫩，具有沙葱特有的色泽和气味，无腐烂、无变质、无异味。

3. 营养指标 (表225)

表225 阿拉善左旗沙葱独特营养成分

参数	膳食纤维 (g/100g)	维生素C (mg/100g)	蛋白质 (g/100g)	硒 (μg/100g)	蛋氨酸 (mg/100g)	丙氨酸 (mg/100g)	天冬氨酸 (mg/100g)	锌 (mg/100g)	铁 (mg/100g)	脂肪 (%)	总糖 (g/100g)	水分 (%)
测定值	2.1	48.5	2.7	2.00	32	122	187	0.67	4.54	0.3	2.1	91.9
参考值	1.7	21.0	1.6	1.06	22	108	185	0.35	1.30	0.2	3.1	92.7

4. 评价鉴定

该产品在阿拉善左旗区域范围内，在其独特的生长环境下，具有外表清洁、整齐、直立、口感质嫩，具有沙葱特有的色泽和气味的特性，内在品质维生素 C、蛋白质、脂肪、蛋氨酸、丙氨酸、天冬氨酸、膳食纤维、铁、锌、硒均高于参考值，其维生素 C 含量高于参考值两倍多。综合评价其符合全国名特优新农产品名录收集登录基本条件和要求。

5. 环境优势

阿拉善左旗属温带荒漠干旱区，为典型的大陆性气候，境内有腾格里和乌兰布和两大沙漠。以干旱少雨、日照充足、蒸发强烈为主要特点。海拔高度 800~1 500m，年降水量 80~220mm，年蒸发量 2 900~3 300mm。日照时间 3 316h，年平均气温 7.2℃，无霜期 150d 左右。沙葱生长区一年之中天气基本晴朗无云，大气透明度好，无污染，光照时间长，恰是这样的大气环境和地理位置衍生了沙葱这一物种，并成为阿拉善左旗地区独有、独特的沙生蔬菜。

6. 产品功效

沙葱又名蒙古韭，是百合科葱属多年生草本植物。沙葱是一种带有辛辣气味的绿色蔬菜，能调味防腐也能消炎杀菌。去除异味提味增香是沙葱最重要的功效，因为沙葱中含有大量的挥发油和多种芳香类物质。另外，沙葱能促进唾液胃液分泌，会让人有种胃口大开的感觉，会让食欲不振明显好转，使其成为开胃消食的绿色蔬菜，同时它还能提高人类肠胃消化功能，并能加快食物中脂肪和蛋白质分解，能让它们转化成容易被人体吸收的物质，尽快被人体吸收和利用，能有效提高人体对食物的消化吸收率。

（二）科尔沁沙葱

1. 产品介绍

科尔沁沙葱种植于科尔沁区大林镇二村，全年收获，年商品量 0.45 万 t。科尔沁区为了提升科尔沁沙葱知名度，让农产品插上品牌之翼，东河区不断加强现有农产品品牌的推介力度，大力扶持合作社及地方企业建设在现有的沙葱产品基础上，发展深加工项目，计划开发水煮沙葱、速冻沙葱、沙葱水饺、沙葱酱的系列产品，增加产品线，扩大影响力，不断提高农产品市场美誉度，让好品牌家喻户晓，带动区域产业经济腾飞。在社会各界的支持帮助下，销售渠道逐步拓宽，为全面打开北方市场奠定基础，助力科尔沁区农产品产业发展。

2. 特征描述

科尔沁沙葱鳞茎呈半圆柱状至圆柱状，粗 1.0~2.0mm，高 15~18cm；其外表清洁、整齐、直立、松紧适度、质嫩，具有沙葱特有的色泽和气味，无腐烂、无变质、无异味。

3. 营养指标（表 226）

表 226　科尔沁沙葱独特营养成分

参数	维生素C（mg/100g）	蛋白质（g/100g）	组氨酸（mg/100g）	硒（μg/100g）	膳食纤维（g/100g）	铁（mg/100g）	锌（mg/100g）	总糖（g/100g）	水分（%）	天冬氨酸（mg/100g）
测定值	27.2	2.2	76	7.10	2.0	5.70	0.66	1.7	93.5	178
参考值	21.0	1.6	49	1.06	1.7	1.30	0.35	3.1	92.7	248

4. 评价鉴定

该产品在通辽市科尔沁区域范围内，在其独特的生长环境下，具有外表清洁、整齐、直立、松紧适度、质嫩，具有沙葱特有的色泽和气味的特性，内在品质维生素C、蛋白质、组氨酸、膳食纤维、铁、锌、硒均高于参考值，综合评价其符合全国名特优新农产品名录收集登录基本条件和要求。

5. 环境优势

科尔沁区四季分明，光照充足，雨热同季，气温适中。年平均气温6.1℃，年日照时间3 113h，年平均降水量385.1mm，春秋降水量占年降水量的13%~16%。年平均无霜期150d，年平均风速3.6m/s。全区土壤以灰色草甸土为主，占总土地面积的60.6%，分布广，肥力高。沙葱降雨时生长迅速，干旱时停止生长，耐旱抗寒能力非常强，半年不降水，遇雨仍可生长。叶片可忍受-5~-4℃的低温，在-10~-8℃时叶片受冻枯萎，地下根茎在-45℃也不致受冻。沙葱生长要求较低的空气湿度（30%~50%）和通透性较强的湿润土壤，耐瘠薄能力极强。科尔沁区满足了沙葱上述生长习性的全部要求，非常适宜沙葱生长。

6. 产品功效

沙葱属于百合科，葱属，又名蒙古韭、野葱、山葱，蒙古语名胡木乐。沙葱的营养成分较多，营养价值较高，富含多种维生素，风味独特，属纯天然有机保健食品。沙葱的粗脂肪中脂肪酸成分主要为不饱和脂肪酸，明显高于一般花菜，所含蛋白质属完全蛋白质。沙葱的食用方法多种多样，叶片可以凉拌、热炒、作汤、作馅、腌制等，花可以做调味品。因其味道鲜美，风味独特，深受广大消费者的喜爱，是纯天然无污染的绿色有机蔬菜。

十一、圆葱

小三合兴圆葱

1. 产品介绍

小三合兴圆葱主要产地为内蒙古通辽市科尔沁区育新镇小三合兴村。收获季节为8月。由于传统农业在促进农民收入增长过程中效果缓慢，科尔沁区镇府大力发展小三合兴村圆葱种植产业，增加农民收入，为科尔沁地区产业化调整带好头。小三合兴圆葱在阿拉善左旗科尔沁区集中分布面积约 940hm²，年商品量约为 9 万 t。随着市场经济发展和人们膳食结构的改善，圆葱越来越受到广大消费者的青睐。圆葱销售量随着认知度的扩大而增加，形成以种养植相结合的生态经济发展模式，充分发挥圆葱产业在拉动生态建设、增加社会就业、促进农民增收等各方面的作用，不断提升圆葱产业品牌建设。

2. 特征描述

小三合兴圆葱鳞茎粗大，形状为近球状，外形和颜色完好，大小均匀，鳞片紧密硬实；外层鳞片光滑有光泽，无裂皮，无机械损伤；根和假茎切除干净，整齐；外皮为白色，肉质柔嫩。

3. 营养指标（表 227）

表 227 小三合兴圆葱独特营养成分

参数	蛋白质（%）	维生素 C（mg/100g）	丙氨酸（mg/100g）	苏氨酸（mg/100g）	水分（%）	锌（mg/100g）	可溶性糖（g/100g）	总黄酮（mg/100g）
测定值	0.6	16.0	491	446	13.5	0.28	5.0	23.6
参考值	1.1	8.0	407	299	13.0	0.23	7.6	59.2

4. 评价鉴定

小三合兴圆葱鳞茎粗大，外形和颜色完好，大小均匀，鳞片紧密硬实；外层鳞片光滑有光泽，无裂皮，无机械损伤；外皮为白色，肉质柔嫩；内在品质维生素 C、丙氨酸、苏氨酸、水分、锌均高于参考值，维生素 C 含量是参考值的 2 倍。综合评价符合全国名特优新农产品营养品质评价规范要求。

5. 环境优势

位于内蒙古东部，松辽平原西部边缘的科尔沁草原，科尔沁区四季分明，光照充足，雨热同期，气温适中。年平均气温 6.1℃，日照数 3 113h，科尔沁沙地离海洋较近，受湿润气流的影响，年平均降水量 385.1mm，春秋降水量占年降水量的 13%~16%。年平均无霜期 150d，年平均风速 3.6m/s。受蒙古冷高压和太平洋暖低压消长变化影响，当地冬春季以西北风和偏北风为主，夏季以东南风为主。全区土壤以灰色草甸土为主，占总土地面积的 60.6%，分布广，土地肥沃，水浇条件好，气候适合圆葱生长。

6. 产品功效

洋葱又名球葱、圆葱、玉葱、葱头，属百合科葱属，为两年生草本植物。洋葱的主要消费方式是传统的烹饪和少量的鲜食。洋葱除作为蔬菜和调味品外，还具有一定的医疗保健作用，洋葱是高纤维食物，故常吃洋葱不仅可以防止便秘，亦可以增进食欲。在农产品加工业上，洋葱多作为调味料使用，如使用在方便汤料、休闲食品、肉制品、面点、复合调味汁等产品中。现在市场上较为常见的洋葱汤、洋葱灌肠、洋葱沙拉、炸洋葱圈、洋葱面包等，可制成洋葱粉、洋葱干（脆）片、洋葱调味品等。深加工产品以洋葱油、洋葱酱、洋葱汁等为主。

十二、韭菜

新华韭菜

1. 产品介绍

新华韭菜主要产地为巴彦淖尔市临河区新华镇，收获期为全年，年商品量为 3 万 t。2018 年，临河区农牧业局按照"为养而种、为牧而农、农旅结合、三产融合"的发展思路，以建设"塞外粮仓、天下厨房""草原上的菜篮子、黄河边上的农艺园"为目标，积极推进农牧业供给侧结构性改革，全力建设河套全域绿色有机高端农畜产品生产加工输出基地。完善新华万亩无公害韭菜种植基地。进一步密切"企业+农户+基地+市场"的农企利益联结机制，更新韭菜农残检测设备，严格韭菜生产、加工、销售规程，做到培训、种植、生资、商标、包装、市场"六统一"，确保"马莲牌"韭菜全产业链的生产安全，稳步壮大韭菜产业。

2. 特征描述

临河新华韭菜为多年生宿根草本植物，成品高度 30~50cm，叶宽 0.5~0.8cm，叶片宽厚，叶鞘粗壮，品质柔嫩，香味浓郁，叶色浓绿，叶面鲜亮，无病虫害侵袭现象。新华韭菜外形整齐，韭菜株高 30~40cm，叶宽 5~8mm；叶片浓绿色，叶鞘较长，叶肉丰腴细嫩，根部发白，散发浓郁的辛香气味；无萎蔫、无枯梢、无病虫害、无机械伤、无腐烂。

3. 营养指标（表 228）

表 228　新华韭菜独特营养成分

参数	蛋白质（g/100g）	维生素C（mg/100g）	铁（mg/100g）	锌（mg/100g）	可溶性糖（%）	粗纤维（g/100g）	干物质（g/100g）	类胡萝卜素（mg/100g）
测定值	2.7	28.0	3.99	0.59	1.8	13.62	8.1	26.3
参考值	2.4	2.0	0.70	0.25	0.7	8.23	8.0	36.5

4. 评价鉴定

新华韭菜外形整齐，韭菜株高 30~40cm，叶宽 5~8mm；叶片浓绿色，叶鞘较长，叶肉丰腴细嫩，根部发白，散发浓郁的辛香气味；无萎蔫、无枯梢、无病虫害、无机械伤、无腐烂。内在品质蛋白质、维生素C、可溶性糖、粗纤维、铁、锌、干物质均高于参考值。综合评价符合全国名特优新农产品营养品质评价规范要求。

5. 环境优势

新华镇位于中国北方内蒙古西部美丽富饶的河套平原腹地，是"北方羊城"——临河北部重要的交通枢纽和商品集散中心。地理坐标为北纬40°59~41°17′，东经107°22′~107°44′，海拔 1 029~1 034 m。东西宽 29km，南北长 34km，总面积 53 374.6hm²。新华镇全境为黄河冲积平原，引黄自流灌溉，享有"蔬菜之乡"的美称。该区属温带大陆性气候，年平均气温 6.9℃，全年降水少，蒸发大，日照时间长，昼夜温差大。年平均降水量为 156.2mm，无霜期为 127d，太阳辐射总量为 637.8kJ/cm²，积温为 4 255℃。这里水源充足，土地肥沃，发展农林牧渔业生产有着得天独厚的自然资源优势，是自治区重要的优质农畜产品基地；"马莲牌"新华韭菜被国家绿色食品监测中心确定为 A 级绿色食品，纳入了国家叶类甲级蔬菜品种的行列，产品深受广大消费者的青睐。

6. 产品功效

韭菜属于百合科葱属，是一种多年生宿根草本植物，又名草钟乳、懒人菜、壮阳草等。韭菜含有丰富的纤维素、胡萝卜素、维生素 C、维生素 B_2 及可溶性糖、钙、铁、锌、钾等物质，是一种营养价值高的蔬菜，一直有"菜中之荤"的美称。韭菜中含有较多的粗纤维。韭菜的独特辛香味是其所含的硫化物形成的，这些硫化物有一定的杀菌消炎作用，有助于人体提高自身免疫力，还能帮助人体吸收维生素。韭菜叶可鲜食，韭菜花可制成酱。

十三、卜留克

阿尔山卜留克

1. 产品介绍

阿尔山卜留克产业发展已形成加工企业带种植基地的发展模式，全市卜留克种植主要集中在天池镇伊尔施村，2019 年种植 10 000亩，主要由卜留克种植合作社承担种植和销售。与内蒙古科尔沁万佳食品公司签订的订单收购价格为每吨 700 元，每亩收入 1 750元，每亩投入成本 1 250元左右。扣除投入成本，每亩纯利润在 400~500 元。当地以"亮丽内蒙古，绿色好产品"为主线，提升全区地理标志农产品知名度和影响力。开发利用多种形式营销促销平台，加强产销对接，提升"蒙字号"产品市场占有率，促进优质优价。市级各职能部门积极引导各类主体转变品牌观念，强化品牌意识，组织开展地理标志区域公用品牌宣传和阿尔山卜留克节庆活动。

2. 特征描述

阿尔山卜留克外形呈扁圆形或纺锤形，表皮呈棕黄色，顶部灰绿色，单颗重约 1.76kg；其肉质坚实，口感爽脆，无辣味，略微带甜；表面无刮痕、平滑、无压痕。

3. 营养指标（表 229）

表 229　阿尔山卜留克独特营养成分

参数	蛋白质（%）	维生素 C（mg/100g）	总酸（%）	硒（μg/100g）	干物质（%）	锌（mg/100g）	可溶性糖（g/100g）	淀粉（%）
测定值	5.0	37.7	0.11	0.30	14.0	5.00	5.8	12.5
参考值	1.3	41.0	0.18	0.16	9.2	0.17	3.6	10.5

4. 评价鉴定

该产品在阿尔山市范围内，在其独特的生长环境下，具有外形呈扁圆形，表皮呈棕黄色，单颗重约 1.76kg，肉质坚实，口感爽脆，无辣味，略微带甜的特性，内在品质蛋白质、可溶性糖、淀粉、铁、硒、干物质均高于参考值。综合评价其符合全国名特优新农产品名录收集登录基本条件和要求。

5. 环境优势

大兴安岭的自然环境优越，青山绿水、空气清新、土地环保、水源清洁，符合国家开发绿色食品监控的质量标准。卜留克耐寒性强，喜昼夜温差大的凉爽性气候，最适宜在高海拔、高纬度地区的原始森林腹地中生长。生长在大兴安岭的卜留克，因昼夜温差大，使卜留克糖分积累多、脆度高、味道鲜、口感好。利用卜留克腌制的咸菜，已逐步形成了鲜、香、嫩、脆的品质。

6. 产品功效

卜留克无辣味、微甜、肉质致密。适宜鲜食或酱腌菜用。由于阿尔山独特的自然环境和冷凉气候，造就了阿尔山卜留克"鲜、香、嫩、脆"的品质，阿尔山卜留克口感好，风味独特，营养齐全。

十四、地梨

土默川地梨

1. 产品介绍

当地早年在萨拉齐镇周围就有零星种植，后因其经济效益高，种植地梨势头迅速遍及周围。当地党委、政府投入大量资金，通过出台一系列政策规程和自主招商引资，使土默川地梨成为六必居的原料生产基地，形成农产品加工销售链，大大增加农民收入，增加村集体经济。同时，与内蒙古博元生物技术有限公司达成合作意向，挖掘地梨产品价值，从中提取微量元素，带动产业发展。通过自主收购、自主生产、自主加工、自主销售，打造自主品牌，增加产业附加值和产品利润。积极申报"农产品地理标志登记保护"和"绿色食品标志"，建立农畜产品质量安全追溯体系，从生产、加工、检疫、包装、上市、销售实施全程可追溯，确保土默川地梨的高品质。

2. 特征描述

地梨又名螺丝菜、草石蚕、地笋，其形似蚕体、短而肥胖、节间短呈螺蛳状、两头略尖，有 5~10 个环节，部分节与节之间有点状芽痕；外皮呈黄褐色、肉质为白色；口味甘甜鲜美，质地脆嫩。

3. 营养指标（表 230）

表 230　土默川地梨独特营养成分

参数	蛋白质（%）	维生素 C（mg/100g）	总酸（%）	锌（mg/100g）	水分（%）	铁（mg/100g）	可溶性糖（g/100g）
测定值	2.7	10.4	0.18	0.32	79.8	3.78	11.9
参考值	4.3	7.0	0.43	0.93	79.0	4.40	20.0

4. 评价鉴定

该产品在土默川县域范围内，在其独特的生长环境下，具有口味甘甜鲜美，质地脆嫩的特性，内在品质维生素 C、水分均高于参考值，总酸优于参考值，综合评价其符合全国名特优新农产品名录收集登录基本条件和要求。

5. 环境优势

土默川地梨生长在大青山山前洪积扇平原区，洪积扇将土壤沙粒、粉粒和黏粒冲击开来，也将土壤养分更好的聚集起来。另外，当地拥有优质水资源。生长区有美岱沟、水涧沟等流域面积大于 1.88km² 的山沟 21 条，所产水量占全旗地表水总量的 11.5%。这些河流为地梨生长提供了丰富的优质水资源。另外，土默川地梨生长区处于干旱和半湿润交错的中温带，属温带大陆性气候。年平均气温 7.5℃，年平均降水量 339.8mm。这里四季分明，光照充足，昼夜温差大，为优质的土默川地梨生长提供了有利的条件。

6. 产品功效

地梨其肉质洁白，味甜多汁，清脆可口，自古有地下雪梨之美誉，多用于腌制食用。

第八章　油料类

一、榛子

扎兰屯榛子

1. 产品介绍

扎兰屯榛子产于扎兰屯市大河湾镇永丰村、扎兰屯市中和镇雅尔根楚五道沟村。扎兰屯榛子系农业农村部地理标志保护农产品、绿色食品。被称为"手拍水漏""榛子落儿"，是"纯天然、无污染、高营养"的绿色食品，拥有榛子林40万亩，年产量在1.4万t。拥有榛子丰产实验基地3 000亩，亩产量35kg，最好的达到亩产60kg，打造"一份榛心"等10余个品牌。野生榛子营养价值较高，用途较广。生食或炒食，清脆可口，香气浓郁，是深受人们喜爱的小食品，也是馈赠亲友的上乘土特产品。榛子通身都是宝，榛仁可做糕点馅，果壳可制活性炭，榛皮及叶含鞣质，可提取烤胶，并且叶子可作饲料，根条可作纺织品。

2. 特征描述

扎兰屯榛子大小均匀，粒型端正，籽粒光滑呈圆形，果仁呈金黄褐色，外壳坚硬，果实饱满；脱水良好，具有榛子固有的风味，口感香脆，无空心果，无裂果，无虫蛀果。

3. 营养指标（表231）

表231　扎兰屯榛子独特营养成分

参数	蛋白质（%）	脂肪（%）	铁（mg/100g）	钙（mg/100g）	总不饱和脂肪酸（%）	膳食纤维（%）
测定值	19.8	48.3	8.39	272.70	39.2	12.0
参考值	20.0	44.8	6.40	104.00	37.1	9.6

4. 评价鉴定

扎兰屯榛子大小均匀，直径为1.3~1.5cm，粒型端正，籽粒光滑呈圆形，果仁呈金黄褐色，外壳坚硬，果实饱满；榛子充分成熟，脱水良好，具有榛子固有气味，口感香脆；无空心果、无裂果、无虫蛀果。内在品质脂肪、钙、铁、总不饱和脂肪酸、膳食纤维均高于参考值。综合评价符合全国名特优新农产品营养品质评价规范要求。

5. 环境优势

扎兰屯榛子，主要产于扎兰屯市东部浅山区，土壤为暗棕壤，水域为雅鲁河和绰尔河流域，水质纯净，上游水域没有污染。扎兰屯市属中温带大陆性季风气候，特气候点是太阳辐射较强，日照丰富，冬季漫长、严寒干冷。夏季短而温热，雨量集中，气温年、日差较大；春季升温快，秋天气温剧降，积温有效性高，风向呈河谷走向。

6. 产品功效

榛子是榛科榛属植物，是世界四大坚果（榛子、核桃、扁桃、腰果）之一，素有"坚果之王"的美誉。榛子是果材兼用的优良树种，能生产上等的坚果和以榛仁为原料的高档食品，榛仁还可以榨油、入药，兼有食用价值和医用价值，经济效益高。此外榛树还可以改良土壤、涵养水源，生态效益明显，在种植业结构调整和生态恢复上，尤其在内蒙古保护和建设绿色生态屏障方面占有重要地位。

二、花生

乌拉特花生

1. 产品介绍

乌拉特花生产于内蒙古巴彦淖尔市乌拉特中旗德岭山镇苏独仑嘎查联合二组，9月收获。乌拉特中旗组织农技推广培训班两批次，提高合作社成员种植乌拉特花生的技术，更新防治病虫害的知识，拓宽销售乌拉特花生的渠道。每年例行随机抽样速测乌拉特花生的农药残留约500批次，做好监督抽检工作，确保乌拉特花生质量安全把控。乌拉特中旗为了拓宽乌拉特花生营销渠道，组织生产乌拉特花生的合作社和农户积极参加各类商品展销会，鼓励合作社通过建立直营店、体验店，拓展销售渠道。2020年成功申报了乌拉特花生为绿色食品，乌拉特花生加入农产品质量可追溯管理试点。目前全镇共培育乌拉特花生合作社1家，农户982户，种植面积700hm²，年生产量为2 000t。

2. 特征描述

乌拉特花生的果实形状为蚕茧形，大部分具有种子两粒，纯仁率约72.4%；果壳的颜色为黄白色，种皮的颜色为浅红色；其颗粒饱满，形状匀整，口感油香。

3. 营养指标（表232）

表232　乌拉特花生独特营养成分

参数	脂肪(g/100g)	可溶性糖(%)	不饱和脂肪酸占总脂肪酸百分比(%)	组氨酸(mg/100g)	钙(mg/100g)	铁(mg/100g)	锌(mg/100g)	硒(μg/100g)	水分(%)	蛋白质(g/100g)	粗纤维(g/100g)	α-维生素E(mg/100g)	谷氨酸(mg/100g)
测定值	49.9	23.4	86.5	600	155.06	15.98	5.35	4.80	4.3	20.2	1.90	8.39	4 050
参考值	44.3	16.8	77.4	526	39.00	2.10	2.50	3.94	≤ 8.0	24.8	5.75	9.73	4 614

4. 评价鉴定

该产品在乌拉特中旗范围内，在其独特的生长环境下，具有果壳的颜色为黄白色，种皮的颜色为浅红色，颗粒饱满，形状匀整，口感油香的特性。内在品质脂肪、可溶性糖、不饱和脂肪酸占总脂肪酸百分比、钙、铁、锌、硒、组氨酸均高于参考值，水分满足标准要求；综合评价其符合全国名特优新农产品名录收集登录基本条件和要求。

5. 环境优势

德岭山镇位于乌拉特中旗政府所在地海流图镇东南部，北邻温更镇、同和太种畜场、巴音哈太苏木，南邻总排干和乌北干渠，与五原县毗连，西与牧羊海牧场、乌梁素太乡接壤，东与乌拉特前旗交界。德岭山镇属于高寒地带，平均海拔 1 500m 以上，全年降水量少而集中，降水集中在 7—9 月，空气清新，水质纯净，土壤未受污染或污染程度较低，且远离交通干线、工矿企业和村庄等生活区。当地土地宽广肥沃，盛产小麦、玉米、葵花、花生等各种农作物，有良好的自然条件和生态优势。所产的农产品具有丰富的营养价值。

6. 产品功效

花生又名"落花生"或"长生果"，为豆科作物，优质食用油主要油料品种之一，是一年生草本植物，营养价值很高的坚果，号称植物肉，含油量非常高。花生的热量高，含有大量的蛋白质和钙离子、铁离子，还有维生素 A、维生素 B、维生素 E 等营养成分。食用花生可以有效地补充身体所需要的维生素和矿物质，并且补充人体所需要的氨基酸，起到一定的改善记忆力，益智健脑的作用。花生中的儿茶素还有抗衰老作用，可以维持身体健康，可榨油，生食。

三、紫苏

鄂伦春紫苏

1. 产品介绍

鄂伦春紫苏产业被列为鄂伦春旗农业重点发展项目，正在积极申请"农产品地理标志"。经数十次权威第三方检验，鄂伦春自治旗的贝尔情紫苏籽油，不饱和脂肪酸可高达95%；α-亚麻酸含量在65%~71%。鄂伦春紫苏荣获了世界最大的食品展会 SIAL 组委会评审团的认可，全球上千家企业中选 28 家，鄂伦春贝尔情紫苏产品唯一获得产品创新奖。随着多年的精心研制，鄂伦春"贝尔情"品牌紫苏产品获得了 ISO 22000、ISO 9001、HACCP 质量管理体系认证，一经上市便成为深受老百姓信任与喜爱的内蒙古优秀品牌。同时，紫苏生长周期短、效益高的特性，激发起老百姓种植的兴趣，一定程度上助力了乡村振兴事业，紫苏产业带动周边贫困户走上脱贫致富的道路。

2. 特征描述

鄂伦春紫苏籽皮为深色，大小均匀，颗粒饱满，光泽度好；脱皮后为白色，碾碎后油性大并散发自然香味；无破损粒、无蛀虫粒、无生霉粒；内在品质粗纤维、维生素 C、亚麻酸占总脂肪酸之比高于参考值。综合评定符合全国名特优新农产品营养品质评价规范要求。

3. 营养指标（表233）

表233　鄂伦春紫苏独特营养成分

参数	蛋白质（%）	亚麻酸/总脂肪酸（%）	维生素C（mg/100g）	粗纤维（%）	锌（mg/100g）	脂肪（%）	可溶性糖（%）
测定值	18.2	64.2	35.0	15.8	24.30	41.3	1.1
参考值	10.8~27.6	62.1	20.0	8.4	24.59	43.8	1.7

4. 评价鉴定

鄂伦春紫苏籽皮为深棕色，大小均匀，颗粒饱满，光泽度好；脱皮后为白色，碾碎后油性大并散发自然香味；无破损粒、无虫蛀粒、无生霉粒；内在品质粗纤维、维生素C、亚麻酸占总脂肪酸之比均高于参考值。综合评价符合全国名特优新农产品营养品质评价规范要求。

5. 环境优势

鄂伦春自治旗位于呼伦贝尔市东北部，大光安岭南麓，嫩江西岸，北纬48°50′~51°25′，东经121°55′~126°10′。北与黑龙江省呼玛县以伊勒呼里山为界，东与黑龙江省嫩江县隔江相望，南与莫力达瓦达斡尔族自治旗、阿荣旗接壤，西与根河市、牙克石市为邻。全旗总面积59 880km²。鄂伦春自治旗属于寒温带半湿润大陆性季风气候，四季变化显著。年均气温在-2.7~-0.8℃，自西向东递增。7月气温最高，平均为17.9~19.8℃，最高温度达37.5℃，无霜期平均95d。风速较小，年均风速1.8~2.9m/s。年降水量459.3~493.4mm。

6. 产品功效

紫苏籽中含大量油脂，出油率高达45%左右，常被用于制作紫苏油。干紫苏还可以用来加工酱菜，民间晒酱时仍加点紫苏用以去腥防腐。用泡菜坛泡菜时，放点紫苏叶，也可使泡菜别有风味。

四、葵花籽

（一）杭锦后旗葵花籽

1. 产品介绍

杭锦后旗葵花籽产于内蒙古巴彦淖尔市杭锦后旗9镇1农场107个行政村。收获期10月，种植面积21 533hm²，年商品量5.7万t，杭锦后旗是内蒙古的向日葵种植大旗，向日葵播种面积占全旗耕地的四分之一，16 666hm²的向日葵被认定为"全国绿色食品原料标准化生产基地"。向日葵种植已成为农民长期种植的传统作物之一，种植面积占全旗可耕地面积的一半。为推动向日葵产业健康发展，以团结镇为例，因地制宜，通过结构调整，利用 6 667hm² 向日葵特色优势产业核心示范区进行集中连片种植，并且对园区进行统一规划，统一施工，建成渠、沟、路、林等配套工程。应用绿色防控技术，引导农民按标准组织生产，推广向日葵种植新技术和新模式，帮助农民提升葵花品质，实现增产增收。同时，团结镇依托向日葵产业，旅游和养蜂等产业的知名度也越来越大，经济效益也越来越突显，真正用葵花产业"盘"出了更多产业链。借助"天赋河套"这一平台，加大对杭锦后旗葵花籽的宣传力度，同时，杭锦后旗葵花籽已远销全国各地。

2. 特征描述

杭锦后旗葵花籽主色为黑色，子实条纹颜色为白色，长卵形，扁而长，颗粒饱满；子实长 2.2~2.5cm，百粒重约 26.42g；具有葵花籽固有的颜色和色泽，口感油香可口。

3. 营养指标（表 234）

表 234　杭锦后旗葵花籽独特营养成分

参数	蛋白质（g/100g）	亚油酸/总脂肪酸（%）	亚麻酸/总脂肪酸（%）	天冬氨酸（mg/100g）	亮氨酸（mg/100g）	赖氨酸（mg/100g）	粗纤维（%）	铁（mg/100g）	锌（mg/100g）	脂肪（%）	水分（%）	硒（μg/100g）
测定值	27.9	67.2	0.12	2 056	1 255	799	2.80	13.89	4.61	51.1	5.4	4.18
参考值	19.1	65.1	0.10	1 800	1 081	610	2.69	2.90	0.50	53.4	7.8	5.78

4. 评价鉴定

该产品在杭锦后旗范围内，在其独特的生长环境下，具有颗粒饱满，子实长 2.2~2.5cm，百粒重约 26.42g，口感油香可口的特性，内在品质蛋白质、赖氨酸、亮氨酸、天冬氨酸、粗纤维、铁、锌、亚油酸/总脂肪酸、亚麻酸/总脂肪酸均高于参考值。综合评价其符合全国名特优新农产品名录收集登录基本条件和要求。

5. 环境优势

杭锦后旗位于内蒙古巴彦淖尔市，南临黄河，北靠阴山，南北长约 87km，东西宽约 52km，总面积 1 790km²。地处河套平原腹地，地势平坦，110 国道、京藏高速全境通过。土地耕作为灌淤层，耕作性好，含钾量高，对糖分的积累非常有利。杭锦后旗水源充沛，灌溉便利，黄河在全旗境内长 17km，过境年流量 226 亿 m³，是全国八大自流灌溉农区之一。气候具有光能丰富，日照充足，昼夜温差大，降水量少而集中的特点，独特的自然优势为杭锦后旗独特农作物提供了生长条件。"杭锦后旗葵花籽"在家喻户晓，是休闲时候的必备品。2019 年，杭锦后旗被农业农村部正式命名为国家农产品质量安全县。

6. 产品功效

杭锦后旗是内蒙古的葵花大旗，向日葵播种面积占全旗耕地的四分之一，星火花葵、白三道眉、大白片等三个优良品种，以其个大、粒饱、香脆可口备受国内外市场青睐，在北京市场被誉为"内蒙古葵王"，食之甘香可口。葵花籽是向日葵的成熟果实，种仁中含有大量天然油脂，除了能直接供人类食用以外还能榨油。葵花籽中的亚油酸有助于保持皮肤细嫩，防止皮肤干燥和色斑生成。

（二）临河葵花籽

1. 产品介绍

临河葵花籽产于巴彦淖尔市临河区新华镇、干召庙镇、白脑包镇、乌兰图克镇、狼山镇。收获时间 10—11 月，是地理标志产品。临河是国家粮食重点生产基地。临河区向日葵种植面积达 4.58 万 hm²，千亩向日葵单品高质量科技示范园区建设成功，总建设面积 1 030hm²，通过增加单产和提高品质实现增产增收。借助全市打造"天赋河套"农产品区域公用品牌的契机，重点推进向日葵扩行降密栽培技术、向日葵沟膜垄植栽培技术、土壤调理剂改良盐碱栽培技术，实行"基地+农户+公司"的一体化模式，发展向日葵产业化经营，实现水肥一体化管理。扶持龙头企业建设向日葵生产、加工、出口基地。临河有 4 家企业获得绿色食品认证，同时 2 家企业被授权使用"河套向日葵"农产品地理标志，1 家企业被授权使用"天赋河套"农产品区域品牌。

2. 特征描述

临河葵花子实主色为黑色，子实条纹颜色为白色。长卵形，扁而长，颗粒饱满；子实长 2.5~2.8cm，百粒重约 25g；具有葵花籽固有的颜色和色泽，口感油香可口；无虫蛀粒、未成熟粒、病斑粒、霉变粒。

3. 营养指标（表 235）

表 235 临河葵花籽独特营养成分

参数	蛋白质（g/100g）	亚油酸/总脂肪酸（%）	天冬氨酸（mg/100g）	缬氨酸（mg/100g）	亮氨酸（mg/100g）	铁（mg/100g）	锌（mg/100g）	硒（μg/100g）	粗纤维（%）	水分（%）	脂肪含量（%）	多不饱和脂肪酸（%）
测定值	30.6	69.5	2 420	1 380	1 090	9.06	3.33	12.20	3.30	3.8	41.3	34.2
参考值	19.1	65.1	1 800	1 068	1 081	2.90	0.50	5.78	2.69	7.8	53.4	34.5

4. 评价鉴定

该产品在临河区域范围内，在其独特的生长环境下，具有颗粒饱满，子实长 2.5~2.8cm，百粒重约 25g，口感油香可口的特性，内在品质蛋白质、缬氨酸、亮氨酸、天冬氨酸、粗纤维、铁、锌、硒、亚油酸/总脂肪酸均高于参考值。综合评价其符合全国名特优新农产品名录收集登录基本条件和要求。

5. 环境优势

临河深处内陆，属于中温带半干旱大陆性气候，云雾少降水量少、气候干燥，年降水量 138.8mm，平均气温 6.8℃，昼夜温差大，日照时间长，年日照时间为 3 389.3h，是我国日照时数最多的地区之一。光、热、水同期，无霜期为 153d 左右，适宜于农作物和牧草生长。灌区的主要耕作土壤是灌淤土，其表土层为壤质灌淤层，土壤肥沃，耕地性良好，pH 值在 7.5~8.0，有机质含量高，微量元素丰富，含有丰富的有机质，具有良好团粒结构，上层土宜保苗，下层土宜营养供给，适宜向日葵的生长发育。水源充沛，灌溉便利，黄河流经河套平原345km，年径流总量315亿 m³。自流引水灌溉，水质良好，矿物质含量丰富，无工业污染，为优质葵花生产创造了得天独厚的自然条件。

6. 产品功效

葵花籽，向日葵果实，可直接食用，宜可炒制食用，榨油等，经压制后的葵花籽粕可用于添加饲料。葵花籽富含不饱和脂肪酸，多种维生素和微量元素，味道可口，是一种十分受欢迎的休闲零食和食用油源，采用低温榨油先进技术，将葵花籽加工成蛋白粉，可供食用。这种蛋白粉色泽白、口感好、营养高、易吸收，用这种蛋白粉可制成滋养面包、人造肉、香肠、罐头等保健食品。

（三）扎鲁特葵花籽

1. 产品介绍

扎鲁特葵花籽产于内蒙古通辽市扎鲁特旗。扎鲁特旗种植葵花籽面积达4.8万多亩，年产量合计金额3 161万元，占比旗域经济0.58%。近几年，通过不断加大资金投入，强化政策措施，大力推进设施农业、节水农业，现代农牧业发展进程，全旗设施农业总面积达到2.6万亩，设施农业小区数量达到41个，鸿叶瓜子等葵花籽加工企业和粮油加工作坊星罗棋布，内蒙古和合粮业有限公司、扎鲁特旗金源葵花加工有限公司等休闲副食品加工企业4家。葵花收获季节，江浙、湘南湖广、黑吉辽各地区商贩争相收购。

2. 特征描述

扎鲁特葵花籽子实长2.5~2.8cm，百粒重约25g，其外形为长卵形，顶端稍尖，基部较宽；子实主色为黑色，子实条纹在边缘，条纹颜色为白色；无虫蛀粒、病斑粒、霉变粒、发芽粒。

3. 营养指标（表236）

表236 扎鲁特葵花籽独特营养成分

参数	蛋白质 (%)	不饱和脂肪酸 (%)	亚油酸 (%)	赖氨酸 (mg/100g)	亮氨酸 (mg/100g)	硒 (μg/100g)	天冬氨酸 (mg/100g)	水分 (%)	钙 (mg/100g)	铁 (mg/100g)	锌 (mg/100g)	粗纤维 (%)	脂肪 (g/100g)
测定值	26.9	48.9	40.0	950	1 620	12.30	2 470	4.6	120.20	10.90	4.59	2.80	48.6
参考值	19.1	46.3	39.4	610	1 081	5.78	1 800	≤ 11.0	115.00	2.90	0.50	6.00	53.4

4. 评价鉴定

该产品在扎鲁特旗区域范围内，在其独特的生长环境下，具有子实长2.5~2.8cm，百粒重约25g，其外形为长卵形，顶端稍尖，基部较宽的特性，内在品质蛋白质、不饱和脂肪酸、亚油酸、赖氨酸、亮氨酸、天冬氨酸、钙、铁、锌、硒均高于参考值，水分优于参考值，满足标准要求，粗纤维优于参考值，综合评价其符合全国名特优新农产品名录收集登录基本条件和要求。

5. 环境优势

扎鲁特旗地处内蒙古通辽市西北部，大兴安岭南麓，科尔沁草原西北端属内蒙古高原向松辽平原过渡地带。位于北纬43°50′~45°35′，东经119°13′~121°56′。东与科尔沁右翼中旗接壤，西与阿鲁科尔沁旗毗邻，南同开鲁县、科尔沁左翼中旗交界，北与东乌珠穆沁旗、西乌珠穆沁旗及通辽市的霍林郭勒市相连。土地总面积 1.75 万 km²，四季分明，光照充足，日照时间长。年均气温 6.6℃，年均日照时数 2 882.7h。无霜期中南部较长，北部较短，平均 139d。春旱多风，年均降水量 382.5mm，年均湿度 49%，年均风速 2.7m/s。境内有较大河流 9 条，支流 49 条，分属嫩江和辽河两大水系。土壤为栗钙黑壤土，土层深厚，肥力中等，有机质含量 1.5%以上。

6. 产品功效

葵花籽是菊科草本植物向日葵的种子。向日葵又名丈菊、向阳花、葵花。味甘，性平。葵花籽可以加入多种菜肴，因为它们富含蛋白质，所以在菜肴中加入葵花籽可以提升食品的营养价值，可以为沙拉、填塞料、酱汁、菜肴、蛋糕和酸奶酪增添独特的酥脆口感；葵花籽还可以用来榨油，所榨的油被誉为"保健佳品"；葵花籽除了可以食用，也可以发芽后烹饪，味道清爽可口。注意：炒熟者性燥热，不宜多食。

（四）五原葵花籽

1. 产品介绍

五原葵花籽产于五原县隆兴昌镇、复兴镇、塔尔湖镇、巴彦套海镇、胜丰镇、新公中镇、银定图镇、天吉泰镇、和胜乡、荣丰办事处、丰裕办事处。收获时间 9 月至 10 月中旬，种植规模 80 000hm²，年商品量 24 万 t。地理标志产品。"五原葵花籽"在当地已形成集葵花种子研发培育、推广种植、市场销售、精深加工、外贸出口、旅游观光等产业于一体的三产深度融合发展链条。2015 年，中国首家向日葵技术研究院三瑞农科在五原县成立，在向日葵抗列当、抗菌核病等新品种研发方面已取得新突破，目前全县共培育葵花育种研发企业 13 家，年育种能力达到 1 300t，占全国市场份额的 85%。发展炒货、剥仁企业 98 家，年生产能力 60 多万 t，实现产值 28 亿元。发展葵花机械制造企业 7 家，年生产农机具 3.2 万套（台），实现产值 2.3 亿元。引进葵花秸秆板材加工企业 1 家，年产 12 万 m³ 高强度环保型葵花秸秆人造板、2 万 t 秸秆固化成型燃料，实现了葵花资源就地转化升值。

2. 特征描述

五原葵花籽子实较长，为长卵形，顶端稍尖，基部较宽；子实主色为黑色，子实条纹在边缘，条纹颜色为白色；具有葵花籽固有的色泽和气味，口感油香可口；无虫蛀粒、生芽粒、病斑粒、霉变粒。

3. 营养指标（表237）

表 237　五原葵花籽独特营养成分

参数	亚油酸/总脂肪酸（%）	蛋白质（g/100g）	天冬氨酸（mg/100g）	赖氨酸（mg/100g）	锌（mg/100g）	铁（mg/100g）	亮氨酸（mg/100g）	粗纤维（g/100g）	脂肪（g/100g）	水分（%）	硒（μg/100g）	总不饱和脂肪酸（%）
测定值	72.5	26.3	2 520	970	6.39	13.14	1 640	8.98	40.0	5.3	3.70	39.7
参考值	65.1	19.1	1 800	610	0.50	2.90	1 081	2.69	53.4	7.8	5.78	46.3

4. 评价鉴定

该产品在五原县域范围内，在其独特的生长环境下，具有口感油香可口的特性，内在品质蛋白质、赖氨酸、亮氨酸、天冬氨酸、粗纤维、铁、锌、亚油酸/总脂肪酸均高于参考值，综合评价其符合全国名特优新农产品名录收集登录基本条件和要求。

5. 环境优势

五原县位于内蒙古巴彦淖尔市，南邻黄河，北靠阴山，东西长约62.5km，南北宽约40km，地处河套平原腹地，地势平坦，110国道、京藏高速和包兰铁路全境通过。土地耕作层为灌淤层，耕作性好，含钾量高，对糖和淀粉的积累非常有利。五原县水源充沛，灌溉便利，全县有五大干渠，9条分干渠，135条农渠，密如蛛网的毛渠灌溉着全县土地，每年引黄河水量10亿~11.6亿 m^3；气候具有光能丰富、日照充足、昼夜温差大、降水量少而集中的特点，独特的自然环境造就了独特的农产品，五原县盛产优质葵花籽，有"葵花之乡"的美誉，2019年11月，五原县被农业农村部正式命名为国家农产品质量安全县。

6. 产品功效

五原葵花籽含有大量的蛋白质、维生素B、维生素E及多种微量元素如铁、钾、镁及人体必需的亚油酸和甘油酯。五原向日葵葵花籽可以起到防止记忆力减退的作用，可以使老年人和儿童的骨骼、牙齿坚固，并且强化老年人的血管和神经，减低胆固醇含量，富含维生素E起到抗氧化的功能，同时对于神经衰弱有一定的预防作用，可以使人体表面皮肤光泽细嫩，防止破裂。

（五）土默川葵花籽

1. 产品介绍

土默川葵花籽产于内蒙古包头市土默特右旗海子乡发彦申村、将军尧镇。收获期9—10月，生产规模1 500hm²，年商品量0.28万t。产业升级推进措施：土默特右旗种植葵花的历史较早，近年来，土默特右旗农业部门引进优良品种，优化种植规程，进一步调优调活种植业结构。组织专家培训病虫害防治和种植专业技能，提高当地企业农户无公害标准化栽培意识。同时旗党委、政府和农业主管部门通过出台一系列相关政策，扶持深加工企业，考察市场。有选择带动农户种植，增加收益。借助"绿色农畜产品博览会"和"包头市绿色农畜产品展销中心"等展销活动，汇聚优品，产地直销，服务三农。注册商标"西口乡音"，旗党委、政府、农业主管部门出台相关政策，建立"三道眉农贸市场"，将土默川葵花籽销往长江以南地区。建立农畜产品质量安全追溯体系，从生产、加工、检疫、包装、上市、销售实施全程可追溯，确保土默特葵花籽的高品质。

2. 特征描述

土默川葵花籽实主色为黑色，子实条纹颜色为白色；子实较长，为长卵形，顶端稍尖，基部较宽、颗粒饱满；具有葵花籽固有的颜色和色泽，口感油香可口；无虫蛀粒、未成熟粒、生芽粒、病斑粒、霉变粒。

3. 营养指标（表238）

表238　土默川葵花籽独特营养成分

参数	蛋白质（g/100g）	亚油酸/总脂肪酸（%）	赖氨酸（mg/100g）	亮氨酸（mg/100g）	锌（mg/100g）	铁（mg/100g）	天冬氨酸（mg/100g）	脂肪（g/100g）	总不饱和脂肪酸（%）
测定值	23.8	71.5	1 000	1 830	5.56	6.94	2 680	41.7	38.9
参考值	19.1	65.1	610	1 081	0.50	2.90	1 800	53.4	46.3

4. 评价鉴定

该产品在土默特右旗区域范围内，在其独特的生产环境下，具有颗粒饱满、口感油香可口的特性，内在品质蛋白质、赖氨酸、亮氨酸、天冬氨酸、铁、锌、亚油酸/总脂肪酸均高于参考值。综合评价其符合全国名特优新农产品名录收集登录基本条件和要求。

5. 环境优势

土默特右旗，简称土右旗，位于内蒙古包头市东南部，南临黄河，北靠阴山，地处呼和浩特、包头和鄂尔多斯"金三角"腹地，地理位置优越，交通便利，依山傍水。向日葵主要种植于黄河冲积平原区，地表为黄河冲积物，其下层为湖积物。土壤主要是草甸土，土质肥沃，特别适宜种植向日葵等农作物。这里四季分明，光照充足，昼夜及寒暑温差较大，雨热同期，水资源十分丰富，为优质的向日葵生长提供了有利的条件。

6. 产品功效

葵花籽是维生素 B₁ 和维生素 E 的良好来源，其丰富的铁、锌、钾、镁等微量元素使葵花籽具有预防贫血等疾病的作用，同时葵花籽当中有大量的食用纤维，而食用纤维可以降低结肠癌的发病率。葵花籽种仁含油率到达50%~55%，目前已成为仅次于大豆位居第二的油料作物。

（六）科尔沁左翼中旗葵花籽

1. 产品介绍

科尔沁左翼中旗葵花籽产于科尔沁左翼中旗架玛吐镇北心艾力嘎查、白兴吐木东会田嘎查等，收获期10月，生产规模14 000hm²，年商品量2.625万 t。从2007—2012年，为保障有机葵花标准化基地建设工作，旗政府成立了"科尔沁左翼中旗有机葵花标准化基地建设工作领导小组"，加强领导组织。并把农业标准化工作摆到议事日程上来，尽全力做到认识到位、责任到位、措施到位、工作到位。做好标准的制定和完善，加大推广实施力度：一是在国家标准和行业标准的基础上，根据本地区农业的特点，研究制定了《科尔沁左翼中旗有机葵花生产技术标准及操作规程》。在标准化示范区内，由各相关单位加强有机葵花生产基地认定和农业投入品的监管工作，积极推行有机葵花标准化生产。加强监管，强化服务，努力做好标准化的推广实施，成立专家组，加强对生产、加工、储运、包装等各环节严格监管，严格执行标准。培训旗乡两级技术指导员，并为技术指导员创造良好的工作环境和工作条件，确保技术服务到位、农民素质提高、科技应用于生产并转化为现实生产力。精心制订实施技术方案，确定主导品种和主推技术。加强对农户的培训、技术指导，提高其素质，确保新技术、关键技术得到推广应用。

2. 特征描述

科尔沁左翼中旗葵花籽的外在特征：子实较长、为长卵形，顶端稍尖、基部较宽；子实主色为黑色、条纹在边缘、条纹颜色为白色；无虫蚀粒、病斑粒和霉变粒。

3. 营养指标（表239）

表239　科尔沁左翼中旗葵花籽独特营养成分

参数	蛋白质（g/100g）	脂肪（g/100g）	钙（mg/100g）	铁（mg/100g）	锌（mg/100g）	镁（mg/100g）	锰（mg/100g）
测定值	23.6	45.5	138.18	14.64	5.09	454.14	3.79
参考值	19.1	53.4	115.00	2.90	0.50	287.00	1.07

4. 评价鉴定

子实较长，为长卵形，顶端稍尖，基部较宽；无虫蛀粒、病斑粒、霉变粒，子仁颗粒饱满，有嚼劲，味道香甜；内在品质蛋白质、钙、铁、锌、镁、锰均高于参考值。综合评价符合全国名特优新农产品营养品质评价规范要求。

5. 环境优势

科尔沁左翼中旗处于温带大陆性季风气候区内，其主要特点是四季分明、春季回暖快，刮风日数多，风速大，气候干燥，夏季炎热，雨热基本同步，秋季短暂，降温快，冬季漫长，寒冷寡照；境内流经新开河、辽河、乌力吉木仁河。地下水资源比较丰富，全旗年均地下水储量约17.62亿 m³，其中耕地储量3.91亿 m³，可采用量3.68亿 m³。因此，根据现有地下水储量只要合理开发利用地下水，足够保证重点农田所需用水量；科尔沁左翼中旗旗处在西辽河和松辽平原的过渡地带，总的地势是西北高、东南低，海拔高度为120~230m。地貌类型是沙丘、坨沼、平原成堆积地形，最显著的特点是沙地分布广泛，由于风积的作用，形成了固定、半固定沙丘与丘间平地镶嵌分布。土壤 pH 值一般在8~10.2.全旗土壤类型主要是草甸土和风沙土、风沙土和栗钙土相间分布，耕地土壤以冲击性黑土、黑五花土、白五花土为主，土质肥沃，富含微量元素。科尔沁左翼中旗的自然气候条件非常适合葵花生长所需的环境条件。

6. 产品功效

瓜子在人们生活中是不可缺少的零食，葵花籽更是瓜子中的佼佼者。葵花籽不但可以作为零食，而且还可以作为制作糕点的原料。由于葵花子是植物的种子，含有大量的油脂，故葵花子还是重要的榨油原料。葵花子油是近几年来深受营养学界推崇的高档健康油脂。其所含丰富的钾元素对保护心脏功能，预防高血压颇多裨益；葵花籽含有丰富的维生素 E，有防止衰老、提过免疫力、预防心血管疾病的作用；葵花籽还有调节脑细胞代谢，改善其抑制机能的作用，故可用于催眠。

五、大豆

莫力达瓦旗大豆

1. 产品介绍

莫力达瓦旗大豆产于莫力达瓦旗平阳村、郭恩河村等全旗 15 个乡镇 220 个行政村。收获时间 10 月 15 日左右，地理标志产品。2019 年莫力达瓦大豆总生产面积 450 万亩，年产量 8 亿 kg 以上。2010 年 3 月 25 日农业部批准对"莫力达瓦大豆"实施农产品地理标识保护。范围包括尼尔基镇、汉古尔河镇、登特科镇、宝山镇、阿尔拉镇、西瓦尔图镇、杜拉尔乡、库如奇乡、塔温敖宝镇、奎勒河镇、巴彦乡、腾克镇、哈达阳镇、额尔和乡、红彦镇全旗 15 各乡镇 220 个行政村；以疆莫豆 1 号、蒙豆 30 等高油高蛋白品种为主，旗政府派技术人员给企业员工培训，让企业以标准化生产，保持其产品独特品质；政府要求生产过程中执行《莫力达瓦旗 A 级绿色食品大豆生产技术操作规程》；要求产区大豆的收获、拉运、贮存、加工、销售要单独进行并记录；政府技术人员举办培训，提高企业机械化水平；提高项目利用率；旗政府正在洽谈引进优秀深加工企业，带动产品有市场并卖出好价钱。

2. 特征描述

莫力达瓦旗大豆种皮呈淡黄色，表面光滑、颗粒饱满、坚硬，百粒重约 19.0g；外观色泽鲜亮，无明显感官色差；散发着大豆固有的自然清香气味，无其他异味。

3. 营养指标（表 240）

表 240　莫力达瓦旗大豆独特营养成分

参数	亚油酸/总脂肪酸(%)	多不饱和脂肪酸(%)	脂肪(g/100g)	酪氨酸(mg/100g)	组氨酸(mg/100g)	可溶性糖(%)	粗纤维(g/100g)	铁(mg/100g)	锌(mg/100g)	水分(%)	蛋白质(g/100g)	α-维生素E(mg/100g)	硒(μg/100g)	谷氨酸(mg/100g)
测定值	53.5	11.2	16.1	1 270	1 110	7.0	8.90	44.8	4.15	9.4	31.5	0.02	4.90	5 960
参考值	52.9	9.1	16	1 169	968	5.1	5.44	8.20	3.34	10.2	35.0	0.90	6.16	6 258

4. 评价鉴定

该产品在莫力达瓦达斡尔族自治旗范围内，在其独特的生长环境下，具有种皮呈淡黄色，表面光滑，颗粒饱满、坚硬，百粒重约 19.0g，外观色泽鲜亮，散发着大豆固有的自然清香气味的特性，内在品质亚油酸/总脂肪酸、多不饱和脂肪酸、脂肪、酪氨酸、组氨酸、粗纤维、可溶性糖、铁、锌均高于参考值，水分优于参考值。综合评价其符合全国名特优新农产品名录收集登录基本条件和要求。

5. 环境优势

莫力达瓦旗大豆产地位于大兴安岭东南麓，北部山岳地带占全旗总面积的 74%，中部丘陵占全旗总面积的 20%，南部平原仅占 6%。产地土壤以暗棕土壤、黑土居多，土质肥沃，有机质含量达 4.15%～10.09%，适合优质大豆生长；产地有 56 条河流贯穿，地表水资源丰富，年降水约 48 亿 m³，水量充沛且无工业污染是理想的农业用水。产地自然环境属于寒温带半湿润大陆性气候，无霜期为 100～145d，年平均风速 1.4～3.3m/s 并盛行偏北或西北风，独特的气候环境决定了莫力达瓦大豆的独特品质。

6. 产品功效

大豆属于豆科，蝶形花亚科，大豆属一年生草本植物。中国古称菽，是一种其种子含有丰富的蛋白质的豆科植物；说到大豆，一般都指其种子而言。由于它的营养价值很高，被称为"豆中之王""田中之肉""绿色的牛乳"等，是数百种天然食物中最受营养学家推崇的食物。大豆发酵制品，包括豆豉、豆汁、黄酱及各种腐乳等；用大豆制作的食品种类繁多，可用来制作主食、糕点、小吃等。将大豆磨成粉，与米粉掺和后可制作团子及糕饼等，也可作为加工各种豆制品的原料，如豆浆、豆腐皮、腐竹、豆腐、豆干、百叶、豆芽等，既可供食用，又可以炸油；大豆不宜生食，可用于榨油。

六、亚麻籽

和林亚麻籽

1. 产品介绍

和林亚麻籽产于林格尔县黑老夭乡石家窝铺村和昆都仑村，收获时间每年 10 月，年生产规模 1 246hm²，年商品量 0.297 万 t。亚麻籽是和林县重要的传统经济作物，在和林县种植历史悠久，品质与众不同，其富含丰富的植物雌激素——木酚素，以及植物蛋白、粗纤维，其木酚素的含量是其他植物的 800 倍，被誉为"木酚素之王"。产业升级推进措施方面，积极推进"两品一标"认证工作。着力推动产业升级，走精品化、高端化路线，进一步提高本企业特色农产品品牌创建力度和市场竞争力。通过科学调整产业结构和区域布局，发挥专业大户和专业村的示范带动作用，逐步实现种植基地化、生产标准化、流通现代化。品牌创建方面，严把质量关，以健全亚麻籽质量安全体系为基础，采取强有力措施，杜绝有毒、有害的产品进入市场，让消费者吃上放心亚麻籽，赢得消费者信赖、促进生产，形成有机良好性循环。

2. 特征描述

和林亚麻籽呈扁椭圆形，大小均匀；颜色为棕黄色，有光泽；长约 4mm，千粒重约 5.8g；具有亚麻籽固有的颜色和气味；无其他杂质、无虫蚀。

3. 营养指标（表 241）

表 241　和林亚麻籽独特营养成分

参数	蛋白质（g/100g）	脂肪（g/100g）	亚麻酸/总脂肪酸（%）	亚油酸/总脂肪酸（%）	总糖（g/100g）	天冬氨酸（mg/100g）	亮氨酸（mg/100g）	异亮氨酸（mg/100g）	钙（mg/100g）	硒（μg/100g）	粗纤维（g/100g）	水分（%）	锌（mg/100g）
测定值	25.3	32.9	50.7	16.7	17.4	2 060	1 170	890	243.91	54.00	7.44	5.4	4.70
参考值	19.1	30.7	49.5	12.1	12.0	1 540	960	730	228.00	2.80	22.20	≤9.0	4.84

4. 评价鉴定

该产品在和林格尔县域范围内，在其独特的生长环境下，具有大小均匀，颜色为棕黄色，有光泽，长约 4mm，千粒重约 5.8g，具有亚麻籽固有的颜色和气味的特性，内在品质蛋白质、脂肪、亚麻酸/总脂肪酸、亚油酸/总脂肪酸、总糖、天冬氨酸、亮氨酸、异亮氨酸、钙、硒均高于参考值，粗纤维优于参考值，水分优于参考值，满足标准要求。综合评价其符合全国名特优新农产品名录收集登录基本条件和要求。

5. 环境优势

和林亚麻籽主要种植于北纬 41°的黑老窑乡，属于无污染火山灰地质，含有多种人体有益微量元素及矿物质，土壤腐殖极高，富含钙、铁、镁、锌等人体必需的微量元素，海拔高度为 1 900m，是内蒙古高原的制高点，周边群山林立，山内灌木丛生，风景秀丽，气候宜人，昼夜温差大，年日照时间长达 2 941h；这种得天独厚的条件适合于亚麻籽的生长发育，从而保证了该区域所生产的亚麻籽具有品质好产量高的优势。

6. 产品功效

亚麻籽是一年生草本植物，亚麻的种子。性平，味甘，有极强的坚果风味，可压制成粉或榨成油食用，压碎或碾磨后的亚麻籽，加在面包或松饼中，或加在酸奶或谷类食品的上面，亚麻籽有助于脑细胞的形成、生长和发育，起到提高青少年智力保护视力的作用，富含纤维素，具有通便之功能，亦可改善皮肤脂肪含量，使肌肤更柔滑、滋润、柔软有弹性。富含木酚素，木酚素是一类重要的雌激素，亚麻籽富含木酚素，研究表明亚麻木酚素具有抗肿瘤、抗氧化等生理活性。

七、食用油

（一）科右前旗大豆油

1. 产品介绍

科右前旗大豆油产于内蒙古兴安盟科尔沁右翼前旗德伯斯镇、巴日嘎斯台乡、阿力得尔苏木，收获时间每年 10 月，生产规模 23 333.33hm²，年商品量 0.9 万 t。为了使科右前旗大豆油的生产原料得到保障，2018 年，兴安盟盟委政府调整产业结构，减少玉米播种面积，增加甜菜、马铃薯、水稻、大豆、杂粮杂豆、甜玉米和中草药等种植面积。引导当地企业开展订单农业模式，使科右前旗大豆油原料收购得到了充分保障。科尔沁右翼前旗引进人才，组建研发团队，购置先进仪器设备，对老旧包装进行全面更换，大力支持企业发展电商销售，已经开发出线上线下销售产品 50 余种，加大投资力度进行设备更新、技术改造，购置小包装灌装、包装设备十余套，增加累计投资金额。2016 年，兴安盟盟行署带领单位负责人到蒙古国洽谈合作。在科尔沁右翼前旗政府的支持下，创立蒙佳大豆油品牌，参加每年的国家级及内蒙古自治区级展销活动，参加每年的境外农产品展示展销活动。促进了科右前旗大豆油的品牌宣传。

2. 特征描述

科右前旗大豆油为瓶装油，其外观颜色呈淡黄色，澄清透明，无任何悬浮物；具有大豆油固有气味和滋味，无异味，无杂质，无沉淀物，无结晶。

3. 营养指标（表 242）

表 242　科右前旗大豆油独特营养成分

参数	总不饱和脂肪酸（%）	亚油酸（%）	亚麻酸（%）	折光指数	酸价（mg/g）	过氧化值（g/100g）	铁（mg/100g）	硒（mg/kg）	锌（mg/100g）
测定值	80.3	48.7	6.3	1.476	0.1	0.02	18.10	0.020	0.88
参考值	78.1	48.0~59.0	4.2~11.0	1.472~1.477	≤ 0.5	< 0.13	2.00	0.005~0.500	1.09

注：折光指数、测定值和参考值均在 20℃ 条件下测定，下表同。

4. 评价鉴定

该产品在科尔沁右翼前旗地域范围内，在其独特的生长环境下，具有澄清透明，无任何悬浮物、无杂质、无沉淀物、无结晶的特性，内在品质总不饱和脂肪酸、铁均高于参考值；亚油酸、亚麻酸、折光指数满足标准范围要求；酸价、过氧化值优于参考值，满足标准要求；硒含量符合富硒食品分类标准范围。综合评价其符合全国名特优新农产品名录收集登记基本条件和要求。

5. 环境优势

科尔沁右翼前旗地处内蒙古兴安盟西部，属大陆性季风气候，特点显著，四季分明，年平均气温 4℃，无霜期 130d，平均降水量 420mm，光照充足，春秋昼夜温差大，周边无重工业，土质为黑钙土，水源充足无污染，空气清新，植被丰富，得天独厚的自然条件造就了科尔沁右翼前旗大豆良好的生长环境。

6. 产品功效

大豆别名：菽，毛豆，黄豆，蝶形花科大豆属。大豆油含有的亚油酸和不饱和脂肪酸，具有降低血脂、血胆固醇的功效，有一定的预防心脑血管疾病的作用。所含有的豆类磷脂，有益于大脑、神经和血管的发育和生长。大豆油含有的棕榈酸、亚油酸、亚麻油酸、维生素 E、维生素 D、维生素 A、胡萝卜素、钙、铁、磷、卵磷脂等营养成分，具有很高的营养价值和食疗保健功效。大豆油辛甘，性热，具有润肠驱虫的功效，有治疗肠梗阻、便秘、疮疥等病的作用。

（二）扎兰屯大豆油

1. 产品介绍

扎兰屯大豆油产于扎兰屯市卧牛河镇红卫村、扎兰屯市中和镇集体村，收获时间 9—10 月。扎兰屯大豆是全国绿色食品原料标准化基地认证产品。现大豆种植面积 50 万亩，而且通过 ISO 9001 质量管理体系认证和 HACCP 认证，扎兰屯大豆在扎兰屯市龙头企业带动下，形成种植、加工、收购、销售、仓储、物流、贸易一条龙。扎兰屯市大豆经过深加工成大豆油、豆粕、大豆浓缩蛋白等产品，带动了大豆种植面积不断增加，带动了地方经济发展，增加了农民收入，通过多年的不断引进种植技术和提升加工工艺，使大豆油产品色、香、味更能满足人民生活需要，生产的产品远销北京、天津、河北、黑龙江等全国各地。

2. 特征描述

扎兰屯大豆油呈淡黄色，澄清透明，无任何悬浮物，具有大豆油固有的气味和滋味，无异味，无杂质，无沉淀物、无结晶。

3. 营养指标（表243）

表243 扎兰屯大豆油独特营养成分

参数	亚油酸（%）	亚麻酸（%）	多不饱和脂肪酸（%）	酸价（mg/g）	过氧化值（g/100g）	折光指数	铁（mg/100g）
测定值	53.0	5.4	58.7	0.1	0.01	1.475	8.30
参考值	48.0~59.0	4.2~11	55.4	≤ 0.5	< 0.13	1.472~1.477	2.00

4. 评价鉴定

该产品在扎兰屯市区域范围内，在其独特的生产环境下，具有澄清透明，无任何悬浮物、无杂质、无沉淀物、无结晶的特性，内在品质多不饱和脂肪酸、铁均高于参考值，亚油酸、亚麻酸、折光指数满足标准范围要求，酸价、过氧化值优于参考值，满足标准要求。综合评价其符合全国名特优新农产品名录收集登录基本条件和要求。

5. 环境优势

扎兰屯市地处大兴安岭中段东麓，属于中温带大陆性季风气候，雨热同季，雨量充沛且集中，光照充足，环境宜人，昼夜温差大，土壤肥沃，有机质含量高，一年一季作物，冬季休耕，病虫害很少发生，种植大豆出油率高且品质好，这种独特的生态环境和气候条件有利于大豆种植和蛋白质等营养成分的积累，非常适宜种植大豆农作物。

6. 产品功效

大豆通称黄豆，豆科大豆属一年生植物。大豆是中国重要粮食作物之一，已有5 000年栽培历史，古称菽，大豆最常用来做各种豆制品、榨取豆油、酿造酱油和提取蛋白质，豆渣或磨成粗粉的大豆也常用于禽畜饲料。大豆油取自大豆种子，大豆油是世界上产量最多的油脂，是最常用的烹调油之一。大豆油味甘辛，性热，具有驱虫、润肠的作用，可治肠道梗阻、大便秘结不通，还有涂解多种疮疥毒瘀等。

（三）和林亚麻籽油

1. 产品介绍

和林亚麻籽油产于和林县盛乐镇万亩农业开发园区，收获时间每年10月，生产规模1 246万 hm²，年商品量0.166万 t。和林县亚麻籽油全程采用纯物理方法的冷压榨、冷处理工艺，生产过程中油温不高于40℃，并且使用纯物理方法冷冻脱蜡，确保 α-亚麻酸基础营养活性物质不被破坏；整个生产环节中不添加任何化学制剂，全程采用无水工艺，避免高温脱水导致产品中的基础营养物质破坏；选种、种植、收割、仓储、压榨、冷冻物理脱蜡，全程有机可追溯，形成绿色循环产业模式。2017 年和林县亚麻籽油申请通过了绿色食品认证，并于 2020 年 4 月申请欧盟有机、美国有机、日本有机认证。和林县 25 年来始终专注生产每一滴好油，不断突破技术与行业壁垒，引领亚籽麻油产业不断前进。

2. 特征描述

和林格尔亚麻籽油呈金黄色，其色泽光亮，澄清无杂质；具有亚麻籽油固有气味和滋味，无异味；无沉淀物、无结晶。

3. 营养指标（表 244）

表 244 和林亚麻籽油独特营养成分

参数	酸价（mg/g）	过氧化值（g/100g）	折光指数	铁（mg/100g）	亚油酸（%）	α-亚麻酸（%）	多不饱和脂肪酸（%）
测定值	0.67	0.08	1.480 7	3.20	14.6	51.5	66.4
参考值	≤ 1.00	≤ 0.25	1.478 5~1.484 0	0.20	10.0~20.0	45.0~70.0	62.2

4. 评价鉴定

该产品在和林格尔县域范围内，在其独特的生产环境下，具有呈金黄色，澄清无杂质，具有亚麻籽油固有气味和滋味，无异味，无沉淀物，无结晶的特性，内在品质多不饱和脂肪酸、铁均高于参考值，亚油酸、α-亚麻酸、折光指数均满足标准范围要求，酸价、过氧化值优于参考值，满足标准范围要求。综合评价其符合全国名特优新农产品名录收集登录基本条件和要求。

5. 环境优势

和林县是内蒙古的亚麻重要产区，主要种植于北纬 41°的和林格尔县黑老窑乡，属于无污染火山灰地质，含有多种人体有益微量元素及矿物质，土壤腐殖质极高，富含钙、铁、镁、锌等人体必需的微量元素，距呼和浩特 70km，海拔高度为 1 900m，是内蒙古高原的制高点，周边群山林立，山内灌木丛生，风景秀丽，气候宜人，昼夜温差大，年日照时间长达 2 941h；临近村庄代代种植胡麻，亚麻籽油作为人们生活中的主要用油，和林县积极打造适合自己的有机亚麻籽种植基地，从而保障了高品质产品的原料需求。

6. 产品功效

亚麻也称胡麻，是我国关键的农作物、粮食作物，亚麻油具备降低血脂、降血压、防止心脑血管病症的功效，亚麻油也有非常好的护肤功效，还能够改进便秘、减肥瘦身护肾，是一种作用多种多样的植物油，并且这类油还不容易造成胆固醇过高的状况，因此非常合适老年人吃，常常吃一些对养护发也有非常好的作用。

（四）丰镇亚麻籽油

1. 产品介绍

丰镇亚麻籽油产于丰镇市巨宝庄村、马家库联村、元山子村、大东营村，收获时间9月，地理标志产品。丰镇胡麻属于油纤兼用亚麻，以收获籽粒、榨取油脂为主要用途，在当地有着非常悠久的种植、食用历史。近年来，通过当地政府出台相关优惠政策的扶持，胡麻的种植及亚麻籽油（胡麻油）的生产已逐步发展成为当地优势产品和主导产业之一，年均种植总面积稳定在6万亩左右，产量约1 296t，种植面积和产量均居全国县级市县前列。到2020年，将实现建设8万亩高产优质胡麻基地，平均单产水平75kg/亩提高到125kg/亩，预计实现年加工胡麻能力1万t，产油1 728t。丰镇胡麻已于2019年通过农业农村部评审正式成为地理标志产品。当地龙头企业内蒙古格琳诺尔生物有限公司种植的胡麻和生产的亚麻籽油分别荣获国家有机产品认证、中外高端食用油产业联盟金奖和国家质检总局生态原产地产品保护。通过地方政府的扶持和龙头企业的带动，推动整个产业发展和产业链延伸，促进农业增效和农民增收，这必将成为当地又一脱贫致富的支柱产业。

2. 特征描述

丰镇亚麻籽油呈棕黄色，澄清无杂质；具有亚麻籽固有气味和滋味，无异味；无沉淀物、无结晶。

3. 营养指标（表245）

表245　丰镇亚麻籽油独特营养成分

参数	脂肪含量（%）	钙（mg/100g）	铁（mg/100g）	锌（mg/100g）	单不饱和脂肪酸（%）	多不饱和脂肪酸（%）	亚油酸（%）
测定值	100	23.30	8.00	0.50	22.1	67.2	14.2
参考值	100	3.00	0.20	0.30	18.7	67.7	14.2

4. 评价鉴定

丰镇亚麻籽油呈棕黄色，澄清无杂质；具有亚麻籽固有气味和滋味，无异味；无沉淀物、无结晶。内在品质脂肪、亚油酸等于参考值，钙、铁、锌、单不饱和脂肪酸均高于参考值。综合评价符合全国名特优新农产品营养品质评价规范要求。

5. 环境优势

丰镇市地处北纬41°，位于世界公认的胡麻黄金生长纬度带，是沿袭数百年种植历史的"胡麻之乡"更是全球优质胡麻核心产区之一。这里平均海拔1 400m的高原地区，气候冷凉，昼夜温差大，年均气温5℃左右，土地干燥少雨，降水多集中在6—8月，雨热同期。光照充足，日照时间平均每天可达10h，农作物光合作用旺盛，特别适宜耐瘠、耐寒、喜光、日照长，对土壤适应性强的作物，是胡麻生长的最佳自然环境。土壤以粟暗钙土面积最大，占总耕地面积60%以上，主要分布在境内西部地区，土层较厚，含有机质，土壤肥力较强，丰镇胡麻种植多集中于此，当地有一句俗语形容土壤中的氮、磷、钾含量，"缺氮、少磷、钾有余"，胡麻不是耐高氮作物，这样的土壤元素构成有利于胡麻植株干物质的增加以及胡麻籽中营养物质的积累，而增加干物质对提高胡麻产量、生产优质的胡麻十分有利。鉴于独特的自然地貌状况，所以当地在胡麻种植过程中很少施用或者不施用化肥和农药，种植出的胡麻大多是绿色有机产品。用丰镇胡麻榨出的油，色亮味香、清纯、香郁、黏度适中、口感好，还有很多保健功效，在当地被誉为"褐色钻石"是最为理想的食用油。

6. 产品功效

丰镇亚麻籽油改善皮肤脂肪含量，使肌肤更油滑、滋润、柔软有弹性，同时令皮肤呼吸及排汗正常，减轻种种皮肤问题。平衡及改善身体血糖量，增加肌肉的持久力量，更可令运动后疲劳肌肉更快恢复，改善肠脏功能，增加吸收能力，增加肠的蠕动能力使排便正常，减少便秘。食用方法多样：①低温烹饪：单独使用或与日常食用油调和烹饪，健康更美味。②靓汤调味：在煮熟的粥、汤中加入亚麻籽油，增色又调鲜。③巧拌凉菜：用亚麻籽油调凉菜、拌沙拉，美味速升级。④烘焙糕点：以亚麻籽油代替普通食用油或奶油烘焙糕点，清香宜人。

（五）卓资山亚麻籽油

1. 产品介绍

卓资山亚麻籽油产于内蒙古乌兰察布市卓资县卓资山镇和平村。卓资县亚麻籽以收获颗粒、榨取油脂为主要用途，在当地有着悠久的种植、食用历史。近年来，通过当地政府出台相关优惠政策的扶持，现年均种植面积已超过2 000hm²，产量约为360t，约72万瓶。带动了当地经济的发展。品牌创建：当地龙头企业内蒙古蒙花生物科技有限责任公司生产的亚麻籽油已经通过国家有机认证，通过三年的市场检验和经验的吸取，现提，现销，现榨，现发货，现冷藏，保证产品原汁原味的同时也保证最新鲜，并多次参加各类展会，推动整个产业发展和产业链延伸，促进农业增效和农民增收。

2. 特征描述

卓资山亚麻籽油色泽为澄清，金黄色液体，具有亚麻籽油固有气味和滋味，无异味、无杂质、无沉淀物。

3. 营养指标（表246）

表246　卓资山亚麻籽油独特营养成分

参数	脂肪（g/100g）	铁（mg/100g）	锌（mg/100g）	单不饱和脂肪酸（%）	多不饱和脂肪酸（%）	亚油酸（%）
测定值	100	1.88	0.39	18.3	71.3	16.6
参考值	100	0.20	0.30	18.7	67.7	14.2

4. 评价鉴定

卓资山亚麻籽油色泽澄清，为金黄色液体，具有亚麻籽油固有气味和滋味，无异味、无杂质、无沉淀物。内在品质脂肪等于参考值，铁、锌、多不饱和脂肪酸、亚油酸均高于参考值。综合评价符合全国名特优新农产品营养品质评价规范要求。

5. 环境优势

卓资县境内的辉腾锡勒草原是世界上保持最完好的典型的高山草甸草原之一，平均海拔2 100m，面积600km²，植被覆盖率80%～95%，亚麻籽油采用原料来自辉腾锡勒周边，这里地处北纬41°，是亚麻籽种植的黄金地带，日照充足，雨热同季，昼夜温差大，独特的自然环境与气候使这里成为中国乃至全世界亚麻籽油的优质产区。中医药研究表明，内蒙古辉腾锡勒高寒地区所产的亚麻籽比较好，其中α-亚麻酸含量高于其他种植区，亚麻籽油活性也较高。

6. 产品功效

亚麻籽油中的α-亚麻酸，能够使SOD活性增加，抵抗自由基生成，起到抗衰老的作用，α-亚麻酸在人体内可以生成EPA和DHA。DHA是大脑形成和智商开发的必需物质，可以提高和保护视力，起到护眼明目的作用。亚麻籽油富含α-亚麻酸，经常食用，可以补充大脑细胞营养、促进智力发育、提高记忆、防止脑萎缩和老年性痴呆，提升心理抗压能力、减少忧郁症和失眠。亚麻籽油中α-亚麻酸的代谢产物可以降低血脂，防止动脉粥样硬化。麻籽油本身是一种油，是油就可以对肠道起到润滑作用，再加上亚麻籽油的主要成分是α-亚麻酸，其代谢产物也有助于肠胃的蠕动，另外，亚麻籽油中含有一定量的镁，镁元素有助于肠胃蠕动，帮助身体将垃圾排出体外。

（六）凉城亚麻籽油

1. 产品介绍

凉城亚麻籽油产于内蒙古乌兰察布市凉城县厂汉营乡四号行政村，收获时间10月。凉城胡麻属于油纤兼用亚麻，以收获颗粒、榨取油脂为主要用途，在当地有着悠久的种植、食用历史。近年来，通过当地政府出台相关优惠政策的扶持，胡麻种植及胡麻油的生产已逐步发展成为当地优势产品之一。年均种植面积稳定在3万亩左右，亚麻籽的产量约为3 000t，亚麻籽油产量约为1 000t。当地重点企业凉城县鑫江粮油食品公司的亚麻籽油已通过国家有机产品认证，并多次参加各类展会荣获金奖。通过地方政府的扶持和龙头企业的带动，推动整个产业发展和产业链延伸，促进农民增效和农民增收。

2. 特征描述

凉城亚麻籽油呈棕黄色，澄清，透明；具有亚麻籽固有气味和滋味，无异味；无杂质、无沉淀物、无结晶。

3. 营养指标（表 247）

表 247　凉城亚麻籽油独特营养成分

参数	脂肪（%）	铁（mg/100g）	钙（mg/100g）	单不饱和脂肪酸（%）	多不饱和脂肪酸（%）	亚油酸（%）
测定值	100	3.94	7.45	16.5	73.4	15.8
参考值	100	0.20	3.00	18.7	67.7	14.2

4. 评价鉴定

凉城亚麻籽油呈棕黄色，澄清，透明；具有亚麻籽固有气味和滋味，无异味；无杂质、无沉淀物、无结晶。内在品质脂肪等于参考值，钙、铁、多不饱和脂肪酸、亚油酸均高于参考值。综合评价符合全国名特优新农产品营养品质评价规范要求。

5. 环境优势

凉城县属中温带半干旱大陆性季风气候，这里海拔高，气候冷凉，昼夜温差大，平均气温 2~5℃，雨热同期，降水量多集中在 6—8 月，光照充足且日照时间长，平均每天可达 10h 左右，农作物光合作用强，特别适合耐寒耐旱、喜光、日照长、对土壤适应性强的作物，是胡麻的最佳生长环境。又因当地大气、土壤、水源没有污染，土壤中富含钙磷钾等植物生长所需的营养元素，所以胡麻种植过程中很少施用或者不施化肥和农药，种植出的胡麻大多是绿色有机产品，这也为当地出产优质亚麻籽油奠定了基础。当地种植出的胡麻榨出的油，色亮味香、清纯、黏度适中。

6. 产品功效

亚麻籽油富含人体非常缺乏的 α-亚麻酸，被称为"脑黄金"和"血液清道夫"，不仅能有效清除人体的自由基、抗氧化、延缓衰老，降血脂，抗动脉粥样硬化，抗肿瘤，抗病毒，抗血栓，还能帮助提高智力、改善记忆力、保护视力、增强免疫力，同时帮助中老年人降"三高"。亚麻油食用方法多样，有拌凉菜、直接喝也可以把亚麻籽油滴在粥里面，搅拌均匀了食用。

（七）兴和胡麻油

1. 产品介绍

兴和胡麻油产于兴和县 9 个行政村，收获时间 10 月，年生产规模 2 500hm²，年商品量 0.3 万 t，为地理标志产品。近年来，兴和县以"适量、精品、特色、高端"为总体发展方向，以规模化、产业化、品牌化为着力点，通过政策扶持，增加胡麻种植面积，重点扶持龙头企业、新型经营主体、家庭农场、农民合作社的发展壮大，加快发展胡麻的深加工产业，现有燕麦产业研发、加工、销售龙头企业 3 家，在全县 9 个乡镇发展订单 2 万亩，涉及农户 800 多户，其中贫困户 300 多户。

2. 特征描述

兴和胡麻油呈黄褐色，颜色澄清，具有胡麻油固有的香味和滋味，味柔，无苦涩，无异味，无可见沉淀，无结晶。

3. 营养指标（表 248）

表 248　兴和胡麻油独特营养成分

参数	折光指数	酸价（mg/g）	过氧化值（g/100g）	多不饱和脂肪酸占总脂肪酸百分比（%）	铁（mg/100g）	锌（mg/100g）	亚油酸（%）	油酸（%）
测定值	1.480 4	1.41	0.08	61.43	6.00	1.60	17.2	21.7
参考值	1.478 5~1.484 0	≤3.00	≤0.25	54.70	0.20	0.30	10.0~20.0	9.5~30.0

4. 评价鉴定

该产品在兴和县范围内，在其独特的生产环境下，具有外观呈黄褐色，颜色澄清，具有胡麻油固有气味和滋味，无异味，无沉淀物的特性，内在品质多不饱和脂肪酸占总脂肪酸百分比、铁、锌均高于参考值，亚油酸、油酸、折光指数均满足标准范围要求，酸价、过氧化值优于参考值，满足标准范围要求。综合评价其符合全国名特优新农产品名录收集登录基本条件和要求。

5. 环境优势

兴和县自然气候属于典型的大陆性干旱气候区，夏季短促，冬季漫长，日照时间长，昼夜温差大，气候冷凉，水浇地少，旱坡地面积大。这里独特的气候和生态环境，非常适宜胡麻开花到成熟阶段要求的光照条件，胡麻要求生育期间光照强有利分枝，增加蒴果和促进早熟，提高种子产量。

6. 产品功效

胡麻油又称亚麻籽油，是一种古老的食用油，它是从胡科植物种子榨取的脂肪油。胡麻生性喜寒耐寒，适合生长在西部、北部高寒干旱地区。胡麻油味甘、性平、无毒；有润燥通便缓解皮肤干燥之功效。胡麻油风味独特，芳香浓郁，油质清澈，是一种高级食用油，长食有抗衰老、美容、健体的功效。已证实作用有生毛发、生肌、长肉、止痛、杀虫、消肿、下热毒等。

（八）察右前旗胡麻油

1. 产品介绍

察右前旗胡麻油产于察右前旗黄茂营五号、玫瑰营全胜局等，收获时间 10 月，近年来，随着全市胡麻产业的发展，察右前旗投入大量的资金和技术扶持胡麻产业化建设，环环紧扣，狠抓质量建设；从胡麻生产、销售到贮藏、加工，层层把关，确保增产增收，使该旗的胡麻产业不断向规模化、产业化和集约化的方向发展。政府加大政策扶持力度以及宣传力度，对农户做宣传，让农户了解到胡麻油市场前景，提升农户的种植意愿；利用媒体宣传胡麻油的功效，提升人民群众对胡麻油功效的了解。对种植胡麻的农户提供针对性的培训，甚至提供相应的保险；帮助农户建立与企业的合作，形成胡麻的产加销一条龙。经过以上措施，察右前旗胡麻种植面积达到5万亩左右，年均产油量达到1 700多t。品牌创建：在媒体上宣传和推广胡麻油的功效，并尽快建立地方的知名品牌，利用丝绸之路经济带建设的契机，将察右前旗胡麻油作为一张名片，推广到丝绸之路沿线国家，由此再推向全世界。

2. 特征描述

察右前旗胡麻油呈棕红色，有胡麻油固有气味和滋味，无异味，外观呈微浊；无杂质、无沉淀物、无结晶。

3. 营养指标（表249）

表249 察右前旗胡麻油独特营养成分

参数	脂肪（%）	钙（mg/100g）	铁（mg/100g）	锌（mg/100g）	单不饱和脂肪酸（%）	多不饱和脂肪酸（%）	亚油酸（%）
测定值	100	15.40	1.90	0.42	20.8	69.6	16.0
参考值	100	3.00	0.20	0.30	18.7	67.7	14.2

4. 评价鉴定

察右前旗胡麻油呈棕红色，有胡麻油固有气味和滋味，无异味，外观呈微浊；无杂质、无沉淀物、无结晶。内在品质脂肪等于参考值，钙、铁、锌、单不饱和脂肪酸、多不饱和脂肪酸、亚油酸均高于参考值。综合评价符合全国名特优新农产品营养品质评价规范要求。

5. 环境优势

察右前旗属胡麻北方一作区，该旗海拔较高，平均海拔1 152~1 321m，夏季短促，气候冷凉，年均气温0~18℃，≥10℃的有效积温在1 800~2 500℃，无霜期95~120d，年均降水量360mm左右，多集中在7—9月，也正是胡麻生长季节，降水量占全年降水量的70%左右，雨热同季，日照时间长，昼夜温差大（一般都在10℃以上），有利于胡麻营养物质的积累，且营养成分全面。同时，空气干燥，风速大，传毒媒介少，病虫害发生率低，商品性好。这些气候特点为胡麻生长发育提供了得天独厚的优越条件。独特的地理、气候、交通条件，使胡麻成为该旗的特色优势作物，是乌兰察布市胡麻的主产区之一。

6. 产品功效

胡麻油又称亚麻籽油，是一种古老的食用油，它是从胡科植物种子榨取的脂肪油。胡麻油因具有独特的香气和丰富的营养成分而备受消费者青睐。胡麻油具有预防心脑血管疾病，促进身体发育，具有增强智力、记忆力、逻辑思维能力保护视力等作用，现在多用于食品添加剂、化妆品原粉、医药原料等。胡麻油中的必需脂肪酸亚麻酸含量达50%以上，远远高于深海鱼油的5%，堪称"陆地鱼油"。

（九）满洲里双低一级菜籽油

1. 产品介绍

满洲里恒升粮油食品进出口有限公司成立于2014年1月，注册资本5 000万元，是集农产品种植、储存、进口、加工、销售、物流于一体的粮油产业公司。2016年5月注册"俄满香"品牌，拥有自主品牌系列产品：双低一级菜籽油、芥花油、浓香菜籽油、葵花籽油、冷榨亚麻籽油及浓香胡麻油等，产品全部采用非转基因优质进口原料，俄罗斯原料在种植过程中有着严格的质量把控，是公认的优质原料种植产地。且产品均取得农业农村部绿色认证中心颁发的绿色认证证书，有"绿色、低芥酸、低硫甙、物理压榨"的特点，致力于打造绿色食用油高端品牌。"俄满香"菜籽油获得2018年第八届"中国粮油榜中国十佳粮油优质特色产品""呼伦贝尔农畜产品十大品牌"等荣誉称号。

2. 特征描述

满洲里双低一级菜籽油为瓶装油，外观呈黄色，澄清，无任何悬浮物；具有菜籽油固有气味和滋味，无异味；无杂质、无沉淀物、无结晶。

3. 营养指标（表250）

表250　满洲里双低一级菜籽油独特营养成分

参数	不饱和脂肪酸占总脂肪酸百分比（%）	折光指数	亚油酸（%）	亚麻酸（%）	酸价（mg/g）	过氧化值（g/100g）	铁（mg/100g）	硒（mg/kg）	锌（mg/100g）	α-维生素E（mg/100g）
测定值	92.5	1.473 1	15.1	5.7	0.20	0.030	5.23	0.011	1.28	2.26
参考值	90.9	1.470 5~1.475 0	15~30	5~14	≤1.00	<0.127	3.70	0.005~0.500	0.57	10.81

4. 评价鉴定

该产品在满洲里市范围内，在其独特的生产环境下，具有外观呈金黄色，澄清，无任何悬浮物，无杂质，无沉淀物，无结晶的特性，内在品质不饱和脂肪酸占总脂肪酸百分比、铁、锌均高于参考值，亚油酸、亚麻酸、折光指数均满足标准范围要求，酸价优于参考值，满足一级标准要求，过氧化值优于参考值，满足标准范围要求，硒含量符合富硒食品分类标准范围。综合评价其符合全国名特优新农产品名录收集登记基本条件和要求。

5. 环境优势

满洲里是全国最大的沿边陆路口岸，也是欧亚大通道重要的枢纽，地理位置比较优越。目前已有4 000万t货物的铁路通关能力和1 000万t货物的公路通关能力，另外，国际航空口岸也运行了几年，沿边口岸和整体通关能力得到了提升。当前开放平台有中俄保税区、中俄互市贸易区、中俄边境经济合作区等等，这些平台在全国的沿边口岸上进行开放交流，有良好的产业基础，目前正好顺应国际"一带一路"倡议，包括国内的供给侧结构性改革的需求，从项目建设、产业发展释放出了新的活力。

6. 产品功效

菜籽油是一种色泽金黄、清香的植物油，营养价值特别高，用它炒菜滋味诱人也能让人体吸收丰富的营养。菜籽油是易于人体消化和吸收的健康植物油，它对人体内的脂肪有很强的分解作用，可以加快脂肪代谢，平时经常食用能预防血脂升高，而且能防止身体肥胖。菜籽油中含有丰富的不饱和脂肪酸和磷脂，角鲨烯等多种营养成分，这些物质能直接作用于人类的心血管，为防止血管老化僵化，另外它含有的维生素E还能提高血管弹性，对中老年高发的动脉硬化和冠心病都有良好预防作用。

（十）察右中旗菜籽油

1. 产品介绍

察右中旗菜籽油产于内蒙古自治区乌兰察布市察哈尔右翼中旗宏盘乡永兴兆村，收获时间9月下旬，年生产规模4 353hm^2，年商品量390万t。油菜籽是乌兰察布市察右中旗的主要油料作物之一，近年来为做强做实乌兰察布市察哈尔右翼中旗的油菜籽产业，在旗政府的大力支持培育下，油菜籽的种植面积已从原来的2万亩扩展到现在的7.1万亩。为进一步做好做实油菜籽产业，乌兰察布市察哈尔右翼中旗采取公司+农户，统一供种、统一种植方法、统一田间管理、统一销售、统一受益，提高油菜籽品质，提高品牌知名度，"五统一两提高"管理销售模式发展油菜籽产业。

2. 特征描述

察右中旗菜籽油为瓶装油，净含量为2.5L，外观呈黄褐色，澄清，无任何悬浮物；具有菜籽油固有气味和滋味，无异味；无杂质、无沉淀物、无结晶。

3. 营养指标（表251）

表251　察右中旗菜籽油独特营养成分

参数	不饱和脂肪酸占总脂肪酸百分比（%）	折光指数	亚油酸（%）	亚麻酸（%）	酸价（mg/g）	过氧化值（g/100g）	铁（mg/100g）	硒（mg/kg）	锌（mg/100g）
测定值	92.8	1.474 8	21.2	8.1	1.00	0.005	5.20	0.012	1.50
参考值	90.9	1.470 5~1.475 0	15.0~30.0	5.0~14.0	≤ 1.00	< 0.127	3.70	0.005~0.500	0.57

4. 评价鉴定

该产品在察哈尔右翼中旗范围内，在其独特的生长环境下，具有外观呈黄褐色，澄清无任何悬浮物，无杂质，无沉淀物，无结晶的特性，内在品质不饱和脂肪酸占总脂肪酸百分比、铁、锌均高于参考值，亚油酸、亚麻酸、折光指数满足标准范围要求，酸价优于参考值，满足一级低芥酸菜籽油标准，过氧化值优于参考值，满足标准范围要求，硒含量符合富硒食品分类标准范围,综合评价其符合全国名特优新农产品名录收集登录基本条件和要求。

5. 环境优势

地处阴山北麓的察哈尔右翼中旗气候冷凉,昼夜温差大,土层深厚,土壤肥沃,矿物元素丰富。凉爽的气候条件能够满足油菜喜好冷凉的特性;并且昼夜温差大有利于油菜开花和角果发育,可增加干物质和油分的积累;深厚的土层为油菜保持发达根系和吸收充足水分做准备。察哈尔右翼中旗菜籽油的加工基地乌中宏大粮油加工厂,位于察哈尔右翼中旗宏盘乡大庙村,占地面积6 000m²,交通便利,环境优美,远离污染,生产出的菜籽油色泽金黄,富含人体所需的磷脂和不饱和脂肪酸,营养价值丰富,远销各地,深受消费者欢迎。

6. 产品功效

功效同前述。

(十一) 满洲里芥花油

1. 产品介绍

公司自成立以来,在确保满足相关标准及要求的基础上,本着高品质、高水平、高规格的原则,注重管理提升,获取资质认证。管理方面,从建设初期便引进并实施5S精益化管理,并与中检联合体合作,作为试点实施QBBSS全程质量提升支撑体系。资质方面,公司被认定为满洲里市重点龙头企业,正在申报呼伦贝尔市及内蒙古自治区级龙头企业;获评为内蒙古自治区发改委诚信典型选树诚信单位,满洲里市和谐劳动关系企业;是内蒙古农业大学食品科学与工程学院实践教学基地及内蒙古农牧业科学院动物营养与饲料研究所试验示范基地;公司面粉厂和油厂均已通过国家食品安全管理体系、质量管理体系以及危害分析与关键控制点(HACCP)三项认证。此外,公司正在相关部门的支持和助推申请实验室CNAS、绿色食品及有机食品认证,进行产品溯源及一带一路标准示范基地建设,并在积极申报海关AEO高级认证资质。公司采用"俄罗斯进口、口岸加工、国内销售"的经营模式,以俄罗斯非转基因、无公害、无污染、绿色、生态、环保的优势农业原料为依托,从米、面、油产品入手,建成集换装、生产、仓储和销售于一体的大型农业企业,打造高端生态农业品牌。中期,公司规划在呼伦贝尔等地区发展有机农业种植及生态养殖,在充分调研和论证可行的基础上在澳大利亚等地投资现代农牧业产业,并致力于包装材料的研发及粮油产品中高附加值产品的科研提取。未来,公司将进一步开拓东欧、南北美洲、大洋洲等海外市场,开辟海上进口粮油通道,打造具备国际影响力的大型农业集团。

2. 特征描述

满洲里芥花油为瓶装,净含量为1.8L,呈淡黄色,澄清透明无杂质,无沉淀物,无结晶,无任何悬浮物;具有芥花油固有气味和滋味,无异味。

3. 营养指标（表 252）

表 252　满洲里芥花油独特营养成分

参数	过氧化值（%）	硒（mg/kg）	铁（mg/100g）	锌（mg/100g）	折光指数	不饱和脂肪酸占总脂肪酸（%）	亚油酸（%）	亚麻酸（%）	酸价（mg/g）	α-维生素E mg/100g
测定值	0.05	0.009	5.48	1.14	1.4734	92.3	18.4	6.8	0.20	1.51
参考值	<0.15	0.005~0.500	3.70	0.54	1.470 5~1.475 0	90.9	18.0~30.0	6.0~14.0	≤1.00	10.81

4. 评价鉴定

该产品在满洲里范围内，在其独特的生产环境下，具有净含量为 1.8L，呈淡黄色，澄清透明无杂质，无异味，无沉淀物，无结晶的特性，内在品质不饱和脂肪酸占总脂肪酸百分比、铁、锌均高于参考值；亚油酸、亚麻酸、折光指数均满足标准范围要求；过氧化值优于参考值，满足标准范围要求；酸价满足一级质量指标；硒含量符合富硒食品分类标准范围。综合评价其符合全国名特优新农产品名录收集登录基本条件和要求。

5. 环境优势

伊古道产品原料来自俄罗斯联邦新西伯利亚广阔的黑土地，位于北纬 45°优质种植范围，是世界少有的黑土平原之一，也被联合国教科文组织认定为世界原生态和绿色自然保护区之一。高纬高寒，寒地黑土，资源丰富，有机质含量高，土壤肥沃，周边森林茂密，水源天然纯净，空气富氧清新，无任何污染源。日照时间长，光合作用充分，便于营养储存。俄罗斯水资源也极为丰富，由欧洲最长河流伏尔加河、俄罗斯第一长河叶尼塞河以及顿河、第聂伯河、鄂毕河等河流构成的广泛水系，不仅给农作物提供了源源不断的灌溉水源，而且沿河流域肥沃的土地也给作物提供了最为优越的生长条件。另外，俄罗斯有着世界上面积最大的黑土带，这种土壤以黑钙土、灰色森林土和栗钙土为主，含较多腐殖质，土壤养分和矿物质极为丰富，因此也特别适合作物的种植，所以俄罗斯西伯利亚地区被喻为"天然的谷仓"。俄罗斯农场土壤中有机质含量是中国耕地均值的将近 2 倍，有机质含量是土壤肥力的体现，自身肥沃的土地不需要依赖化肥保证产量。

6. 产品功效

芥花油的营养价值非常丰富，含有丰富的维生素和不饱和脂肪酸，可以对抗机体氧化，还可以促进肠道蠕动，可以帮助体内脂肪的代谢，从而达到减肥的目的，适量的吃一些芥花油，还可以起到降低血压的作用。满洲里芥花油其不饱和脂肪酸占总脂肪酸百分比、铁、锌均高于参考值；亚油酸、亚麻酸、折光指数均满足标准范围要求；过氧化值优于参考值，满足标准范围要求；酸价满足一级质量指标；硒含量符合富硒食品分类标准范围。

（十二）呼伦贝农垦芥花油

1. 产品介绍

呼伦贝尔农垦芥花油生产企业为内蒙古自治区龙头企业，时刻以打造中国健康食用油第一民族品牌为己任，大力推行品行战略、品质战略、品牌战略，依托呼伦贝尔农垦集团的"全原生态资源环境、全产业链管理模式、全过程重品质保障、全农垦人诚信支撑"优势，逐步将芥花油打造成为中国健康食用油领军产业。"苍茫谣"商标 2013 年被认定为内蒙古自治区著名商标，苍茫谣芥花油荣获内蒙古"名优特"产品称号、"放心油"称号及内蒙古名牌产品称号、首届十佳国产食用油创新品牌称号。2016 年 7 月苍茫谣芥花油被中国作物学会油料专业委员会评价为绿色安全、营养健康、品质优良的食用植物油。2018 年 1 月，呼伦贝尔苍茫谣芥花油和呼伦贝尔合适佳菜籽油被评定为国家生态原产地保护产品。2018 年 7 月苍茫谣助力呼伦贝尔市成功获得"中国芥花油之都"荣誉称号。2019 年，苍茫谣芥花油凭借良好的品牌形象和优良品质，成为国家"第十四届冬季运动会"独家供应商。呼伦贝尔农垦时刻以创造生态原产地健康食用油民族品牌为己任，以品行铸就品质，以品质铸就品牌，以品牌引领发展，将"苍茫谣芥花油"打造成为健康食用油品类领军品牌。

2. 特征描述

呼伦贝尔农垦芥花油为瓶装，净含量分别为 5L、4L、1.8L、900mL、500mL 等多种规格包装，色泽呈淡黄色，澄清透明无杂质，折光指数低，无沉淀物，无结晶的特性，无任何悬浮物；轻轻晃动后会产生细微气泡，流动性好，涂抹在皮肤上易于吸收；具有芥花油固有气味和滋味，无异味。

3. 营养指标（表 253）

表 253　呼伦贝尔农垦芥花油独特营养成分

参数	过氧化值（%）	硒（mg/kg）	铁（mg/100g）	锌（mg/100g）	折光指数	不饱和脂肪酸占总脂肪酸（%）	亚油酸（%）	亚麻酸（%）	酸价（mg/g）
测定值	0.06	0.012	12.17	1.24	1.473 6	93.0	18.1	9.0	0.08
参考值	<0.15	0.005~0.500	3.70	0.54	1.470 5~1.475 0	90.9	18.0~30.0	6.0~14.0	≤1.00

4. 评价鉴定

该产品在呼伦贝尔范围内，在其独特的生产环境下，具有净含量为 0.9L，呈淡黄色，澄清透明无杂质，无异味，无沉淀物，无结晶的特性，内在品质不饱和脂肪酸占总脂肪酸百分比、铁、锌均高于参考值；亚油酸、亚麻酸、折光指数均满足标准范围要求；过氧化值优于参考值，满足标准范围要求；酸价满足一级质量指标；硒含量符合富硒食品分类标准范围。综合评价其符合全国名特优新农产品名录收集登录基本条件和要求。

5. 环境优势

呼伦贝尔农垦芥花油精选呼伦贝尔农垦集团自有国家农产品地理标志认证的非转基因双低油菜籽作为专用原料，采用全过程自动控制物理压榨生产工艺精制而成，确保产品独有的绿色、纯净、健康的优良品质，烟点达220℃。该产品来源于内蒙古呼伦贝尔绿色油菜籽种植基地，呼伦贝尔地处高纬度高寒地带，大陆性气候显著，该地区拥有独一无二的生态环境和资源优势，土壤为黑钙土，含有丰富的有机质和钙质，土质肥沃，自然肥力高。同时，气候干燥，日照时间长，昼夜温差大，有效积温利用率高，油菜种植过程中病虫害少，种子油分和蛋白质积累优势明显。国内长江流域种植（冬油菜）带呈条块状分割、不利于机械化生产，相比之下，呼伦贝尔地区集中连片种植，集约化、机械化程度高，成熟度一致，含油量高，收获时菜籽不落地，减少了重金属等污染，品质一致性好。

6. 产品功效

功效同前述。

（十三）科右前旗菜籽油

1. 产品介绍

科右前旗菜籽油产于内蒙古科尔沁右翼前旗德伯斯镇、巴日嘎斯台乡、阿力得尔苏木，收获时间10月，年生产规模6 666.67hm²，年商品量0.76万t。兴安盟盟委政府调整了产业结构，减少玉米播种面积，增加甜菜、马铃薯、水稻、大豆、油菜籽、杂粮杂豆、甜玉米和中草药等种植面积。积极推进农业政策性保险，开展保险保费补贴工作，降低农民种植风险、保障种植面积的同时也使企业收购菜籽油原料得到保证。2016年，兴安盟盟行署带领单位负责人到蒙古国洽谈合作。在科尔沁右翼前旗政府的带领下，科右前旗菜籽油参加每年的国家级及内蒙古自治区展销活动，参加每年的境外农产品展示展销活动，促进了科尔沁右翼前旗菜籽油的品牌宣传。

2. 特征描述

科右前旗菜籽油为瓶装油，外观呈金黄色，澄清透明，无任何悬浮物；具有菜籽油固有气味和滋味，无异味；无杂质、无沉淀物、无结晶。

3. 营养指标（表254）

表254　科右前旗菜籽油独特营养成分

参数	亚油酸（%）	亚麻酸（%）	多不饱和脂肪酸（%）	折光指数	酸价（mg/g）	过氧化值（g/100g）	硒（mg/kg）	铁（mg/100g）	锌（mg/100g）
测定值	24.3	6.7	26.5	1.474 8	0.14	0.03	0.017	14.52	0.44
参考值	15.0~30.0	5.0~14.0	25.7	1.470 5~1.475 0	≤0.20	<0.13	0.005~0.500	3.70	0.54

4. 评价鉴定

该产品在科尔沁右翼前旗域范围内，在其独特的生产环境下，具有外观呈金黄色，澄清透明，无任何悬浮物，无杂质，无沉淀物，无结晶的特性，内在品质多不饱和脂肪酸、铁均高于参考值，亚油酸、亚麻酸、折光指数满足标准范围要求，酸价优于参考值，满足一级标准要求，过氧化值优于参考值，满足标准范围要求，硒含量符合富硒食品分类标准范围。综合评价其符合全国名特优新农产品名录收集登录基本条件和要求。

5. 环境优势

科尔沁右翼前旗地处内蒙古兴安盟西部，属大陆性季风气候，特点显著，四季分明，年平均气温4℃，无霜期130d，平均降水量420mm，光照充足，春秋昼夜温差大，有利于油菜开花和角果发育，增加干物质和油分的积累。周边无重工业，空气清新，植被丰富，水源充足无污染，土壤质地为黑土地，养分含量高，有利于油菜生长，提高菜籽含油量，为科右前旗菜籽油的品质造就了良好的条件。

6. 产品功效

菜籽油俗称的菜油，又叫油菜籽油、香菜油、芸薹油、香油、芥花油，是用油菜籽榨出来的一种食用油。人体对菜籽油的吸收率很高，可达99%，因此它所含的亚油酸等不饱和脂肪酸和维生素E等营养成分能很好地被机体吸收，具有一定的软化血管、延缓衰老之的功效。由于榨油的原料是植物的种子，一般会含有一定的种子磷脂，对血管、神经、大脑的发育十分重要，菜籽油的胆固醇很少或几乎不含。

（十四）科尔沁玉米油

1. 产品介绍

玉米胚芽油选用当地优质黄玉米胚芽为原料，采用国内一流的先进生产设备、严格按照独特的生产工艺操控，保证了产品"天然、绿色、健康"的品质特点。产品以精良的品质和鲜明的特点满足了现代人对"健康膳食"理念的追求。同时健全销售网络，与各大粮油企业有着密切的联系，并与其保持良好的合作关系。为了强化食品的质量安全管理，以质量管理体系为平台，全面推进5S现场管理标准，又建立了质量、食品安全、环境管理体系。并已经通过了ISO 9001：2015质量管理体系认证、ISO 14001：2015环境管理体系认证及ISO 22000：2005食品安全管理体系认证。

2. 特征描述

科尔沁玉米油呈淡黄色，澄清透明无杂质；具有玉米油固有气味和滋味，无异味；无沉淀物、无结晶。

3. 营养指标（表255）

表255　科尔沁玉米油独特营养成分

参数	亚油酸（%）	油酸（%）	折光指数	酸价（mg/g）	过氧化值（g/100g）	亚麻酸（%）	铁（mg/100g）	钙（mg/100g）	脂肪（%）
测定值	48.9	30.1	1.466	0.22	0.020	0.5	1.19	1.51	99.6
参考值	34.0~65.6	20.0~42.2	1.465~1.468	< 0.50	≤ 0.025	≤2.0	1.40	1.00	99.2

4. 评价鉴定

该产品在科尔沁区域范围内，在其独特的生产环境下，具有澄清透明无杂质，有玉米油固有气味和滋味，无异味的特性，内在品质中脂肪、钙均高于参考值，酸价满足一级油质量标准，过氧化值、亚油酸、油酸、亚麻酸均优于参考值，满足标准要求。综合评价其符合全国名特优新农产品名录收集登录基本条件和要求。

5. 环境优势

产区坐落在科尔沁腹地，辽吉蒙三省交界地处北纬 42°15′~45°41′，东经 119°15′~123°43′，总面积59 535km²。全市拥有耕地2 000万亩以上，其中常年播种黄玉米的耕地面积达1 500万亩以上，主要分布在辽河冲积平原区和新开河、老哈河两岸，土壤肥力较高，生产能力较强。通辽黄玉米生产带属北温带亚洲季风气候，光热充足、雨热同季、昼夜温差大。年均气温 6℃，大于 10℃ 的积温 2 900~3 200℃，平均无霜期 135~150d，近十年平均降水量 350mm 左右，70%以上集中在 6—8 月。拥有以上地域优势，使得通辽黄玉米生产带与美国玉米带、乌克兰玉米带并称为世界"三大黄金玉米带"。

6. 产品功效

玉米油又叫玉米胚芽油，它是从玉米胚芽中提炼出的油。玉米油本身不含有胆固醇，它对于血液中胆固醇的积累具有溶解作用，故能减少对血管产生硬化影响。对老年性疾病如动脉硬化、糖尿病等具有积极的防治作用。

第九章　水产品

一、鱼

（一）杭锦后旗草鱼

1. 产品介绍

杭锦后旗草鱼产于巴彦淖尔市杭锦后旗，草鱼肉性味甘、温、无毒，有暖胃和中之功效。杭锦后旗大力发展生态健康养殖，开展水产健康养殖示范创建，发展生态健康养殖模式，已建设水产试验示范基地4个，全部通过农业农村部无公害产地和产品认证，提高养殖设施和装备水平。大力实施池塘标准化改造，完善循环水和进排水处理设施，支持生态沟渠、生态塘、潜流湿地等尾水处理设施升级改造，完善养殖生产经营体系。

2. 特征描述

杭锦后旗草鱼样品为冷冻样，其体形为梭形，前部略呈圆筒状，后部稍侧扁，腹圆无腹棱，背部青灰色，腹部银白色；体侧鳞片为白色，黏液为无色；肌肉组织紧密有弹性，具有鱼肉固有的色泽和气味，有光泽。

3. 营养指标（表256）

表 256　杭锦后旗草鱼独特营养成分

参数	蛋白质（%）	脂肪（%）	钙（mg/100g）	铁（mg/100g）	锌（mg/100g）	硒（μg/100g）	水分（%）	亚油酸/总脂肪酸（%）	DHA/总脂肪酸（%）	谷氨酸（mg/100g）	赖氨酸（mg/100g）	异亮氨酸（mg/100g）
测定值	18.8	1.9	55.03	5.06	2.20	10.00	78.1	31.2	1.9	2 789	1 725	789
参考值	16.6	5.2	38.00	0.80	0.87	6.66	77.3	17.0	0.6	2 436	1 774	751

4. 评价鉴定

杭锦后旗草鱼单鱼重1.6~1.8kg，其体形为梭形，肌肉组织紧密有弹性，具有鱼肉固有的色泽和气味的特性，内在品质蛋白质、谷氨酸、赖氨酸、异亮氨酸、钙、铁、锌、硒、亚油酸/总脂肪酸、DHA（占总脂肪酸）均高于参考值。综合评价其符合全国名特优新农产品名录收集登录基本条件和要求。

5. 环境优势

杭锦后旗位于巴彦淖尔市西部，地处河套平原，东与临河区接壤，西傍乌兰布和沙漠与磴口县毗邻，南临黄河与鄂尔多斯市杭锦旗相望，北靠阴山与乌拉特后旗交界，地处河套平原西部，属引黄灌溉区，由于农业综合开发项目的投资，水利设施配套、排灌十分便利，发展渔业生产潜力很大。

6. 产品功效

草鱼是中国淡水养殖的四大家鱼之一，属鲤形目、鲤科、草鱼属。其生性活泼，游泳迅速，常成群觅食，多栖息于平原地区的江河湖泊，一般喜居于水的中下层和近岸多水草区域，以水草为食，为典型的草食性鱼类。草鱼味甘、性温、无毒，入肝和胃经，具有暖胃和中、平降肝阳、祛风、治痹、益肠和明目之功效。

(二) 呼伦湖小白鱼

1. 产品介绍

呼伦湖小白鱼产于呼伦湖，呼伦湖渔业公司积极打造品牌，努力提升产品附加值。公司水产品分别认证为无公害农产品、绿色食品、有机食品。呼伦湖、贝尔湖野生鲤鱼、白鱼进入"呼伦贝尔市 10 大绿色精品品牌产品"；呼伦湖鲤鱼、白鱼、小白鱼、秀丽白虾 4 种产品获得农产品地理标志认证；呼伦湖鲤鱼、白鱼、小白鱼、华子鱼、鲫鱼、鲶鱼、狗鱼、秀丽白虾 8 种产品获得了有机产品证书，呼伦湖因此成为全国最大的有机水产品生产基地。

2. 特征描述

呼伦湖小白鱼体长身扁，头小，全身呈银白色，每个鳞片的边缘颜色稍深，鳍呈灰白色；鱼体完整，无破肚现象，肌肉组织紧密有弹性，具有鱼肉固有的色泽和气味，有光泽。

3. 营养指标（表 257）

表 257　呼伦湖小白鱼独特营养成分

参数	蛋白质（%）	脂肪（%）	锌（mg/100g）	铁（mg/100g）	维生素A（μg/100g）	硒（μg/100g）	水分（%）	不饱和脂肪酸（%）	DHA/总脂肪酸（%）	缬氨酸（mg/100g）	蛋氨酸（mg/100g）
测定值	18.2	6.4	3.28	8.92	13.7	26.70	72.7	2.4	0.3	810	540
参考值	16.6	3.3	3.22	1.70	11.0	12.00	76.8	0.5	0.1	601	285

4. 评价鉴定

呼伦湖小白鱼体长 8~10cm，具有体长而身扁，全身呈银白色，鱼体完整，肌肉组织紧密有弹性的特性，内在品质蛋白质、脂肪、维生素 A、铁、锌、硒、缬氨酸、蛋氨酸、总不饱和脂肪酸、亚油酸均高于参考值，水分优于参考值。综合评价其符合全国名特优新农产品名录收集登录基本条件和要求。

5. 环境优势

呼伦湖也称呼伦池、达赉湖，是中国第五大湖，也是内蒙古第一大湖。位于呼伦贝尔草原西部新巴尔虎左旗、新巴尔虎右旗和满洲里之间呈不规则斜长方形，最大水深

8m 左右，蓄水量为 138.5 亿 m^3。呼伦湖以"大、活、肥、洁"著称全国。"大"是湖的面积2 339km²，为中国北方第一大湖，相当于呼伦贝尔市现有年耕地总面积的三分之一；"活"是湖内有乌尔逊河、克鲁伦河的注入和达兰鄂罗木河的流出，不是死水湖；"肥"是湖面和注入湖中的各河流位于牧区，湖畔和河岸牧草繁茂，牲畜的粪便多流入湖中，是鱼类的天然饵料；"洁"是湖区各河流基本没有污染，是少有的一块净土。

6. 产品功效

呼伦湖小白鱼是内蒙古呼伦贝尔市呼伦湖的特产。呼伦湖特产的小白鱼被誉为"鱼中极品"，呼伦湖小白鱼为国家农产品地理标志保护产品。呼伦湖小白鱼营养丰富，富含蛋白质和十余种氨基酸，是淡水食用鱼中的上品，是水产品市场中最受欢迎的鱼类之一。

（三）临河黄河鲤鱼

1. 产品介绍

临河黄河鲤鱼产于巴彦淖尔市临河区乌兰图克镇；黄河鲤鱼养殖户按照绿色、有机水产品养殖规程进行生产，示范推广鲤鱼健身瘦身养殖技术、推动鲤鱼提质增效，扩量增收，制定发布养殖品种地方技术操作规程标准，为渔业结构优化调整提供支撑。黄河鲤鱼通过农业农村部农产品质量安全中心农产品地理标志登记保护专家评审，为实施高端产品地域品牌化建设奠定了坚实基础。

2. 特征描述

临河黄河鲤鱼其体形为梭形，侧扁而腹部圆，体侧鳞片为金黄色，背部稍暗，腹部色淡而渐白，黏液为无色；肌肉组织紧密有弹性，具有鱼肉固有的色泽和气味，有光泽，眼睛清亮，颜色正常；体表无伤痕、无变色现象，无外来杂质。

3. 营养指标（表258）

表 258 临河黄河鲤鱼独特营养成分

参数	蛋白质（%）	脂肪（%）	苯丙氨酸（mg/100g）	铁（mg/100g）	维生素A（μg/100g）	硒（μg/100g）	水分（%）	亚油酸/总脂肪酸（%）	DHA/总脂肪酸（%）	谷氨酸（mg/100g）	赖氨酸（mg/100g）
测定值	17.9	1.7	680	4.37	6.3	13.40	79.7	30.2	3.3	2 490	1 490
参考值	17.6	4.1	651	1.00	25.0	15.38	76.7	14.2	0.5	2 444	1 432

4. 评价鉴定

临河黄河鲤鱼肌肉组织紧密富有弹性。内在品质蛋白质、铁、谷氨酸、苯丙氨酸、赖氨酸、亚油酸/总脂肪酸、DHA（占总脂肪酸）均高于参考值。综合评价其符合全国名特优新农产品名录收集登录基本条件和要求。

5. 环境优势

临河区全年日照时数 3 100~3 200h，太阳辐射总量 611~636kJ/cm²；年平均气温 6.1~7.6℃，日平均温差 13~14℃；无霜期 127~135d，年平均降水量 20mm，年均蒸发量2 200mm。临河区坐落在黄河"几"字弯上方，水源充沛，灌溉便利。充足的水资源和灌排系统为渔业养殖提供了良好的生存条件，而且水量充沛，无工业污染。巴彦淖尔市属典型的温带大陆性气候，适宜黄河鲤鱼的生长发育。

6. 产品功效

临河黄河鲤鱼主要是指生活在黄河中的鲤鱼。营养丰富，其肌肉中具有较高的蛋白质和较低的脂肪，脂肪多为不饱和脂肪酸，能最大限度地降低胆固醇，可以防治动脉硬化、冠心病，因此，多吃鱼可以健康长寿。

（四）乌梁素海鲫鱼

1. 产品介绍

乌梁素海鲫鱼产于巴彦淖尔市乌拉特前旗乌梁素海三分场、四分场；新安镇先锋村红圪卜社、羊房子村康家圪堵、新安村四社、乌海村半截渠社；先锋镇红旗村张楞社、苏木图村兰虎社、油坊村付家圪堵社、山顶村城壕社；西小召镇万太公村东赵三社。乌梁素海被国家林业部门列为湿地水禽自然保护示范工程项目和内蒙古自治区湿地水禽自然保护区，同时列入《中国国际重要湿地名录》，乌梁素海鲫鱼养殖写入旗政府"十三五发展规划"，水面养殖面积6 000hm^2，带动沿海4个乡镇12个村社池塘养殖70hm^2。

2. 特征描述

乌梁素海鲫鱼体形为梭形，侧扁而腹部圆；其膘肥体厚，肉质青白，肌肉组织紧密富有弹性，口感爽滑柔嫩，细刺较少，含肉率高；具有鱼肉固有的色泽和气味，有光泽，颜色正常。

3. 营养指标（表259）

表259　乌梁素海鲫鱼独特营养成分

参数	蛋白质（%）	脂肪（%）	异亮氨酸（mg/100g）	铁（mg/100g）	锌（mg/100g）	硒（μg/100g）	水分（%）	亚油酸/总脂肪酸（%）	DHA/总脂肪酸（%）	缬氨酸（mg/100g）	丙氨酸（mg/100g）
测定值	20.3	1.4	790	3.78	1.53	15.00	77.8	30.6	2.4	860	1 220
参考值	18.0	1.6	660	1.30	0.53	22.96	78.6	14.2	1.1	810	1 060

4. 评价鉴定

乌梁素海鲫鱼单个鱼体重约300g，其体形为梭形，侧扁而腹部圆，其膘肥体厚，肉质青白，肌肉组织紧密富有弹性，口感爽滑柔嫩，细刺较少，含肉率高的特性，内在品质蛋白质、亚油酸/总脂肪酸、DHA（占总脂肪酸）、铁、锌、异亮氨酸、缬氨酸、丙氨酸均高于参考值，水分优于参考值，综合评价其符合全国名特优新农产品名录收集登录基本条件和要求。

5. 环境优势

乌梁素海是全球荒漠半荒漠地区极为少见的大型草原湖泊，中国八大淡水湖之一，总面积29 300hm^2，素有"塞外明珠""塞外都江堰"之美誉，是地球同一纬度最大的湿地，日照充足，积温较多，昼夜温差大，降水量少而集中。乌梁素海位于乌拉特前旗境内，地处河套平原东端，明安川和阿拉奔草原西缘，乌梁素海鲫鱼养殖区交通便利。

6. 产品功效

鲫鱼隶属于硬骨鱼纲辐鳍亚纲，鲤形目鲤科鲫属，广泛分布于欧亚大陆，由于其丰富营养价值和灵活养殖特点，鲫鱼很早就成为我国广泛水产养殖物种，我国已是世界上最大鲫鱼生产国。鲫鱼冬季可在低温下忍受数月缺氧，被认为是最耐低氧的鱼类之一。鲫鱼肉质细嫩，肉营养价值高，富含蛋白质、脂肪，并含有大量的钙、磷、铁等矿物质。其性平味甘，入胃、肾，具有和中补虚、除羸、温胃进食、补中生气之功效。

（五）九原黄河鲤鱼

1. 产品介绍

九原黄河鲤鱼产于包头市九原区哈林格尔镇兰桂村，九原区借助《基层农技推广体系改革与建设项目》平台，成立了"农民水产养殖田间学校"，建立了"无公害水产品健康养殖试验示范基地"，先后引进德黄鲤、武昌鱼、赤眼鳟鱼、鮰鱼、鲌鱼、匙吻鲟等新品种进行了试验示范，目前正在逐渐向绿色养殖转型，来推动九原区黄河渔业由传统四大家鱼的养殖逐渐向"名特优"品种养殖转变。

2. 特征描述

九原黄河鲤鱼其体形为梭形，侧扁而腹部圆，体侧鳞片为金黄色，背部稍暗，腹部色淡而渐白；肌肉组织紧密有弹性，具有鱼肉固有的色泽和气味，有光泽；无干耗、变色现象，无外来杂质。

3. 营养指标（表260）

表260 九原黄河鲤鱼独特营养成分

参数	蛋白质（%）	脂肪（%）	苯丙氨酸（mg/100g）	锌（mg/100g）	维生素A（μg/100g）	硒（μg/100g）	水分（%）	亚油酸/总脂肪酸（%）	DHA/总脂肪酸（%）	谷氨酸（mg/100g）	赖氨酸（mg/100g）
测定值	19.3	3.0	780	2.84	16.0	10.40	76.9	31.5	2.7	2 680	1 690
参考值	17.6	4.1	651	2.08	25.0	15.38	76.7	14.2	0.5	2 444	1 432

4. 评价鉴定

九原黄河鲤鱼肌肉组织紧密有弹性，具有鱼肉固有的色泽和气味的特性，内在品质蛋白质、谷氨酸、赖氨酸、苯丙氨酸、锌、亚油酸/总脂肪酸、DHA（占总脂肪酸）均高于参考值，综合评价其符合全国名特优新农产品名录收集登录基本条件和要求。

5. 环境优势

九原区黄河鲤鱼水产养殖基地位于于包头最南部，北依乌拉山，南临黄河与鄂尔多斯市相望，东与土默特右旗毗邻，西与乌拉特前旗接壤。近年来，九原区政府积极实施强鱼战略，不断通过沿黄水产养殖和休闲渔业来加快农业现代化进程，"十三五"期间，成功打造沿黄水产养殖"一条线"，休闲渔业"一条街"，经济和社会各项事业取得长足发展。九原黄河鱼远离污染源，空气清新，地下水洁净，地势平坦，土地肥沃，现有水产养殖面积 5 万余亩，是内蒙古自治区主要的水产品生产输出基地。

6. 产品功效

九原黄河鲤鱼主要是指生活在黄河中的鲤鱼。黄河鲤还以其肉质肥厚、细嫩鲜美、金鳞赤尾、体形梭长的优美形态，驰名中外。白居易等古代诗人都曾为其写诗作赋，称其为"龙鱼"。民间流传有"黄河三尺鲤，本在孟津居，点额不成龙，归来伴凡鱼"等美好诗句。

（六）托县黄河鲤鱼

1. 产品介绍

托县黄河鲤鱼产于托克托县河口管委会中滩村、树尔营村、新发村、召湾村；托克托县水产品养殖基地，以黄河水资源和独特的红泥池塘、深厚的渔文化及黄河文化旅游业等优势，大力发展名优高效生态渔业、休闲渔业。精心打造"托县黄河鲤"品牌，取得良好的经济、生态和社会效益。托县鲤鱼也有"云中之鲤""塞云鲤"的美称。

2. 特征描述

托县黄河鲤鱼身体侧扁而腹部圆，背鳍基部较长，背鳍和臀鳍有一根带锯齿的硬刺，鱼体呈褐色或金黄色，尾鳍下叶呈橙红色，鱼鳞较大，上腭两侧各有二须，口呈马蹄形。

3. 营养指标（表 261）

表 261　托县黄河鲤鱼独特营养成分

参数	蛋白质（%）	脂肪（%）	铁（mg/100g）	水分（%）	酪氨酸（%）	赖氨酸（%）
测定值	16.1	1.9	3.44	80.3	0.52	1.30
参考值	13.1~17.1	≥2.6	2.00	78.0	0.34	0.68

4. 评价鉴定

托县黄河鲤鱼身体侧扁而腹部圆，鱼体呈褐色或金黄色，鱼体肉质肥厚鲜嫩；托县黄河鲤鱼具有较高的蛋白质和较低的脂肪，既满足人们对营养的需求又符合现代人们追求低脂肪的饮食理念；内在品质蛋白质高于同类产品平均值而脂肪低于参考值，赖氨酸、酪氨酸、水分、铁、硒均高于参考值，硒含量高于参考值近两倍。综合评价符合全国名特优新农产品营养品质评价规范要求。

5. 环境优势

托克托县位于内蒙古中部、大青山南麓、黄河上中游分界处北岸的土默川平原上。黄河西岸为库布其大沙漠，黄河东岸为葡萄湾，延绵十里绿荫，离岸不远处为天然渔场，养殖水面 1 万亩。品种有"黄河鲤鱼、鲶鱼、草鱼、花白鲢鱼、鲫鱼、螃蟹、对虾"等鱼虾蟹，是呼和浩特地区第二大水产养殖基地，年产量为 380 万 kg。托克托县水产养殖基地环境符合国家标准，2018 年规划为水产品生态养殖区，周围没有工业

"三废"及生活、医疗垃圾等污染源，池塘水质和底质符合国家的相关标准，水源充足、水质良好。

6. 产品功效

功效同前述。

二、虾

土默特左旗对虾

1. 产品介绍

土默特左旗对虾产于呼和浩特市土默特左旗敕勒川镇炭车营村，土默特左旗对虾养殖是在脱贫攻坚中由驻村干部努力落地实施的扶贫产业、符合因地制宜发展的特色产业，根据敕勒川镇地下水位高，矿化度大，黏土积盐日益严重，传统农田改种水稻，既可降低土壤盐碱度，又可为鱼虾提供饲料。水产养殖中产生的水富含养分，而对于贫瘠的盐碱地，这种饱含有机质的水，恰恰是增肥土地的宝贝，以渔改碱不仅能创造更高的经济价值，而且通过沟渠养殖还能起到排涝降碱的作用，提高了土地利用率。

2. 特征描述

土默特左旗对虾色泽鲜艳，呈自然的虾青色，其体表光洁，无附着物；其单个虾体重约10.5g，长约12.5cm，虾体完整，体色鲜明正常，体质健壮。

3. 营养指标（表262）

表262　土默特左旗对虾独特营养成分

参数	蛋白质（%）	脂肪（%）	钙（mg/100g）	铁（mg/100g）	维生素A（μg/100g）	硒（μg/100g）	胆固醇（mg/100g）	不饱和脂肪酸（%）	DHA/总脂肪酸（%）	谷+天冬氨酸（mg/100g）	赖氨酸（mg/100g）	亮氨酸（mg/100g）
测定值	21.4	0.8	67.97	4.82	13.0	32.00	167.0	0.5	5.4	5 245	1 515	1 455
参考值	18.6	0.8	62.00	1.50	15.0	33.72	193.0	0.4	4.0	4 685	1 457	1 451

4. 评价鉴定

土默特左旗对虾虾体完整，体色鲜明正常，体质健壮的特性，内在品质蛋白质、不饱和脂肪酸、DHA（占总脂肪酸）、钙、铁、谷氨酸+天冬氨酸（鲜味氨基酸）、赖氨酸、亮氨酸均高于参考值，胆固醇优于参考值，脂肪含量等于参考值，综合评价其符合全国名特优新农产品名录收集登录基本条件和要求。

5. 环境优势

土默特左旗属典型的蒙古高原大陆性气候，四季气候变化明显，春季干燥多风，冷暖变化剧烈；夏季短暂、炎热、少雨。敕勒川镇土地贫瘠，地势平坦，属黄灌区，水源较为充足，且周边无工业污染，水质符合国家渔业水质标准，其独特的自然条件和区位优势十分适合对虾养殖。敕勒川镇位于土默特左旗西部，有塞外西湖之美称的哈素海就坐落在敕勒川镇。

6. 产品功效

中国对虾、南美白对虾和斑节对虾是我国常见的海水虾类，也被称为世界养殖产量最高的三大虾类，在低盐及淡水条件下养殖。因其具有生长快、抗病力强、耐高密度养殖、肉质鲜美、含肉率高等特点，逐渐成为我国的重要养殖虾种。土默特左旗对虾属南美白对虾，有很好的营养价值，且对改善人体健康状况具有积极作用，故深受消费者欢迎。同时虾干制品以其营养丰富、风味独特、耐贮存、携带方便等特点受到广大消费者的欢迎。

三、甲鱼

乌审旗甲鱼

1. 产品介绍

乌审旗甲鱼产于鄂尔多斯市乌审旗无定河镇巴图湾村、苏力德苏木昌煌嘎查、嘎鲁图镇神水台村，乌审旗甲鱼 2011 年起被中绿华夏有机食品认证中心连续认证为有机产品。2013 年 12 月乌审旗甲鱼商标被鄂尔多斯市知名商标认定委员会认定为"鄂尔多斯市知名商标企业"，2014 年"乌审旗甲鱼"商标被内蒙古自治区著名商标认定委员会认定为"内蒙古自治区著名商标企业"，同年巴图湾渔业公司被农业部评为"农业部水产健康养殖示范场"，2015 年渔业公司被鄂尔多斯市人民政府认定为"鄂尔多斯市农牧业产业化经营重点龙头企业"，2016 年渔业公司被内蒙古自治区人民政府认定为"内蒙古自治区农牧业产业化经营重点龙头企业"。同年农业部公布的 2016 年第三批农产品地理标志登记产品中，渔业公司的"巴图湾甲鱼"榜上有名，同时也是鄂尔多斯市水产品首次获得国家农产品地理标志登记保护。

2. 特征描述

乌审旗甲鱼其外形呈椭圆形，吻长，鼻孔开于吻端。四肢粗短稍扁平，为五趾型，趾间有蹼膜；四肢与背甲为墨绿色，腹甲为乳白色；背腹甲质地坚硬，裙边较柔软细腻。

3. 营养指标（表 263）

表 263　乌审旗甲鱼独特营养成分

参数	蛋白质（%）	脂肪（%）	铁（mg/100g）	锌（mg/100g）	不饱和脂肪酸/总脂肪酸（%）	DHA/总脂肪酸（%）	组氨酸（%）	赖氨酸（%）
测定值	13.8	27.8	2.28	2.20	74.6	4.8	0.47	1.02
参考值	18.0	3.4	0.89	0.51	72.7	4.5	0.38	1.16

4. 评价鉴定

乌审旗甲鱼外形呈椭圆形，鼻孔开于吻端。四肢粗短稍扁平，为五趾型，趾间有蹼膜；四肢与背甲为墨绿色，腹甲为乳白色；背腹甲质地坚硬，裙边较柔软细腻；背甲长约20cm，背甲宽约7cm，腹甲长约7cm，腹甲宽约6cm；内在品质脂肪、铁、锌、组氨酸、不饱和脂肪酸占比、DHA占比均高于参考值。综合评价符合全国名特优新农产品营养品质评价规范要求。

5. 环境优势

乌审旗甲鱼产自全旗3个苏木镇。巴图湾水库位于鄂尔多斯市乌审旗境内，无定河镇巴图湾村西约200m处，水库光照充足，年日照时数在2886h左右，年平均气温6.4~7.5℃，1月平均气温-11.4~-9.9℃，7月平均气温22℃，平均气温年较差21~23℃；年平均降水量350~400mm，7~9月降水量约为全年降水量的70%~80%；巴图湾水库水温在15℃以上的时期一年有5个月左右（5—9月），适宜温度的持续时间较长，对甲鱼的生长发育提供了非常有利的条件。水库水源清新、水面宽，水源水质符合GB11607的规定；地貌上横跨黄土高原和鄂尔多斯高原东南洼地，海拔1200~1800m，地形以沟湾和沙漠大峡谷为主，号称塞外小江南。

6. 产品功效

甲鱼又称鳖、团鱼，自古就是我国传统食疗滋补佳品。其肉、血、胆、卵、脂、头、骨具有不同的营养保健功能，均可入药，是开发高级保健食品的良好原料。甲鱼肉质鲜嫩味美，营养丰富，含有蛋白质、多种矿物质元素及多种不饱和脂肪酸，具有强身健体、提高免疫、延年益寿、防癌抗癌的功效，是一种良好的药食同源佳品。

四、螃蟹

托县稻田蟹

1. 产品介绍

托县稻田蟹产于托克托县河口管委会树尔营村；托县稻田蟹属于河蟹，是一种大型的甲壳动物，稻蟹共生种养，能够净化水质，增加水中溶氧，为幼蟹提供脱壳和隐蔽的安全栖息场所，夏季能降低蟹塘水温，有利于蟹增加脱壳次数，使蟹个体大而均匀，稻株上的害虫如飞虱等还可以为幼蟹提供天然饵料，可充分利用蟹塘中的生物链，使稻蟹共生，达到水稻、蟹双丰收的目的。蟹稻整个生长期仅使用生物肥，不使用任何农药，产品没有任何药物残毒，养的蟹生态环保，味道清新，是营养丰富的美味佳肴。

2. 特征描述

托县稻田蟹背面墨绿色，腹面灰白色；头部和胸部结合而成的头胸甲呈方圆形或三角形，质地坚硬；身体前端长着一对眼，侧面具有两对十分尖锐的蟹齿；蟹足表面长满绒毛，蟹足之后有4对步足，侧扁而较长；雌性腹部呈圆形，雄性腹部为三角形。

3. 营养指标（表264）

表264　托县稻田蟹独特营养成分

参数	蛋白质（%）	脂肪（%）	铁（mg/100g）	钙（mg/100g）	天冬氨酸（mg/100g）	赖氨酸（mg/100g）
测定值	10.0	8.9	15.09	502	706	507
参考值	14.3~21.3	4.0~13.9	≤2.40	21~580	18~36	116~183

4. 评价鉴定

托县稻田蟹属甲壳蟹，绒螯蟹属，成蟹背面墨绿色，腹面灰白色，河蟹的肉质鲜嫩，味道鲜美，营养丰富；内在品质脂肪与同类产品平均值相当；钙高于同类产品；天冬氨酸、赖氨酸、铁均高于参考值。综合评价符合全国名特优新农产品营养品质评价规范要求。

5. 环境优势

托克托县是平原区，黄河流经县境37.5km，离黄河干渠较近，采取工程措施引黄河水洗盐碱，配以秸秆还田技术阻断地下盐根，使盐碱地变成种水稻的良田，并在稻田中养蟹，提高经济效益。稻蟹种养是根据稻养蟹、蟹养稻、稻蟹共生的理论，在稻蟹种养的环境内，蟹能清除田中的杂草，吃掉害虫，排泄物可以肥田，促进水稻生长；而水稻又为河蟹的生长提供丰富的天然饵料和良好的栖息条件，互惠互利，形成良性的生态循环。

6. 产品功效

托县稻田蟹稻就是河蟹，也叫"螃蟹"或"毛蟹"，节肢动物门甲壳纲动物。其味道鲜美，营养丰富；蟹肉可清热散血、养筋益气，可治筋骨损伤、疥癣、烫伤、湿热黄疸。

第十章　奶制品

一、奶豆腐

（一）达茂奶豆腐

1. 产品介绍

达茂奶豆腐产于达茂旗明安镇、百灵庙镇、巴音花镇、巴音敖包苏木、达尔罕苏木、满都拉镇、希拉穆仁镇；达茂旗奶豆腐建立了多个达茂旗绿色有机农畜产品直营店，建立了农畜产品质量安全追溯体系，从种植、养殖、加工、生产、检疫、包装、上市、销售实施全程可追溯，确保了农畜产品质量安全。

2. 特征描述

达茂奶豆腐为块状奶豆腐，外观呈乳白色，具有清香的乳香味和淡淡的酸味，质地均匀，组织细腻，味道爽口。

3. 营养指标（表265）

表265　达茂奶豆腐独特营养成分

参数	蛋白质（%）	脂肪（%）	水分（%）	钙（mg/100g）	铁（mg/100g）	锌（mg/100g）	胆固醇（mg/100g）	亚油酸/总脂肪酸（%）	多不饱和脂肪酸/总脂肪酸（%）	谷氨酸（mg/100g）	赖氨酸（mg/100g）
测定值	58.6	3.5	37.0	284.87	6.16	4.05	17.0	8.5	8.3	6 990	2 469
参考值	46.2	7.8	31.9	597.00	3.10	2.48	36.0	1.1	1.4	6 000	4 135

4. 评价鉴定

达茂奶豆腐具有质地均匀，组织细腻，味道爽口的特性，内在品质蛋白质、铁、锌、亚油酸/总脂肪酸、谷氨酸、多不饱和脂肪酸占总脂肪酸百分比均高于参考值，胆固醇优于参考值，综合评价其符合全国名特优新农产品名录收集登录基本条件和要求。

5. 环境优势

达茂联合旗位于阴山山脉北麓，大陆性气候特征十分显著，属中温带半干旱大陆性气候。冬季寒冷干燥，夏季干旱炎热，寒暑变化强烈，昼夜温差大，降水量少，而且年际变化悬殊，无霜期短，蒸发量大，大风较多，日照充足，有效积温多。特定的自然地理环境和气候，孕育了独特的牧草种类：针茅、沙葱、羊草、冷蒿、锦鸡儿、碱韭（多根葱）、蒙古葱（沙葱）、矮韭、沙韭、细叶韭、黄花葱等，是牛羊早春提壮、产羔期催乳、秋季抓膘的主要天然饲料。达茂旗草原天然草场水草丰美，远离污染，独特的自然环境条件为奶牛养殖提供了有利的条件，生产出的奶制品奶香清香、味道爽口。

6. 产品功效

奶豆腐（蒙语浩乳德）是传统奶制品之一，深受人们的喜爱。它可直接食用，柔软细腻，十分可口。奶豆腐营养丰富、味道鲜美，其蛋白质含量极高，并富含氨基酸及其他有益身体的微量元素，是营养丰富，提高免疫力，美容养颜的佳品。

（二）科右前旗奶豆腐

1. 产品介绍

科右前旗奶豆腐产于科尔沁右翼前旗乌兰毛都苏木勿布林嘎查、敖力斯台嘎查；奶制品作为科尔沁右翼前旗当地牧民发展的特色产业，为科尔沁右翼前旗蒙古族传统奶制品之一，深受当地人民群众的喜爱，为满足更多人民群众对舌尖上美味的追求，科尔沁右翼前旗各奶制品专业合作社购进了挤奶机、真空包装机等设备，既缩短了奶制品的生产加工时间、加大了产量，又保留了传统的做法，还延长了奶制品的保存时间，使更多人能品尝到来自草原的奶制品味道。

2. 特征描述

科右前旗奶豆腐呈乳黄色，具有清香的乳香味和淡淡的酸味，无异味；其质地均匀，组织细腻，味道爽口，无正常视力可见外来异物和霉斑。

3. 营养指标（表266）

表266　科右前旗奶豆腐独特营养成分

参数	蛋白质（%）	脂肪（%）	水分（%）	钙（mg/100g）	铁（mg/100g）	锌（mg/100g）	胆固醇（mg/100g）	亚油酸/总脂肪酸（%）	多不饱和脂肪酸/总脂肪酸（%）	苯丙氨酸（mg/100g）	赖氨酸（mg/100g）	蛋氨酸（mg/100g）	硒（µg/100g）
测定值	50.0	12.6	25.4	326.60	7.20	3.16	27.5	3.7	4.6	2 840	4 230	1 490	19.30
参考值	46.2	7.8	31.9	597.00	3.10	2.48	36.0	1.1	1.4	2 823	4 135	1 362	11.60

4. 评价鉴定

科右前旗奶豆腐具有质地均匀，组织细腻，味道爽口的特性，内在品质蛋白质、脂肪、苯丙氨酸、赖氨酸、蛋氨酸、铁、锌、硒、亚油酸/总脂肪酸、多不饱和脂肪酸占总脂肪酸百分比均高于参考值，胆固醇、水分优于参考值，综合评价其符合全国名特优新农产品名录收集登录基本条件和要求。

5. 环境优势

科尔沁右翼前旗位于兴安盟中西部，南连突泉县、科尔沁右翼中旗和吉林省白城地区，北接呼伦贝尔市新巴尔虎左鄂温克自治旗和扎兰屯市，东北临扎赉特旗，西靠锡林郭勒盟东乌珠穆沁旗，西北部与蒙古国接壤。属大陆性季风气候，特点显著。境内牧场宽阔，牧草种类丰富，周边无重工业，空气洁净，水源充足，有利于三河奶牛的生长，牛奶中的蛋白质含量更高，做出的奶豆腐营养价值高，口感好。

6. 产品功效

功效同前述。

（三）克什克腾奶豆腐

1. 产品介绍

克什克腾奶豆腐产于克什克腾旗达里镇岗更嘎查，克什克腾奶豆腐成为克什克腾旗畜牧业的一大支柱产品，通过嘎查集体经济产业扶持扶贫项目，发展奶食品产业，带动近千牧民实现脱贫。家庭牧场倡导生态畜牧业发展，率先垂范做结构调整，带动嘎查牧民转变传统养牧方式，保持草畜平衡，引进配套挤奶及加工设备，购买优良品种奶牛，实现少养精养，逐步形成规模化养殖。

2. 特征描述

克什克腾奶豆腐呈乳白色，具有清香的乳香味和淡淡的酸味，无异味；其质地均匀，组织细腻，味道爽口，无正常视力可见的外来异物和霉斑。

3. 营养指标（表267）

表 267　克什克腾奶豆腐独特营养成分

参数	蛋白质（%）	脂肪（%）	水分（%）	钙（mg/100g）	胆固醇（mg/100g）	亚油酸/总脂肪酸（%）	多不饱和脂肪酸/总脂肪酸（%）	谷氨酸（mg/100g）	赖氨酸（mg/100g）	硒（μg/100g）
测定值	31.2	6.6	59.3	198.50	23.5	3.4	4.2	6 900	2 440	12.00
参考值	46.2	7.8	31.9	597.00	36.0	1.1	1.3	6 000	4 135	11.60

4. 评价鉴定

克什克腾奶豆腐具有质地均匀，组织细腻，味道爽口的特性，内在品质硒、亚油酸/总脂肪酸、谷氨酸、多不饱和脂肪酸占总脂肪酸百分比均高于参考值，胆固醇优于参考值，综合评价其符合全国名特优新农产品名录收集登录基本条件和要求。

5. 环境优势

克什克腾旗地处内蒙古高原东端，常年多风少雨，属于半干旱性气候区域，早晚温差鲜明。水源用深井水，品质优良，水源上游以农牧业为主，无污染矿山或企业。产地年活动积温在2 400℃，无霜期120～125d，年降水量为400mm左右，年均气温为3.8℃，年日照时间为2 800h左右。优越的地理气候环境，丰富的牧草资源，对于发展畜牧业极为有利，为克什克腾奶豆腐的生产发展奠定了坚实的基础。

6. 产品功效

功效同前述。

（四）巴林右旗奶豆腐

1. 产品介绍

巴林右旗奶豆腐产于内蒙古赤峰市巴林右旗大板镇玛拉沁新村、西拉沐沦；奶豆腐是营养丰富、味道鲜美、乳香浓郁、广泛受到大众喜爱的产品。也是巴林右旗的特色产品。近年来，全旗上下深入实施质量振兴战略，全面加强质量监管，大力实施品牌战略，以名牌创建，标准引领，集群示范等措施，坚持不懈促进产业转型升级、品牌效应逐步显现，推动了全旗产业的转型升级。

2. 特征描述

巴林右旗奶豆腐呈乳黄色或者白里透黄，具有清香的乳香味和淡淡的酸味；其质地均匀，组织细腻，味道爽口，形状各异但细腻光滑，入口细腻牛奶味儿更加浓郁，香而不腻，有嚼劲。

3. 营养指标（表268）

表268　巴林右旗奶豆腐独特营养成分

参数	蛋白质（%）	脂肪（%）	水分（%）	铁（mg/100g）	锌（mg/100g）	胆固醇（mg/100g）	亚油酸/总脂肪酸（%）	多不饱和脂肪酸/总脂肪酸（%）	谷氨酸（mg/100g）	赖氨酸（mg/100g）	硒（μg/100g）
测定值	35.0	17.8	40.1	6.80	3.36	34.0	2.5	3.0	7 710	2 680	23.90
参考值	46.2	7.8	31.9	3.10	2.48	36.0	1.1	1.4	6 000	4 135	11.60

4. 评价鉴定

巴林右旗奶豆腐具有质地均匀，组织细腻，味道爽口的特性，内在品质脂肪、铁、锌、硒、亚油酸/总脂肪酸、谷氨酸、多不饱和脂肪酸占总脂肪酸百分比均高于参考值，胆固醇优于参考值。综合评价其符合全国名特优新农产品名录收集登录基本条件和要求。

5. 环境优势

巴林右旗位于内蒙古赤峰市北部，地处西拉沐沦河北岸，大兴安岭南段山地。是中温带大陆性气候区，冬季漫长寒冷，夏季短促而降雨集中，积温有效性高，且水热同期，适宜于牧草与农作物生长，是一个以牧业为主的半农半牧地区，也是赤峰地区重要的农畜产品生产、集散地；饲草料资源丰富，水源充足，有利于畜产品的高品质、标准化养殖。巴林右旗有效积温高，夜温差大，光照充足好。适宜于牧草与农作物生长。牛羊生长在一望无际的草原上，由于自然环境优越，在这种环境下生长的牛，其鲜牛奶作为原料做的奶食品，营养丰富、味道鲜美，乳香浓郁，受到大众喜爱。

6. 产品功效

功效同前述。

二、奶皮

达茂奶皮

1. 产品介绍

达茂奶皮产于达茂旗明安镇、百灵庙镇、巴音花镇、巴音敖包苏木、达尔罕苏木、满都拉镇、希拉穆仁镇；达茂旗建立了多个达茂旗绿色有机农畜产品直营店，建立了农畜产品质量安全追溯体系，从种植、养殖、加工、生产、检疫、包装、上市、销售实施全程可追溯，确保了农畜产品质量安全。

2. 特征描述

达茂奶皮为黄色奶饼，其表面似蜂窝状，奶皮酥柔味美，不油腻，自身散发出清新的奶香与淡淡的酸味，味道爽口。

3. 营养指标（表269）

表269　达茂奶皮独特营养成分

参数	蛋白质（%）	脂肪（%）	水分（%）	钙（mg/100g）	铁（mg/100g）	锌（mg/100g）	胆固醇（mg/100g）	亚油酸/总脂肪酸（%）	多不饱和脂肪酸/总脂肪酸（%）	天冬氨酸（mg/100g）	赖氨酸（mg/100g）	异亮氨酸（mg/100g）	硒（μg/100g）
测定值	16.3	61.3	14.8	556.20	7.41	3.60	77.0	2.7	3.6	1 142	1 070	710	5.35
参考值	12.2	42.9	36.9	818.00	1.30	2.22	78.0	1.1	2.0	1 000	950	650	4.60

4. 评价鉴定

达茂奶皮外观为黄色奶饼，厚度0.2~0.4cm，其表面似蜂窝状，奶皮酥柔味美，不油不腻，内在品质蛋白质、脂肪、铁、锌、硒、亚油酸/总脂肪酸、天冬氨酸、异亮氨酸、赖氨酸、多不饱和脂肪酸占总脂肪酸百分比均高于参考值，胆固醇优于参考值，综合评价其符合全国名特优新农产品名录收集登录基本条件和要求。

5. 环境优势

达茂联合旗位于阴山山脉北麓，大陆性气候特征十分显著，属中温带半干旱大陆性气候。冬季寒冷干燥，夏季干旱炎热，寒暑变化强烈，昼夜温差大，降水量少，而且年际变化悬殊，无霜期短，蒸发量大，大风较多，日照充足，有效积温多。特定的自然地理环境和气候，孕育了独特的牧草种类：针茅、沙葱、羊草、冷蒿、锦鸡儿、碱韭（多根葱）、蒙古葱（沙葱）、矮韭、砂韭、细叶韭、黄花葱等，是牛羊早春提壮、产羔期催乳、秋季抓膘的主要天然饲料。达茂旗草原天然草场水草丰美，远离污染，独特的自然环境条件为奶牛养殖提供了有利的条件，生产出的奶制品奶香清香味道爽口。

6. 产品功效

奶皮子是牧区蒙古族家庭自制的一种传统民族乳制品，蒙古语"查干伊德""乌如木""乌日莫"，汉语的意思是"白色的食品"。它是蒙古、维吾尔、哈萨克等民族喜欢的奶制品。制作过程是把鲜奶倒入锅中慢火微煮，等其表面凝结一层乳脂肪，用筷子挑起挂在通风处晒干即为奶皮子，奶皮子味醇香，营养丰富，层被称为"百食之长"。

三、奶酪

（一）达茂奶酪

1. 产品介绍

达茂奶酪产于达茂旗明安镇、百灵庙镇、巴音花镇、巴音敖包苏木、达尔罕苏木、满都拉镇、希拉穆仁镇；达茂旗建立了多个达茂旗绿色有机农畜产品直营店，建立了农畜产品质量安全追溯体系，从种植、养殖、加工、生产、检疫、包装、上市、销售实施全程可追溯，确保了农畜产品质量安全。重点扶持几家奶制品加工企业，推广达茂旗奶食品。

2. 特征描述

达茂奶酪为碎块状、硬质的干酪；颜色呈淡黄色，表面较粗糙，有油性；自身散发出清新的奶香与淡淡的酸味，味道爽口。

3. 营养指标（表270）

表270　达茂奶酪独特营养成分

参数	蛋白质（%）	脂肪（%）	水分（%）	钙（mg/100g）	胆固醇（mg/100g）	亚油酸/总脂肪酸（%）	多不饱和脂肪酸/总脂肪酸（%）	酪氨酸（mg/100g）	赖氨酸（mg/100g）	异亮氨酸（mg/100g）	硒（μg/100g）
测定值	61.5	16.3	7.6	351.31	58.1	5.8	6.7	3 064	4 506	2 788	17.85
参考值	55.1	15.0	8.9	799.00	51.0	1.4	2.6	2 702	4 135	2 742	14.68

4. 评价鉴定

达茂奶酪颜色呈淡黄色，表面较粗糙，有油性，自身散发出清新的奶香与淡淡的酸味，味道爽口，内在品质蛋白质、脂肪、硒、亚油酸/总脂肪酸、赖氨酸、酪氨酸、异亮氨酸、多不饱和脂肪酸占总脂肪酸百分比均高于参考值，综合评价其符合全国名特优新农产品名录收集登录基本条件和要求。

5. 环境优势

达茂联合旗位于阴山山脉北麓，大陆性气候特征十分显著，属中温带半干旱大陆性气候。冬季寒冷干燥，夏季干旱炎热，寒暑变化强烈，昼夜温差大，降水量少，而且年际变化悬殊，无霜期短，蒸发量大，大风较多，日照充足，有效积温多。特定的自然地理环境和气候，孕育了独特的牧草种类：针茅、沙葱、羊草、冷蒿、锦鸡儿、碱韭（多根葱）、蒙古葱（沙葱）、矮韭、砂韭、细叶韭、黄花葱等，是牛羊早春提壮、产羔期催乳、秋季抓膘的主要天然饲料。达茂旗草原天然草场水草丰美，远离污染，独特的自然环境条件为奶牛养殖提供了有利的条件，生产出的奶制品奶香清香，味道爽口。

6. 产品功效

奶酪又叫作干酪，奶酪是一种风味独特的发酵乳制品，具有丰富的营养价值，不仅富含蛋白质、脂肪，还含有丰富的矿物质和微量元素，是以鲜奶为原料、经杀菌后，添加发酵剂和凝乳酶使乳凝固，然后排出乳清、压榨成型后发酵成熟制得的高蛋白乳制品。

(二) 乌审奶酪

1. 产品介绍

乌审奶酪产于鄂尔多斯市乌审旗乌兰陶勒盖镇巴音敖包、图克镇，乌审奶酪是鄂尔多斯传统奶食品，1kg 乌审奶酪营养物质含量等于 50kg 牛奶，因此乌审奶酪素有奶黄金之称，富含乌审草原红牛牛奶的优质蛋白，同时含有丰富的钙、铁、懒氨酸、络氨酸、不饱和脂肪酸等元素等，对青少年儿童的成长发育、体质健康有着非常重要的作用。

2. 特征描述

乌审奶酪为中脂、硬质的干酪；颜色呈白色，表面较粗糙，有油性；自身散发出清新的奶香与淡淡的酸味，味道爽口。

3. 营养指标（表271）

表271 乌审奶酪独特营养成分

参数	蛋白质（%）	脂肪（%）	钙（mg/100g）	不饱和脂肪酸（%）	酪氨酸（mg/100g）	赖氨酸（mg/100g）	铁（mg/100g）
测定值	55.6	30.5	308.60	10.2	1 789	4 018	4.60
参考值	25.7	23.5	799.00	9.3	1 480	1 850	2.40

4. 评价鉴定

乌审奶酪为直径 0.2~0.5cm 的线状、硬质、中脂干酪；颜色呈白色，表面较粗糙，有油性；自身散发出清新的奶香与淡淡的酸味，味道爽口。内在品质蛋白质、脂肪、铁、赖氨酸、酪氨酸、不饱和脂肪酸均高于参考值。综合评价符合全国名特优新农产品营养品质评价规范要求。

5. 环境优势

乌审旗位于毛乌素沙地腹部，自然生态环境独特，境内主要河流有无定河、纳林河、海流图河等，是沙漠中的绿洲。光照充足，年日照时数在2 886h 左右，年均气温7.1℃，年降水量350~400mm，≥10℃的积温3 222~3 489℃；无霜期130~135d；气候特征是日照时间长、昼夜温差大。乌审旗 1 000万亩草原被中国质量认证中心认证为有机牧场；20 万亩青贮玉米被农业农村部认证为全国绿色食品原料标准化生产基地；16.5 万亩玉米被农业农村部认证为全国绿色食品原料标准化生产基地；10 万亩紫花苜蓿被农业农村部认证为全国绿色食品原料标准化生产基地；独特的产地优势造就了优质高品的奶源。

6. *产品功效*

功效同前述。

四、黄油

科右前旗黄油

1. *产品介绍*

科右前旗黄油产于科尔沁右翼前旗乌兰毛都苏木敖力斯台嘎查、勿布林嘎查；奶制品作为科尔沁右翼前旗当地牧民发展的特色产业，为科尔沁右翼前旗蒙古族传统奶制品之一，深受当地人民群众的喜爱。为满足更多人民群众对舌尖上的美味的追求，科尔沁右翼前旗各奶制品专业合作社购进了挤奶机、真空包装机等设备，既缩短了奶制品的生产加工时间、加大了产量，又保留了传统的做法，还延长了黄油的保存时间，使更多人能品尝到来自草原的奶制品味道。

2. *特征描述*

科右前旗黄油是一种牛奶黄油，其色泽金黄，常温下呈蜡状固体，带有光泽；该黄油可塑性好，带有黄油特有的香味。

3. *营养指标（表 272）*

表 272 科右前旗黄油独特营养成分

参数	蛋白质（%）	脂肪（%）	总糖（%）	钙（mg/100g）	胆固醇（mg/100g）	亚油酸/总脂肪酸（%）	铁（mg/100g）	锌（mg/100g）	硒（μg/100g）
测定值	0.1	97.3	0.1	16.80	203.0	1.4	10.10	0.38	11.90
参考值	1.4	98.0	0.0	35.00	296.0	1.3	0.80	0.11	1.60

4. *评价鉴定*

科右前旗黄油色泽金黄，带有光泽，可塑性好，带有黄油特有的香味的特性，内在品质亚麻酸/总脂肪酸、总糖、铁、锌、硒均高于参考值，胆固醇优于参考值。综合评价其符合全国名特优新农产品名录收集登录基本条件和要求。

5. *环境优势*

科尔沁右翼前旗位于兴安盟中西部，南连突泉县、科尔沁右翼中旗和吉林省白城地区，北接呼伦贝尔市新巴尔虎左旗和扎兰屯市，东北临扎赉特旗，西靠锡林郭勒盟东乌珠穆沁旗，西北部与蒙古国接壤，属大陆性季风气候，特点显著。境内牧场宽阔，牧草种类丰富，水源充足，周边无重工业，空气洁净，有利于三河牛的生长和繁殖，牛奶品质也更好，做出的黄油味道纯，有特殊香味，营养品质佳。

6. *产品功效*

蒙古黄油，蒙古人称希日套苏，营养极为丰富，是食品之冠，在我国传统乳制品行业中占据重要地位，特别是手工作坊的黄油风味别具一格，做法考究，深受人们的喜爱、味道绵甜可口。黄油具有增添热力、延年益寿的功能，寒冬季节人畜受寒冻僵时，常用罐饮黄油茶，黄油酒来解救。在蒙古族大餐中，黄油果子、黄油大饼等是必不可少的主食，代表热情、尊重和好客。蒙古黄油营养价值很高，其中脂肪含量最高，是能量来源的良好原料，其次为维生素 A、维生素 D 等。

五、酥油

乌审酥油

1. 产品介绍

乌审酥油产于鄂尔多斯市乌审旗图克镇、乌兰陶勒盖镇巴音敖包嘎查、苏力德苏木昌煌嘎查，乌审酥油由上千年传承下来的传统制作工艺与现代生产加工技术相结合、采用优质奶源吸收、集中管理、统一服务、规模化生产，把天然牧场产出的、包装精致的传统酥油带到了众多注重健康、品质生活的消费者当中。乌审酥油能够增强体内的消化和吸收能力，润滑结缔组织，增加灵活性，改善脑部功能和记忆力。乌审酥油以鄂尔多斯本地草原红牛为主体，聚焦高纯度高质量纯天然酥油，致力打造国际酥油品牌。

2. 特征描述

乌审酥油是一种牛奶黄油，其色泽鲜黄，常温下呈蜡状固体，带有光泽，该酥油可塑性好，带有酥油特有的香味。

3. 营养指标（表273）

表273　乌审酥油独特营养成分

参数	蛋白质（%）	脂肪（%）	水分（%）	胆固醇（mg/100g）	总不饱和脂肪酸（%）	锌（mg/100g）
测定值	0.1	99.4	0.3	209.0	32.6	0.41
参考值	0.7	74.9	14.0	193.0	18.5	0.24

4. 评价鉴定

乌审酥油是一种牛奶黄油，其色泽鲜黄，常温下呈蜡状固体，带有光泽；该酥油可塑性好，带有酥油特有的香味；内在品质水分优于参考值，脂肪、胆固醇、锌、总不饱和脂肪酸均高于参考值。综合评价符合全国名特优新农产品营养品质评价规范要求。

5. 环境优势

乌审旗位于毛乌素沙地腹部，自然生态环境独特，境内主要河流有无定河、纳林河、海流图河等，是沙漠中的绿洲。光照充足，年日照时数在2 886h 左右，年均气温7.1℃，年降水量350~400mm，≥10℃的积温3 222~3 489℃；无霜期130~135d；气候特征是日照时间长、昼夜温差大。乌审旗1 000万亩草原被中国质量认证中心认证为有机牧场；20 万亩青贮玉米被农业农村部认证为全国绿色食品原料标准化生产基地；16.5 万亩玉米被农业农村部认证为全国绿色食品原料标准化生产基地；10 万亩紫花苜蓿被农业农村部认证为全国绿色食品原料标准化生产基地；独特的产地优势造就了优质高品的奶源。

6. 产品功效

酥油又称奶油，是一种常见的乳制品，人类生产黄油历史悠久，可追溯到 5 000 年前，是由牛乳制得的，味道醇香独特，主要成分是脂肪，同时含有微量元素和矿物质，有研究表明，适量酥油可改善因食用不饱和脂肪酸或人造奶油而导致的贫血，因此，酥油是一种不可多得的健康食品。

六、乳清

乌审乳清

1. 产品介绍

乌审乳清产于鄂尔多斯市乌审旗乌兰陶勒盖镇巴音敖包嘎查、图克镇；乌审乳清饮料品牌首次发布于 2017 年，便受到了大家追捧。2017 年开始成为两会及政府商务接待指定饮品。2018 年投资建设完年产 800t 乳清饮品自动化生产线，也是内蒙古自治区首个传统发酵型乳清饮品生产线。上千年传承下来的传统制作工艺与现代生产加工技术相结合、采用优质奶源吸收、规模化生产，把天然发酵型饮品带到了众多注重健康和生活品质的消费者当中。

2. 特征描述

乌审乳清为黄绿色半透明液体，静置状态下有少量白色絮状物，摇一摇即溶化；该乳清口感偏酸，伴有乳清特有的香气。

3. 营养指标（表 274）

表 274　乌审乳清独特营养成分

参数	蛋白质（%）	脂肪（%）	钙（mg/100g）	pH 值	必需氨基酸/总氨基酸（%）	赖氨酸（mg/100g）	铁（mg/100g）
测定值	0.8	0.9	120.30	3.6	0.44	68	0.62
参考值	0.6~1	0.3~0.5	72.00	< 4.6	0.43	214	0.30

4. 评价鉴定

为黄绿色半透明液体，静置状态下有少量白色絮状物，摇一摇即溶化；该乳清口感偏酸，伴有乳清特有的香气；内在品质乌审乳清为酸性乳清，脂肪、钙、铁、必需氨基酸占总氨基酸之比均高于参考值。综合评价符合全国名特优新农产品营养品质评价规范要求。

5. 环境优势

乌审草原红牛产自乌审旗 6 个苏木镇，61 个嘎查村。乌审旗位于鄂尔多斯市西南部、内蒙古最南端，地处毛乌素沙地腹部，九曲黄河三面环抱。东北部、北部与伊金霍洛旗、杭锦旗接壤，西北部、西部与鄂托克旗交界，西南部与鄂托克前旗毗连，南部与陕西省靖边县、横山区为邻，东部与陕西省榆林市相依。自然生态环境独特，境内主要河流有无定河、纳林河、海流图河等，是沙漠中的绿洲。全旗光照充足，年日照时数在2 886h 左右，年均气温 7.1℃，年降水量 350~400mm，≥10℃的积温 3 222~3 489℃；无霜期 130~135d；气候特征是日照时间长、昼夜温差大。该地区地势由西北向东南平缓倾斜，属于沙漠丘滩相间地形，土壤肥沃。全旗 1 000万亩基本草原被中国质量认证中心认证为有机牧场，因此牛奶当中富含维生素 A、维生素 D、维生素 E、维生素 K 含量（尤其是维生素 D 和维生素 E）及其他微量元素。

6. 产品功效

乳清是在利用牛奶生产奶酪时分离出固体剩余的液体副食品，其中含有大量的水以及少部分乳清蛋白及其微量元素。刚生产出来的乳清具备较高的营养价值。乳清蛋白具有较好的碱性，容易被人体吸收，含有能够帮助人体抗氧化的氨基酸，可以促进人体免疫系统的改善。

七、驼奶

阿拉善右旗驼奶

1. 产品介绍

阿拉善右旗驼奶产于阿拉善盟阿拉善右旗巴丹吉林镇、雅布赖镇、阿拉腾敖包镇、巴彦高勒苏木、曼德拉苏木、塔木素布拉格苏木、阿拉腾朝格苏木；2011 年阿拉善盟双峰驼认证为全国地理标志标农产品，目前加工成的纯骆驼奶、驼奶片、全脂驼乳粉、酸驼奶片等，通过线上线下相结合的市场营销模式以及全国各大展会的推广受到了广大消费者的青睐，2018 年认证为有机产品。

2. 特征描述

阿拉善右旗驼奶为乳白色液体，口味清爽纯正，具有鲜美的乳香味，无异常气味，无肉眼可见的杂质。

3. 营养指标（表 275）

表 275 阿拉善右旗驼奶独特营养成分

参数	蛋白质（%）	脂肪（%）	钙（mg/100g）	磷（mg/100g）	水分（%）	灰分（%）	铁（mg/100g）	维生素Aug/100g	亚油酸/总脂肪酸（%）	总糖（%）	天冬氨酸（mg/100g）	缬氨酸（mg/100g）	组氨酸（mg/100g）
测定值	4.0	2.4	96.76	97	85.8	0.8	0.56	22.6	10.6	5.1	265	223	130
参考值	3.7	3.5	50.00	60	85.4	0.9	0.10	65.0	9.3	4.7	246	221	108

4. 评价鉴定

阿拉善右旗驼奶具有外观为乳白色液体，净含量为 250mL，口味清爽纯正，具有鲜美的乳香味的特性，内在品质蛋白质、亚油酸/总脂肪酸、总糖、天冬氨酸、缬氨酸、组氨酸、钙、铁、磷均高于参考值，灰分优于参考值。综合评价其符合全国名特优新农产品名录收集登记基本条件和要求。

5. 环境优势

阿拉善盟属半荒漠化地区，是阿拉善双峰驼生长的最佳区域，阿拉善盟 2012 年被中国畜牧业协会命名为中国驼乡，其中阿拉善右旗现阿拉善双峰驼存栏量为 2.8 万峰，是驼乡中的驼乡。阿拉善右旗位于内蒙古西部，龙首山与合黎山褶皱带北麓。地势南高北低，总趋势西高东低，平均海拔 1 200~1 400m。地处内陆高原，属暖温带荒漠干旱区，为典型的干燥大陆性气候特征。热量丰富，日照充足，寒暑剧变，降水稀少，蒸发强烈，干燥多风。无霜期 155d。

6. 产品功效

驼奶因营养价值高、低敏、对部分病原体具有一定的拮抗作用和医疗保健作用等优点深受追捧，驼奶中含有丰富的酪蛋白、白蛋白、球蛋白，作为免疫原的载体，具有重要的生理意义；驼奶中的乳糖具有抑制肠道腐败菌的作用，可促进有益微生物区系的发育。

第十一章　蜂产品类

蜂蜜

（一）新城蜂蜜

1. 产品介绍

呼和浩特新城区将着力抓好品牌提升，积极探索和创新实践，加快培育新型农业经营主体，加强蜂蜜相关农产品品牌宣传推广，扩大品牌影响力，加快促进蜂蜜相关农产品标准化、规模化、绿色化、品牌化互动发展。加强蜂蜜品牌公益宣传，树立品牌良好形象。加强品牌的公益宣传，促进新城区蜂产品发展壮大。

2. 特征描述

新城蜂蜜常温下呈淡黄色黏稠流体状，具有很浓的花香味，其味道甜润，口感爽口柔和；无酸味、无酒味，无蜜蜂肢体、幼虫、蜡屑及正常视力可见杂质。

3. 营养指标（表276）

表 276　新城蜂蜜独特营养成分

参数	蛋白质（%）	锌（mg/100g）	硒（μg/100g）	维生素 C（mg/100g）	钙（mg/100g）	总糖（%）	天冬氨酸（mg/100g）	亮氨酸（mg/100g）	谷氨酸（mg/100g）
测定值	0.4	0.85	2.93	5.4	4.60	51.2	123	29	117
参考值	0.6	≤2.50	0.43	2.3	2.69	80.0	9	5	20

4. 评价鉴定

新城蜂蜜具有常温下呈淡黄色黏稠流体状，具有很浓的花香味，其味道甜润，口感爽口柔和的特性，内在品质维生素 C、钙、硒、谷氨酸、亮氨酸、天冬氨酸均高于参考值，锌含量优于参考值，满足标准范围要求，综合评价其符合全国名特优新农产品名录收集登录基本条件和要求。

5. 环境优势

呼和浩特新城区地处于中温带大陆性季风气候，四季分明，春季风多雨少，升温快夏季湿热多雨，降水量集中，秋季短促凉爽，昼夜温差大，干旱半干旱气候无工业污染。光照充足，独特的高原自然气候提供了优质的自然条件。

6. 产品功效

蜂蜜具有补中益气、安五脏、调和百药、清热解毒、滋燥滋阴、安心养神之功效，若能与其他食物或中药搭配使用，可发挥更多的食疗和药疗的作用。新城蜂蜜其内在品质维生素C、钙、硒、谷氨酸、亮氨酸、天冬氨酸均高于参考值，锌含量优于参考值，满足标准范围要求。其品质较好，营养价值较高。

（二）额尔古纳蜂蜜

1. 产品介绍

额尔古纳蜂蜜，含有较高的营养成分及矿物质，能够充分代表额尔古纳市的地域特色。额尔古纳市政府及农牧部门每年组织额尔古纳市蜂产品企业参加内蒙古组织举办的绿色农畜产品博览会及北京、广州等一线城市举办的绿色农畜产品展销会、中国国际农产品交易会等各种农产品交流会，口碑非常好；同时积极组织额尔古纳市蜂产品参加内蒙古自治区举办的农畜产品推介会，通过介绍和精品展示提升额尔古纳市蜂产品的覆盖面和影响力；鼓励额尔古纳市蜂产品企业与一些大型企业合作分销，加大额尔古纳市蜂产品的宣传力度和流通力度。

2. 特征描述

产品常温下为淡黄色黏稠流体状，有少部分结晶，具有浓郁的花香味，味道甘甜柔和，无酸味、无酒精味，外表无蜜蜂肢体、幼虫等其他肉眼可见杂质。

3. 营养指标（表277）

表277 额尔古纳蜂蜜独特营养成分

参数	蛋白质（%）	锌（mg/100g）	总黄酮（mg/100g）	硒（μg/100g）	维生素C（mg/100g）	钙（mg/100g）	总糖（%）	天冬氨酸（mg/100g）	亮氨酸（mg/100g）	谷氨酸（mg/100g）	水分（%）
测定值	0.2	0.82	1.36	0.80	9.4	8.91	83.2	26	11	21	14.9
参考值	0.5	≤2.50	1.32	0.43	2.3	2.69	80.0	9	5	20	≤20.00

4. 评价鉴定

该产品在额尔古纳市区域范围内，在其独特的生产环境下，具有呈淡黄色黏稠流体状，且有少部分结晶，味道甜润，口感爽口柔和，无酸味、无酒味的特性，内在品质总黄酮、总糖、维生素C、钙、硒、天冬氨酸、谷氨酸、亮氨酸均高于参考值，锌、水分均优于参考值，满足标准范围要求。综合评价其符合全国名特优新农产品名录收集登录基本条件和要求。

5. 环境优势

额尔古纳市蜜蜂园位于额尔古纳市拉布大林葫芦头屯，基地远离城区，山清水秀，没有工业三废，无污染。本地属寒温带大陆性季风气候，气候特点为日照丰富、无霜期短、降水较多，无霜期较为适宜蜂群生存；水体良好，水源充足，水质pH值在6~7变化，符合饮用水标准要求，有利于蜂群的生存；原生态保持好，有丰富的野生蜜源。产地土壤以暗棕色为主，土壤土层深厚，有机质含量高，潜在养分丰富，这种土壤有适合牧草生长的微量元素和氨基酸等，使得额尔古纳市蜜蜂所产蜂蜜优质矿物质维生素含量高于参考指标。

6. *产品功效*

功效同前述。

第十二章　其他类

一、羊绒

阿拉善左旗白绒山羊绒

1. 产品介绍

白绒山羊是阿拉善左旗优势畜种，其绒毛纤维细长、色泽好、净绒率高、纺织性能好，享有"纤维宝石""软黄金"等美誉，曾获意大利国际山羊绒"柴格那"金奖、意大利诺悠翩雅质量冠军奖和中国第二届农业博览会金奖。阿拉善左旗政府出台相关政策，实施种质资源保护项目和振兴羊绒产业发展项目，推动羊绒产业稳步发展。同时加强羊绒产业品牌建设，先后注册了"苍天圣地·白中白""羊绒地理证明"等商标，2011年阿拉善白绒山羊获得国家农产品地理标志登记保护，2020年2月，阿拉善左旗被列入中国特色农产品优势区，同年7月，阿拉善白绒山羊入选《中欧地理标志合作和保护协定》。

2. 特征描述

阿拉善白绒山羊被毛白色，体质结实，结构匀称，后躯稍高，体长略大于体高，四肢强健，蹄质坚实，两耳向两侧展开或半垂，有前额毛和下颌须，公羊有扁形大角，母羊角细小，向后上、外方向伸展，尾短小，向上翘立。公羊体重45kg，母羊体重35kg。其被毛分内外两层，外层为有髓长毛，内层为细绒毛，绒纤维为白色，羊绒光泽明亮而柔和，具有自然颜色，手感光滑细腻，纤维强力和弹性好，纺织性能好。羊绒平均细度为15.2μm，手扯长度平均值达到国际特等（42mm）长度指标。

3. 品质特性（表278）

表278　阿拉善白绒山羊独特品质特性

参数	手扯长度 （mm）	平均直径 （μm）	净绒率 （%）	洗净率 （%）
测定值	44	15.3	52.19	70.99
参考值	40	14.5~15.5	49.11	69.65

4. 评价鉴定

该产品在阿拉善左旗区域范围内，在其独特的生产环境下，具有绒纤维和毛纤维均为白色，羊绒光泽明亮而柔和，具有自然颜色，手感光滑细腻的特性，内在品质手扯长度优于参考值。满足特细型特等标准要求，平均直径满足特细型范围要求，净绒率、洗净率高于参考值，综合评价其符合全国名特优新农产品名录收集登录基本条件和要求。

5. 环境优势

阿拉善左旗位于东经103°21′~106°51′，北纬37°24′~41°52′，属温带荒漠干旱区，为典型的大陆性气候，境内有腾格里和乌兰布和两大沙漠。以干旱少雨、日照充足、蒸发强烈为主要特点。海拔高度800~1 500m，年降水量80~220mm，年蒸发量2 900~3 300mm。日照时间3 316h，年平均气温7.2℃，无霜期150d左右，昼夜温差大。白绒山羊产区地域辽阔，植被稀疏，产草量低，属典型的荒漠草原，主要植物有冷蒿、珍珠、红砂、白刺、柠条、沙竹、碱草、棉刺、针茅等，大部适宜于山羊采食，在这种典型的荒漠草原地理环境中经过自然选择和人工培育，形成了独特的阿拉善白绒山羊适应性和种质类型。

6. 产品功效

内蒙古阿拉善盟地处内蒙古西部，饲养的绒山羊为内蒙古白绒山羊（阿拉善型），内蒙古白绒山羊是内蒙古乃至全世界最优质的白绒山羊品种，羊绒较细，因其白如雪、轻如云、细如纱，故被誉为"毛中之王""纤维宝石"和"软白金"，是毛纺工业的高级原料。

二、烟叶

圐圙补隆烟叶

1. 产品介绍

20世纪80年代，民歌《夸河套》将"圐圙补隆烟叶子人人夸"写进歌词传唱，21世纪初，政府采取"互联网+合作社+农户+企业"的模式，形成组织化、规模化、标准化生产的产业发展链条。2020年，乌拉特前旗全域推进"五彩农业"，打造"一路一带、两岸两圈、城田一体"现代农牧业绿色高质量发展空间布局，将圐圙补隆烟叶列入"黄色产业发展圈"。在2003年，圐圙补隆村委注册"圐圙补隆烟叶"商标，2019年，苏独仑镇实施圐圙补隆村烟叶精品种植计划，全村烟叶种植面积5 000亩以上。通过固定的销售渠道及"快手""电商"等新媒介，销售额达8 000万元。2020年苏独仑镇投资70万元，打造以圐圙补隆烟叶为主的特色农产品展示大厅，成为乌拉特前旗一张亮丽的名片。

2. 特征描述

圐圙补隆烟叶为片状烟叶，直径1~2cm，叶片淡黄色，油分较好，结构略偏紧，光泽中等，身份中等，部分叶片浮清较重；其感官品质评价为清香淡雅，余味舒适，燃烧性较好。

3. 营养指标（表279）

表279　圐圙补隆烟叶独特营养成分　　　　　　（单位：%）

参数	烟碱	钾	总糖	还原糖
测定值	1.26	1.84	4.62	2.84
参考值	2.76	1.50	4.51	3.02

4. 评价鉴定

该产品在乌拉特前旗范围内，在其独特的生长环境下，具有叶片呈淡黄色，油分较好，结构略偏紧，光泽中等，身份中等，清香淡雅，余味舒适，燃烧性较好的特性，内在品质总糖含量、钾含量均高于参考值，烟碱含量优于参考值，综合评价其符合全国名特优新农产品名录收集登录基本条件和要求。

5. 环境优势

乌拉特前旗位于内蒙古巴彦淖尔市，河套平原东端，东邻包头，西接五原，南至黄河，北与乌拉特中旗接壤，地势平坦，京藏高速、110国道、包兰铁路穿境而过。全旗有三大干渠，直口渠道446条，支渠19条，毛渠427条，密如蛛网的渠道灌溉着全旗土地，净灌溉面积56.02万亩，气候具有光能丰富、日照充足、昼夜温差大、全年日照时数3 210.8~3 305.8 h，属典型的温带大陆气候，空气清新无污染，乌拉特前旗圐圙补隆，背靠阴山，面临乌梁素海，资源充沛，既避风，又利于保湿，中性的沙壤土与天然的阴山清泉浇灌，所产的烟叶片薄、色质优、口感好；独特的地域条件成就其外观质量好、香气足、燃烧强的优点，备受人们喜爱。

6. 产品功效

圐圙补隆烟叶片薄、色质优、口感好。

三、棉花

额济纳棉花

1. 产品介绍

棉花是额济纳旗的农牧业主导产业之一。近年来通过大力推广优良品种，并配套以地膜覆盖、平衡施肥、节水简化栽培相结合增产技术，棉花生产迅速发展，产量、效益、品质明显提高。2001年，额济纳旗与中国农业科学院棉花研究所合作，进行了有机棉试种项目，取得了满意的结果，精心打造和培育了"漠洲棉花"。自2009年额济纳旗被列为内蒙古棉花试验站试验点以来，连续开展了棉花的高产创建试验、棉花的品种对比试验、全程机械化生产试验、痕量灌溉试验等，其中全程机械化生产试验效果非常显著，大大提高了劳动生产率，解决了制约棉花产业发展的瓶颈问题，为额济纳棉花产业发展奠定了坚实的基础。

2. 特征描述

额济纳棉花色泽洁白，富有光泽和丝光，稍有叶屑，棉瓣肥厚，手感有弹性，杂质较少。

3. 品质特性（表280）

表280 额济纳棉花独特品质特性

参数	上半部平均长度（mm）	整齐度指数（%）	断裂比强度（cN/tex）	马克隆值	黄度	反射率（%）	纺纱均匀性指数	伸长率（%）
测定值	28.0	84.8	29.1	4.5	7.5	82.1	142	7.2
参考值	28.0~30.9	≥83.0	≥28.0	3.5~4.9	9.4	81.3	139	6.7

4. 评价鉴定

该产品在额济纳旗范围内，在其独特的生长环境下，具有色泽洁白，富有光泽和丝光，稍有叶屑，棉瓣肥厚，手感有弹性，杂质较少的特性，内在品质上半部平均长度属于优质棉2A级，整齐度指数属于优质棉范围，断裂比强度属于优质棉1A级，马克隆值属于优质棉2A级，伸长率、反射率、纺纱均匀性指数均高于参考值。综合评价其符合全国名特优新农产品名录收集登录基本条件和要求。

5. 环境优势

额济纳棉花核心产区分布在额济纳旗东风镇，该地区气候干旱，太阳辐射度强，光能资源极为丰富，土壤略偏盐碱，自然地理概貌与甘肃敦煌地区极为相似。年10℃≥的积温3 300~3 600℃，年平均日照时数3 446 h，平均无霜期148d，非常适宜喜温喜光耐盐碱作物的开发种植，具有发展长绒棉的优势潜力，为额济纳棉花产业发展提供优质的种植基地。

6. 产品功效

额济纳棉花种植基地病虫害种类少、危害轻，所产籽棉经检测，整齐度指数属于优质棉范围。内在品质上半部平均长度属于优质棉2A级，整齐度指数属于优质棉范围，断裂比强度属于优质棉1A级，马克隆值属于优质棉2A级，伸长率、反射率、纺纱均匀性指数均高于参考值。综合评价该烟叶品质较好。

参考文献

陈冠如，2004. 几种主要禽类产品营养价值概况 [J]. 中国禽业导刊，21 (18)：34-35.

丁国梁，2016. 卓资山熏鸡 [J]. 中国畜牧业 (7)：84-85.

国家药典委员会，2015. 中华人民共和国药典 (2015 版) [M]. 北京：中国医药科技出版社.

何伟俊，曾荣，白永亮，等，2019. 苦荞麦的营养价值及开发利用研究进展 [J]. 农产品加工 (23)：69-70.

何永，伍玉明，高红东，等，2010. 香菇营养成分研究进展 [J]. 现代农业科技 (23)：140-141.

胡佑志，2018. 蜂蜜的保健养生功效 [J]. 蜜蜂杂志，38 (12)：32.

黄坚雄，袁淑娜，潘剑，等，2018. 以橡胶木屑为主要基质栽培的大球盖菇与香菇、平菇的主要营养成分差异 [J]. 热带作物学报，39 (8)：1 625-1 629.

黄年来，1995. 大球盖菇的分类地位和特征特性 [J]. 食用菌 (6)：11-12.

姬万里，庞玉艳，2010. 玉米在饮料工业中的应用 [J]. 黑龙江农业科学 (3)：126-127.

吉日木图，陈钢粮，2014. 骆驼产品与生物技术 [M]. 北京：中国轻工业出版社.

贾久满，张丽娜，2017. 不同品种鸡蛋的蛋品质及营养成分比较 [J]. 江苏农业科学，45 (14)：152-155.

姜慧燕，邱静，翁丽萍，2017. 大球盖菇与香菇营养成分比较研究 [J]. 杭州农业与科技 (1)：35-37.

郎小红，陈泽民，2010. 阿拉善双峰驼奶制品传统制作工艺 [J]. 畜牧与饲料科学，31 (8)：81-82.

李芳，余梦瑶，向生霞，等，2018. 基于全因子实验设计的灵芝抗肿瘤有效组分配伍研究 [J]. 中国临床药理学杂志 (18)：2199-2202.

李海平，张树海，张坤生，2008. 滑菇多糖抗氧化活性研究 [J]. 食品研究与开发，29 (4)：56-60.

李军，2019. 常见呼吸系统疾病的预防措施研究 [J]. 全科口腔医学电子杂志，6 (6)：123-124.

李鹏杰，邓毅，曼琼，等，2019. 甘草解毒现代研究进展 [J]. 中国中医药信息杂志，26 (3)：137-140.

李淑荣，王丽，倪淑君，等，2017. 大球盖菇不同部位氨基酸含量测定及营养评价 [J]. 食品研究与开发，38（8）：95-99.

李新贵，彭丽芬，张文风，2015. 贵州省香菇产业发展现状及对策探讨 [J]. 福建农业大学（6）：63-64.

李玉英，王玉玲，王转花，2018. 藜麦营养成分分析及黄酮提取物的抗氧化和抗菌活性研究 [J]. 山西农业科学，46（5）：729-733，741.

林慧，林斌，2011. 龙利叶抗过敏作用的实验研究 [J]. 海峡药学，23（4）：23-24.

刘敬科，刁现民，2013. 我国谷子产业现状与加工发展方向 [J]. 农产品加工业（12）：15-17.

刘晓芳，邢玉梅，2013. 阿拉善地区羊绒生产与可持续发展探讨 [J]. 当代畜禽养殖业（6）：56-58.

刘宇，苏海国，周勤梅，等，2018. 不同种的灵芝醇提物对肝癌细胞增殖的抑制作用 [J]. 食用菌学报（2）：121-125.

刘月涛，贾璐，秦雪梅，2018. 多效黄芪物质基础的研究进展 [J]. 中草药，49（6）：1476-1480.

穆龙，宋琳琳，孟丽，2020. 花菇栽培技术 [J]. 农村科技（6）：64-67.

倪淑君，张海峰，2019. 我国羊肚菌的产业发展 [J]. 北方园艺，425（2）：171-173.

曲湘勇，蔡超，贺长青，等，2014. 溆浦鹅肉营养成分与品质分析 [J]. 经济动物学报，18（3）：139-145.

苏日娜，2013. 中国燕麦产业发展研究 ——以内蒙古为例 [D]. 呼和浩特：内蒙古农业大学.

苏旭平，韩飞，2020. 府谷县黄米产业发展初探 [J]. 农家参谋（14）：86-87.

唐诗，贾亚雄，朱静，等，2014. 三个品种鸡蛋的蛋品质比较 [J]. 中国家禽，36（23）：14-16.

汪昂，2019. 本草备要 [M]. 北京：中国医药技术出版社.

王菲，2017. 香菇秸秆栽培配方改良及优良菌株筛选 [D]. 长春：吉林农业大学.

王慧，郑炯，2015. 竹叶多糖的提取分离与生物活性研究进展 [J]. 粮食与油脂，28（10）：1-4.

王丽，倪淑君，李淑荣，等，2016. 大球盖菇菇盖和菇柄营养成分分析 [J]. 黑龙江农业科学（11）：143-145.

王敏娟，尹丹阳，胡佳薇，等，2021. 陕西产小麦不同加工程度的营养成分分析及评价 [J]. 卫生研究，50（1）：69-70.

王小军，彭祥伟，秦福生，等，2006. 填饲后朗德鹅肉脂营养成分分析及营养价值评定 [J]. 现代食品科技，22（2）：46-48.

王晓炜，詹巍，吉钟山，等，2007. 大球盖菇营养成分和抗氧化活性物质分析 [J]. 食用菌（6）：62-63.

吴立根，屈凌波，2018. 谷子的营养功能特性与加工研究进展 [J]. 食品研究与开发 (15)：191-196.

吴立根，屈凌波，2020. 内蒙古自治区地方特色食品炒米的污染情况调查 [J]. 职业与健康，36 (13)：1764-1765.

向莹，陈健，2013. 滑子菇营养成分分析与评价 [J]. 食品科学，34 (6)：246-250.

徐芃芃，2020. 莜面：粗粮中的营养多面手 [J]. 人民周刊 (21)：81.

徐彦军，樊卫国，佘冬芳，等，2008. 麦草生料栽培对大球盖菇生长及营养成分的影响 [J]. 种子，27 (6)：60-62.

闫征，王宏旭，刘莉莹，等，2017. 灵芝三萜类化合物的体外抗肿瘤活性研究 [J]. 国际检验医学杂志，38 (5)：633-634.

张冬梅，1998. 灵芝的药用价值及开发利用 [J]. 中国林副特产 (3)：43.

张慧，丁原春，王喆，等，2019. 牛肉的营养价值及其嫩度的影响因素 [J]. 饲料博览 (11)：47-50.

张莉，于国萍，齐微微，等，2015. 碱溶酸沉法提取黑木耳蛋白质的工艺优化 [J]. 食品工业，36 (6)：24-27.

张青，夏美茹，2020. 酸粥的营养价值、功能特性及其研究进展 [J]. 现代食品 (9)：119-120.

张如仁，2013. 鸽子的营养价值与饲养技术 [J]. 上海农业科技 (1)：65-66.

赵玉红，林洋，张智，等，2016. 碱溶酸沉法提取黑木耳蛋白质研究 [J]. 食品研究与开发，37 (16)：32-36.

郑灿龙，2003. 羊肉的营养价值及其品质的影响因素 [J]. 肉类研究 (1)：47-48.

中华人民共和国国家统计局，2014. 中国统计年鉴 [M]. 北京：中国统计出版社.

钟鸣，黄瑞松，梁启成，2016. 中国壮药学 [M]. 南宁：广西民族出版社.

朱效兵，郭瑞，2020. 传统中式风味牛肉干的生产工艺 [J]. 现代食品科技 (6)：235-242.

BARIKMO I, OUATTARA F, OSHAUG A, 2004. Protein carbohydrate and fibre in cereals from Mali—How to fit the results in a food composition table and database [J]. Journal of Food Composition and Analysis, 17 (3-4)：291-300.

BUZALA M, ADAMSKI M, JANICKI B, 2014. Characteristics of performance traits and the quality of meat and fat in Polish oat geese [J]. Worlds Poultry Science Journal, 70 (3)：531-542.

HELENO S A, BARROS L, MARTINS A, et al., 2012. Fruiting body, spores and in vitro produced mycelium of Ganoderma lucidum from Northeast Portugal：A comparative study of the antioxidant potential of phenolic and polysaccharidic extracts [J]. Food Research International, 46 (1)：135-140.

KIRMIZIBAYRAK T, ONK K, EKIZ B, et al., 2011. Effects of age and sex on meat quality of Turkish native geese raised under a free - range system [J]. Kafkas

Üniversitesi Veteriner Fakültesi Dergisi, 17 (5): 817-823.

LI H, ZHANG M, MA G, 2010. Hypolipidemic effect of the polysaccharide from Pholiota nameko [J]. Nutrition, 26 (5): 556-562.

LI M, KOECHER K, HANSEN L, et al., 2017. Phenolics from whole grain oat products as modifiers of starch digestion and intestinal glucose transport [J]. Journal of Agricultural and Food Chemistry, 65 (32): 6831-6839.

LIU Y T, SUN J, LUO Z Y, et al., 2012. Chemical composition of five wild edible-mushrooms collected from southwest China and their antihyperglycemicand antioxidant activity [J]. Food Chemistry Toxicology (5): 1238-1244.

OKRUSZEK A, WOLOSZYN J, HARAF G, 2013. Chemical composition and amino acid profiles of goose muscles from native polish breeds [J]. Poultry Science, 92 (4): 1127-1133.

OZ F, CELIK T, 2015. Proximate composition, color and nutritional profile of raw and cooked goose meat with different methods [J]. Journal of Food Processing and Preservation, 39 (6): 2442-2454.

VLACHOS A, ARVANITOYANNIS I S, TSERKEZOU P, 2016. An updated review of meat authenticity methods and applications [J]. Critical Reviews in Food Science and Nutrition, 56 (7): 1061-1096.

WAFULA WEKHA N, KORIR NICHOLAS K, OJULONG HENRY F, et al., 2018. Protein, calcium, zinc, and iron contents of finger millet grain response to varietal differences and phosphorus application in Kenya [J]. Agronomy, 8 (2): 1-9.

WANG P Y, ZHU X L, LIN Z B, 2012. Antitumor and immunomodulatory effects of polysaccharides from broken-spore of Ganoderma lucidum [J]. Frontiers in Pharmacology (3): 1-8.

XIE J, LIU Y, CHEN B, et al., 2019. Ganoderma lucidum polysaccharide improves rat DSS-induced colitis by altering cecal microbiota and gene expression of colonic epithelial cells [J]. Food & Nutrition Research (63): 1-12.

YOUSIF O K, BABIKER S A, 1989. The desert camel as a meat animal [J]. Meat Science, 26 (4): 245-254.

托县大米

达拉特大米

扎兰屯大米

准格尔大米

翁牛特大米

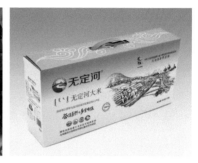

乌审大米

土默特左旗大米

门达大米

扎赉特大米

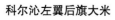

科尔沁左翼后旗大米

五原小麦

杭锦后旗小麦

阿拉善左旗小麦　　　　　乌拉特前旗小麦　　　　　临河小麦

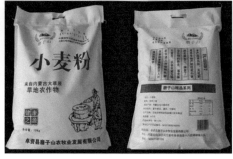

察右中旗小麦粉　　　　　石哈河小麦粉　　　　　卓资山小麦粉

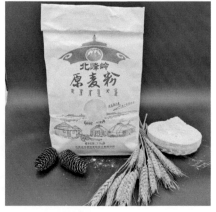

科尔沁左翼中旗小麦粉　　托县小麦粉　　　　　科右前旗原麦粉

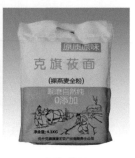

石哈河莜麦粉　　　　　卓资山莜麦面　　　　　克旗莜面

武川莜面　　　　　　　　　　察右中旗莜麦面　　　　　　　准格尔荞麦粉

石哈河荞麦粉　　　　　　　　丰镇荞麦米　　　　　　　　　固阳荞麦

翁牛特荞麦　　　　　　　　　库伦荞麦　　　　　　　　　　兴和荞麦

库伦小米　　　　　　　　　　兴和小米　　　　　　　　　　突泉小米

扎兰屯小米　　　　　　　五家户小米　　　　　　　奈曼小米

科右前旗小米　　　　　　丰镇黄小米　　　　　　　哈民小米

准格尔小米　　　　　　　赤峰小米　　　　　　　　明安谷米

鄂托克前旗炒米　　　　　巴林右旗炒米　　　　　　阿鲁科尔沁旗炒米

清水河黄米

哈民黄米

林西黄米面

清水河小香米

丰镇燕麦米

和林燕麦

武川燕麦

凉城燕麦米

兴和燕麦粉

凉城藜麦米

佘太藜麦

准格尔糜米

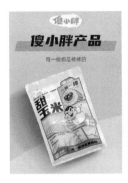

五原甜玉米   科右前旗甜黏玉米   土默特左旗玉米

松山甜糯玉米   土默川玉米   扎兰屯玉米面

扎鲁特绿豆   敖汉绿豆   科右前旗黑豆

鄂伦春芸豆   扎鲁特高粱   科尔沁左翼中旗高粱

胜利血麦

科右前旗粉条

宁城粉条

乌审西瓜

土默特左旗西瓜

可沁村小西瓜

阿拉善左旗西瓜

三道桥西瓜

瓦窑滩西瓜

准格尔海红果

暖水山地苹果

巴林左旗小苹果

科尔沁区塞外红苹果　　　　　扎兰屯沙果　　　　　　额济纳蜜瓜

杭锦后旗甜瓜　　　　　五原蜜瓜　　　　　　乌加河甜瓜

磴口华莱士　　　　　九原甜瓜　　　　黑柳子白梨脆甜瓜

五原灯笼红香瓜　　　　　托县香瓜　　　　　口肯板香瓜

乌拉特树莓

临河早酥梨

杭锦后旗早酥梨

扎鲁特旗珍珠油杏

夏家店大扁杏

赛罕火龙果

毕克齐大紫李

科右前旗沙果干

林西沙果汁

夏家店大枣

科尔沁区沙地葡萄

察右前旗葡萄

明安山楂　　　　　　　　额济纳白绒山羊肉　　　　　固阳羊肉

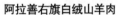

阿拉善右旗白绒山羊肉　　　阿尔巴斯山羊肉　　　　　杭锦旗杭盖羊肉

鄂尔多斯细毛羊肉　　　　乌拉特后旗富硒山羊肉　　　鄂托克前旗羊肉

翁牛特羊肉　　　　　　　西旗羊肉　　　　　　　察右前旗羊肉

科右前旗草地羊　　　乌珠穆沁羊肉　　　　　陈巴尔虎旗羊

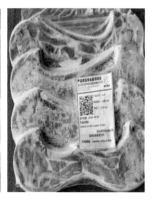

五原羊肉　　　　　　达茂羊肉　　　　　　土默特羊肉

阿鲁科尔沁旗羊肉　　临河巴美肉羊　　　　化德羊肉

乌拉山山羊肉　　　　苏尼特羊肉　　　　　乌拉特羊肉

巴林羊肉 准格尔羯羊 达拉特羊肉

扎鲁特草原羊 阿拉善左旗白绒山羊羊肉 乌拉特后旗二狼山白绒山羊肉

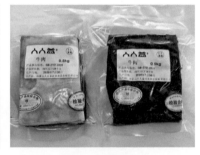

杭锦旗库布齐牛肉 乌审草原红牛肉 鄂托克前旗牛肉

伊金霍洛肉牛 杭锦后旗肉牛 吉尔利阁牛肉

三河牛

达茂牛肉

乌拉特牛肉

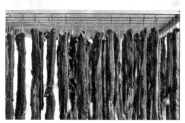

科尔沁牛肉干

东胜猪肉

扎兰屯黑猪肉

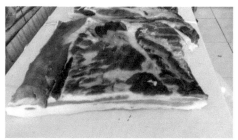
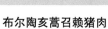

布尔陶亥蒿召赖猪肉

托县猪肉

乌审皇香猪肉

临河封缸肉

乌拉特后旗戈壁红驼肉

阿拉善左旗驼肉

额济纳驼肉

阿拉善右旗驼肉

托县驴肉

扎兰屯鸡

卓资山熏鸡

扎兰屯鹅

莫力达瓦旗大鹅

宁城草原鸭

红庆河布拉鸽

凉城鸡蛋

察右前旗鸡蛋

伊金霍洛旗鸡蛋

东胜鸡蛋

化德鸡蛋

达拉特鸡蛋

卓资山鸡蛋

商都鹅蛋

达拉特鹌鹑蛋

武川香菇

克旗香菇

察右后旗香菇

土默特左旗香菇

清水河花菇

武川滑子菇

鄂伦春滑子菇　　　　　武川大球盖菇　　　　　鄂伦春黑木耳

扎兰屯黑木耳　　　　　阿尔山黑木耳　　　　　武川羊肚菌

明安黄芪　　　　　　　科尔沁黄芪　　　　　　固阳黄芪

奈曼甘草　　　　　　　磴口甘草　　　　　　　磴口肉苁蓉

化德黑枸杞

阿拉善左旗枸杞

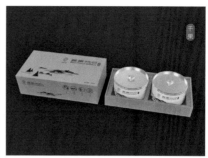

额济纳黑枸杞

碛口黑枸杞

根河灵芝

鄂伦春紫苑

鄂托克旗螺旋藻

杭锦后旗番茄

松山番茄

玉泉番茄

托县番茄

五原黄柿子

察右前旗樱桃番茄　　　　　　红山圣女果　　　　　　　　佘太红辣椒

临河红辣椒　　　　　　　　　托县辣椒　　　　　　　　鄂托克前旗辣椒

开鲁红干椒　　　　　　　　　商都贝贝南瓜　　　　　土默特左旗贝贝南瓜

达拉特南瓜　　　　　　　　　商都芹菜　　　　　　　　　扎兰屯白菜

化德大白菜

武川马铃薯

牙克石马铃薯

察右后旗红马铃薯

乌拉特后旗铁棍山药

库伦胡萝卜

察右中旗红胡萝卜

东河海岱蒜

阿拉善左旗沙葱

科尔沁沙葱

小三合兴圆葱

新华韭菜

阿尔山卜留克

土默川地梨

扎兰屯榛子

乌拉特花生

鄂伦春紫苏

杭锦后旗葵花籽

临河葵花籽

扎鲁特葵花籽

五原葵花籽

土默川葵花籽

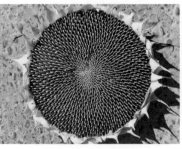
科尔沁左翼中旗葵花籽

莫力达瓦旗大豆

和林亚麻籽

科右前旗大豆油

扎兰屯大豆油

和林亚麻籽油

丰镇亚麻籽油

卓资山亚麻籽油

凉城亚麻籽油

兴和胡麻油

察右前旗胡麻油

满洲里双低一级菜籽油

察右中旗菜籽油

满洲里芥花油

满呼伦贝农垦芥花油

科右前旗菜籽油

科尔沁玉米油

杭锦后旗草鱼

呼伦湖小白鱼

临河黄河鲤鱼

乌梁素海鲫鱼

九原黄河鲤鱼

托县黄河鲤鱼

土默特左旗对虾

乌审旗甲鱼

托县稻田蟹

达茂奶豆腐　　　　　科右前旗奶豆腐　　　　　克什克腾奶豆腐

巴林右旗奶豆腐　　　　　达茂奶皮　　　　　达茂奶酪

乌审奶酪　　　　　科右前旗黄油　　　　　乌审酥油

乌审乳清　　　阿拉善右旗驼奶　　　　　新城蜂蜜

额尔古纳蜂蜜

阿拉善左旗白绒山羊绒

圐圙补隆烟叶

额济纳棉花